摄影：从文献到当代艺术

（法）安德列·胡耶 著　袁燕舞 译　王瑞 审校

LA PHOTOGRAPHIE
Entre document et art contemporain

André Rouillé

浙江摄影出版社

安德烈·胡耶，史学博士，巴黎第八大学艺术、美学和哲学学院教授，至今已出版八部摄影学著作，其中包括拉鲁斯出版社出版的《摄影史》（Histoire de la photographie）等。曾主编由欧洲摄影之家（La maison européenne de la photographie）出版的重要学术期刊《摄影研究》（La Recherche photographique），其新著《数码摄影——新自由主义的力量》（La photo numérique. Une force néolibérale）即将问世。于 2002 年创办了"巴黎—艺术"网站（paris-art.com），致力于推广当代艺术、摄影、设计、舞蹈和书籍，作为主编，至今已为该网站撰写了近 600 篇论文。胡耶教授在法国及世界各地被频繁邀请举办学术讲座，范围涉及欧洲、北非、南北美洲及亚洲。

袁燕舞，1976 年出生于安徽黄山，成长于上海，毕业于南京大学新闻学系。在上海新闻媒体工作数年后，于 2003 年赴法国留学，获得巴黎第八大学摄影和当代艺术学硕士。其后专注于个人艺术创作，在欧洲举办过个展及群展。2012 年移居瑞士日内瓦，继续艺术创作，同时从事法语摄影学术著作的翻译工作。2014 年，其子 Edmond 满三个月时，举家移居到德国柏林，并于 2016 年和先生一起在柏林创办了 Edmond Gallery。画廊的目标之一是在欧洲推介中国新生代和中生代的当代艺术家。

目录

前言

第一章 介于文献和表现之间 ENTRE DOCUMENT ET EXPRESSION

第二章 介于摄影和艺术之间 ENTRE PHOTOGRAPHIE ET ART

第三章 艺术—摄影 L' ART-PHOTOGRAPHIE

结论 CONCLUSION

前言

　　摄影在文化和艺术领域里被承认是近来的事情。1970 年代，法国和西方世界涌现了一股潮流，主要体现在：大量艺术节、期刊和画廊的相继问世；摄影作品的出版发行；专业摄影学院和大学摄影系的建立；学术领域内摄影史和摄影理论研究的不断深入；个人和公共照片收藏制度的建立；摄影作品开始进入艺术博物馆；越来越多的艺术家开始用摄影进行创作；摄影市场的诞生。简而言之，摄影实践和传播，已经不再局限于狭窄的实用领域，而是进入了文化和艺术的殿堂。

　　与此同时，人们看待摄影的观念也在不断更新。摄影术诞生以来的很长时间内，它仅仅被当作一个服务性的工具，而如今，它正日益成为艺术作品本身而被欣赏。公众对摄影图像的感性和理性关注，取代了以往的实用性态度。摄影的实践和制作，摄影的传播领域和流通方式，以及摄影的形式、价值、用途和功能也都随之改变了。

　　然而，摄影在文化和艺术领域内的成功，也不可逆转地伴随着实用价值的衰落。摄影与工业社会同时诞生，因而与这些标志性的社会现象密切相关：国际性大都市和货币经济的迅猛发展，工业化进程，空间、时间和传播的颠覆性变化，以及民主化进程。在 19 世纪中期，所有这些与机器特征有关的现象，决定了摄影成为工业社会的形象象征，也是直接记录这个社会、为其服务和实现自身价值的最佳手段。当然，工业社会本身也为摄影提供了诞生的可能性和前提条件，从而成为摄影最主要的对象和范例。然而，近几十年来，这个社会经历了如此众多的变革，以至于摄影已经不能继续满足它对影像的需求。在所有重要领域（信息、医学、科学、国防等），摄影受到更适应于新兴技术和经济的影像工艺的挑战或被取代。热力学原理决定了摄影虽然适应于现代工业社会，却难以满足建立在数字网络基础上的信息社会的需求。本书将就此阐明，命名有待商榷的"数码摄影"，完全不是摄影的"数"的变化。数码摄影与摄影之间的区别不在于程度，而在于本质属性，这一点将两者彻底地割断了联系。

这些最近产生的颠覆性变化，不仅影响了西方社会，也涉及了整个影像世界，尤其是摄影。这一变化历历在目并且涉及面之广，如同电视广播媒体快速占领主导地位，以及数码技术和英特网的迅猛发展。

在研究、理论和评论界，摄影是一个在文化领域刚被接受的崭新主题。正因如此，摄影中仍有很多未被开垦的处女地被学者和理论家忽略和无视，其意义和复杂性普遍被低估。而且，摄影时而遭到苛刻的指责，时而遭到不假思索的评论。事实上，围绕摄影产生了一系列视角笼统的论述和不严肃的评论，尽管执笔者多为思维敏锐的权威人士，但是他们的观点显然体现了对摄影的不了解。在大部分这样的论述中，架上绘画，甚至版画，仍旧是不容置疑的参照标准。令人遗憾的是，至今为止还没有出现一个作者以其卓绝的阐述和成熟的思考来证明摄影的价值。结果导致了一个悖论，那就是但凡论及摄影，最常被引用的作者同时也是对摄影最为蔑视者。

所以，本书希望从某种意义上"将摄影摆正位置"，并非简单地揭示某个真相，而是对那些构成臆断的典型概念逐一提出质问。这些自摄影诞生以来就被反复引用的概念，往往表面合理实际错误，其对摄影的认识完全是颠倒的。简言之，本书将试图勾勒新的方向，运用新的理论工具来研究摄影，以避免摄影文化继续在一片巨大的思想空白中发展。

所以，本书研究摄影的重点是：摄影的多样性和演变性，即摄影从文献向当代艺术的转变；摄影的历史性，即从 19 世纪中叶摄影的诞生到而今摄影与艺术的结合。

历史性、多样性和演变性的视角，与摄影学说领域内自 1980 年代初以来占单一主导地位的符号学观点形成了鲜明的对比。这个时期的美国和法国，兴起了一种摄影文化，并出现了一系列深受美国符号学家查尔斯·桑德斯·皮尔士 (Charles S. Peirce) 理论影响的言论著作。在这个学说的影响下，摄影学界试图借鉴"痕迹"这个概念，将摄影从本质上与属于形象范畴的绘画区分开来，当然这也并非完全不具有理论根据。一边（绘画）是再现、形象、模仿；另一边（摄影）是记录、标记、痕迹。因而从整体上形成了以下这些二元对立：艺术家对立于摄影师；自由艺术对立于机械艺术；艺术作品的独创性和唯一性对立于照片的相似性和可复制性。

尽管此说具有丰富的理论性，但是它所强调的踪迹、痕迹或是标志等概念，不能够支撑一个整体、抽象和本质主义的思想；不能够提出一个关于摄影的彻底的理想主义和本体论的观点；不足以证明摄影只不过是对客观世界里事先存在物体的被动记录。根据这个理论，"摄影"首先是一个范畴和门类，所以能从中得出一个基本法则：摄影既不是不断发展变化的实践之总和，也不是具有独特个性的作品之集合。这种对个体独特性和背景的拒绝，对本质的独断强调，导致将"摄影"简化到最原始的机器装置功能，简化为单纯的光线的痕迹、标志和机械记录。一个关于摄影的笼统的理论就这样建立在"零度"之上，建立在自动性的技术原理之上。

毫无疑问，罗兰·巴特 (Roland Barthes) 是在这个方向上走得最远的一位，这体现在他所有的著作中，特别是《明室》(La

罗兰·巴特 (Roland Barthes, 1915—1980)：当代法国思想界的先锋人物，文学批评家、作家、社会学家、哲学家和符号学家。他概括出文本的三个层次：功能层、行为层（人物层）、叙述层，以此分析读者对文本的横向阅读和纵向阅读。他的著作对于后现代主义思想发展有很大影响，包括结构主义、符号学、存在主义、马克思主义与后结构主义。代表作有《写作的零度》《符号学基础》《批评与真理》等。

Chambre Claire)一书。本书将解释为何他所提出的著名的"此曾在"(ça-a-été)一说，只不过是一个纯粹的示意图，一个量身定制的脱离现实的空谈，它将摄影置于四个决定因素之下：一是物体（即"附着的参照"référent adhère），二是作为"过去的现在"的"过去"，三是再现，四是物质。巴特概念中的"此"(ça)是纯粹的被摄影再现的物质实体，它先于图像存在，被摄影以完全透明的方式记录下来。"此曾在"这一概念为摄影套上了关于存在的形而上学枷锁，将现实简化为物质；将"无形的"影像降低到物质层面，并完全忽略了摄影所具有的多种表现形式。

　　然而，摄影即便是记录性的，也不能够自动再现现实，不能代替外在的物体。"痕迹"说这一教条，掩盖了这样一个事实：那就是摄影如同话语和其他图像，以自己独特的方式，来制造存在——通过建构的方式，制造并参与着世界的发展演变。但是，痕迹说强调从物体到图像的先后存在关系，忽略了应该研究图像对现实的反映。故此，面对参照物（物体），应当维护摄影图像的相对自主性和表现形式，面对记录性，应当重新评估摄影的风格性。

　　离开那些脱离现实的本质论，回归现实世界，其中的实践、创作、不同表现形式之间的相互转化与结合，这些都是鲜活并且多样化的。因为，单个的、孤立的、纯粹的摄影是不存在的。在现实世界里，实践和创作总是与特定的背景、地域和客观条件密切相关，也受到多种因素的成败影响。所以，摄影与历史和未来是不可分割的。譬如摄影目前的双重境遇，即作为文献的摄影之衰落和作为艺术的摄影之崛起，乃是工业社会、影像和艺术领域发展到一定阶段的结果，并受其制约。

　　就算免不了谈到"单数"的摄影，本书也是从多元化、独特性及其未来的发展演变等角度出发，从而在大的历史进程和事件中寻找摄影的定位。

　　因此，本书围绕三大部分展开——过渡，界线与结合。

　　第一章，"介于文献和表现之间"，将探讨长久以来摄影被定位的简单的实用性。目的不在于将摄影固定在其本质上，而是以此来分析它的功能和发展演变。通过阐释"摄影的本质"的运行原理、"文献摄影的危机"以及这个危机中发生的从文献到表现的过渡，本章强调了常被摄影界忽略的一个事实：摄影不是天生的文献（至少不比所有其他图像接近文献），而仅仅被赋予了随客观条件而变化的文献价值。这就是为什么在工业社会繁盛时期，摄影的文献价值也达到高峰，当工业社会走下坡路时，摄影的文献价值也开始衰落；这也是为什么"文献摄影"支配地位的丧失，为一直处于边缘地带和萌芽状态的其他实践形式开辟了道路，特别是其中的"表现摄影"。

　　与教条观念相反，"文献摄影"并不确保照片与被摄物之间的直接关系，哪怕是缩短的或是透明的关系。它不将现实与图像面对面地置于一种二元粘贴的关系中。在现实与图像之间，永远介入着一系列无止尽的其他图像，这些图像不可视却在起作用，体现为一系列的视觉秩序、图像规范和美学示意。即便图像与被摄物之间存在着直接的关系，摄影师并不比画家对着画布做画时更接近现实。

　　"文献摄影"建立在"其影像是现实的直接印痕"这个信仰上，而"表现摄影"则强调摄影与现实之间的不直接关系。从文献到表现，使文献的意识形态中被压抑的部分得到了肯定：摄影图像具有表现形式和风格；作者（摄影师）具有主观能动性；"他人"在拍摄过程中具有对话性的影响。

　　从文献到表现的过渡，体现为摄影程序和制作的巨大变化，以及真实性机制的改变。从历史的角度看，这个过渡开始于 20 世纪末，当文献摄影开始失去与现实的联系，因为现实对它而言已经变得太过复杂，尤其是现实本身成为怀疑的对象，我们开始失去了对这个世界本身的信任。最后，摄影能够从文献向表现转变，还因为从图像和实践的角度来说，最纯粹的文献其实是与表现不可分割的，哪怕后者被简化或是压抑。一言以蔽之，文献与表现之间没有本质属性上的区别，有的只是程度上的区别。

第二章，"介于摄影和艺术之间"，致力于阐述被一条清晰的界线分开的两个领地：一边是"摄影师的艺术"，另一边是"艺术家的摄影"。摄影和艺术之间的关系一直存在着严重的混淆，为了澄清这一点，本书将这两大领域划分开来研究，以便揭示出两者在文化、经济、社会和美学上的分离，以及两者间根本上的互不渗透性。

摄影师的艺术和艺术家的摄影是彻底分离的，因为无论是艺术的观念和实践，还是摄影的观念和实践，两者都截然不同。摄影家的艺术不同于艺术家的艺术，正如摄影师的摄影不同于艺术家的摄影。当然，这不光取决于技术因素。一切因素都将艺术与摄影分割成两个世界，比如创作的形式和一系列的相关问题、文化视角、社会空间、展出地点、流通网络、参与者等，以至于连接这两个世界的通道几乎不存在。"摄影师的艺术"指的是摄影范畴内的艺术实践，"艺术家的摄影"则是指艺术家在艺术领域内、为了艺术需要而运用摄影的手法进行的实践。

"艺术家的摄影"这一概念的提出，不光是为了强调艺术家的摄影实践与摄影师的艺术实践之间的差异，它还挑战了学界盛行的"摄影作为艺术的媒介"这一说法。为此，首先要历史性地总结出艺术家运用摄影的特征；其次，定义"艺术家的摄影"和"摄影师的艺术"这两个截然不同的概念；最后，重新评估"材料"这个概念在当代艺术领域里的意义。

　　在成为当代艺术创作材料之前，摄影依次是艺术的被压抑者（在印象主义那里），艺术的范例（在马塞尔·杜尚那里），艺术的工具（比如在弗兰西斯·培根那里，稍有区别的又如安迪·沃霍尔），艺术的媒介（比如观念艺术和身体艺术，比如大地艺术）。要等到1980年代左右，摄影才开始被艺术家当作名副其实的创作材料来加以运用（在历史上与此对应的是20世纪初先锋派艺术家的实验性摄影创作，但是在不同的前提和形式下）。本书还特别强调了，摄影成为艺术创作材质主要归功于艺术家，而不是摄

马塞尔·杜尚（Marcel Duchamp，1887—1968）：达达主义和超现实主义的创始人之一。法国画家、雕塑家、棋手和作家，晚年移民美国。西方现代艺术进程的主要推动者。可以说，西方现代艺术，尤其是第二次世界大战之后的西方艺术，主要是沿着杜尚的思想轨迹行进的。代表作品有《下楼梯的裸女》《泉》《带胡须的蒙娜丽莎》等。

弗兰西斯·培根（Francis Bacon，1909—1992）：英国画家。曾生活于柏林和巴黎，1929年定居伦敦。培根喜欢表现孤独和痛苦等主题，他的大部分画作都是孤立的人物形象，并配以几何状的构架，涂抹浓墨重彩。其画作形象通常表达愤怒、恐怖和狂躁等情绪状态。

安迪·沃霍尔（Andy Warhol，1928—1987）：美国先锋派艺术家，20世纪艺术界最有名的人物之一，是波普艺术的开创者。沃霍尔通常以日常物品为题材，运用重复和复制的手法，传达出某种冷漠与疏离的感觉。他还喜欢将名人及影星的肖像照片等以丝网印刷的方式复制成绘画，其中比较有名的是《玛莉莲·梦露》《猫王》等。沃霍尔还是电影制片人、作家、摇滚乐作曲者、出版商。

影师，且无论是从美学还是从经济的发展角度看，这个过程完全是在艺术圈内发生和完成的。

　　所谓"媒介"这一说法，盲目借鉴于传播学和现代绘画理论，对于摄影和艺术的关系来说是如此牵强，脱离实际。这一被学界广为运用的说法，完全混淆了不同艺术家在运用摄影时的程度不同（比如前面提到的压抑说，范例说，工具和媒介说）。尤为严重的是，"媒介"这一概念，没有明确地阐明摄影成为当代艺术创作材料这个重要的转折点，因为艺术和摄影之间的关系发生了一个本质性的变化。作为工具或者媒介，摄影只是被不经特别加工地运用（这也反

映了当时艺术家完全忽视甚至蔑视摄影技术的重要性），甚至也不被赋予任何特殊价值（底片经常与图示、素描或其他物品同等对待）。然而作为艺术材质，相反地，经过精心的美学和技术加工，摄影通常被单独地展示出来。以往，艺术家很少亲自拍摄展出的图像；而如今，艺术家不仅完美地掌握摄影工艺，而且图像输出在质量上无可挑剔，有时甚至被放制到超大规模。摄影超越了过去的附属功能，正在成为艺术作品最核心的组成部分：材料。

第三章，"艺术—摄影"，致力于研究摄影材质的美学焦点，以及摄影从作为工具的配角转变成作为当代艺术创作材料的主角之过程。而今艺术与摄影的结合前所未有，这足以将艺术重新分流，并促使产生"艺术中的另一个艺术"。

艺术摄影，这个"艺术中的另一个艺术"，可以1980年的威尼斯双年展为诞生标志。在这个双年展上，被冷淡已久的具象绘画猛然回归，意味着纯绘画在某种程度上的衰竭——比如被现代主义思潮，特别是美国抽象表现主义绘画的追随者所强烈捍卫的现代绘画。一旦"纯粹性"和"抽象性"两大现代主义的枷锁被解开，作为材料和模拟，也就是说作为模拟的材料，摄影终于能够第一次在艺术领域被认可。从此，摄影完全具备了融入艺术创作的可能性。融入速度之快和强度之大，使其迅速危及现代主义的主流地位，以及手工的介入在艺术作品中的权威性，从而"摄影艺术"也迅速被卷入标志了整个20世纪的非主观化和非物质化的巨大思潮中。摄影在加速物质性在艺术中的衰落的同时，也将艺术重新带回到物质性中。

摄影融入艺术的同时，艺术职业正在消失，传统意义上的才华和内在深刻性也在逐渐丧失，艺术作品被非物质化，即艺术和物质之间的关系变得相对化（而不是物质性的完全消失）。就这样，艺术与摄影的结合，是艺术中的物质价值和手工价值衰减到一定阶段的产物；也是艺术从实际作品向无形的创作主张转变的产物。前者以被欣赏为目的，后者以激发思考和倾向为目的。因此，艺术—摄影，既是艺术标准变化的产物，也是它的催化者，因为正是摄影表面上的物质贫瘠性和缺乏主观性，摧毁了绘画作为模范的支配地位。

在这个现代主义绘画强烈捍卫的作为物质的艺术作品（唯一性、手工性、主观性等）的解体过程中，艺术摄影其实起了双重作用，一方面加速它的解体，另一方面减弱它的解体。因为艺术摄影并不完全以非物质（比如行为艺术、观念艺术、虚拟艺术等）来反对传统意义上的艺术标准（手工化），它是一种介于两者之间的"准物质"（技术工艺化）。之所以称之为"准物质"，正如杜尚著名的"虚薄"论（Inframince），摄影表现中缺乏物质性，但还是有物质存在的，完全不同于非物质思潮运动，所以摄影保证了物质的恒久性。同时，艺术摄影填补了 20 世纪末艺术领域里绘画所留下的空白，为艺术市场带来了新的冲劲，拯救了艺术世界里遭到重创的主要价值观。

"现代主义的衰竭"[1] 在推进艺术摄影崛起的同时，也勾勒了它的主要特征。这

1. Jean-François Lyotard, *Le post-moderne expliqué aux enfants*, p.52.

些作品往往带着浓厚的后现代主义特征："大历史"让位于小历史，高位文化让位于低位文化。艺术创作趋向地方性、私密化和日常化的主题，而摄影则为其提供了形象化的表现方式。

更宽泛地说，艺术摄影促进了艺术的世俗化，使它在现实的日新月异、多样化和极端复杂中，获得创作的灵感。与此同时，昨日世界的信条正在崩溃。

第一章

介于文献和表现之间

ENTRE DOCUMENT ET EXPRESSION

　　在将近一个半世纪的时间内，摄影的文献性（即纪实性）独占支配地位（本书以"文献摄影"来称呼），在 20 世纪的最后四分之一个年头，这一现象正在发生明显的转变，摄影的文献性进入了一个深层而持久的危机状态，"表现摄影"迅速崛起，"表现"是摄影所具有的表现性的一面，长久以来被掩盖或是压抑在文献性的背后。

　　实际上，摄影从来就没有被完全分离于"表现性"的一面。随着时代、背景、用途、领域、部门或是参与者的变化，"文献"和"表现"这两个特征如同在天平的两端，上下摆动，轮番占上风。因为，摄影不是天生的文献，文献不能成为摄影的本质特征。

　　虽然摄影不是天生的文献，但是每一个摄影图像中却包涵着文献价值，这个文献价值远非固定和绝对的，所以应该放到一个真实性机制（即文献的机制）中来研究它的多变性。摄影图像的文献价值建立在技术装置的基础上，但并不受担保。文献价值的变化取决于图像的被接受条件和被信赖程度。记录性、机械和装置，有助于支持和加固大众对图像的信仰，但从未完全对其保证。

　　自 1970 年代以来，两个进程同时展开：一方面，摄影的技术在不断完善和发展，另一方面，摄影图像的文献价值却日益衰落。因为，摄影难以回应当今社会对图像的新需求。摄影曾经是现代化和工业社会不同发展阶段最主要的见证之一，然而目前，它的这个见证功能，面临着更尖端、更快速的影像科技的竞争，特别是那些更适应于信息社会的真实性机制的影像科技。

　　摄影诞生于 19 世纪中期，当时作为再现方式，无论是文字还是素描，由于太依赖于手的灵活性和人的主观因素，受到真实性危机和可信度丧失的强烈冲击。摄影以其记录和机器的特性，挽救了这一信仰危机，更新了"模仿"和"再现"的可信度。然而，近几十年来，在一个新的真实性危机中，摄影的文献价值开始贬值，摄影的表现价值在上升，此危机与彼危机不同，但其强烈程度足以让我们对摄影的角色再次进行审视。（本书将指出，所谓的"数码摄影"，且不论其命名是否恰当，在材质上、流通方式上、功能上和真实性机制上，都超出了传统意义上摄影的范畴，仅剩下某些用途将它们暂时地挂起钩来。）

　　摄影记录价值的衰落，通过"表现摄影"解放了在"文献摄影"中被压抑的某些部分：摄影的风格，作者和主体，"他人"和对话关系。同时，与现实的关系，关于真实性的问题，形式的标准和用途，都改变了。另一些立场，另一些用途，另一些表现形式，另一些工艺，另一些曾经的边缘和禁锢地带，在"表现摄影"中得以出现和发展。

一、摄影之现代性　LA MODERNITÉ PHOTOGRAPHIQUE

19世纪中叶前夕，日常和文化生活节奏的急剧加速，生产方式的巨大变化，以及前所未有的贸易发展，在伦敦和巴黎之间相继出现，同时伴随着工业化、城市化和市场经济普及化的大规模进程。在工业资本主义[1]轨迹下，出现了这样一个被马克思·韦伯（Max Weber）强调为具有计算精神和仪器理性的现代化，一个将导致"世界幻灭"[2]的现代化。

1. Michael Löwy et Robert Syre, *Révolte et mélancolie. Le romantisme à contre-courant de la modernité*, p.32.

马克斯·韦伯（Max Weber, 1864—1920）：德国著名政治经济学家和社会学家。他被公认为是现代社会学和公共行政学最重要的创始人之一。韦伯最初在柏林大学开始教职生涯，并陆续于维也纳大学、慕尼黑大学等大学任教。他对于当时德国的政界影响极大，曾前往凡尔赛会议代表德国进行谈判，并且参与了魏玛共和国宪法的起草设计。

2. Max Weber, « Le métier et la vocation de savant » (1919), *Le Savant et le Politique*, p.96.

摄影的现代性及其记录功能的合理性建立在以下这些与工业社会标志性现象密切相连的关系之上：国际性大都市和货币经济的迅猛发展，工业化进程，空间、时间和传播的颠覆性变化，以及民主化进程。这些与机器属性相关的特点，决定了摄影作为工业社会的形象代表，比如是工业社会最合理和最有效的记录者，是其工具，是其本质价值的实现者。同时，工业社会为摄影提供了前提条件，为它提供了记录的主要对象和范例。

机器属性及其与工业社会的联系，并不足以保证摄影图像和摄影实践的现代性。现代性并不是摄影所固有的本性。摄影天生是多属性的，而且将一直是多属性。摄影的机器属性决定其实践形式永远既可以是现代的又可以是反现代的。1839年8月，法国科学院院士弗朗索瓦·阿拉贡（François Arago）公开表示对达盖尔照相术的赞美之辞。与此相应，德斯荷·哈乌尔－侯谢特（Désiré

弗朗索瓦·阿拉贡（François Arago, 1786—1853）：法国数学家、物理学家、天文学家和政治家。曾出任过法国总理。其学术上的成就主要在磁学和光学方面。他支持光的波动说并在实验中观察到了泊松光斑。

达盖尔（Daguerre, 1787—1851）：法国美术家、发明家、化学家和艺术家，因发明银版照相法而闻名。达盖尔学过建筑、戏剧设计和全景绘画，尤其擅长舞台幻景制作，声誉卓著。他用镀银铜板拍摄的《工作室一角》，被作为摄影术发明的凭证，现为巴黎法国摄影家协会所收藏。

Raoul-Rochette）于同年 11 月在法兰西艺术院为希波利特·巴耶尔（Hippolyte Bayard）的纸上正像进行辩护。站在艺术领域这一边，他将巴耶尔的发明对立于达盖尔的金属负片成像，并将之喻为"名副其实的素描"，具有"着实迷人的效果"[3]。达盖尔与巴耶尔发明的照相术之间的对立，即金属板与相纸本之间的对立，将摄影实践分流为两大派，一派推崇成像的清晰，另一派则追求轮廓的模糊感；一派是负片的拥护者，另一派则是卡罗法（calotypiste）的追随者；一派是艺术家，另一派则是"手艺人"。同时，这两派的对立也折射着科学与艺术的对立，职业与创造的对立，"实用性"与"好奇心"的对立，学院之间的对立（达盖尔的支持者是以阿拉贡为代表的法国科学院，巴耶尔的拥护者则是以德斯荷·哈乌尔—侯谢特为代表的法兰西艺术院）。

尽管"文献摄影"见证了 19 世纪和 20 世纪相继产生的现代主义思潮，甚至代表了其中的某些重要价值，但同时也不断受到其他实践形式的冲击，特别是画意派摄影（Pictorialistes），其代表人物为古斯塔夫·勒·格雷（Gustave Le Gray），亨利·勒·赛克（Henri Le Secq），希波利特·巴耶尔（Hippolyte Bayard）等。今天，摄影的文献功能正在衰落，现代主义和工业社会进入尾声，摄影实践领域则进入一个多元化的、大杂烩的时期，摄影、当代艺术、数字技术和网络传播等融会贯通。如果说，摄影并非天生现代的，如同一些反现代主义和非现代主义的艺术流派所证明的那样，那么摄影独有的机器属性、诞生的特殊时代背景及其发展演变的过程，则体现了摄影所具有的现代性的潜在性。这一点表现在其特殊的实践、用途、表现的主题和形式上。

摄影诞生的特殊时间、地点，及其特殊的用途和机器属性，所有这些显示了

德斯荷·哈乌尔—侯谢特（Désiré Raoul-Rochette, 1790—1854）：法国考古学家。

希波利特·巴耶尔（Hippolyte Bayard, 1801—1887）：法国摄影师，摄影史上的先锋人物。巴耶尔原本是一名公务员，在法国财政部任职。他从 1838 年开始研究摄影技术，最终发明了被称为"直接正片工艺"（direct positive process）的曝光方法。巴耶尔使用浸透碘化钾的氯化银纸进行感光，然后使用次硫酸盐进行冲洗，最后晾干获得照片。

3. Désiré Raoul-Rochette, « Académie royale des beaux-arts. Rapport sur les dessins produits par le procédé de M. Bayard », *Le Moniteur universel*, 13 novembre 1839, in André Rouillé, *La Photographie en France*, p.65-70.

卡罗法（calotypiste）：1835 年，英国人塔尔博特以纸为片基并使用食盐水定影成功，取名卡罗法。此方法得到的影像是负相（负片），可以复制为正相的照片。卡罗法也被称为塔尔博特法。

画意派摄影：盛行于 20 世纪初的一种摄影艺术流派，它产生于 19 世纪中叶的英国。该派摄影家在创作上追求绘画的效果，或"诗情画意"的境界。这一摄影艺术流派的创作题材大多取自宗教教义或文艺作品，创作方法是主题先行，先画草图，请人扮演拍摄，再经暗房加工而成。作品结构严谨，布局考究，且极富情节性、叙事性和寓意性。

古斯塔夫·勒·格雷（Gustave Le Gray, 1820—1884）：19 世纪法国最为重要的摄影家，擅长拍摄自然风光和人物肖像。他最初是位画家，后来转向摄影。他将蜡纸技术引入感光相纸纤维的制作过程中，这分别从物理和化学的角度加快了负片的感光速度、拓宽了色调范围，生成了与蜡质碘化银版完全不同的画面效果。

亨利·勒·赛克（Henri Le Secq, 1818—1882）：法国画家和摄影师。

摄影术的发明根植在新生的工业社会的蓬勃活力之中。正是工业社会保证了摄影的产生条件，为它的发展铺路，工业社会既塑造了摄影，也受益于摄影。按照工业社会所需，由其创造和铸成的摄影，在诞生之初的第一个世纪里，停留在服务性工具和适应新社会图像需求的阶段。因为，如同其他不同阶段，这个社会需要一个再现系统，能够适应它的发展水平、科技程度、节奏、社会政治组织方式、价值体系，以及理所当然的经济发展要求。19 世纪中期，摄影是回应这些需求的最佳选择。也正因如此，摄影被置于现代主义的核心地位，被赋予文献记录的功能。

如果说摄影是现代的，应该特别归功于图像与机器结合这一特征，即技术渗入图像，这个前所未有的特点将其与之前所有类型的图像割裂开来。从哲学意义上来说，作为"图像—机器"，摄影正从超验性走向内在性，这也是奠定其现代性的基础。因而可以说，摄影在图像领域内制造了一次革命。

回顾摄影术产生前的历史，素描家、版画家、艺术家等在创作中借用技术的手段是常有的事。比如说被广为运用的照相暗箱（camera obscura），在技术原理上曾经是最接近于摄影的机器，又如照相明箱（camera lucida）、放大镜等的运用，曾经流行一时的意大利城市景物画（vedute），乃至画像器，更不用说那些不计其数的印刷设备和雕版印刷术的传播。然而，手工的介入和至高地位从未在这些创作中被取代。摄影的诞生是一个里程碑，因为作为由技术创造的图像，它与之前的所有图像存在着本质上的区别，并为不久以后电影、录像和电视的相继出现拉开帷幕。更重要的是，摄影开创图像新领域的同时，也是新生的工业社会将机器普及到所有生产活动中的开端，正是这个同步性和类比性，将摄影置身于工业化的进程中，成为工业社会的楷模、图像领域的媒介及其主要工具之一。

图像—机器 IMAGE-MACHINE

1839 年，法国隆重宣布了尼埃普斯（Nièpce）和达盖尔的照相术发明，并声称这是一个由法国"慷慨地送给全世界"[4] 的礼物。与此同时，英国也在争夺摄影的发明资格。究竟谁先发明了摄影术，这一英

尼埃普斯（Joseph Nicéphore Nièpce, 1765—1833）：法国发明家，是世界上第一幅照片《窗外屋顶》的拍摄者。他曾和达盖尔合作研究摄影术，却因时运不济，把所有的美誉留给了达盖尔。

4. François Arago, « Rapport à la Chambre des députés » (3 juillet 1839), in André Rouillé, *La Photographie en France*, p.36-43.

5. Thomas Carlyle, « Signs of the Times » (1829), *Critical and Miscellaneous Essays*, p.230-252. Cité par Michael Löwy et Robert Sayre, *Révolte et mélancolie*, p.58-59.

托马斯·卡莱尔（Thomas Carlyle, 1795—1881）：苏格兰评论家、讽刺作家、历史学家。他的作品在维多利亚时代颇具影响力。主要作品有《法国革命》《论英雄、英雄崇拜和历史上的英雄业绩》《过去与现在》。"生命不止，奋斗不息"这个耳熟能详的句子，便是出自他之口。

6. 同上，Michael Löwy et Robert Sayre。

法间的争端虽无真正的意义，但显示了摄影术在"机器时代"[5]几乎同时在英国和法国诞生这一现象。先此 10 年，英国评论家托马斯·卡莱尔（Thomas Carlyle）就已经断言，这将"不再是一个英雄主义的时代、虔诚的时代、哲学的时代或是伦理的时代，而将是一个机械的时代"。如同经历了"艾那尼之战"（Bataille d'Hernani）而进入历史的法国浪漫主义，卡莱尔担心在不久的将来，机器将取代人类，并惋惜"人类自身的思想和心理在变得机械化的同时，人类的手也在变得机械化"，而这是不可阻止的趋势所在。至此，卡莱尔叹息地写道，"机械是真正主宰我们的神"[6]。

这个关于机器的浪漫主义和反现代主义批评，在不久后摄影的极端反对派和拥护现代化进程的支持派之间的论战中，成为前者的理论支撑。无论持哪种观点，这些观察家们不可否认的是，他们正在经历一个时代的剧烈转型期，一个社会从前工业阶段向工业阶段过渡的特殊时期。摄影正是出现在这个特殊的历史阶段，实现了以机器取代手工的转变，为图像提供新的表现方式，以使其适应新时代的需求。

当那些反现代主义者们惋惜图像就这样被剥夺了手工的智慧，现代派则从机械中看到了提高再现效率的方式。保守派认为，图像在人类这里（他的手、眼、智慧和敏感等）汲取精华；对现代派来说却相反，人的因素在图像创作过程中减弱，或者说对人类局限性的超越，正是图像更新的前提条件。"人的手永远不可能像光线那样来作画"，抱着对达盖尔照相术极大的仰慕和热情，记者儒勒·加南（Jules Janin）在 1839 年发表如此言论，他还写道，"人的目光永远不能达到光波向前的速度"[7]。

儒勒·加南（Jules Janin, 1804—1874）：法国评论家、作家。父亲是个律师。他刚开始在《费加罗报》做记者，后转而成为一位犀利的评论家。

7. Jules Janin, « Le Daguerotype [sic] », *L'Artiste*, novembre 1838-avril 1839, in André Rouillé, *La Photographie en France*, p.46-51.

8. Bruno Latour, *Nous n'avons jamais été modernes*, p.25-30.

也许，所谓现代主义意味着：首先，信仰人类与非人类之间有着彻底的区别，它们之间没有任何中间地带相连，不发生相互干扰，没有任何混和或杂交的可能性[8]。其次，在两者分离的范围内，相信物体、机器和科学的功效。关于摄影，保守派和现代派惯性地犯了相同的错误。围绕技术的问题，前者将其恶魔化，后者将其理想化，长久以来，这两种思潮都拒绝接受更具建设性的中间立场，也就是说接受人类与机器的合理结合，承认艺术与摄影之间并非先验地不相容。直到一个世纪以后，本书命名的"摄影表现"和"摄影材质"的出现，特别是工业社会和现代主义神话开始受到动摇的时候，这个结合才被真正肯定。

如果说，难以承认摄影图像中包含的人性成分源自根深蒂固的西方哲学传统，它也同样解 9. 引文摘自 Jules Janin, « Le Daguerotype [sic] », *L'Artiste*, novembre 1838-avril 1839, in André Rouillé, *La Photographie en France*, p.46-51. 释了摄影的发明为什么能在儒勒·加南这样的观察家身上引发如此的赞叹。[9]"设想一下"，他写道，"镜子保存了所有在它表面反射过的物体的留痕，那么您对达盖尔照相机几乎有了完整的了解。"与达盖尔相机比，照相暗箱只不过是"一面什么都没有留下来的镜子"，从此被远远超越了。摄影的诞生远非从零开始，它集两种古老的知识技能于一身：一方面，是黑箱子，也就是光学仪器；另一方面，是物体对光线的敏感性。正是光学与化学的结合，使摄影能够最初记录下光的痕迹。"正是太阳自身，如同一个新艺术的能手，创造了如此不可思议的作品。"这一事件极其重要，因为首先机器将代替人类来完成所有的任务，同时弥补人类的缺陷（"从此不再是人类不确定的肉眼……不再是人类颤抖的双手……"）；其次，记录的技巧，即记录整张图片的瞬间性和一次性，取代了以前完成一张画所需的时间。

然而，这个人类知识与实践的喜悦结晶，仅仅在以前所未有的速度发展的工业化的范畴内才得到实现。"我们生活在一个特殊的时代"，加南在1839年继续写道，"今天，我们不再幻想亲自生产任何东西，相反地，我们不懈地探索着代替人类并为人类生产的方式。蒸汽是人力的五倍，铁路更是将其再翻一倍，燃气取代了太阳。"

通过光学仪器取代人手、人眼，取代素描家、版画家或油画家的工具，摄影重新调整了图像、现实与艺术家之间数个世纪以来的既定关系。铅笔、雕刻笔、油画笔等是如此简陋不堪的工具，对手的依赖使它们仅仅充当了手的简单延伸物。艺术家与工具及图画构成了一个整体，摄影所颠覆的，正是这个艺术家、工具和图像的一体关系，从而建立一种新型的关系，即自然界物体与图像之间的关系。在旧的关系中，手工绘制的图像直接来自艺术家之手，自然界不参与这个过程。而在新的关系中，摄影图像则是光线的直接留痕，将现实与图像联系起来，而与摄影师保持距离。于是陈旧的人与图像的组合，让位给了新型的现实与图像的组合。"一旦调好光线、摆好姿势，剩下的就由拍摄对象和相机自动来完成了。"[10] 肖像画家亚历山大·肯（Alexandre Ken）

10. Alexandre Ken, *Dissertations historiques, artistiques et scientifiques sur la photographie* (1864), in André Rouillé, *La Photographie en France*, p.414.

在1864年写道。通过图像与机器的组合，物质世界占据了人类作为操作者的位置。我们将看到：真实性和相似性的机制，图像的本体论，以及关于图像整个言说体系是怎样随之变化的。

摄影改变了图像制作的规律。素描家或是画家创作时，将惰性原料（颜料）铺展到一个平面载体上，其间不发生任何化学反应，图像在绘制过程中一点一点地呈现出来。摄影图像的产生过程完全不同，它是一次性出现的，前提条件是必须经过一系列光与银盐接触的化学反应过程，然后经过暗房处理，才能最终使潜在的图像显影成可见的图像。

在从工具到机器、画室到暗房的过渡中，创作材质本身也发生了决定性的变化。用炭笔或颜料作画，是一个纯粹的美学创作过程，而在摄影中，化学反应是图像产生的必须条件。从劳动分类上说，素描和绘画属于第一产业，而摄影则属于第二产业。换言之，当西方社会处于工业化进程，当物质生产从第一产业（手工业）向第二产业（机器化）过渡，摄影则在图像领域领导了类似的过渡。（今天的许多图像，特别是电子和数码的图像，属于第三产业。）

达盖尔的同时代者（热力学时代）清楚地意识到，光学系统与对光线敏感的化学系统的结合（相当于一个将光能变成化学能的转换器），赋予了摄影神奇的威力，使它成为"一个保存了所有痕迹的暗箱"。一方面，暗箱保证了忠实的光学复制；另一方面，对瞬间表象的化学记录，留下了"反应物"的痕迹。但是，复制和记录不等于再现。加南解释道，"暗箱自身不产生任何东西；它不是一幅画，而是一面镜子"[11]，它的功能仅限于复制。我们

11. Jules Janin, *L'Artiste*, novembre 1838-avril 1839.

为它添加一个化学记录系统，于是能够获得摄影成像，其接收大于再现。镜子是这样一个矛盾的物体：能够接收和反射表象，却不能够将它们收集和保存下来。达盖尔照相机的发明，神奇地弥补了镜子的缺陷，其银色的反光仍旧让人联想到镜面。

　　所以，摄影与其说是一个再现的机器，不如说是一个接收的机器。接收来自这个世界的所有可见不可见的能量、运动、强度和密度；并非再现现实，而是从可见中生产和复制。"并非再现可视，而是使不可视变得可视"[保罗·克利（Paul Klee）]，这才是现代艺术和文献摄影的使命。如艾蒂安—朱尔·马雷（Étienne-Jules Marey）发明的动作连续摄影分析法，勾勒了动物行走时身体不同阶段的示意图（1883）。又如1930年代报道摄影时代的到来，本书稍后将回到这个主题。

保罗·克利（Paul Klee, 1879—1940）：出生于瑞士的一个艺术家庭。他的极具个性的绘画风格，受到了印象派、立体主义、野兽派和未来派的影响。克利是一个既浪漫又神秘的人。他把绘画之类的创作活动，看作是不可思议的体验，在这个体验过程中，艺术家在得到启发的时刻，把内心的幻象和对外部世界的体验结合起来。保罗·克利的绘画作品经常表现出一种童真和幽默。

艾蒂安—朱尔·马雷（Étienne-Jules Marey, 1830—1904）：法国科学家。他在心脏内科、医疗仪器、航空、连续摄影等方面都有所建树，被广泛认为是摄影先驱之一和对电影史有重大影响的人。他关于如何拍摄和播放移动图像的研究推动了正在萌芽状态的摄影术的发展。

　　摄影最根本的现代性在于，它是一个视觉机器和生产"接收图像"的机器。接收、捕捉、记录、定格，这些就是这个新型图像的程序，接收机器如同视觉机器一样运作，并就此更新了记录过程。摄影将接收过程历史性地取代了描写过程（书写层面）或是绘画过程（影像层面）。于是，物体本身和物体状态成了图像构成的组成部分。因此，不难解释为什么让－夏尔·朗格鲁瓦（Jean-Charles Langlois）上校在克里米亚战争期间（1855—1866）给妻子的信函中，关于气象的笔墨占据了如此大的章节。因为下雨、天寒、下雪，或是旭日，这些主题超越了习惯性的寒暄，而是决定其拍摄成败的因素。"当时间紧迫时，往往只能回到耐心这个可怕的字眼上"[12]，朗格鲁瓦在1855年12月20日给妻子的信中如此写道。接着在次年1月18日，他

12. François Robichon et André Rouillé, *Jean-Charles Langlois. La photographie, la peinture, la guerre. Correspondance inédite de Crimée (1855-1856)*, lettre n° 14, 20 décembre 1855.
13. 同上，lettre n° 23, 18 janvier 1856.

又写道："亲爱的，这里的天气是多么糟糕啊！这样的状态还会持续多久呢？连着26天没有一个好天气。我们不停地期待又不停地失望。……通过非凡的耐力和韧性获得的这些照片是多么珍贵！简直不可思议！连续数小时的胶片曝光后，在暗房里又需要两到三天，有时甚至花更多的时间来冲洗和放印，药水一天要更新两到三次。不过令人欣慰的是，能够保留这些在战争和恶劣的气候下每天都在消失的事物。然而，要从寒冬手里夺取几张成功的照片，需要浪费多少张相纸，多少材料和药剂啊，这还不算那些因为冰霜而被毁坏的胶片。"[13]

　　与现实的毗邻性既是摄影的优势，也是它的短处。朗格鲁瓦的经历，形象

地证明了，天气状况和时间因素如何决定了拍摄的成败：摄影师"坚韧的毅力"，动辄"长达数小时"的"曝光时间"，冲洗和放印照片的时间（"两到三天，有时更长"）以及事物不可预料的变化发展，"在军队摧毁和恶劣气候的影响下，每天都有事物在消失"。

至于"要从寒冬手里夺取几张成功的照片"，朗格鲁瓦写道，"需要付出多大的代价啊！"如果我们要计算成本，那么必须以时间来计算——小时（曝光时间）、天数（冲放照片的时间）、星期（等待的时间）——或是以化学能量和光学能量，以及所需的设备的数量来计算。图像的信用便是建立在这些成本之上，这也是图像的真实性和精确性的成本。谈及拍摄的成本，以另一方式强调了摄影图像中充满了量的概念，创造能量需要一定的物质能量作为前提。当然，光线质量并非无足轻重，特别是对朗格鲁瓦这样一个艺术家来说，但光线的数量更具本质性和决定性。这就是新的特点，这就是现代的特点。

因此，摄影之新，在于将数量、数字和测量的概念引入图像的物质构成中：曝光时间、冲洗时间、距离、景深、乳剂的敏感度等一堆参数编织了一张底片内在的数字网版。摄影之新，还在于能够对同一对象重复拍摄，对同一张底片重复冲印，促成"系列"这个崭新概念的诞生，这也意味着图像从"唯一／单一"向"多数"转变，从传统的艺术价值观走向现代工业价值观，这个过程有着决定性的意义。确实，相机这个不可思议的机器可以成系列地生产物体图像，与其说是手工或艺术作品，不如说更接近于工业生产。它的机器特性，让它能够在新的工业革命条件下，实现狄德罗百科全书式的乌托邦世界的幻想：对现实世界进行一次彻底的清点，编撰成册，提供在暗房内或在一些布尔乔亚的沙龙里翻阅。摄影就这样被视为人类探测这个奇妙而广阔世界的最佳手段，来回答人类因此而产生的疑惑，这也解释了为什么摄影术一诞生就引起了考古学家、工程师、建筑师、医生等职业人士的兴趣。他们在各自领域内，收集了大量的图片，构建自己的影集，比如遍布世界的历史古迹、桥梁铁路建设、城市化进程、皮肤病研究、土著民族考察、亲人朋友或是名人照片等。通过系列和归类的现代方法，这些丰富的图片资料向人们形象地展示了这个世界的运转规律。

与那些用来被凝视、展览和欣赏的艺术品不同的是，这些图片资料是被用来查阅、备案和使用的。例如，今天仍备受关注的法国摄影师尤金·阿杰（Eugène

Atget）的作品，在当时是直接应客户（插图画家、建筑师、室内设计师等）需求来拍摄的。为完成这些预约，阿杰以非常职业化的快节奏工作，拍摄了大量多样化的可适应不同需求的图片。这不是由自身意愿或某个乌托邦式的念头（比如狄德罗设想的百科全书式的乌托邦）引导下的清点，而是无数底片的积累沉淀。完美视觉的梦

尤金·阿杰（Eugène Atget，1857—1927）：1898年，阿杰开始以摄影为专门职业，有计划地拍摄逐渐因工业革命逝去的巴黎，包括街道、建筑、商店、门厅与室内装潢。他终其一生致力于拍摄与记录老去的巴黎，被誉为"第一位现代摄影师"，创作了不朽的人文资产与经典艺术作品。他是应用自然光的大师，认真地捕捉巴黎每一道美丽的霞光，收集着巴黎最动人的表情，而巴黎的静谧时光也随之凝结进了他每一幅作品之中。

迪德立（André Adolphe Eugène Disdéri，1819—1889）：法国摄影师。他在1954年发明了一种新式摄影机，能够一次拍摄12张照片，从而大大降低了肖像摄影的价格。

想让位给实用性，清点的渴望让位给收藏，乌托邦让位给实践。在这里，可视的丰富被转化成大量的图片积累，而且其中大部分被归类、比较、参照。正是这样，在摄影诞生的最初几十年间，许多摄影师的拍摄都用到了"系列"的理念，如肖像领域内的迪德立（Disdéri），旅游领域内的萨尔斯曼（Salzmann），城市测绘员马尔维勒（Marville）和阿杰，科学领域内的马雷（Marey），皮肤病医学研究领域的如哈迪（Hardy）和蒙麦加（Montméja），警察署成员贝蒂荣（Bertillon），或是萨尔贝蒂耶医院（Salpêtrière）的隆德（Londe）。这些摄影工作带着严谨的科学精神，每一次都需要事先制定拍摄计划，排除主观因素的影响，并将照片系列化、存档，这样才能便于今后的对比研究和发现差异。

系列既是拍摄结果又是拍摄方式，建立在摄影作为机械图像的属性之上，它贯穿了整个现代主义阶段，直到第一和第二次世界大战之间，在德国摄影师奥古斯特·桑德（August Sander）和美国农业安全局（Farm Security Administration）计划的运用中达到了巅峰阶段。1970年代后，埃德·拉斯查（Ed Ruscha）和德国的贝歇尔夫妇（Bernd & Hilla Becher）等艺术家，将在另一个领域里重新激活"系列"的创作方式，此时，对世界进行清点的乌托邦式的梦想幻灭了。

现代视觉 VISIBILITÉS MODERNES

新社会的到来，规模庞大复杂，增长快速，让艺术家的眼睛无所适从，力不从心。而摄影作为视觉机器，出现在这个关键性的时候。这也是第一次工业

革命时期，是铁路、蒸汽船和电报的时代，   14. 世界贸易在 1800 至 1840 年间几乎翻了一倍，在
这些发明扩大了贸易圈，加快了全球化的   1850 至 1870 年间继续增长了 160%（Eric Hobsbawm,
进程，世界变得越来越现实可见。[14]   L' Ere du capital, p.58)。

　　在这个现代主义的全球化框架内，即 19 世纪中期，摄影扮演了一个至关重
要的角色：生产适应新时代的可视性。与其说表现新事物，不如说是以新的方
式来表现事物。因为可视性并非简单地指向物品、物体或是微妙的质，它意味
着观看事物的方式，即视觉和视觉表现，包含着透明与不透明之间、见与未见
之间的调配。如果摄影能够制造现代化的可视性，那是因为它的视觉方式与现
代化的一些人原则发生了共鸣，那是因为它在现代化的方向中重新定义了视觉
条件：视觉方式与焦点、理性、对象、目的暨内在性。

＜视觉方式与焦点 Façons et enjeux de voir

　　1848 年，卡尔·马克思（Karl Marx）和弗里德里希·恩格斯（Friedrich
Engels）描述了"国家之间普遍性的、相互   15. Karl Marx et Friedrich Engels, *Manifeste du parti*
依存的关系，是如何逐渐取代以往城乡和   *communiste*, p.37.
国家之间自给自足、互不往来的状态"。他   16. Ernest Lacan, *Esquisses photographiques*, p.22-23.
们还补充道，"并且，精神生产和物质生产   17. André-Adolphe-Eugène Disdéri, *Renseignements*
同样重要。"[15] 随后不久，圣·西蒙派信徒   *photographiques*, p.35.
　　　　　　　　　　　　　　　　　　　　　　 18. Gilles Deleuze, « Les strates ou formations historiques: le
　　　　　　　　　　　　　　　　　　　　　　 visible et l' énonçable (savoir) », *Foucault*, p.60.
记者艾内斯特·拉康（Ernest Lacan），揭示了摄影是如何随着贸易的扩张来扩大
人类视野，如何将视线从本土延伸向全球，如何摆脱传统的束缚。对拉康来说，
摄影的一大贡献是连接了此地与彼处，本土与全球。[16]

　　当摄影将人类的目光投向新世界，它也帮助学者探索未知的领域，比如"这
些连放大镜都难以辨别的几乎不可视的东西"。[17]1840 年代，显微镜与暗箱的结
合促使微观摄影产生，技术复杂程度不亚于其他的发明创造（铁路、蒸汽船、电报、
照相机等），这是对肉眼、绘画和手工的又一次挑战，它使人类能够看到现实世
界里无法看到的东西，对未知世界的探测又迈进了一大步。

　　摄影不仅让人们看到了更多，它更让人们看到了从绘画中看不到的别样的东
西。它制造着新的可视性，深入事物内部，从中揭示了前所未有的神奇景象。[18]"当
动物学家画图时"，1853 年法国科学院记载道，"他再现的是自己的眼睛在对象

身上观察到的东西，铅笔勾勒下的观察结果，或多或少是不完整的"。[19] 而摄影则不同，它"不仅表现了作者自己看到和想要表现的东西，还表现了对象本身固有（但作者有可能遗漏）的东西"。[20] 所以，摄影和绘画不能等同而论。摄影师再现这个世界中实际可见的东西，不管他自己看到或是没有看到，不加选择，又毫无遗漏（"实际可见的东西"）。画家表现的是局限性的现实：他所能感知的东西（"在对象身上观察到的东西"），他所能理解的东西（"观察结果，或多或少是不完整的"），他主观上想要保留的东西（"作者自己看到的并想要表现的东西"）。太人性化，观察得出的素描具有必然的局限性，如人类感知能力的局限，先入之见的局限，主观选择和兴趣的局限等。

19. « Rapport sur un ouvrage inédit intitulé: *Photographie zoologique* par MM. Rousseau et Devéria », *Comptes rendus hebdomadaires des séances de l'Académie des sciences*, t. XXXVI, 1853, in André Rouillé, *La Photographie en France*, p. 77-78.
20. 同上。

此外，学者的眼睛与画家的眼睛不同。科学视角不等于艺术视角。此处的弱点、缺陷和残废，在彼处可能成为优势的保证。摄影的视觉和表现方式与艺术传统完全相反，如著名的牺牲论提倡"忽略一幅画中的次要部分来衬托主体部分"[利特雷（Littré）]，选择似乎是再现的固有组成，摄影则提出了全新的观念，那就是自动记录。在艺术应该自由地"选择合适的，净化不合适的"[21] 这一传统观念下，摄影被指责为不加选择、不分主次、全盘拿来的机器。这些论战的过激性，也表明了摄影的出现让视觉问题成为 19 世纪的焦点。

21. Gustave Planche, « Le paysage et les paysagistes », *Revue des Deux-Mondes*, 15 juin 1857, in André Rouillé, *La Photographie en France*, p. 268-269.

尽管如此，摄影并未像拥护它的人所认为的那样帮助人们看到更多更好，也不像反对派试图证明的让人们看得更少。它让人看到了别样的东西，看到了其他显而易见却从未发觉的东西，因为它再现这个世界的方式是全新的。与 19 世纪绘画、素描或是版画等传统艺术所创造的可视性对立，摄影的可视性是新兴科技和工业的产物。关于摄影和艺术对立的无休止的论战，体现了这两种可视性的异质性和不相容性。或者，更确切地说，文献记录正在从艺术和手工领域逐渐向科学和机器领域过渡。

在植物学和考古研究中，特别是在建筑领域，那些最顽固的反对派也承认摄影与雕版印刷或是石版印刷相比所具有的优势。例如在教堂的研究中，记者亨利·德·拉克雷戴尔（Henri de Lacretelle）解释，摄影带来了不可思议的灵活性和操作自由，让建筑师能够捕捉到"教堂 22. Henri de Lacretelle, « Revue photographique », *La*
最顶端仅有鸟类才能看到的细节……"[22]。 *Lumière*, 20 mars 1852, in André Rouillé, *La Photographie en France*, p.129.

通过更新视角和无数的特写镜头，"一块石头一块石头"地被分解，再"重组"，产生"不可思议的效果"，摄影让人们对这些宏伟的建筑有了一个全新的认识。一句话，文献摄影为感知建筑提供了一个现代的全新的方式。它颠覆了传统视觉，并对绘画本身也产生影响——例如莫奈画布上著名的鲁昂大教堂。

　　于是，"看"成为一个焦点。这个焦点将摄影直接对立于绘画和其他艺术（即将机器对立于眼和手），继而导致在摄影领域内部分离出了不同的实践流派。如20世纪的前30年左右，德国相继出现了摄影的三大"视觉流派"[23]：画意摄影、新视觉主义（Nouvelle Vision）和新客观主义（Nouvelle Objectivité）。

23. Gilles Deleuze, *Foucault*, p.70.
24. Walter Benjamin, « L'œuvre d'art à l'ère de sa reproductivité technique », *L'homme, le langage, la culture*, p.169.

瓦尔特·本雅明（Walter Benjamin，1892—1940）：德国思想家、哲学家和马克思主义文学批评家，出版有《发达资本主义时代的抒情诗人》和《单向街》等作品。有人称他为"欧洲最后一位知识分子"。本雅明的一生颠沛流离，他具有卡夫卡式的细腻、敏感和脆弱，而他的博学多才照亮了20世纪的学术星空。

25. Ernest Lacan, *Esquisses photographiques*, p.30.

　　总之，一个多世纪以来，文献摄影以不同的组合形式在摄影中占据主导地位，尤其是1920年代文献摄影与新闻的组合。总的来说，照相机为现实提供了一份人类的眼睛所"不可比拟的精确的清单"［瓦尔特·本雅明（Walter Benjamin）］。[24]它极大程度地发展了莱布尼茨关于"统觉"的概念，即对感知所具有的明确意识。"没有一个细节能够逃脱（照相机的眼睛）"，早在1856年，艾内斯特·拉康就曾发出如此赞叹，继而说到："这些大教堂的精美复制品，展示了它们的美至今为止未被感知的神奇之处！"[25]

＜视觉理由 Raisons de voir

　　看有看的理由。在这一点上，摄影的可视性，与现代社会的两大主要现象不可分割，那就是城市化和扩张主义。摄影既是这两大现象的产物，也是它们的服务工具。当彼处和未见（即不可证实的东西）在图像中的出现不断增长时，摄影重新建立了文献的模式，以现代的手法记录了城市的发展。

≫ 城市化 L'urbanisation

当马克—安东尼·戈丹（Marc-Antoine Gaudin）于 1844 年谈到达盖尔照相机问世的话题时，他描述了那些爱好者是如何为从窗口拍到的照片所着迷的：每个人"对那些暖炉管道赞不绝口，他反复数着屋顶上的瓦片和烟囱砖，他惊讶地发现砖块间的水泥衔接部分"[26]。摄影诞生之始（指达盖尔照相机），就体现了强烈的城市性，比如表现的主题（巴黎的屋顶），涉及的材质（砖块、水泥），特别是其图像的精确性和清晰度。因为超越了肉眼的功能，相对于表现农田或是森林这些形状模糊的景象，机器的精确度更适合表现城市的形状（尖屋梁、直角、直线等）。

摄影是城市性的，首先缘于它的起源，即与现代城市同时出现，其发展也完全在城市内部展开（其中大城市多于小城市）。摄影是城市性的，其次缘于摄影的内容，例如纪念性建筑、肖像或裸体、科技或警察照片、工地或事件照片等，其中大部分的图像都以城市为背景。至于风景照和旅行照，则通常与某个由大城市发起的关于领土控制和管理的大型计划有关。摄影是城市性的，还缘于摄影图像讲求清晰和精确，不断提高拍摄的速度，这一点与城市化所遵循的逻辑相辅相成。譬如，1850 年代初，玻璃负片（胶棉）和纸上负片（卡罗法）之间的技术对立，体现了两种摄影立场的对立，它们之间的差异大致如下：形式上的差异（清晰对立于模糊），主题上的差异（肖像主题对立于风景主题），空间上的差异（室内拍摄对立于户外拍摄），地域上的差异（城市对立于乡村），所有这些差异概括起来，即工业与艺术之间的巨大差异。然而，摄影之所以具有城市性，还有一个更重要的原因，那就是与之相似的机械化进程在城市和文献摄影中同步进行。

乔治·西美尔（Georg Simmel）认为，现代大城市中社会、职业和经济生活节奏的不断加快，是"紧张生活强化"[27]的体现。在波德莱尔撰写《人群中的人》（《Homme des foules》）[28]之后，在瓦尔特·本雅明尚未提出"碰撞"[29]的概念前，西美尔认为，社会的动荡、不和谐的节奏、与大众和过往人群的联系，导致了"大城市精神生活的

26. Marc-Antoine Gaudin, *Traité pratique de photographie* (1844), in André Rouillé, *La Photographie en France*, p. 43-44.

乔治·西美尔（Georg Simmel，1858—1918）：德国社会学家、哲学家，主要著作有《货币哲学》和《社会学》。他是形式社会学的开创者。

27. George Simmel, « Les grandes villes et la vie de l'esprit », *Philosophie de la modernité*, p. 233-252.

波德莱尔（Charles Pierre Baudelaire，1821—1867）：法国 19 世纪最著名的现代派诗人，象征派诗歌先驱，在欧美诗坛具有重要地位。代表作《恶之花》是 19 世纪最具影响力的诗集之一。

28. Charles Baudelaine, « L'artiste, homme du monde, homme des foules et enfant », in « Le peintre de la vie moderne », *Œuvres complètes*, p. 793-797.

29. Walter Benjamin, « Sur quelques thèmes baudelairiens », *Charles Baudelaire, un poète lyrique à l'apogée du capitalisme*, p. 160-163.

知性特征，而小城市则相反，它更多地
建立在感性和人情的基础上”[30]。由此可
见，现代城市化引发了人类学意义上的
重要变化，“知性”的发展和“感性”的

30. Georg Simmel, *Philosophie de la modernité*, p.235.
31. 同上，p.249。
32. 同上，p.238。
33. 同上，p.249。
34. Charles Baudelaire, « Salon de 1859. Le public moderne et la photographie», *Œuvres complètes*, p.748.

隐退。更具浅表性和易变性的知性，逐渐变成藏匿在“我们的灵魂”深处的感性
的最后一道防线。

西美尔总结道，“客观精神”战胜“主观精神”[31]，数量战胜质量，大城市的
现代文化特征表现为一些价值观和态度取向的普遍化，比如准时性（“钟表在全
世界的普及”[32]），可靠性、准确性、精确性、极端的非个人化，甚至“聚会的简
短精炼”[33]。至于波德莱尔，他不是在1859年就嘲讽“现代大众”的“只对真实
感兴趣的口味”，并揭示了摄影中的工业魔鬼是怎样借此取悦大众的吗？[34]

可靠性、准确性和精确性，这些代表了现代生活方式、行为方式和市民思
维方式的特征，难道不正是文献摄影的优势所在吗？快门的使用不正是钟表普
及的现象之一吗？因为，“准确守时”的钟表精神也是摄影内在固有的精神，摄
影图像也是有史以来第一个建立在时间计算基础上的图像。非个人化，是摄影
被攻击的主要缺点之一，还有，如何来理解所谓的“聚会的简短精炼”，或者说
是某种形式的瞬时性？换言之，19世纪中叶以来，摄影图像所表现的价值，也
是正在改变整个工业社会里市民生活和思考方式的价值体现。这一系列无形的
同一性、同时性和纽带性，将工业活力、城市发展、生活方式和思维方式的改
变、艺术品味和摄影，拉得越来越近。摄影致力于让图像领域符合新社会的要求，
因而被赋予文献的价值。

尽管如此，在摄影最初表现的正
发生着激烈动荡的城市景象中，看不到
或几乎看不到巴尔扎克笔下所描绘的那
些成为历史的巴黎的作坊、商店和仓
库，也看不到在城郊结合处或是在城中

奥斯曼男爵（Baron Georges-Eugène Haussmann，1809—1891）：
法国城市规划师，1852至1870年间，他获得拿破仑三世
的委任，对巴黎进行了重新规划和大规模的改造。当今巴
黎的辐射状街道网络的形态即是其代表作。
夏尔·马尔维勒（Charles Marville，1813—1879）：法国摄影
家，擅长拍摄建筑、风光与城市环境，因其拍摄的老巴黎
照片而出名。

贫民窟内安身的无产者的身影，也看不到群体这个现代化的象征的出现。奥斯曼
（Haussmann）男爵承诺要铲除的那些乌烟瘴气、鱼龙混杂的小街巷，对它来说也
还是陌生的景象，或者，如同夏尔·马尔维勒（Charles Marville）所说的，镜头里

记录下的是些没有躯壳的幽灵。有人认为，曝光时间之长和器材之重，是导致照片中1870年之前的巴黎如同一个无人沙漠的原因。但根本原因不在此，而在于当时摄影关注的是城市中的权利场：那些载入史册的纪念性建筑和那些影响未来的城市建设。[35] 然而，人、工人、包工头、路人、流浪汉、闲逛者等，在摄影师的镜头里似乎还是一个空白。[36] 城市是一个没有演员的舞台。直到巴黎在工业化和城市化的迅猛发展中几乎被改变得面目全非，尤金·阿杰才开始投入一个持久而哀婉动人的计划，记录巴黎那些"所有即将消失的景象"[37]：

店铺门面和橱窗、住宅楼、阶梯、即将消失的小职业等。阿杰镜头下城市的凄凉感常常让人联想起"犯罪现场"[38]。不过，如果存在谋杀，那也是新事物杀死"旧事物"。

巴黎公社之后，劳动阶层才象征性地成为摄影表现的对象。男人和女人成群地出现在镜头前，他们看上去是工人或从事别的职业，这些照片通常拍摄于巴黎的市区内、街垒前或是旺多姆广场上。有史以来第一次，作为大都市的巴黎不再被照片简化为楼房、无人的街景或空旷的工地，而是一个被活生生的个体居住的城市，这些个体斗争着，生存着，也即将死亡。[39] 人民起义带来了摄影的革命，使它开始聚焦人和城市，从而诞生了报道摄影。[40] 正是基于摄影捕捉转瞬即逝的事物的能力，革命者才得以瞬间地被图像凝固。但是，巴黎公社失败后，摄影很快成为镇压者的工具，警察机关在照片的帮助下来搜捕那些起义者。直到19与20世纪之交，摄影报道才开始揭露城市的阴暗面。摄影师雅各布·里斯（Jacob Riis）用了10年的时间来拍摄纽约穷人的生活（"反对陋屋的10年战争"），他认为简陋肮脏的生活环境是造成这些人肉体和思想双重堕落的罪魁祸首。但是，

35. Charles Marville 的马路开凿，Delmaet-Durandelle 的歌剧院，Edouard-Denis Baldus 的卢浮宫，Hippolyte-Auguste Collard 的塞纳河上的桥等。

36. André Rouillé, « Images photographiques du monde du travail sous le second Empire », *Actes de la recherche en sciences sociales*, n° 54, septembre 1984.

37. 在拾荒者系列中的一张照片背后（Carnavalet, Atget n° 462），Atget 写道："注：整个地区及其拾荒者都将消失。1913 年（巴黎第 17 区）。"（*Atget, Géniaux, Vert. Petits métiers et types parisiens vers 1900*, Paris, Musée Carnavalet, 1984, p. 36.）

38. 将 Atget 的照片与犯罪现场进行比较并非没有理由。在我们的城市里，没有一个地方不是犯罪现场，没有一个过客不是凶手。作为占卜师和占卜师的继承，摄影难道不应该通过图像来发现差错，指定罪犯吗？（Walter Benjamin, « Petite histoire de la photographie », in *L'homme, le langage, la culture*, p. 79.）

39. 通过持续 20 年拍摄塞纳河上的桥，Collard 表现了帝国是怎样建立起来的，表现了它的辉煌（不论是否有意），又通过拍摄街垒，表现了它的沦丧（不论是否有意）。

40. 作为与城市紧密相连的实践，报道的形式将在 20 世纪随着图解新闻和社会运动的兴起而得到重要发展。

雅各布·里斯（Jacob August Riis, 1849—1914）：美国新闻记者，社会改革家，摄影家。原籍丹麦，21 岁移民美国，干过不同的职业，亲身体会了城市贫民的生活。1890 年出版了《另一半怎么生活》，如实描绘了纽约贫民窟的情景，震撼了美国人的良知，并促使美国通过了第一个意义深远的改进贫民窟生活条件的法案。在摄影方面，他被认为是闪光灯运用的先驱之一。

真挚的感情和善意的目光，提不起摄影师的兴趣，而那些社会新闻和令人刺激的事件才是摄影师跟踪报道的对象，例如事故、凶杀、街边的尸体、自杀、纵火、卖淫嫖娼、吸毒、变性人、夜间收容所等。"犯罪（报道）是我擅长的，也是我喜欢的"，维吉（Weegee）声称。[41] 1920 年代初，他以拍摄纽约的夜间惨案而著称。[42] 他用冷酷无情的闪光灯，暴露了社会最令人诅咒的一面，现代大都市最不为人知的阴暗血腥的一面。城市从未像在维吉镜头里那样接近于"犯罪现场"。

41. *Le New York de Weegee. Photographies 1935-1960*, Paris, Denoël, 1982.

维吉（Weegee，1899—1968）：美国摄影家。出生于奥地利，10 岁时移民到纽约。24 岁时，成为"顶好新闻图片"社的暗房师。36 岁时，辞去工作，成为了一名自由摄影师。维吉的题材多数为灾难和恐怖事件，因此他镜头下的城市是一个丑陋的怪物。

42. Alain Buisine, « Weegee, la sacralisation du fait divers », *La Recherche photographique*, n° 16, printemps 1994, p.13.

布拉塞（Brassaï，1899—1984）：20 世纪欧洲最有影响的摄影大师之一。他出生于匈牙利古都布达佩斯，20 多岁时来到法国巴黎。1930 年代初开始从事摄影，1932 年出版第一本摄影集《夜之巴黎》（该书于 1976 年再版），引起全法国的关注，他也由此赢得"夜间摄影之祖"的美誉。在布拉塞的摄影生涯中，还拍摄过毕加索、达利、马蒂斯、米罗、贾克梅第、波拉克、杜菲、波纳尔等著名艺术家的照片，这些照片后来编入《在我生活中的艺术家》摄影集，这本摄影集总共记录了 21 位艺术家的生活和工作面貌。除了摄影，布拉塞还擅长绘画和雕刻，在纽约和伦敦办过画展。

43. Jean Vétheuil, « La ville photogénique », *Photo-cinégraphie*, n° 21, novembre 1934, in Dominique Baqué, *Les Documents de la modernité*, p.165.

44. Marie de Thézy, *La Photographie humaniste, 1930-1960. Histoire d'un mouvement en France*, p.16-17.

反之，在布拉塞（Brassaï）的《夜巴黎》（1933）系列中，城市被表现成一个影子里的世界，"一个诗意的主题"[43]。维吉镜头里纽约夜晚赤裸的暴力景象，在布拉塞这里成了超现实主义的奇特夜景。一边是社会新闻，另一边是诗，在这些诗中，城市不过是纯粹的表现材料。而另一位摄影师日尔曼·克鲁尔（Germaine Krull）常常运用仰拍的方式，捕捉城市中的线条、对角线，几何形构图让他的照片呈现出冰冷的感觉，甚至像是一幅抽象的构成主义绘画。布拉塞照片里超现实主义的闲庭信步式的夜景，与克鲁尔照片里被金桥和港口的灯光照得如同白昼的夜景，形成了鲜明的对比。前者传达了令人不安的异样感，后者表现的则是技术进步带来的乐观，对速度的狂热和对"新世界"的向往。然而，不论是超现实主义还是构成主义，这些与 1920 年代先锋主义一脉相承的摄影，都忽略了人的存在。与此相反，"人道主义摄影师"将日常生活和人的喜怒哀乐作为表现的主题。自 1930 年后的近 30 年中，巴黎市民阶层的生活成了这些摄影师的偏爱。[44] 有史以来第一次，马路成了聚会的场所。与"人道主义摄影"在法国同时兴起的，还有插图新闻和不断激化的工人斗争。就这样，平民阶层同时登上了摄影、新闻和历史的舞台。

1960 年代以后，随着摄影功能的多样化，城市的形象继续在改变。对这个背景的初略介绍，将有助于揭示在记录层面，摄影曾经站在权力阶层的一边，为其所用，来表现这个阶层的代表人物、地点、象征、运动等，平民阶层则被排除或是边缘化，甚至被曲解。这个不平等的差异还体现在构图方式中，或是抬高拍摄对象，或是贬低拍摄对象，例如 19 世纪明显地在表现形式上对工人阶层的鄙视，[45] 1930 年代以后得以改变。直到以巴黎公社的方式来争取政治权力，或是类似 1936 年罢工这样的重要运动，工人和平民阶层才得以以正面的形象进入摄影。事实上，正是这些在无论何种政权分裂运动中自我定位的方式、永远依附主流的方式、迎合主流的方式，决定了文献摄影（包括所有文献图片）的特征。换言之，一张具有操作性的、主动的文献图片，也是一张主流的图片。今天，摄影已经不占主流，因为新的竞争对手如电视卫星直播图像，从它手里夺走了皇冠。毫无疑问，电视图像更适应于新时代对影像的需求，摄影曾经是权力图像，那是因为它能够与新生的工业社会的象征产生共鸣：机器、大都市的兴起以及将它们沟通起来的四通八达的铁路网络。

45. André Rouillé, « Images photographiques du monde du travail sous le second Empire », *Actes de la recherche en sciences sociales*, n° 54, septembre 1984.

≪扩张主义 L'expansionnisme

图像和信息按金钱的速度流通着。银行，摄影，新闻，铁路，电报。在摄影诞生前不久，1836 年，埃米尔·德·吉拉丹（Emile de Girardin）创办了著名的日报《新闻报》，标志着现代新闻业的诞生。《新闻报》的现代性基于"三大重要的革新：报价订费（从 80）降低到 40 法郎，小消息和小说连载的出现。同时，信息变得简短概要，开始与以往详尽的陈述形成竞争"[46]。现代新闻的到来，意味着叙述者的隐退，其观点和视角，其个体和人性化的写作为新闻所赋予的坚实与厚度、意义与和谐性也随之消失。传统的新闻写作被认为掺杂太多的主观因素，现代新闻试图做到直接的信息传达，排除任何漏洞和人为干扰（尽管这是不现实的）。现代新闻试图回避或是减少人的参与，这与摄影不谋而合，并且几乎是同步的，更宽泛些看，是与整个工业、经济以及大部分的社会活动同步。

46. Walter Benjamin, *Charles Baudelaire, un poète lyrique à l'apogée du capitalisme*, p.43-44.

交换价值（数量）排挤着使用价值（质量），商品不断扩大着它的领地，并试图加快流通速度。金钱流通，图像流通，信息流通，这些就是摄影所处的西方工业社会的状况。摄影发展与铁路发展之间的同步性令人吃惊，英法最早的铁路线路的开通与尼埃普斯、达盖尔和塔尔博特（Talbot）卡罗法摄影术的发明几乎不相先后。路易·德·科姆南（Louis de Cormenin）在 1852 年写道，"这既是这个世纪的骄傲，也是对它的回报，各个领域里丰富的探索发现，为人类缩短了时空的距离。摄影诞生在铁路发展顶峰之时，这是可喜的巧合。电力和蒸汽所产生的巨大能量，让人类终于走出狭窄的空间，毫不费力地去探索更广阔的地球空间"[47]。

47. Louis de Cormenin, « À propos de *Égypte, Nubie, Palestine et Syrie, de Maxime Du Camp* », *La Lumière* (12 juin 1852), in André Rouillé, *La Photographie en France*, p.124.

于是，一个重要的现象正在改变着西方世界，例如长距离网络的铺设，全球性货物流通和人际沟通的建立，生活空间的拓宽与视野的全球化，动态和速度时代的到来。简言之，这是一个从地域到网络，从地方性到全球化的过渡。这个前所未有的颠覆性的时空变化，依靠机器和新能源为动力，带动了整个社会活动的变化。对图像提出了新的要求，那就是连接起地方与全球，填补此地与彼处之间的裂痕，建立对未知的、不可触及的事物和空间的信任感。故此，为了从传统的"狭窄空间"里走出去，将目光和行为投向远方，投向地球的边界，必须重新定义图像作为媒介的功能，也就是说，更新记录方式。

从此，相异的或是完全分离的空间将物体与图像分开，两者直接变得不相容，所以图像的再现价值，包括其记录的可信度，需要重新被建立。排除了人为因素干扰的摄影，回应的正是这样一个形势。"羽毛笔无力捕捉那些历史遗迹和风景的真相，铅笔太过任性，常常天马行空，歪曲了文本的纯洁性，摄影是最可靠的。"路易·德·科姆南强调，"在（摄影）那里，没有想象，也没有欺骗，有的是赤裸裸的真相。"无疑是受到在伦敦举行的第一届世界博览会的启发（他的文章发表于第二年，也就是 1852 年），他预言摄影"将代替我们环游世界，让我们足不出户就可以领略整个世界的风景"。摄影的这个中介行为，连接了广袤的"宇宙"和有钱人的沙龙，连接了未知的险峻和"扶手椅"上安坐的观众，最终促成大量摄影画册的出版发行。最初,这些画册由纯粹意义上的相片（银盐相片）构成，由于时间和成本关系，它们的印量非常有限。又经过了一番艰苦的研究，印刷油墨才取代了银盐，照片从此能够通过照相制版工艺来获得，这也是摄影和印刷的结合，一个新（摄影术）旧（印刷术）的结合。

可复制性（仍受数量限制），灵活性（轻便、小巧、费用低廉），创作的快速（素描和版画望尘莫及），以及图像本身的可信度，赋予了摄影独特的品质，让它在世界和人类之间扮演了重要的媒介角色，即与工业社会初期阶段相应的文献记录。不过，摄影单独依靠自身力量还无法完成从复制（十来幅左右的照片冲印量）到出版发行（成千上万份的印刷量）的过程，只有将其与更古老的雕版和印刷术结合，融合了照相制版、油墨印刷和印刷机，摄影才有能力（自新闻摄影迅速发展的 1920 年代起）回应发展到一个新阶段的工业和商品社会不断上升的需求。

＜视觉模式 Modèles du voir

摄影与工业社会之间的相符性，并不只局限在机器和经济领域内。摄影不仅是机器的图像和城市的图像，同时也是信用图像和顺应某种民主原理的图像。

≪市场，货币 Le marché, la monnaie

在法律上如同在经济上，"信用的"（fudiciaire）这个词意味着信任和诚意，失去这一点，任何合同或交换都不可能产生。一张纸币是可被委托的，因为它建立在信任的基础上。没有信任，这样的一种货币不能流通和交换，因为没有人接受用物品来与之交换，不确信这张纸币能够用来交换其他同等价值的物品。货币是一个由国家或是中央银行担保的等价系统或代表系统。一张银行钞票，就等于一张图像。这不是一张类比的图像，而是一张数字的图像；不是一张数量的图像，而是一张质量的图像；不是某个具体物体的图像，而是物体所属等级的图像。货币是世界通用的等价物，而摄影图像则是附着于某个特殊物体的特殊等价物。那么，这个介于物体和文献图像之间的等价关系也同样应该被担保，在这一点上，照相机的独特属性具有决定作用，但是还不够，因为缺少更普遍的条件。

摄影的流行与西欧市场经济和证券交易的迅速发展不谋而合，尤其在巴黎和伦敦。银行业与摄影最初取得的成就，建立在信任机制更新的基础上。通过赢取无数小资产阶级的信任，第二帝国的银行家们才成功地吸引了他们的储蓄，直到某些丑闻的爆出摧毁了这个信任。正是通过更新真实性的机制，凭借人们对其"精确性、真实性、还原现实"的信任，摄影才能够取代素描和版画的文献功能。19 世纪中期，摄影革新真实性机制的能力，不单单取决于它的技术性

48. Georg Simmel, *Philosophie de la modernité*, p.236-237.
49. Auguste Salzmann, *Jérusalem. Etude et reproduction photogrphique des monuments de la Ville sainte depuis l'époque judaïque jusqu'à nos jours par Auguste Salzmann, chargé par le ministère de l'Instruction publique d'une mission scientifique en Orient.*
50. André Rouillé, *La Photographie en France*, p.136-143.

能（机器、留痕），还取决于它与社会普遍运行方式的一致性："工具理性"，机械化，"资本主义精神"（马克思·韦伯）和城市化（乔治·西美尔将现代化大城市"生活实践的准确算计性"和"驱走了个体生产和物物交换中的最后剩余物"[48]的货币经济紧密联系在一起）。

确实，在19世纪中叶，手绘图像的纪实价值面临信任危机，而摄影的诞生正好是对它的回应。最有说服力的是，著名的考古学家菲力西恩·凯纳尔·德·索尔西（Félicien Caignart de Saulcy）在1854年与摄影师奥古斯特·萨尔斯曼（Auguste Salzmann）的合作。当索尔西对耶路撒冷的研究在巴黎备受攻击时，学界以他手绘的素描和地图的不准确性为由而否定他的研究成果。萨尔斯曼提议用照片来取代手绘图片，用"太阳"来代替被认为不够诚实的制图者。数月内，萨尔斯曼拍摄了150张胶片，这些照片最终证实了索尔西理论的真实性，结束了论战。与那些景色秀丽的风景照片完全不同，萨尔斯曼的影集由文献照片构成，目的是为了论证某一个论题，参与某一个科学论战。[49]事实上，这体现了素描和速写已经完全丧失了可信性，而摄影作为新生事物还未遭到任何嫌疑。至于埃及学者特奥杜勒·德维利亚（Théodule Devéria），他用手抄写古文字，用照片来"核对"手抄本，这个手绘与摄影配合的方式让他得以成功地"排除几乎所有的质疑"[50]。

尽管如此，仅有信任不足以让摄影成为信用图像。如同货币，它需要流通，被交换，从手到手。通过自己发明的"名片"，著名摄影师安德烈-阿道夫-欧仁·迪德立（André-Adolphe-Eugène Disdéri）可以被誉为创造这些条件的第一人。1855年的世界博览会提出了一个响亮口号，那就是通过廉价多销来增加利润，[51]而比这早一年，当迪德立为其发明的"名片"申请专利权时就已经领会了这一点。与大多数追求艺术价值蔑视市场规律的同行相反，迪德立明白"为了让摄影实践与贸易需求相适应，必须大大地减小制作成本"[52]这个道理，特别是肖像摄影。他的创新之处在于，将一张负片划分为4张、6张、8张甚至10张尺寸相对缩小的底片［大约6×9（厘米）］，而不

51. "总的来说，摄影的成本太高。制造商还不明白，通过降低成本，能够可观地促进销售，并且，通过普及摄影，来增加总的盈利。"（*Exposition universelle de 1855. Rapports du jury mixte international…*, 1856, p.1233-1243, in André Rouillé, *La Photographie en France*, p.190.）
52. André-Adolphe-Eugène Disdéri, « Brevet d'invention » (26 novembre 1854), in André Rouillé, *La Photographie en France*, p.354.

53. "原有的尺寸售价太高, 对普通百姓来说不能承受; 正是这个照片制作固有的费用阻碍了摄影的发展, 所以我们发明了小尺寸的摄影名片。"(同注 52, p.352。)

54. André-Adolphe-Eugène Disdéri, « Brevet d'invention » (26 novembre 1854), in André Rouillé, *La Photographie en France*, p.356.

55. Henri d'Audigier, « Chronique », *La Presse*, 7 octobre 1860, in André Rouillé, *La Photographie en France*, p.356.

是像以往那样仅仅放印一张大底片。[53]尺寸缩小, 固然减少部分成本, 更关键的在于, 只需一次暗房冲印就可以同时得到好几张照片。于是用一张具有十个成像的感光片, 迪德立可以"一次获取十张照片", 他解释道, "获取一张照片所需的时间和费用减少了十倍, 这样一来每张照片的价格就减少了很多"[54]。最后, 这些照片被裁剪下来, 根据姓名对号入座地贴在名片的背面。

今天我们所称的"标准"意义上的名片, 于 1860 年才被推出使用, 所以迪德立发明的名片不能算是真正的发明, 只不过是将一个既存的实践(肖像摄影)去适应市场规律。约 10 年左右的时间内, 迪德立的名片获得了巨大的成功, 成为资产阶级从显赫的上层到小职员追逐的潮流, 着礼服的名片照片成为他们与劳动阶层(工头、手艺人、小商贩、工人等)划清界限的一个标志。这个社会现象也许可以被视为最早将图像与名人结为一体的大众传播现象, 不过在 1850 年代, 这个功能主要还是由雕版印刷和石版印刷来承担[如 1854 年的巨幅石版印刷, 汇集了近 350 位各界名流的著名的《纳达尔先贤祠》(Panthéon Nadar)]。便宜, 尺寸小, 一次冲印多幅(一般一次印十来张到上百张), 摄影名片大规模传播了那些或多或少知名人物的肖像。这些人涉及政治、军事、经济、工业、金融、宗教、艺术、戏剧、音乐、文学等领域。所有的人都"乐于增印他们优雅的肖像名片, 并且让他们的肖像在高雅的圈子里传播, 让名片代替自己参与社交活动。不久, 摄影师冒出了新的念头, 将这些肖像汇集起来, 成立一个画廊来永久展出这些朋友和熟人的肖像"[55]。形式的简单和对象的易于辨认, 刻板的摄影棚拍照姿势, 象征社会地位的道具(如大礼帽、礼服、模仿资产阶级沙龙的背景等), 小尺寸, 成系列制作, 流通和交换("让他们的肖像传播"), 所有这些特点表明, 摄影名片更接近于钞票的功能。

因而, 为了让肖像摄影适应于当时的社会和经济条件, 迪德立构思了一个技术程序和美学图示。摄影名片获得的巨大成功, 证明它的合理性, 这也意味着摄影对传统观念的颠覆获得了社会接受, 从此, 技术和经济决定因素优先于美学的决定因素。当然, 这个新秩序不是必然的, 许多艺术摄影师全力反抗这个规律, 但是它支配了文献摄影将近一个半世纪。

确实，摄影促使图像将金钱和利益内在化了，也因此成全了自身；不管是坦然接受，还是像那些艺术摄影师那样徒劳抗拒，摄影终究是技术和货币经济

56. Gilles Deleuze, *Cinéma 2. L'image-temps*, p.104.

吉尔·德勒兹（Gilles Louis Réné Deleuze, 1925—1995）：法国后现代主义哲学家。他是 1960 年代以来法国复兴尼采运动中的关键人物。德勒兹正是通过激活尼采，从而引发了对差异哲学和欲望哲学的法兰西式的热情。他的主要学术著作有《差异和重复》《反俄狄浦斯》和《千座高原》等，其中的《反俄狄浦斯》和《千座高原》为他赢得世界性的声誉。1995 年，德勒兹因无法忍受肺病的折磨而跳楼自杀。如今，德勒兹的影响遍布人文科学的各个角落。

57. 同上，p.105.

两种逻辑的结晶。"定义工业艺术的并不是机械复制，而是与金钱关系的内在化"[56]，吉尔·德勒兹（Gilles Deleuze）在关于电影的评论中这样写道。可以肯定的是，"图片与金钱之间恶魔式的关系"永远都不会终止，在电影中更是达到顶峰，但是摄影是这个关系的奠基者。"用图片交换金钱，用时间交换图像，改变时间透明的一面，改变金钱不透明的一面"[57]，用德勒兹的话来说，这也许就是文献摄影的根本原则。

≪民主化 La démocratie

摄影获得的荣誉和现实表现之间的差距非常大，特别在其诞生的最初几年。因此，虽然摄影的瞬间性从一开始就被反复提及，但是要等到半个多世纪以后才真正体现。从某种角度说，作为现代价值的民主与摄影有着同样的经历，两者频繁地联系在一起，比如摄影作为民主的服务工具，甚至是民主化的具体化身。

圣一西蒙派是工业进步的拥护者，在 1855 年世界博览会上极具影响力的这个流派认为，在艺术中，科技和工业是民主最好的载体。显然受其影响，皮埃尔·卡洛瓦（Pierre Caloine）希望摄影加入"反对低俗品味"的运动中，来"推动道德高尚的艺术作品的完成"[58]。摄影的复制功能，使普通大众能够接触艺术中的

58. Pierre Caloine, « De l'influence de la photographie sur l'avenir de l'art du dessin », *La Lumière*, 29 avril 1854, in André Rouillé, *La Photographie en France*, p.183-184.
59. *Revue photographique*, 1862, p.151.
60. Léon de Laborde, *Travaux de la Commission française sur l'industrie des nations*, Paris, 1856, p.481 et 495.

杰作，如同《摄影杂志》（Revue Photographique）描述的，这些作品应该"将高尚艺术的光芒普照大众，让他们受益，成为佼佼者"[59]。雷昂·德·拉博德（Léon de Laborde）男爵在其编著的关于 1851 年国际博览会的厚实报告中，就已经为艺术的社会力量做过辩护。他建议运用"复制的手段"特别是摄影手段来"普及"艺术，在他笔下，摄影被提高到"民主最出类拔萃的助手"[60]的地位。对于持不同意见者，他这样回应："对艺术杰作的了解，让他们领略了真正的不可企及的美的境界，再

没有什么能如此让工人信服地回到工厂，精益求精地完成他的手工作业。隔离产生无知，因而产生无知的傲慢；在艺术杰作的熏陶和引导下，人才得以合理运用。"[61]

61. 同注 60，p.495。
62. André-Adolphe-Eugène Disdéri, *Renseignements photographiques indispensables à tous*, 1855, in André Rouillé, *La Photographie en France*, p.185-186.
63. Ernest Lacan, *Esquisses photographiques*, p.119.

这是一个与民主、普及，或者说是与灌输相似的概念。例如迪德立将 1855 年的世界博览会与自己的摄影计划相结合，他写道："目睹艺术和工业所取得的进步，工人与艺术家试图复制、达到并超越这些完美的范例。是的，其中无论是对雇主还是对工人来说，存在着道德效用和物质效用；这也无疑促进了生产和销售。[62]"不过，迪德立过高估计了这个工艺的技术实力，他确信无疑世博会的展销品被拍摄后，能够"在 48 小时之内，以不可思议的低价，成千上万册地被印刷传播出去"。

约一个世纪后，第一次世界大战与第二次世界大战之间，由于政治和社会背景的突变，摄影爱好者数量的剧增，摄影的民主化进程出现了新的趋向。摄影不再用于"普及"艺术、科技和工业产品，不再过于理想化地以熏陶和引导工人阶级为目的。反之，摄影的使命在于通过让大众自身参与摄影实践，来对他们进行教育和引导，让摄影成为最出色的群众文化。与画意摄影一脉相承的摄影协会、沙龙和展览，摄影启蒙手册，特别是类似《摄影普及》月刊（La Photo pour tous）和《法国摄影杂志》（Revue Française de photographie）这样的期刊，都在努力地向尽可能大的受众群体推广摄影这门艺术。

所以，第一个阶段，民主化行为建立在"普及"方式上，这个结合了乌托邦和教条的理念，旨在用文献摄影来宣传工业进步，并让越来越多的普通大众分享珍贵的文化遗产——"被有钱人收藏在箱子里的文化财富"[63]。第二阶段，也就是两次世界大战之间，民主化主要在于让所有人都能拿起照相机：摄影不再是少数人的专利，应该渗透到日常生活的每个时刻。与此同时，摄影教育和摄影技术的革新（如为照相仪器减负、简化操作程序、强化瞬间抓拍的功能等）也被提上日程。

尽管摄影产生的实际的民主效果并不确定，而摄影过程本身，则在诞生之日起就被认为具有内在的民主性。早在 1839 年，儒勒·加南就已经留意到，达盖尔照相机平等地接收自然界中的一切，"天地、流水、云遮的教堂、石块、砖路、浮在表面不易察觉的沙砾，所有这一切，不论大小，在阳光下一律平等，它们在同一瞬间在暗箱里留下永久的痕迹"[64]。简言之，如同阳光，摄影看世界的目光是不分等级高下，是民主的：摄影面前一切平等。

1857 年，批评家古斯塔夫·普朗什（Gustave Planche）在揭露摄影给风景画带来的不良影响时写道，"光线记录下经其触摸的一切，无遗漏，无删减"，而

64. Jules Janin, « Le daguerotype [sic] », L'Artiste, novembre 1838-avril 1839, in André Rouillé, La Photographie en France, p.46-51.
65. Gustave Planche, « Le paysage et les paysagistes », Revue des Deux-Mondes, 15 juin 1857, in André Rouillé, La Photographie en France, p.268-269.
66. Eugène Delacroix, Journal, 1er september 1859, in André Rouillé, La Photographie en France, p.270.
67. 同上。
68. Gustave Planche, in André Rouillé, La Photographie en France, p.269.

艺术应当"选择合适的,净化不合适的"[65]。换言之，摄影之于艺术就如同民主之于贵族制，两者之间是不可妥协的关系。这个言论成为反对摄影的画家们的偏爱，欧仁·德拉克罗瓦（Eugène Delacroix）在他的《日记》里，也提出了同样的观点，将著名的"牺牲论"视为艺术的基本标准之一。他认为，摄影的弱点在于过于追求"完美"。过于追求细节和"精确度"，摄影强迫"(肉眼)去感知无休止的细节"，结果"导致不快感和错觉"[66]。不难理解，在绘画、素描和版画等领域备受青睐的"牺牲论"，为何推崇的是精英和贵族式的艺术观念，与万物平等的乌托邦式的民主视角全然对立。因而，德拉克罗瓦从中得出了绘画与摄影的区别。他认为，首先是构成上的区别，画家组织绘画的元素，摄影师则（从现实中）捕捉、提取、切割，"当摄影师拍下一张照片，您永远只能看到从整体割出的一部分"[67]。摄影师"拿来"，画家构成；一幅画是一个整体，一张照片只是一个局部。最终将两者距离彻底拉远的，在于摄影的"次要与主要同样重要"——无论是被摄物之间，照片上的细节之间，还是在画面边缘与画面中心之间，都不存在任何主次关系。

绘画与摄影之间持续了一个世纪之久的争战，最终在图像领域形成两大多元化对立的、世界观截然不同的流派。绘画与摄影在美学上的对立，体现在是否能够牺牲或是筛选细节的表现、模糊与精确、建构和截取、整体和部分。从技术角度，对立体现在艺术家的手和摄影师的机器之间；本体论上，绘画是艺术，摄影是文献（古斯塔夫·普朗什："光线的造物 [摄影]，最出色的文献；但若想从中看到与艺术一样完美的东西，那绝对是个错误"[68]）。从政治角度来看，绘画与摄影之分，体现在贵族式社会文化观念与民主式观念的对立；从社会学角度看，体现在前工业社会和工业社会之间的对立,过去和现在的价值观之间的对立。总之，19 世纪中期以来摄影与绘画之间的冲突，也是贯穿整个现代主义阶段的气候和论战的象征。

< 视觉内在性 Immanence du voir

　　绘画与摄影之间的对立，体现了欧洲现代主义自身的断裂，即大规模的世俗化进程，拒绝神权参与世俗事物。当儒勒·加南在 1839 年惊叹到，达盖尔的发明不加区分地、忠实地记录下"天地、流水、云遮的教堂、石块、砖路、浮在表面不易察觉的沙砾，所有这一切，不论大小，在阳光下一律平等"[69]。这意味着，一方面，基于民主特性，摄影不分等级；另一方面，在摄影面前，地与天，教堂与沙砾，从此变得平等。也就是说，摄影成像无视所谓的超越论，它将天之神圣放到与世间俗物同等的位置，例如教堂从此等同于沙砾。

69. Jules Janin, « Le daguerotype [sic] », L'Artiste, novembre 1838-avril 1839, in André Rouillé, La Photographie en France, p. 46-51.

70. Michel Hardt et Antonio Negri, Empire, p. 109.

71. Charles Baudelaire, « Salon de 1859. Le public moderne et la photographie », Œuvres complètes, p. 746-750.

72. Walter Benjamin, Charles Baudelaire, un poète lyrique à l'apogée du capitalisme, p. 198.

　　摄影为图像世界树立了新的范例，机器替代了艺术家之手，几个世纪以来在艺术中占主导的超越论，终于败下阵来。从此，有史以来第一次，作为物体化学痕迹的图像，来自世俗，反映世俗。必然性代替了超越性。摄影从现实世界截取必然的图像，这正是摄影作为文献的力量基础，同时，这也是摄影为长久以来对它抱有的强烈敌意所付出的代价。围绕着摄影，从一开始就形成了现代主义的两大敌对思潮：一边是内在的、创造性的和建设性的力量；另一边是超验性、崇尚秩序的力量。[70] 具体体现为学院派和艺术体制内的权威。

　　显然，夏尔·波德莱尔（Charles Baudelaire）站在超验论这一边，特别是当他借 1859 年沙龙之际，撰文抨击摄影，题为《现代大众与摄影》（Le public moderne et la photographie）[71]。超出摄影的范畴，他在文章中流露出的实际上是一种强烈的逆反心态：一是反工业，被他喻为"艺术最致命的敌人"；二是反现实主义这个自以为能够"精确复制自然"的流派。他将摄影的流行等同于经济的迅猛发展和资产阶级自恋情结的膨胀，嘲讽其欣赏的是"金属板上粗俗的图像"（达盖尔成像）。波德莱尔之所以持此言论，是因为他未能从摄影这里得到他在绘画那里寻获的东西，即"一个过去世界的图像，一个被泪水和忧伤笼罩着的世界"[72]。他拒绝摄影，还因为他认为摄影企图"打动"公众，"震撼"公众，却没有经过漫长精心的创作和对记忆的挖掘，更不用说抵达"不可触摸的和想象的境界……"对波德莱尔来说，摄影缺乏神秘感，没有灵魂。摄影无可救药地贴近现实，然而，艺术试图达到的却是理想。

　　19 世纪中期，与超验论决裂的摄影彻底改变了人类看世界的目光，将它从天上降到人间。正因如此，而不单单依赖其描述功能，摄影才开创了新的可视性。因为，它以新的光线照亮了物体——直接，从神权和宗教势力强加的限制中解放出来。从内在性来说，摄影较少受到传统和过去的束缚，更多的是将目光投向未来。这是平等的目光，无视或拒绝旧的等级制度和价值观；这是世俗的目光，或是从神权中解放出来的自由的目光；这是直接的、单义的目光，扎根于底层，脱离了超验力量的目光。现实替代了超验的理想，这才是摄影的真正领地。

二、摄影的本质 LE VRAI PHOTOGRAPHIQUE

1910 年，在布鲁塞尔举行的第五届国际摄影大会决定将"文献"的范围局限在"能够为各类研究所使用"的图片，并强调"摄影之美在这里是次要的，重要的是图像是否足够清晰，细节是否足够丰富，是否经得起时间的考验"。尽管不可否认的是，并非所有的摄影图片都是"文献"，摄影实践并非局限于文献的功能，但是这个观点得到了大多数人的赞同，比如菲利普·苏坡（Philippe Soupault）在 1931 年声称"一张照片首先是一个文献，我们应该首先这样来看待它"，也就是说，"不应该把照片与其主题甚至其用途分离开来"[1]。所以，摄影的实用性

1. Philippe Soupault, « État de la photographie », album *Photographie*, Arts et métiers graphiques, 1931, in Dominique Baqué, *Documents de la modernité*, p.61.

先于美学性，美只是一个附加属性。这个定义具有严格的实践性（记录、再现、保存），功能性（清晰、持久、可见）和数量性（丰富的细节），将文献禁锢在纯粹的数量领域里。这与艺术对质量的追求背道而驰。

与表现摄影或材质摄影完全相反（本书稍后将谈到），也不同于素描、油画或其他合成图像，文献摄影完全参照事先存在的感性物质和外在的现实，从中记录物体的痕迹并忠实地再现表象。这个关于再现的形而上学，既建立在光学系统的模拟能力上，也建立在化学装置的痕迹逻辑上，最终形成一种准确伦理学和一种透明美学。

相关的言论和著作不计其数，或是出于天真盲目，或是出于质疑精神，但是谁也不能证明准确性和真实性是摄影的固有属性。如果说，摄影图像可以被作为准确甚至真实，那么这并非单单来自图像自身。既然"真实性取决于建立它的工艺过程"[2]，我们必须理解越来越被媒体化的文献摄影是通过怎样的工艺过程来达到逼真、迅速、准确和真实的。或者说，从物体到图像的这条转化链是如何达到准确和真实的顶峰的。一句话，我们必须理解这个可信度[3]或者说信仰的产生原理，并且必须揭示它所遵循的陈述原理和展开形式。

2. Gilles Deleuze, *Foucault*, p.70.
3. Bruno Latour, *La Clef de Berlin*, p.179.

魔术的真相 MAGIE DU VRAI

真实是一个魔术的产物，这么说似乎很矛盾。在法庭上，"正是根据口述的事实出发，来检验事件的真实性"[4]。图像需要赢得观众的信任，就好比法庭上需要获得法官的认同。所以对文献来说，信任比逼真和准确更重要。

一旦某些作为文献的照片获得"准确、真实、现实本身"[5]的肯定，它们立刻与普通物品区分开来。如同成为魔术师手中的道具，需要赢得观众的相信。马塞尔·莫斯（Marcel Mauss）说，"魔术的关键在于被相信，而不在于被感知"[6]。魔术不取决于魔术师，也不取决于道具和手法，而是取决于集体信仰。[7]如同其他所有的信仰，摄影的文献真实性也建立在特定条件之上。正是基于这些条件，赝品才能够等同于物质或事件本身，或者说象征性地取代。在这个对等性中，社会因素多于技术和模拟的因素，今天，它的水平落在历史最低点。那么，是什么支撑了文献摄影的准确性、真实性和现实性？

首先，这个信仰的根源无疑在于，摄影实现了西方自意大利 15 世纪（Quattrocento）以来就在不断尝试实现的愿望：透视的表现形式的象征性，它形成的视觉习惯，以及暗箱（camera obscura）的原理。透视其实是一个纯粹虚构的、想象的东西，以模仿人类感知而著称。从绘画的透视关系发展而来的视觉接受习惯（habitus perceptif），不仅没有被 19 世纪中期诞生的摄影所威胁，反而在镜头和暗箱的运用中变得更为系统化，[8]而以往这不过是画家用来辅助绘画的一系列技巧之一。

其次，摄影结合了模仿的机械化与表象的化学记录，后者也是准确性和真实性的有力支持。就这样，化学反应记录下来的自然界的痕迹（empreinte）所具有的逻辑逼真性（"真实性"成分多于"逼真"成分）与图像的美学逼真性（"相似性"和"可能性"成分多于"真实性"）结合在一起。[9]照相机的物理属性加上痕迹的化学属性，更新了模仿的信仰，正如 1854 年奥古斯特·萨尔斯曼与凯纳

4. Antiphon, *Tétralogie*, III, 2, in Barbara Cassin, *L'Effet sophistique*, p.174.

5. *Revue photographique*, 1857, np.

6. Marcel Mauss, « Esquisse d'une théorie générale de la magie », *Sociologie et anthropologie*, p.90.

7. Pierre Bourdieu, « La production de la croyance », *Les Règles de l'art*, p.237.

8. Les photogrammes qui n'utilisent pas de chambre noire se situent pour la plupart hors du champ documentaire, et ne se prêtent pas à des phénomènes de croyance propres à la photogrpahie-document.

9. Barbara Cassin, *L'Effet sophistique*, p.171-172 et 339.

马塞尔·莫斯（Marcel Mauss，1872—1950）：法国人类学家、社会学家、民族学家。曾在巴黎大学和波尔多大学学习哲学。1898 年，迪尔凯姆创办《社会学年鉴》，莫斯负责该刊物宗教方面的研究与编辑。他曾对宗教实践发生过浓厚的兴趣，以后转向比较社会人类学的研究，被尊为法国实地民族学派的创始人。

尔·德·索尔西通过《耶路撒冷》影集进行的合作早就证实的那样。无论是绘画和写作领域，还是艺术和新闻领域，都受到了真实性危机和信任度丧失的影响，面对这个局面，摄影更新了真实性的工艺——将光学机械化（通过暗箱和镜头），通过接触（化学留痕）来巩固真实性。这也是物理与化学的结合。

再次，如果作为机器的摄影能够更新真实性的工艺，那是源于图像经济内部的深刻变化，源于它的现代属性。作为艺术家情感表达和手工技艺的果实，绘画所具有的手工艺范例，将从此被摄影的工业范例所取代，即机器对物质表象的接收。一边是再现、偶像、模仿，另一边是记录、征兆、痕迹。艺术家让位给摄影师，自由的艺术让位给机械的艺术，艺术品的独创性和唯一性让位给照片的相似性和多样性。然而，机械化、记录和痕迹，之所以成为真实性的要素，那是因为现代主义抱有这样一个信仰，即认为图像的真实性程度与人类参与成反比增长。与艺术作品相反，摄影文献之所以赢得信赖，正是因为它可以说是一个无人参与的图像，打破了艺术家与作品二位一体的紧密关系，取而代之的是物质与图像之间的直接关系。

最后，需要指出的是，与此相反，摄影的反对者认为真实性完全取决于艺术家，只有他们才能超越世俗的表象，达到真实的最高境界。然而这个主观的关于真实的观念，在摄影、现代主义和实证主义面前，显得不堪一击。摄影的客观主义与 19 世纪艺术领域中占主导地位的主观主义思潮形成鲜明对比，它认为"物体自身包含着它所要传达的信号"[10]，认为通 　10. Gilles Deleuze, *Proust et les signes*, p. 37.
过对感光物体的化学记录，可能达到真实的境界。还需指出的是，今天，信息社会的到来威胁着文献摄影，因为它依赖的信仰条件不存在了。尽管如此，信仰的衰落并不均匀，比如信仰程度的递减是随着从家庭摄影到新闻报道，再到当代艺术领域的顺序产生的。摄影文献已无力再回应最先进的文化和技术领域的需求（特别是生产和研究领域、知识和服务领域）。因为后工业社会的现实不再是工业摄影的现实；因为在医学上，摄影照片和 X 光照片所涉及的现实，与超声波术、多普勒效应或扫描所涉及的现实是不同的，更不用说核磁共振成像了；因为新闻摄影从此不再是电视卫星信息滚动直播的对手。为了新的信仰方式，新的现实需要新的图像和技术。

真实的条件 ÉNONCÉS DU VRAI

从 19 世纪中期直到第二次世界大战，摄影的文献价值、对其准确性和真实性的信仰，建立在其机器构造、实践和文献摄影的形式上。同时，各种条件的相交和碰撞，也为这个真实的错觉提供了养料。

＜有数量，无质量 La quantité, sans qualité

1839 年，记者儒勒·加南极具寓意地为摄影的出现拉开了帷幕——达盖尔

11. Les citations ci-dessous sont extraites de l'article de Jules Janin, « Le daguerotype [sic] », *L'Artiste*, novembre 1838-avril 1839, in André Rouillé, *La Photographie en France*, p.46-51.

照相机就如同"一面镜子，保留了所有投射到镜中的影像"[11]。这个比喻之所以如此贴切，更因为比喻的对象针对的不是胶片成像的摄影，而是达盖尔银版照相术，它那镀银的金属表面完全如同一面镜子。但是这个以镜子缘起的寓言，在之后很长的时间内，将摄影禁锢在一个可怕的雄辩模式中。镜子成为文献摄影最显著的隐喻，因为镜子所反射的影像，具有完美无缺的相似性，完全可靠，绝对不可掺假，因为它是自动生成的，没有人的参与，没有表现形式，没有质量。

事实上，镜子成为摄影还有一个必要条件，那就是瞬间即逝的光线投射能够被记录下来，镜子的时间性系统能够与一个非时间性系统结合起来，两者必须具有同样的自发性。然而，过于强调记录的自发性，这就把文献摄影禁锢在被动接受的功能中了（记录，即定格瞬间、采集表象、保存痕迹，并将其积蓄起来），仅仅被视为一个储藏库，再现的一个侧面的——一个没有作者、没有表现形式的简单的技术复制，一个单纯的数据库。

正因如此，过高估计记录、踪迹、痕迹的符号学理论，在摄影理论研究领域保持了近四分之一世纪之久的影响力，导致摄影图像被简化到没有质量只有数量的概念。该理论的代表人物查尔斯·桑德斯·皮尔士在 19 世纪末提出了著名的三大类符号：图像符号

查尔斯·桑德斯·皮尔士（Charles Sanders Santiago Peirce, 1839—1914）：生于美国的马萨诸塞州坎布里奇，在多个学术领域都有建树。他是美国最伟大的学术体系缔造者，并被推崇者认为是自康德和黑格尔之后最重要的做系统化的人。他发现并创建了作为记号语义学分支的逻辑学。在 1871—1874 年间，他在哈佛大学组织了一个名为"形而上学俱乐部"的哲学协会。这个协会后来成了实用主义的发源地。

(icône)，痕迹符号（indice）和象征符号（symbole）。这三类符号的区分建立在各自独特的参照关系上。图像符号主要属于相似性范畴类（比如具象的写生、油画等）；象征符号完全取决于约定俗成的规定（如在西方绿十字代表了药店，白

色的拐杖代表了盲人等）；痕迹符号的被指与所指对象之间存在着物理毗邻关系，两者之间并不一定需要相似性。摄影既是具有相似性的图像符号，又可以说是痕迹符号（通过光线与化学物质的物理接触），这也是它有别于绘画的独特之处。摄影图像是通过接触产生的图像，是具有原始参照的图像，这就是它的特性。

此外，镜子的隐喻和图像机械化的隐喻体现了一个客观主义的观念，认为现实是物质的，真实性完全包含在物体中，能够完整地被视觉发现。尽管真实性是被生产和创造出来（而不是被达到、

12. Louis de Cormenin, *La Lumière*, 12 juin 1852, in André Rouillé, *La Photographie en France*, p. 124.
13. 同上。
14. Gilles Deleuze et Félix Guattari, *Mille plateaux*, p. 20.
15. André Beucler, *Photographie*, Arts et métiers graphiques, 1932, in Dominique Baqué, *Documents de la modernité*, p. 62-66.
16. 同上，p. 62-65。

被发现、被复制，或是被收集），古今大部分评论家不断发表的一系列见解，最终不过是与路易·德·科姆南在 1852 年提出的不无天真的看法相呼应，他认为一张照片不包含"任何想象、任何欺骗，有的只是赤裸的真相"[12]。就这样，真实成了转瞬即逝的表象的真实，成了只有相机这个谦逊而忠实的机器才能收集的真实，摄影的"野心局限于起草报告和抄写记录"[13]。总之，这个真实是来自镜子反射的真实，是通过透明纸临摹而来的真实，或是痕迹记录下来的真实，而不是（构成的）图示的真实。[14] 安德烈·布克雷（André Beucler）在 1932 年重复道，文献摄影"不制造"，"不选择"[15]，所以"不欺骗"。在他看来，正是基于这点，摄影才能够胜任文献的角色，成为"我们这个时代"[16]（两次世界大战期间）所需要的"眼睛和记忆"。这个真实性是多么自相矛盾，它只不过是一系列空白残缺的组合，一个纯粹的机器功能的产物。

事实上，与摄影所能证明的相反，真实性，甚至现实本身，是不能单单通过记录而直接昭示的。真实永远是退居二位的，凹陷的，像秘密一样藏起来的。真实性不能被证明，也不能被记录。真实性也不是浮在物体表面或是现象中可被采集的东西。真实性是被建立起来的。此外，这也是历史学家、警察、法官、科学家甚或摄影师的职责，即通过特殊的研究方法，来建立各自对真实的理解，并将之具象地表现出来。这个真实性更接近于逼真性或是可能性。事物的真实性与言论、图像的逼真性是不同的。尽管与物质之间存在着物理接触，文献摄影还是不能脱离这样一个规则，即其自身遵循的是逼真性的逻辑，而不是真实性的逻辑；从逼真到现实、再到作为真相的过程，是一条蜿蜒曲折、充满了众

多不确定因素的道路。在修辞的艺术上，亚里士多德（Aristotle）曾试图将真实的自然力量和逼真性的技术力量结合在一起；在摄影上，物质秩序与图像秩序的一致，则通过信仰来实现。

亚里士多德（Aristotle，公元前384—公元前322）：古希腊斯吉塔拉人，世界古代史上最伟大的哲学家、科学家和教育家之一，西方哲学的奠基者之一。柏拉图的学生，亚历山大的老师。公元前335年，他在雅典办了一所叫吕克昂的学校，被称为逍遥学派。马克思曾称亚里士多德是古希腊哲学家中最博学的人物，恩格斯称他是古代的黑格尔。作为一位最伟大的、百科全书式的科学家，亚里士多德对世界的贡献无人可比。他对哲学的几乎每个学科都作出了贡献。他的写作涉及伦理学、形而上学、心理学、经济学、神学、政治学、修辞学、自然科学、教育学、诗歌、风俗，以及雅典宪法。

＜视觉机器 La machine à voir

通过文献摄影——物质秩序与图像秩序的碰撞，摄影终于达到图像透明性的乌托邦境界，甚至于达到了物质与图像完全合二为一的地步。当学术界的权威人士也来推波助澜时，这种将摄影图像等同于物质本身的错觉开始超越了简单的夸张赞美、集体怀疑、理想化的单纯念头，或是商业性的欺骗。1853年，亨利·米尔纳－爱德华兹（Henri Milne-Edwards）在法国科学院做了经典性的陈述，指出路易·卢梭（Louis Rousseau）拍摄的用于动物学研究的照片具有丰富的"（动物学家的）肉眼无法观察到的（和画家的双手无法表现出来的）大量的细节"，并形象地描述："当我们用放大镜来观察摄影成像时，可以看到所有可以从被拍摄物体身上直接观察到的细节。"[17] 照片几乎可以替代动物学研究对象即动物本身了！在今天看来这个说法似乎显得很荒谬，而当时却有很多学者发表同见。1851年，弗朗西·韦伊（Francis Wey）描述了考古学家兼外交官格罗斯（Gros）男爵的例子，后者用达盖尔照相机在雅典古卫城拍摄了很多史料照片，回到法国后，用放大镜来观察这些照片，"突然间，通过镜片的放大，一个细节显现出来，那是刻在一个石头表面的一个古老的图画，非常有意思，而此前他从未留意过"。韦伊的结论是："距离雅典700英里外，通过达盖尔照相机拍摄的照片，显微镜就能够提炼出珍贵的考古文献。"[18]

17. « Rapport sur un ouvrage inédit intitulé : *Photographie zoologique* par MM. Rousseau et Devéria », *Comptes rendus hebdomadaires des séances de l'Académie des sciences*, t.XXXVI, 1853, in André Rouillé, *La Photographie en France*, p. 77-78.

18. Francis Wey, « De l'influence de l'héliographie sur les Beaux-Arts », *La Lumière*, 9 février 1851, in André Rouillé, *La Photographie en France*, p. 112.

摄影与放大镜（或是显微镜）的配合，不仅巩固了图像透明性的说法，而且为科学研究界带来了希望。欧文·潘诺夫斯基（Erwin Panofsky）认为，如果没有透视，没有三维图的完整精确性，在达·芬奇之前，作为一门科学的解剖学就根本不可能实践。"毫不夸张地说"，他写道，"在现代科学史上，透视的发

19. Erwin Panofsky, « Artiste, savant, génie. Notes sur la Renaissance-Dämmerung », *L'œuvre d'art et ses significations*, p. 118-119.

20. « Rapport sur un ouvrage inédit intitulé : *Photographie zoologique par* MM. Rousseau et Devéria », *Comptes rendus hebdomadaires des séances de l'Académie des sciences*, t. XXXVI, 1853, in André Rouillé, *La Photographie en France*, p. 77-78.

明运用标志了第一个阶段的开始，天文望远镜和显微镜的发明标志了第二个阶段的开始，而摄影的发明则开启了第三个阶段。在观察科学领域，图像不仅用来点缀和辅助科学报告，更是科学报告的组成部分。"[19]

　　更有甚者认为博物学家能够"通过观察照片来获得研究成果，就如同通过观察自然本身一样"[20]，这意味着，摄影文献图片不带任何遗漏地、完整地复制了现实世界的物体，成为现实世界物体的替身，甚至等同于物体本身。与物体完美地一致（不论是外表还是构成物质），作为图像的摄影图像本身反而变得模糊了，关于图像和模仿的概念也受到了威胁。顺便提一下，这也为一些艺术家拒绝承认摄影的艺术价值提供了佐证。模仿（imitation）的假设前提是，图像在复制对象的同时，又有别于对象。模仿中相似性比一致性更重要，而在相似性中，则允许差异的存在。这个差异来自从物体到图像的过程中发生的简化和转变，来自所有空间、时间和物质构成上的变化因素。事实上，正是由于存在着这个被认为微小的但是永恒的"差异"，例如在文字描述上常用"复"或"再"作为前缀（复—制，再—现），赋予了图像的独特力量和存在意义。物体与图像之间的差异在此被无限缩小，原件和副本之间的区分被震动，模仿在摄影的视觉中消失了。摄影图像从此只不过是一个视觉的工具，照相机只不过是一个视觉的机器。

　　这似乎就是文献摄影的命运，直到一个半世纪后的今天，这个观念还很普遍。例如 1983 年，阿涅斯·瓦尔达（Agnès Varda）与国家摄影中心合作了一档电视节目，名为"一分钟，一张照"（Une minute pour une image）。节目邀请了一系列人物参与，为每个人提供一分钟"说照片"的机会。他们来自不同领域，知识有深有浅，文化水准有高有低，被评说的照片也不尽相同。但是，一系列节目下来，这些评论却显得"众口一词"，至少几乎在所有人眼里，照片是透明的。嘉宾在评论照片时，就好像在评论事物

阿涅斯·瓦尔达（Agnès Varda, 1928— ）：一位多产的法国女导演，1928 年生于比利时的布鲁塞尔。"二战"时避难到法国南方，战后在巴黎读文学学士学位，并考得职业摄影师，后与阿伦·雷乃相识而进入影坛。1954 年执导首部剧情短片。影片由阿伦·雷乃和所有演职员合资拍成，由阿伦·雷乃剪辑，从此两人正式开始电影生涯。在执导了几部短片之后，1962 年，瓦尔达开始导演自己的第一部剧情长片《从 5 点到 7 点的克莱奥》，受到评论界的一致好评。之后，她又执导了《幸福》《女人们》《远离越南》《流浪女》等多部电影，并在多个国际电影节上屡获殊荣。

本身，当他们说"这是，那是"的时候，所指超越了照片作为图像的形式本身。"说照片"针对的是图像，矛盾的是，节目中的评论谈的却是图像所表现的事物。所以，这个节目其实对照片本身丝毫不敏感，或者，完全不具备说照片的能力。

＜参照对象崇拜 Le culte du référent

做个形象的比喻，上文举例说明的图像失语症，在罗兰·巴特这里则表现为失明症，在他所有关于摄影的长篇大论中，图像自身并不存在。"不管表现的是什么，也不管以怎样的方式来表现，一张照片永远是不可视的，我们从中所看到的并不是照片本身"。可见，在他的观点中，对图像的失明和对物体赋予的极端关注形成了鲜明的对比。巴特说"我看到的只有参照对象"[21]，为了加以证明，他指出"参照对象（被摄物）"直接地，几乎是自动地，附着在图像上。对图像的忽略和对参照物的崇拜，在罗兰·巴特的经典著作《明室》一书中，表现为一个至高无上的观者（Spectator）的形象，即"我"，以人性厚度为特征的"自我"，拥有自己的情感、迷惘、口味，又很钻牛角尖的观者。为了保护情感的纯粹，"我应该简化照片"[22]情感，巴特解释道，他把"摄影评价标准"[23]建立在观者上，建立在著名的"刺点"论（punctum）的单一标准上。

对罗兰·巴特来说，"参照对象具有摄影奠基者的属性"[24]，在观者与参照对象之间，他看不到任何其他中介，或者说这个中介对他来说几乎不存在。总之，他眼中既没有照片的存在，也没有拍摄过程的存在。照相的过程被简化到记录的初级功能，起到"提醒摄影的参照对象（的作用），这个参照对象不是随便哪个被图像或符号反映的东西，而是必然存在过的、曾被放置在镜头前的、少了它就不存在的照片（的那个具体的东西）。画家可以画他没有见过的现实"，巴特阐释道，"话语由符号组成，这些符号当然都是参照的，但这些参照可以是也经常是些空想。与这些模仿不同的是，在摄影中，我永远不能否认那个东西曾经在那里存在过。这里涉及到两个关联的立场：现实和过去。"正是在这个特殊的"局限"中，巴特找到了"本质"，即"摄影的所思（noème）"[25]，并以简洁的方式将其命名为"此曾在"（ça-a-été）。

21. Roland Barthes, *La Chambre claire*, p.122-123.
22. 同上，p.41。
23. 同上，p.22。
24. 同上，p.120。
25. 同上，p.120。

从此闻名的"此曾在"，或者说"那个东西存在过"，把摄影置于三个权威的支配下：一个是过去的权威，也被看作是过去的现在，第二个是再现的权威，第三个是物质的权威。巴特式的"此"（ça）不过是那个被再现的物质的东西，那个被假设先于照片存在的东西，被照片整个地、原封不动地、透明地记录下来，而照片作为图像本身却"始终是不可视的"。作为经验主义的概念，"此曾在"为摄影套上了关于物体和存在的形而上学的枷锁，并把现实简化为单纯的物质。事实上，很多照片所表现的东西是没有存在性，没有本质，也没有实在的参照对象的（例如说艾蒂安—朱尔·马雷为研究步行原理而发明的连续摄影）。不管是否出于记录的目的，照片很少以徒劳而单纯地再现事先存在的物体为目的，而总是表现了特定场合下的情感、观点和信仰，在某种意义上说，产生了新的物体。这不仅是艺术摄影和数码摄影领域的现象，也是新闻摄影的特点。在《明室》一书中，对新闻摄影和家庭照片的描写占了很大篇幅。被媒体迅速上升的螺旋卷入其中，面对现实世界，摄影试图自主，以自己的世界来取代现实世界。在此阶段，摄影的功能取得了前所未有的辉煌，以致传统的本体论降低姿态，并且把公元前4世纪古希腊诡辩派高尔吉亚（Gorgias）的论点重新提上了日程，即"话语不表现现实，话语产生现实"[26]。可以说，作为对高尔吉亚理论的延伸，在图像的当代背景下，文献摄影不表现现实，也不需要去表现现实，它不取代外在世界里的物体，它不参照。与此相反，正如话语和其他类型的图像，摄影根据自身的方式创造世界，参与世界的发展变化。

26. Barbara Cassin, *L'Effet sophistique*, p. 70-74.
27. Roland Barthes, *La Chambre claire*, p. 122-123.

不论是巴特从观者角度出发的"此曾在"论点，或是亨利·卡蒂埃—布列松（Henri Cartier-Bresson）从摄影师角度出发的"决定性瞬间"理论，两者都把被摄物放在极其重要的位置，忽略了摄影过程和图像。作为最后的参照，真实性的释放者，被拍摄的物体（对象）被这个观念赋予了恒定不变的属性。另外，巴特还特别强调"姿势"的重要性。他认为，摄影上，在"某个特定的瞬间，一个现实的物体在眼前静止不动"，在拍摄过程中，"某些东西被摆放在（照相机）的小洞前"，而在电影的录制过程中，"某些东西在同样的小洞前（动态地）经过"[27]。物质的静止性与不变性，摄影师的无能，风格或"方式"的空洞，原因不言而喻，那就是摄影"不编造；摄影就是事实本身；当然，摄影偶尔也造假，但那叫特技，

28. 同注 27，p.134-135。
29. 自问摄影是类比的还是被编码的，不是一个正确的研究方式。关键在于，摄影拥有验证性的力量，而这个验证性不来自物体，而是来自时间。从现象学的角度看，摄影中真实性的力量超过了再现的力量。(Roland Barthes, *La Chambre claire*, p.138-139.)

不妨碍摄影记录的本性"[28]。

巴特的观念具有平庸的代表性，或者说是陈述性。[29] 和其他许多学者一样，巴特不愿承认这样一个事实，那就是摄影并不只是简单的记录和复制工具，即便最单纯的照片，也不能被简化为对事先存在的物质留在感光胶片表面的痕迹的自动和直接的接收。如果说，一个现实物质在镜头前实在地出现过（不一定非要是静止不动的），是照片产生的必要条件，那么这个对峙必然对图像或是物质产生某种效果。事实上，物质与图像之间存在着一个相遇的过程。具体地说，这个相遇的过程就是摄影过程。在这个相遇中，并非如巴特所认为的那样，两者如同陌路，事实上，物质和图像进入了一个变化过程。因为，照相机镜头面对的不是那个纯粹的永恒不变的物质，而是一个进入特殊的摄影过程的物质，这个特殊性决定了接触条件和最终的成像形式。参照对象崇拜所否认的，正是这一点。

举例来说，同一辆轿车，在不同情况下采用不同的手法去拍摄（比如汽车广告、拉力赛、事故申报或是家庭留影等）；同一座楼，从物质角度看是固定不变的，但是从非物质的角度看，就成了永恒的变量（拍摄角度、审美选择、最终成像）。再拿肖像摄影来说，一张肖像照片的获得至少包含两个系列的变量：一个是（模特）脸部表情丰富无穷的变化，另一个是摄影师操作过程中的变量（角度、构图、镜头选择、照明、按下快门的瞬间选择等）。肖像摄影不是对固定不变的、既定的模特的脸的再现、复制或是假象，而是不停变化的脸部活动的体现，是随之发展的。这一点，挑战了巴特式柏拉图主义关于再现的论点和传统上对文献的理解。一方面，颠覆了对模特和对再现的概念，摄影不是对事先存在的物质的再现，而是在物质与其他不断变化的、物质或是非物质的元素的接触过程中产生的图像。另一方面，这一点让摄影从"实现"的范畴进入"更新"的范畴，从"物体"的领域进入"事件"的领域。

图像的透明性，或者说是图像与物质之间的不可分辨性，自摄影诞生以来就是其真实性条件的重要组成部分，这是由摄影的视觉方式决定的。此外，摄影的这些真实性条件，与 1840 年代摄影在再现领域引起的强烈震撼相呼应，即以物质的、世俗的、机器的价值观反对艺术理想化。绘画进行模仿，而摄影采取纯粹的记录和再现，于是它取消了文学表现中的模仿。在模仿和再现之间，文献摄影发明了现代主义最完美的眼睛。今天，"经典"报道的伦理，无疑是这些关于摄影的真实性观念的最进步的体现，即认为摄影是对先于其存在的物质的记录，是对先于其存在的外部世界的忠实再现。正是在这个再现的形而上学的框架里，关于摄影的本性（nature）、复制（copie）和假象（simulacre）的争论持久不衰：即绘画反映的是内在的、精神层面上的相似性，因而符合艺术的尊严，而摄影表现的是表层的相似性，是假象，是次品，与艺术的精神背道而驰。

＜假象 Le simulacre

上文提到，尽管有时也会用摄影来帮助创作，欧仁·德拉克罗瓦[30]声称摄影的"完美性"和"试图"再现一切的特性，是它最大的"弱点"和痛苦的根源。画布是一个整体，而照片只是一个碎片。摄影之所以被艺术拒绝，因为它的创作手法不分等级。如果说，艺术偶尔也会浸染到摄影，那或许只是对其"不完美处"和"空白处"的"趁虚而入"。至于摄影的文献功能，那也是其无穷无尽的细节和固定不变的视角相妥协的产物，甚至，由于过分追求"准确性"，摄影"导致了对物体产生错觉"。

30. Eugène Delacroix, *Journal*, 1er septembre 1859.

欧仁·德拉克罗瓦（Eugène Delacroix，1798—1863）：法国著名画家，浪漫主义画派的典型代表。其艺术继承了文艺复兴以来的威尼斯画派、伦勃朗、鲁本斯和康斯塔伯的成就，对后代艺术家如雷诺阿、莫奈、塞尚、高更、凡高、马蒂斯和毕加索等都有很大影响。他善于运用色彩，造型技巧可同提香或鲁本斯相媲美，作品富于表现力，和谐统一。

用柏拉图的说法，德拉克罗瓦将绘画视为副本，将作为文献的摄影视为假象。因而，前者可以追求相似性，后者则不容置疑地被纳入差异性的范畴。在柏拉图那里，我们知道，现实被分为三个等级：一是理念（Idée），或者说是本质的形状；第二个等级是自然的或是人工的物体；第三个等级是对这个物体的模仿所产生的图像。用床来比喻 [《诡辩家》（Le Sophiste）]，也就是对床的设想和构思（即理念），由手工艺人打制出来的床（即物体），根据这个床来创作的绘画（即模仿）。感性的、多变的和可逝的现实世界，不过是对理念的模仿和渐弱的表现，因为理念中的理想世界是绝对的、唯一的、永恒的。基于哲学的经典性，这些问题贯穿了所有关于摄影模仿的论战。

所谓模仿，首先必须接受一个特定"物体"的存在，一个模特的存在，然后根据这个原始的摹本，来复制和生产与之相似的图像，在物体和图像之间，可以辨认它们的相似性和相异性。在模仿关系中，物体先于图像存在，独立于图像，两者既相连又分离。于是图像在相似与差异之间摇摆，在"同一"与"另一"之间摇摆，在物体和理念（感性和知性）之间摇摆。

对于画家欧仁·德拉克罗瓦来说，就如对于作家弗朗西·韦伊，模仿的关键在于从感性的世界上升到理念的世界，并且"相似不是物质层面的概念"[31]。许多其他的流派（现实主义、经验主义、理想主义，甚至理性主义）也持同样的观点，认为艺术中的相似性就是科学中的相异性，作为副本的绘画的内在的、精神的相似性与作为假象的摄影的外在的、物质的相似性是对立的。艺术的相似性中，"不准确"超越"准确"，"有意的背叛"超越"忠实的物质复制"。所以，这个相似性与其说是"绝对准确"，不如说是对现实进行诠释的结果。相似不等于物体本身，柏拉图式的副本强调貌似的不准确和对局部细节的牺牲。与此相反，假象不再现物体（物体本身），而是再现它的表象（物体被看到的样子），假象的目的是让两者不可辨认。正因如此，假象属于相异性范畴，具有双重欺骗性，既假装物体本身，又曲解了物体。[32]

31. Francis Wey, « Théorie du portrait », I, *La Lumière*, 27 avril 1851, in André Rouillé, *La Photographie en France*, p.118-119.
32. Marc Sherrigham, Introduction à la philosophie esthétique, p.73-75.
33. Gilles Deleuze, « Simulacre et philosophie antique », *Logique du sens*, p.306.

摄影自诞生以来，就在许多作者那里成了某种相异性的范例，成了图像和模特之间内在的、本质的联系丧失的体现，取而代之的是两者间机械化和物质化的简单关系，完全不符合柏拉图关于物体理念的概念。这个敌意也体现了摄影在图像领域所带来的震撼之强烈，模仿因摄影的到来，在被完善的同时也失去了存在的意义。通过将图像置于暗箱和光学原理的严格控制下，摄影将模仿的线性构成的表现方式系统化和普遍化，同时，照相机所具有的闻所未闻的性能，成像细节的丰富性，或者说低于理念层次的物质对理念的取代，瓦解了模仿的重要原则，尤其是局部牺牲论和理想化。因而，完善模仿，关键在于取消复制中的差异，在相异性中打破相似性，在同一性中融和不同性。总之，用假象的真实来取代副本的真实。

作为假象名副其实的现代象征[33]，摄影工艺在物质化的表面下，具有深厚的形而上学支柱。比如暗箱，是对柏拉图洞穴的完善延伸；例如对象，即模特，在痕迹论中扮演了重要的角色。模特（物体）先于摄影图像存在，也是文献的基础，自身就兼具完整的物质性（作为物质）和形而上学性（作为超越图像的模特）。这个物体—模特所具有的双重性，让文献摄影成为物质形而上学的某种载体，将它从天上带到地上。其中，物与物之间的相异性，将取代物与理念之间的相似性。

<记录，痕迹 L'enregistrement, l'empreinte

什么是摄影的本质，这个神话仍旧由记录和痕迹构成，在类比的彼岸。痕迹的概念，假设物质和图像之间既存在实际接触的关系，又被一个明确而突然的顿挫分割为二，这在语言学上被称为"符号学分割（coupure sémiotique）"[34]。至于记录，作为摄影的化学特征，加固了再现的两个功能：一是两极性功能（一极是物质，另一极是图像）；二是单向性功能，即从物质到图像，从外部（现实世界）到内部（照相黑箱）。显然，记录和痕迹的理论将图像的机械性和新的组合机制，致力于摄影的制作过程，因为"物体—图像"的关系将取代"画家—绘画"的关系。正是众多的这些因素，构成了摄影真实性的条件。

34. Daniel Bougnoux, *La Communication par la bande*, p.128.

35. Henri Cartier-Bresson, *Flagrants délits*, np.

36. Bruno Latour, *La Clef de Berlin*, p.224.

虽然，摄影师之于照片不同于画家之于画布，摄影将痕迹和记录完美地结合在一起，但是这并不足以证明，如同教条观念所认为的，摄影从现实中提取了真实的部分。比如，亨利·卡蒂埃—布列松认为，摄影记者不能切割现实，"关键是到现场，从取景窗中切取现实"[35]。摄影图像不是一个切面，不是一个采样，也不是对先于其存在的现实世界直接的、自动的、类比的记录。正相反，它是在记录和对"现实"物质的转化过程中产生的"新的现实"（摄影的现实），与"现实"没有任何相似之处。[36] 摄影对现实的记录，从来就是建立在对其转化、重组和创造的基础之上。摄影从此离开了类比的领域，进入了文献的领域，不论是在新闻领域，还是在科学领域，都获得了巨大的成功，比如艾蒂安—朱尔·马雷的研究。

1882 年，生物运动学家马雷在巴黎王子公园开设了一个生物站，即露天的试验室，来研究人类和动物的运动过程。比如他让一位男性模特穿上白色的衣服，在一道黑色的屏幕前走过，同时，他将这个过程以十分之一秒的间隔规律地曝光记录在同一张照片上。他还在模特行走的路线上依次标明了两次曝光之间的实际距离，以便与照片记录下的距离相对应，来测定运动的幅度和计算行进的速度。构思这个协调系统，目的不是为了形象地表现身体的运动，而是让身体的性能变得可视。最初的试验，由于模特在行走、跳跃或是跑动时四肢重叠，尤其在研究缓慢运动的过程中，取得的结果并不理想。马雷于是采用了"图像缩小"的原则：通过将模特半边身体，即一条腿和一条胳膊也涂上黑色，他将这半边"从图像中删除出去"[37]。于是，身体被切割了，但是摄影成像的清晰度却增加了。这一点验证了相似性的丧失正是获得科学成效的代价。

在快速运动的研究中，要求将模特的整个身体和头部覆盖上黑色，并沿着其腿部、臀部和背部贴上闪光的金属片。[38] 于是从成像结果上可以看到，四肢的运动被简化为黑色背景之上的白色的点、线。科学报告成为一张抽象的图表。这个新的对相似性的彻底抛弃，让摄影图像在对运动、轨迹和速度的捕捉和表现中获得了最佳的清晰度，更体现了它作为文献的功能的效率。人的身体在这个过程中被简化成了抽象线条的交织，溶解在自身运动的图表中。值得说明的是：这个人体新视角，这个对身体的机械运动、力度和能量消耗进行测量和精确计算的愿望，正好迎合了工业理性以及刚刚诞生的现代奥林匹克运动的需求。这个脱离了表象的身体，突出了其力量、机械构造和性能的抽象表现，这既是泰勒式机械模式下的工人形象，又如这个运动冠军在 19 世纪最后一页上留下的矫健身影。

同一时期的例子还有，阿尔封斯·贝蒂荣（Alphonse Bertillon）在巴黎警察署为检查犯罪记录所进行的摄影试验，或是阿尔贝尔·隆德（Albert Londe）在萨尔贝蒂耶医院（Salpêtrière）开展的与让—马丁·沙可（Jean-Martin Charcot）一脉相承的试验，目的是研究歇斯底里症患者发作时身体上的症状。采集、存储、比较、弥补"眼睛的不足"[39]，这些就是文献摄影的使命。无论是隆德在萨尔贝蒂耶医院，马雷在巴黎王子公园还是贝蒂荣在巴黎警察署，他们的共同之处是运用摄影的手法获得试验报告，来观察、探究、测量或是控制身体，从中获得新的可视性，新的知识，并服务于新的权力。

最完美的类比（在贝蒂荣那里）和彻底的抽象（在马雷那里）的共存，证明了文献摄影的定义，更多地取决于从物体转化为图像（在想象中是正反可逆的）

37. Étienne-Jules Marey, *Développement de la méthode graphique par l'emploi de la photographie*, p. 32.

38. 同上，p. 34。

阿尔封斯·贝蒂荣（Alphonse Bertillon，1853—1913）：法国刑侦学家，曾担任刑事技术总监，他创立了第一套人身鉴定法，其中包括著名的"两面照"标准。即为疑犯或罪犯拍照时，必须拍摄正面照、侧面照各一张，以便于识别。

让—马丁·沙可（Jean-Martin Charcot，1825—1890）：出生于法国巴黎，因冠状血栓逝于法国莫尔旺市。法国神经学家，现代神经病学的奠基人，被称为神经病学之父。后来又因研究催眠和臆症而闻名。

39. Albert Londe, *La Photographie médicale*, p. 4.

的这一过程，而不是类比的忠诚度。贝蒂荣与马雷所拍的试验性照片同样也说明了，参照对象不能被简化为外界的物体，它囊括了一系列进入拍摄过程的参量。每一个类型的文献摄影，不论科学与否，都由一系列特定的转化决定，它们远远超出了被摄物和摄影师的范畴，而是不断更新体现着特定的事实、说法和知识。马雷用的机器不是隆德用的，也不是贝蒂荣用的。每人有他自己的零件、齿轮、操作过程和团队；每人有其特定的地点（王子公园、萨尔贝蒂耶医院或警察署），特定的场合（厂房和体育场、精神病院或监狱），各自的技术装置，图像用途，混合的方式，观察的过程。[40] 最后，每一个机器与推理性的实践和语境是不可分割的：如贝蒂荣的机器对应的是犯人与刑法的语境，隆德 　40. Gilles Deleuze, *Foucault*, p.70. 的机器对应的是歇斯底里的语境，马雷的机器对应的是生物学和运动学的语境。

　　文献摄影所涉及的机器装置还有很多，而且，这些机器在记录的同时都发生了变化。然而，符号学和本体论的立场掩盖了这个内在性的转变，极度夸大征兆、痕迹等符号概念，也就是说直接的和立即的接触，甚至夸大存储和遗迹的概念——也即记录。就这样，实践和图像本身被忽略了，这些永远是具体的、个性化的、可转化的因素，而那些抽象的装置，经常被拔高到范例的地位，并且被混淆为摄影的全部。

　　从物体到图像，与经验主义者或是那些摄影真实性的条件所认为的相反，其过程并不是直接的。如果说，摄影过程中照相机与物体有一个面对面的接触，后者在前者的感光表面留下了痕迹，但这一点不足以说明物体和最后成像之间处于两极单向的关系中。在物体和图像之间，运动过程并不单单追随光的路线，而是拥有多种方向。图像不仅是物体的痕迹（物理学上的），同样也是照相机的产物（技术上的）和摄影工艺创造的结果（美学上的）。远没有被所谓的"符号学分割"分开，相反，图像和物体被一系列的转化相联系。图像的构成由一步步的调试（角度、构图、快门、负片、放大等）来完成，遵循了经验论上的一系列记录现实的法则：光学法则（透视），技术法则（标明在照相仪器和制作产品上），审美法则（构图、视角、用光等），意识形态法则，等等。这些蜿蜒曲折的过程，动摇了过于简要的摄影真实性的前提条件。

< 证明 L'attestation

在科学领域就如在艺术或信息领域，文献的逼真性、准确性或是类比性是次要的，重要的是其实际用途所获得的信仰和肯定。尤其是，需要将其放在一个稳定持久的传播中来研究，使它能够获得从图像到物质的合理反馈。所以，需要强调的是：一方面，文献不一定是类比的，它甚至在很少情况下是类比的，比如马雷用于研究生物运动的摄影就是一个例子；另一方面，当文献表现出类比性的特点时，常常是为了弥补因物体与图像之间相互割裂、丢失或是无法达到而产生的缺陷，比如说距离的遥远，被摄物所处的环境与图像所传播的环境不能相互企及。一张度假照片中的主角，同时也将是这张照片的观者，一张科研照片通常也是一个具体的研究报告，这类照片完全可以是相异性的。反之，一个遥远的无名纪念碑或是建筑遗址，人们只能通过图片来一瞻其容，那就必须尽可能地与原物相像了。

19 世纪中期，工业社会的迅速发展及社会空间的扩张导致了分裂的普及，加剧了此地与彼处、地方与全球的差距，这个现代主义的主要现象颠覆了再现形式，而摄影的使命正是重新建立被打破的机制。面对传统产业的分散，面对（被摄）物体领域和图像（受众）领域之间的断裂的不断加深，艺术再现不能再依赖于过于主观和不稳定的素描家、油画家或者雕刻家。从此，这个社会需要的是不受人的偶然因素局限的新的再现形式。确切地说，这就是摄影作为机器的使命，即赋予再现完美的类比性，不受制于人的偶然因素、艺术选择或是技术能力；同时，与物质的直接接触，保证了再现的真实性。所以，摄影证明的两个发条是：类比的机器可靠性和物体存在保证，这也是新的工业社会所需要的。

1852 年，在马克西姆·杜·康普（Maxime Du Camp）从埃及拍回的照片面前，路易·德·科姆南（Louis de Cormenin）赞叹现代主义和发现的成就"为人类缩短了距离和时间"。"这是个令人喜悦的巧合"，他写道，"摄影甚至出现在铁路网络扩张最迅猛的时候"。接着以圣—西蒙式的乐观态度，他预言不久的将来人类不再需要"登上库克（Cook）或是拉佩鲁（Lapereau）的军舰做冒险的旅行。日光摄影术（即摄影）把这个任务托付给几个探险家，由他们代我们周游世界，我们足不出户，从他们带回的照片上，就可以了解整个世界"[41]。铁路和蒸汽

41. Louis de Cormenin, « À propos de Égypte, Nubie, Palestine et Syrie, de Maxime Du Champ », *La Lumière*, 12 juin 1852, in André Rouillé, *La Photographie en France*, p.124.

船的迅速发展，为空间、时间和视觉领域带来了深刻的变化，摄影也紧随着时代的节奏向前发展。摄影的到来开创了一个新的时代：新的媒体时代，人类的视野被拓宽了；新的分裂时代，缘自人类流动性及物体和图像流动性的不断增加。图像与物体之间的分裂体现在：图像趋向于表现受众从未见过的而（在当时）又是不可企及的景象，如埃及的金字塔、中国的长城、非洲的氏族社会等。

在这个新的历史条件下，长达一个世纪之久，文献摄影将致力于填补图像、物体和观众之间产生的空白。方式有两种，痕迹和类比的方式，即记录和模仿、痕迹符号和图像符号、化学和光学的方式。确切地说，正是基于完美结合这两种再现机制的能力和两者之间相互保证的能力，当绘画和版画的文献功能受到质疑的时候，摄影才体现出了独特的力量。前面曾经提到，摄影师奥古斯特·萨尔斯曼（August Salzmann）于 1856 年出版摄影集《耶路撒冷》，来支持考古学家菲力西恩·凯纳尔·德·索尔西（Félicien Caignart de Saulcy）的研究。当时，索尔西的素描和图解被否认，萨尔斯曼提议用摄影来代替手绘。索尔西解释道："尽管遭到怀疑，我坚持自己的所见是真实的，奥古斯特·萨尔斯曼先生被我的顽固打动，决定到现场去核实我所有的论点，他用的是一个非常灵巧的画图工具，没有人能够怀疑它的诚信，也就是说太阳，因为它不带任何偏见，它再现物体本来的样子。"[42] 这个事件也揭示了，当时被怀疑的不仅是手绘图画（素描、草图）的文献价值，还有直接的观察。在这个信任危机的时代，摄影的功能是"核实"手工和学者眼睛的产物，证明它们是否有效。如同

42. Félicien-Joseph Caignart de Saulcy, « Exporation photographique de Jérusalem par M. Auguste Salzmann », Le Constitutionnel, 24 mars 1855, in André Rouillé, *La Photographie en France*, p.140-141.

一个公正的仲裁者，摄影在此地和远方、可抵达处和不可抵达处、已见和未见之间搭起了新的桥梁。

尽管，萨尔斯曼的摄影集《耶路撒冷》和杜·康普的摄影集《埃及、努比亚、巴勒斯坦和叙利亚》，都出现在 1850 年代，由同一家出版社出版，两人拍摄的主题大致集中在同一个地区，但他们所遵循的却是不同的拍摄逻辑。杜·康普的拍摄从传统的审美观出发，注重景致的优美，而萨尔斯曼的拍摄目的是"核实"某个科学论点的真实性。如果说唯美的拍摄在操作上拥有完全的自由度，那么萨尔斯曼作为文献证明的拍摄则有严格的限制。当然在今天，文献摄影似乎越来越少地受到相似性的局限，最主要的原因可能是工业社会时期摄影表现

的是人们"从未见过"的风景，而今天的信息社会则是司空见惯的风景。从此，在物体和图像之间，介入了无数其他图像，这些图像又不断地对图像进行修改、阐释和补充；它们与图像和物体一起编织了一个紧密的网络，在这个网络里相似性变得不再重要。对于"家庭摄影"来说，由于模特、摄影师、照片和受众之间紧密的联系，相似性也不再是一个绝对的因素。家庭的记忆，共同生活的体验和情感，这些因素弥补了家庭摄影中质量的缺陷或是时间对影像的磨损。也许正因为接触先于相似性，情景、个体、回忆先于图像，家庭摄影中才会有那么多所谓失败的照片。

真实性的形式 FORMES DU VRAI

将近一个多世纪，无论是从机器属性、实践过程，还是从形式上来说，文献摄影都被混淆为真实的图像。于是，真实被赋予了自己的形式、装置和程序。事实上，真实，或者更确切地说对真实的信仰，并不像我们通常认为的那样与工艺具有内在的联系。真实只不过是摄影的第二属性，只是在历史的某个特定阶段，某个特殊装置获得的普遍信仰所产生的结果。文献摄影的真实性一方面建立在与绘画的真实性的差别之上，另一方面建立在与艺术摄影的真实性的差别之上。摄影真实性的形式具有与实用的形式相混淆的趋向。

＜清晰度 La netteté

19 世纪中期，画家兼摄影师夏尔·奈格雷（Charles Nègre）把艺术和摄影从本质上区分为"解释"和"准确的翻译"。同时，他也没有明确地将摄影归入文献领域和"细节的严肃研究"，因为他相信摄影是对艺术敞开的，是对"绘画性的一面"敞开的，关键在于从何种表现形式和美学立场出发。他在 1854 年编撰的《法国南部历史遗迹和建筑》一书中写道："在展现给公众的古代和中世纪建筑物的复制中，我尽量在严谨的细节刻画中加入唯美的因素……就这样，我为建筑师提供的是每个建筑物的全景，将地平线放在建筑物中部，视点在画面中心。我试图避免透视上的歪曲并赋予绘图（摄影的）几何正视图的准确感……在完成了给建筑师的这部分工作后，我认为应该干雕塑家这部分的活儿，最大可能地再现出建筑雕像中最有意思的细节。身为画家，我依照自己的口味来为其他的画家工作。当不需要建筑式的精确时，我就用绘画的方式来拍摄；必要的时候，我也会牺牲部分细节，来突出建筑物的总体特色和萦绕其身的诗意氛围。[43]"从准确性到绘画性，从文献（记录）到艺术，美学的选择随着图像针对性的不同而变化着：为建筑师和雕塑家提供的是精确性，为画家提供的是对细节的删除。每个领域有其自身的真实性，每个真实性有其自身的形式。

43. In André Rouillé, *La Photographie en France*, p.133-134.

44. Gustave Planche, « Le paysage et les paysagistes », *Revue des Deux-Mondes*, 15 juin 1857, in André Rouillé, *La Photographie en France*, p.268-269.

45. Eugène Delacroix, *Journal*, 1er septembre 1859.

46. Charles Baudelaire, « Salon de 1859. Le public moderne et la photographie », *Œuvres complètes*, p.746-750.

47. Henri de La Blanchère, *L'Art du photographe*, in André Rouillé, *La Photographie en France*, p.375.

作为画家，夏尔·奈格雷是著名的"牺牲论"的信奉者，这也是当时艺术的主要标准之一。牺牲论的美学立场，完全反对细节的充沛和精确，它成为将艺术和文献彻底分开的主要理论支撑。前面曾经提到，批评家古斯塔夫·普朗什谴责摄影无一遗漏全盘拿来，与艺术"选择合适的，净化不合适的"[44]精神相去甚远；准确性、精确度、描述的细致性、细节的丰富性，这些特点既将摄影定位于文献，也将它排斥出了艺术的领地。德拉克罗瓦也持同样的观点，他认为，过于追求精细度和"准确性"，摄影"导致视觉的不快感"[45]。对波德莱尔来说，众所周知，摄影是"物质逐渐占主导地位"[46]、进步和"只追求真实性的审美观"的最雄辩的体现，也是对"唯美审美观"的致命威胁。波德莱尔谴责摄影摧毁了艺术，因为它把艺术变成对自然的准确的和工业性的复制。就这样，"现实"作为艺术中"理想"的对手，与摄影这个"艺术致命的敌人"组成了可怕的结合。

然而，清晰和细节并非文献绝对的标准，如同模糊只不过是强加给艺术的条件。从艺术角度看，对细部的删减符合传统的、经典的、浪漫主义的价值观，而对立于摄影代表的现代价值观。从摄影的角度看，模糊为那些反对文献的、观念传统的艺术摄影流派（从卡罗式摄影法到画意摄影，再到今天的艺术摄影师）贴上了艺术的标签。"少一些清晰，多一些效果；少一些细节，多一些空中视角；少一些示意，多一些画意；少一些机器，多一些艺术"[47]，这就是艺术摄影的信条，1860年由亨利·德·拉·布朗什尔（Henri de La Blanchère）在《摄影师的艺术》（Art du photographe）一书中提出。摄影图示的清晰度和画意效果，两者依附于两个不同的真实性机制（表面的真实性或深度的真实性，假象的真实性或副本的真实性），两种与图像的关系，即对细节的解读或是对整体的理解。艺术等级分明的目光与文献摄影万物平等的目光形成鲜明的对比，画布作为一个整体对立于摄影作为局部。最终，彻底将摄影与艺术区别开来的是，摄影中"次要部分与主体部分同等重要"[48]，不论是被记录的物体之间，被表现的细部之间，还是画面边缘与中心之间，没有任何主次区分。

48. Eugène Delacroix, *Journal*, 1er septembre 1859.

尽管如此，摄影为自己赋予了一个使命，那就是打破清晰度和文献之间过于约定俗成的等同性，就像模糊与艺术之间的等同性。第二次世界大战前后，摄影师已经非常游刃有余地利用模糊的效果来为图片赋予隐喻、强度和活力，这在体育、战争或是探险的纪实摄影中都能看到。而长久以来被艺术摄影排斥的清晰度和准确性，却在 1930 年代初期随着画意摄影的结束，上升为艺术摄影的重要特征。在这个时期的德国摄影师和美国摄影师那里，文献与艺术之间的老矛盾，终于在文献艺术的产生中迎刃而解。从奥古斯特·桑德到沃克·埃文斯（Walker Evans），从阿尔贝特·兰格—帕契（Albert Renger-Patzsch）到多萝西娅·兰格（Dorothea Lange），从卡尔·布罗斯菲尔德（Karl Blossfeldt）到亨利·卡蒂埃—布列松，他们的立场何其相似，那就是："物体原来是怎样"，就怎样去拍摄它，接受世界原本的面貌和它展现在照相机面前的固有样子。经过了摄影棚内的专业肖像拍摄，画意派摄影师的后期加工，先锋派的试验性尝试，记录摄影试图直面粗糙的现实。[49]

49. Olivier Lugon, *Le style documentaire da...la photographie allemande et américaine de...années vingt et trente*, thèse de doctorat, 199...

50. Michel Foucault, *Surveiller et punir. Naissance de la prison*, p.172-229.

< 透明度 La transparence

如同清晰度，透明度也被视为照片的固有属性和真实性的保证。自 1888 年始，阿尔贝尔·隆德在巴黎警察署身份鉴定部成立了一个摄影研究室，做了大量的摄影实践，在其成功和失败的经验中，既体现了对摄影的真实性的充分信任，也反映了对其局限性的清醒认识。对贝蒂荣来说，图像最大限度的清晰度有助于巩固警察监控的功能，好比圆形监狱的哲学思想，对犯人的监控建立在监狱建筑的透明性之上。[50] 每个领域有其自身的真实性，每个真实性有其自身的形式。

贝蒂荣寄希望于用摄影来改善对轻犯者的管理和增强警察署的侦查手段。

他意识到，为了达到这个目的，图像表现形式必须做到精确严谨，美学问题将是与行政、组织和技术等因素不可分离的组成部分。在发现以往警察署对摄影的使用与"针对目标"完全不相符后，贝蒂荣构思了一个"身份鉴定科学装置"[51]和拍摄脸部肖像的新方法。他的努力主要在于将司法摄影与"商业摄影的艺术传统"分离开来。与泛泛而谈的摄影评论相反，贝蒂荣认为艺术与商业在摄影中的紧密结合，在其他领域可能是强项，

51. Alphonse Bertillon, *La Photographie judiciaire*, p.1-11.
52. "根据不同的情况，一张司法肖像应该以表现被控者现在、过去和将来的个性特征为目的，并且，这三个时态的肖像必须符合：一、以特殊的方式来解决拍摄上的问题；二、以特殊的方式来使用。" (Alphonse Bertillon, *La Photographie judiciaire*, p.14.)
53. 同上，p.75-79。
54. 同上，p.65-67。
55. 同上，p.60-61 et 106。
56. 同上，p.79。

但在司法鉴定中却对效率产生很大的负面作用。因此他不断地尝试将司法摄影从"艺术和商业肖像"中分离出来，打破所有与艺术的联系。他写道，"只要将所有的美学意念搁置一旁，只从科学和警察角度出发考虑，就行了。"

贝蒂荣在谴责"艺术"摄影和"商业"摄影不能"产生最逼真的图像"，即司法鉴定所需的逼真性的同时，他也混淆了两者的区别。对将摄影视为单纯的（在审美上）服务工具的观点，贝蒂荣揭示，备受诋毁的透明性并不是摄影工艺固有的属性，而是经过严格加工的产物。[52] 他还制定了司法肖像摄影的"讲义"，以及达到符合司法用途的透明度的具体"措施"[53]。

就这样，他发明了著名的正面和侧面的肖像拍摄法，并给予详细的定义："正面拍摄时，对左眼的外眼角聚焦；侧面拍摄时，对右眼的外眼角聚焦。"照明、拍摄对象的注视方向、"固定发型"的方式，或是耳朵的位置等，都有严格而统一的规定。最后冲印出来的照片必须"在离拍摄对象头发上端边缘 0.01 厘米处裁剪，然后分别贴在一张卡纸上，侧面照在左边，正面照在右边"。最后，"严格禁止为了美化照片而祛除皮肤皱纹和其他伤疤的行为"，即后期处理。摄影在司法中的运用，图像表现形式的严格标准化，也决定了拍摄设备的特殊性。"为了让司法摄影正常展开，必须建立特殊的摄影棚和后期处理工作室。"[54] 如拍摄囚犯所用的椅子是"经过专门的标准特别定制的"。此外，巴黎警察署在 1890 年拍摄了 9 万张左右的底片，光"存档这些照片就动用了 500 平方米的空间"[55]，并且制定了专门的档案系统：每一个号码对应于一个"用于摄影监控的记录簿"[56]，其中记载了囚犯的社会身份和体貌特征。

尽管拍摄方式的标准化为司法摄影赋予了特殊的透明度，但是它的监控功能却并未达到警方和司法机关所期待的程度。相似性（模拟性）特征过于强烈，摄影缺乏档案分类所要求的合理性，而且对囚犯体貌特征的改变显得无能为力。因此，必须将其与另一个身份识别系统联系起来运用，即人体测量信号，后者迅速成为"所有的司法摄影不可或缺的助手"[57]。肖像摄影就这样与"人体测量观察"结合在一起，也就是说对人体头、鼻、额、耳、脚、肘等各个部位的测量。对测量的严格要求[58]，也使拍摄工艺上加入了人体测量器械（身高测量器、角尺、圆规等）。就这样，脸部类比肖像被人体数码图像所替代。在使用指纹的方式之前，身份鉴定主要依靠摄影与人体测量的结合使用来进行。这在当时也是辨别个体身份应用最广的一种技术，当然如果个体外貌发生变化，比如有意破坏探案，或是无意识的，如停尸房里无名氏面目难辨的尸体，这些就超出司法摄影的能力范围了。[59]

57. 同注 56，p. 5。
58. Alphonse Bertillon, *Identificaiton anthropométrique. Instructions signalétique*, Paris, Gauthier-Villars, 1893.
59. Alphonese Bertillon, *La Photographie judiciarie*, p. 109

传统观念认为，真实性是摄影固有的属性，与此相反，贝蒂荣通过实践，来制造警方所需要的真实。他的经历证实了真实是不能捕捉的，也是不能自动释放出来的，真实是需要建造的，永远是特定的，要求新的独特的工艺和方法。被贝蒂荣"教义化"的司法摄影在 1880 年代末，发展成为"自动肖像机"（automate à portrait），1926 年起被称为"自动摄印相机"（Photomaton），与今天我们知道的自动摄印相机相去不远。自动摄印相机的普及象征了机器的辉煌（摄影师的消失），体现了将真实性对立于人类、情感表现和艺术的这个具有局限性的观点的胜利。

肖像摄影的"艺术和商业"形式，以表现模特个性为意图，而用于警方侦察的肖像照片只求记录保存犯人的身份（今天主要用于拍摄证件照片的自动摄印相机也具有同样意义）。前者追求艺术地表现自由的个体，有"灵魂"的个体，理想化的肖像，反之，后者尽可能做到中性化地、井然有序地表现个体体貌特征。正侧两面肖像摄影，是人体测量和对身体痕迹清点（伤疤、文身、疖子等）相结合的产物。个性或是身份，这是两个不同的真理机制，两种不同的与身体的关系，两种摄影方式，两种结构形式。归根结底，两种美学：一个是表现主义的美学，一个是透明性和真实性的美学，即文献的美学。贝蒂荣的成就在于以实践来证明了文献摄影的透明性不是机器的自动产物，而是科学构建的结果。结合了一系列指令（清晰度、明亮度、可读性、正面性、匿名性、瞬间性等）和禁令（对风格、物质、阴影、厚度、变形、人性、作者、后期加工等的禁止），文献透明性的主要形式，决定了真实性的形式，定义了一种矛盾的美学（真实性来自不可视中）。一旦摄影的文献价值开始衰落，虚假的力量则开始显现，使摄影朝向表现的领域发展。

< 瞬间性　L'instantané

在贝蒂荣发明司法肖像拍摄法的同时，溴化银乳剂负片的改善极大缩短了曝光时间，促进了一个新观点的产生，即真实性建立在瞬间性的基础上。尽管试验早在 1870 年代末就开始了，但是直到 1890 年代溴化银乳剂负

60. Jules Janin, « Le daguerotype [sic] », L'Artiste, novembre 1838-avril 1839, in André Rouillé, La Photographie en France, p.46-51.

61. Louis de Cormenin, « A propos de Égypte, Nubie, Palestine et Syrie, de Maxime Du Champ », La Lumière, 12 juin 1852, in André Rouillé, La Photographie en France, p.124.

62. François Robichon et André Rouillé, Jean-Charles Langlois. La photographie, la peinture, la guerre, lettre n° 16, 28 décembre 1855.

片才真正开始被普及使用，半个世纪以来的瞬间性的梦想终于实现了。1839 年，儒勒·加南（Jules Janin）不是就已经公开宣称达盖尔照相术"在瞬间完成，如同思想一样敏捷，如同光线一样迅速"[60] 吗？他的过度乐观无疑源于对新工艺的惊叹，对现代乌托邦和人类进步的信仰。

几十年间，摄影与瞬间性的结合赢得了赞誉，也遭到非议。前面曾经提到，1852 年圣—西蒙派记者路易·德·科姆南将摄影的诞生与铁路、电力和蒸汽的发明相提并论，并由衷感慨它们的结合将成功地"为人类缩短距离和时间"[61]。不过，1855 年 11 月和 1856 年 5 月间，让—夏尔·朗格鲁瓦（Jean-Charles Langlois）上校和雷昂—欧仁·梅丹（Léon-Eugène Méhédin）在塞瓦斯托波尔附近的经历可以将这个激情相对冷却。在克里米亚，与电报、铁路和蒸汽船同步，摄影第一次涉足军事领地，但是最初的经历是非常艰难的。现实条件的阻碍，装备的简陋，如机器过于沉重不易操作，胶片对光线不够敏感，太受天气因素的制约（寒冷、潮湿、尘埃等），使他们的拍摄进展非常缓慢。朗格鲁瓦在给妻子的书信中写到："当你提到为拍一张照片摆三刻钟的姿势时，已是很谦虚了，（这里）通常需要一个小时甚至一个半小时。"[62]

1890 年，局势发生了彻底的变化。铁路、蒸汽和电力开始在西方工业社会中占据决定性的地位，同时汽车时代也拉开帷幕。摄影诞生后的第一个 50 年，西方社会经历了戏剧化的加速发展：工业发展带来的生产加速，电报的发明带来通讯的迅猛发展，铁路铺设带来交通加速。物质、资本、人力和资讯以飞速的方式流通。所有的生活节奏都以不可思议的方式加速着，改变了人类的世界观，电力和蒸汽机激发了新的想象力，同时也对摄影提出了要求，即跟上时代的节奏。

随着社会活动的加速，随着现实变得越来越朝气蓬勃，随着时间概念成为现代社会的基本成分，瞬间性也成为摄影的真实性的本质特征。"曝光时间的计算单位先是分，然后是秒，接着是 1／100 秒，目前采用的是 1／1000 秒，但这个计算单位还是太慢。"[63] 阿尔封斯·达瓦纳（Alphonse Davanne）在

63. Alphonse Davanne, « Inventions et applications de la photographie », 22 novembre 1891, in Yves Aubry, *Conférences publiques sur la photographie théorique et technique*, p. 24.

雅克—亨利·拉蒂格（Jacques-Henri Lartigue, 1894—1986）：法国艺术家。这位热爱生活并充满无尽好奇心的摄影爱好者，尝试了各种可能的摄影和冲印技术，不知疲倦地记录下每次拍摄的快门光圈指数，近 10 万张作品被他小心翼翼地整理收藏在大相册中。摄影只是他的爱好，绘画才是他的职业。直到 1966 年《家庭相册》的出版，拉蒂格的摄影作品才赢得了世界声誉。

1891 年如是说。与艾蒂安—朱尔·马雷的研究项目相呼应，达瓦纳试图搜集昆虫翅膀震动的资料，确切地说，他对震动的兴趣大过对昆虫的兴趣，在他的研究中，对某个瞬间和某个动作的捕捉，替代了对一个空间或一个物体的记录。从文艺复兴以来，画家利用透视的手法来表现物体和物体在某个空间中所处的位置，维护相似性的概念在绘画中的重要性。而到了 19 世纪末，社会发展加速，时间观念突起，于是时间的透视将空间透视的地位取代了。前面曾提到，马雷在研究人体的快速运动规律时，为了成像的可读性，将模特的整个身体覆上黑色，这个举动同时也表明，为了捕捉速度的需要，他牺牲了摄影的模拟功能。作为物质的身体，消失在抽象的运动示意图之后。在马雷的连续摄影作品中，如同在隆德、德墨尼（Demenÿ）或是迈布里奇（Edward Muybridge）等其他科学家的作品中一样，时间的痕迹优先于空间的痕迹。真实性的所在从物体过渡到运动，对形式的追求，让位给对动态的凝固。于是，瞬间性成为这个新图像的本质构成。

电影诞生前夕，连续摄影被广泛地应用于科学研究领域。与此同时，照相工业发展迅速，相机变得越来越小巧、轻便和易操作，化学药剂的用法越来越简单，越来越多的摄影爱好者能够自己拿起相机拍照，标志是 1888 年著名的柯达相机在市场上的推出，它的广告语也因而成为一个经典："您只管按下快门，

其余的交给我们搞定。"对摄影爱好者来说,例如雅克—亨利·拉蒂格(Jacques-Henri Lartigue),瞬间性带来了拍摄上的不可思议的可能性,他们终于可以挑战传统的审美标准,创造新的表现形式。从此,被拍摄者(身体或是物体)拥有了动的自由,不再需要摆出事先定好的、传统的、静止的姿势。照相机也不再停留在记录静态的层面,而是转化成定格动态和突发现象的机器。于是,物体的世界变成了事件的世界。图像的形式也同样发生了变化,因为传统的几何构图由此让位给时间的构图。

瞬间性,顾名思义,对摄影技术提出了更高的要求,必须反应快。在这个前提下,摄影图像产生了一个新的形式:不合理构图。以往摆拍的照片,在构图方式上与绘画遵循同样的美学标准,即传统的、考虑整体布局的标准。与此相反,瞬间性摄影(即抓拍照片)往往很难事先控制构图,于人的脸部、身体或者其他物体,经常出现残缺。1890年代,出现了一大批无名氏拍摄的照片,在这些照片上常常可以看到人的眼睛、头部或是腿部等,它们不合时宜地被部分或整个地切出了画面。第二帝国时期摄影棚内拍摄的拘泥刻板的肖像中表现的资产阶级,让位给了上流社会不劳而获的"享乐阶层"[64]。他们就如马塞尔·普鲁斯特(Marcel Proust)所描写的:有钱有闲,不问社会现实,是金融资本迅猛发展的纯粹产物。此外,当身体在摄影表现中逐渐变得模糊时,也正值金融资本试图取代工业资本的时期,经济权力正从工业巨头转到银行家和股东手里。

64. Thorstein Veblen, *Théorie de la classe de loisir* (1899), p.161.

马塞尔·普鲁斯特(Marcel Proust, 1871—1922):20世纪法国最伟大的小说家,也是20世纪世界文学史上最伟大的小说家之一。代表作为长篇巨著《追忆似水年华》。其他作品还有长篇小说《让·桑德伊》、短篇小说集《欢乐与时日》、文学评论集《驳圣伯夫》等。

在这些富足的摄影爱好者镜头里,不再表现单个的、位于画面中心的、静止的个人肖像,而是表现动态中的群体或是场景,常常是在被摄者不知情的状况下抓拍的,使用的也是当时非常时髦的"侦探式"的小型相机。与影棚肖像不同,这些照片是在社交活动场所拍摄的,如在有钱人的豪宅内、跑马场上,或是体育竞技场所、奢侈的温泉浴场等。摆布拍摄的时候,所有的元素如身体、目光、表情等,都被事先规定好了。瞬间抓拍的时候,摄影师则需要适应被拍摄者的自由举动,完全摆脱了以往照相机的限制。

在摆布拍摄的时候,图像的构成取决于模特和摄影师之间的关系。而在瞬间性摄影中,这个关系被打破了,被拍摄者与摄影师如同身处不同的世界,面对面却没有接触。从温泉浴场到赛马场，对这些"享乐阶层"的成员来说，重要的是抛头露面。另外，瞬间性需要的正是这样的对象，将出现和存在相混淆。如果以前影棚摄影师孜孜不倦地追求表现隐藏在人物内心深处的东西，那么这些瞬间性摄影的爱好者唯一关心的是抓住他们生活表层的一个小碎片。摆拍在限制身体姿势的同时，也给了摄影师充分的空间去探索灵魂深处的东西，而有闲阶层则利用他们瞬间拍摄的自由，对摄影师发出挑战。瞬间摄影肤浅的和短暂的真实性，与传统摆拍深度的真实性形成了鲜明的对比。

事实上，自相矛盾的是，瞬间摄影中构图的残缺性也是它的优势，真实性正是来自这个"不合理构图"。然而，真实性的力量不是来自图像中过剩的现实，也不是来自再现的随意。它来自与传统绘画形式和价值观的断裂，对世纪之交社会生活新的形式、价值观、习惯、场合、时尚的人和物、体育竞技等的表现。

< 网络 Le réseau

文献摄影的透明性是真实的主要形式，它体现了一个更普遍的法则，那就是必然性和理性的法则，由计算、比例、逻辑、智慧和分析构成的法则。必然性的真实性也正是摄影的真实性。通过对暗箱（camera obscura）的完善化、理性化和机械化，通过将机器代替人手，工业代替手工业，摄影图像的制作过程吸收了理性化的法则，因而在表现形式上体现出清晰度、透明度、理性、几何比例等特点。文献摄影的真实性是符合逻辑的，阐释性的，理性的，与自由艺术所崇尚的矫揉造作的非理性的真实性形成鲜明的对比。摄影和工业社会同时出现，也同时经历着一个真实性的危机，这个危机从非理性的艺术领域进入了理性的领域。文献摄影既是这一危机的体现，也是其载体。

但是，文献摄影所体现的逻辑的真实性，从此不过是一个"可能的真实性"。普鲁斯特更倾向于深度的真实性，这个真实性不会自动释放出来，不会自动显露；不能沟通，但能阐释；不是有意识的，而是无 65. Gilles Deleuze, *Proust et les signes*, p.121-124. 意识的。[65] 感知、有意识记忆、理性、文献摄影所传达的只不过是"可能的真实性"吗？总之，凡是表面的真实性，必然是单薄的，如同用复写纸临摹出来的一样。

事实上，在文献摄影中如果存在真实性，那也不是来自物体的相符性，而是更多地取决于和物体的接触。这是一个新的方式，即通过接触达到的真实性，而非通过形似达到的真实性。用皮尔斯的术语来说，在摄影的真实性中，痕迹因素多于象形因素。痕迹优先于模仿。或者说，模仿善于描述，而痕迹用于证明。摄影的力量正是来自这个描述（光学的）和证明（化学）之间的对话，而不是来自让—马利·谢弗（Jean-Marie Schaeffer）在《摄影：不稳定的图像》（L' Image précaire. Du dispositif photographique）一书中所认为的不稳定性。

然而，物体与其最后成像之间的接触并不是直接的，前者在成为人们手中翻看的照片或书报中的印刷图像之前，经历了一系列的步骤：拍摄、胶卷冲洗、负片、照片、照相制版、印刷，更不用说数码时代的网络连接了。故此，一个现实现象在成为一个摄影现象的过程中，经历了一系列的技术、物质和形式的转化：变得平面、轻巧，变得易于观察、构成、携带、交换和存档等。每一个步骤含有一个质的变化，就如宗教中的变体。现实世界中的物体被转化成银盐，银盐继而被印刷油墨或是数码符号所替代。这个转化过程，具体表现为从立体到平面，从胶卷到相纸，从金属板到印刷纸，以及今天从纸张到电脑屏幕。失去了最初的重量和质感，却赢得了可移动性和传播的速度。此外，图像可以与文字结合，存入档案或与其他网络连接（新闻、出版社、图片社、图书馆、互联网等）。

换言之，一张文献照片从来就不是孤立的，从来不是与它所表现的物体面对面。它总是处于某个特定的网络中，并随着环境的变化而变化。[66] 单张的照片没有任何意义，因为没有参照；或者反之参照太多，如在新闻摄影中不尊重事实的图片说明，完全可以将照片所表现的真相歪曲甚至颠倒。从物质到图像的转化过程中的每一个步骤，都会丢失掉一部分模仿的相似性（作为图像）和一部分痕迹（作为痕迹符号）。这个物理接触，连接起相邻的步骤，编织了一张网，并从心理上保证了逆向联想的可能性，即从最后一个步骤（图像）倒推向第一个步骤（物体）。正是这个可能的回归，这个由转化和毗邻性构成的网络的内部流通，保证了文献摄影独特的真实性：一个网络的真实性。

66. Bruno Latour, *La Clef de Berlin*, p.121-124.

三、文献的功能　FONCTIONS DU DOCUMENT

　　真正的摄影是具有可操作性的，这也是图像的实用价值和文献功能所依靠的支撑。至少，对见证了工业社会迅速发展的文献摄影来说是这样的。

存档 ARCHIVER

　　文献摄影的一大功能应该是以摄影集的形式，对现实进行一次新的清点和存档。摄影集，作为积累和储存图像的机器；摄影，作为视觉的机器（光学的），记录和复制表象的机器（化学的）。因此，这个现实清单由两个存储程序组成：摄影作为存储表象的程序，摄影集或是档案作为存储图像的程序。

　　首先，达盖尔法印版照相在金属板上的成像是一次性的、唯一的、不可复制的，私人的珠宝匣式的装框对它比较合适；而通常意义上的摄影，是可复制的、纸上成像的照片，在摄影集中找到了它的位置。1840 年代末期，这个清点已经开始出现，但当时只能根据原始的照片来制作影集，并且数量非常有限。照相馆馆长布朗卡—埃夫哈 (Blanquart-Evrard) 和出版商吉德 (Gide) 及波德里 (Baudry)合作出版了多部精装摄影画册，其中包括 1852 年马克西姆·杜·康普的《埃及、努比亚、巴勒斯坦和叙利亚》和 1856 年奥古斯特·萨尔斯曼的《耶路撒冷》。长达半个世纪的时间内，大部分文献摄影都以画册的形式出版发行，画册因而成了当时标准的格式，它所涉及的领域也非常广泛，如建筑、公共设施、旅行和探险、科学与工业、医学、考古、战争、裸体研究、名人肖像、巴黎公社场景、时事等。[1] 1860 年代初，肖像名片的流行使得私人影集应运而生，之后家庭摄影的迅速推广更是其成功的证明。

1. Pour la période antérieure à 1871, voir André Rouillé, *La Photographie en France*, p. 518-524.

　　摄影与画册的结合，就这样构成了现代社会第一个记录世界和储存图像的大机器。将近一个世纪内，画册与文献摄影相辅相成，缺一不可，直到图片社和图片档案库的出现。不管怎样，档案是文献摄影的未来归属。它首先能够通过成比例的放大或是缩小来改变现实。比方说，在动物学研究中，基于显微镜和（照相）暗箱的结合，"微生物的直径被放大到几百倍，在摄影集中拥有了一席之地"。[2] 反之，爱德华·巴尔杜斯（Édouard Baldus）拍摄的卢浮宫的照片在 1856 年"就已经达到 1200 张之多，比例为原物的十分之一"，"整个卢浮宫都被记录在照片里，从叶板顶饰、檐壁上悬吊的花饰，直到宏伟的三角楣，这个超凡脱俗的建筑物的每一个细节部分，都被分开单独拍摄下来"[3]。卢浮宫的摄影图解是通过缩小尺寸（"比例为原物的十分之一"），对细部的挖掘（"整个卢浮宫……直到宏伟的三角楣"），分离拍摄（"建筑物的每一个细节部分，都被分开单独拍摄下来"），以及在画册中的重新布局来完成的。

　　从一开始，所有这些清点程序、归档程序，以及最后象征性的附属程序，就体现了对完美的迫切追求，即完整地记录世界的愿望。在 1861 年，摄影师还不需要"通过不同地域的人体构造差异，来再现人种类型；或是再现所有的阶级，所有的动物族系，所有的植物种类包括根、叶、花、果等所有部分；又或者，再现所有对地质和矿物研究有用的标本"[4]。于此，摄影再现试图囊括可视的全部，如同当时经济舞台（市场法和竞争法的迅速发展）和世界舞台（殖民进程的加速）上演的剧情的回音。[5]

　　文献摄影开阔了可视的领域，这也与兑换空间的增大、市场的扩张、西方军事干涉区域的扩大步伐一致。在法国，正值第二帝国大举推行军事远征政策（1856 年出征克里米亚，1860 年出征叙利亚、中国和印度，1867 年远征墨西哥），摄影被视为最出色的纪实工具。正是在这个大环境下，产生了大量的计划，旨在"组织勘探世界的摄影任务，并为物理和自然科学研究带回来自地球各个角落的最完整的文献资料"[6]。视觉、文化、经济和军事领域之间的交汇，还流露在迪德立向军队建议配备照相机的报告里。于此，他解释道，"不计其数的文献资料从我们在世界上的各个军事驻地涌现出来。这些文献经过分类、整理、

2. Ernest Lacan, *Esquisses photographiques*, p. 37.
爱德华·巴尔杜斯（Édouard Baldus, 1813—1889）：1850 年代最富盛名的法国摄影家，他拍摄的风景、建筑和土木工程项目作品尤为著名。这位普鲁士出生的艺术家，早年受过绘画训练。自 1840 年代后期开始，巴尔杜斯在其第二故乡巴黎从事摄影创作，迅速掌握并改进了纸版底片的操作程序。在整个 1850 年代，巴尔杜斯陆续接受了多项法国政府和各大实业巨头的委托，为具有重大历史意义的建筑物拍摄照片，包括北方铁路公司（Northern Railway）的沿线风景、新卢浮宫（Louvre）的建造、1856 年罗纳河（the Rhône river）和索恩河（the Saône river）泛滥后的灾情，以及其他一些项目。

3. Ernest Lacan, *Esquisses photographiques*, in André Rouillé, *La Photographie en France*, p. 195-196.

4. Alophe, *Le Passé, le présent et l'avenir de la photographie*, p. 45.
5. Montauban 将军在其关于侵占北京的报告中，为没有用相机记录下颐和园中被烧毁的历史奇迹表示深深的遗憾。希望今后的远征中，有更多摄影师参与。（Alophe, *Le Passé, le présent et l'avenir de la photographie*, p. 46.）
6. 同上，p. 45-46。

相互加强，成为我们所见过的最不可思议的摄影集，不愧于'本世纪最令人赞叹的发现（照相机）和文明世界里最智慧的军队'之称号。"[7] 在这个对世界进行的视觉和军事征服战的过程中，摄影、军队和运输之间相互协调，改进着各自的技术装备。铁路、电报、蒸气船、1862 年推出的 Gattine 机枪系列、硝酸甘油炸药（1866）等，难道它们不都与摄影处于同一个技术和象征的层面吗？胶棉，1870 年前摄影最主要的材料，难道不同样用于炸药制造和外科手术伤口包扎吗？

7. André-Adolphe-Eugène Disdéri, *L'Art de la photographie*, p. 151.
8. Alophe, *Le Passé, le présent et l'avenir de la photographie*, p. 45-46.

　　不管是否与军事行动结合，摄影的普遍用途是"丰富我们艺术博物馆的收藏"，满足个人好奇心，或是建立"自然、艺术和工业的百科全书"[8]。于此，摄影触及了另一个层面，不再是视觉收集的机器，而是一个汇集了艺术博物馆、画册、档案，即寄存、收藏和储存的机器，它们积累并保存着昨天的遗迹，以及今天和远方的碎片。所有这些视觉收集的机器和视觉储存的机器，都出现在被法国大革命（18 世纪末）颠覆后的时代，与此同时，节俭和储蓄的观念上升为主要的经济价值观之一。如果说摄影与铁路同时诞生，那么它的发展则与现代银行体系的发展同步，如佩雷尔（Pereire）兄弟开创的动产信用公司（Crédit mobilier）、公共贷款、股票。

　　面对世界的不断加速和扩张，面对探险带来的巨大震撼，面对新与变的反复对峙，简言之，要保持与客观世界之间物质、直接和敏感的关系，在其难度越来越大的情况下，文献摄影扮演着媒介的角色。一位记者在 1860 年写道，因为有了摄影，"我们熟悉了所有的事物，就好像亲眼见过一样。我们可以舒舒服服地坐在壁炉边，带着好奇求知的心态来欣赏这些图像，用不着跋山涉水，经历那些摄影师为拍摄这些图片所经历 9. *Bulletin de la Société française de photographie*, 1860, p. 277. 的艰难"。[9] 正因为有了摄影，世界危机四伏的外在性，在富人的沙龙里变得私密而温馨。然而，安宁是有代价的：跋涉艰险、探索世界的任务是交给了第三方（摄影师）来完成，人与世界的直接关系被图像与世界的关系所代替。世界开始成为图像。

整理 ORDONNER

这个世界在"成为图像",并且不断深化。而今摄影与画册或摄影与档案的结合,逐渐让位给摄影与新闻的结合,继而让位给电视与卫星的结合。画册和档案一样,都是被动接受的容器。它不收集、不积累、不保存、不存档、不对图像进行分类和分配、不产生意义、不制造和谐、不创新视觉、不对现实进行象征性的整理。文献摄影不仅抱着乌托邦的念头,即试图将整个世界纳入图像,而且在与画册或档案结合后,又被赋予了整理的任务。于是,文献摄影和画册(或是档案)扮演着既相互对立又相互补充的角色:照片是局部,画册和档案重新构成整体。这就是整理。

< 局部化 Fragmenter

"画家的画是一个整体,摄像师拍摄的是无数片段"[10],瓦尔特·本雅明解释道,"画家在作画时,与现实世界的对象之间保持着一个正常的距离",摄像师或是摄影师手中的

10. Walter Benjamin, « L'œuvre d'art à l'époque de sa reproduction mécanisée », *Écrits français*, p.160-161.
11. Eugène Delacroix, *Journal*, 1er septembre 1859, André Rouillé, *La Photographie en France*, p.270.
12. Carl Gustav Carus, *Neuf lettres sur la peinture de paysage*, p.69.

机器则让他们能够"深入既定现实的组织内部"。细节和局部的力量,不仅来自照相机接近物体的能力,也来自于它对表象切割和记录的方式。片段和局部与切割和捕捉有着直接的关系,它们不仅动用了照相机的化学功能(记录),还动用了其光学功能(切割,距离)。

画家通过在画布上添加物质(颜料)来作画,一个笔触接一个笔触地构成一幅完整的油画,而摄影师的工作则是减法,他在拍摄一张照片的同时也打断了可视的连续性。"当摄影师拍下一张照片时,您所能看到的永远只是从整体中切割出来的一块"[11],欧仁·德拉克罗瓦曾经发出这样的感慨,这与卡尔·古斯塔夫·卡勒斯(Carl Gustav Carus)的浪漫主义美学观相一致。卡勒斯在1831年写道,"真正的艺术作品建立在一个整体上,一个属于它自己的小宇宙(microcosme);与此相反,反射(的影像)永远只是一个局部,只是无限自然中的一部分,脱离了有机联系,封闭在反自然的局限性中。"[12] 这个将艺术作品与镜子反射、整体与局部对立的理论,正好迎合了那些反对摄影作为艺术的流派。事实上,超越了局部问题,卡勒斯提出了一个艺术上的新概念,对摄影来说则

更为新颖，被视为"小宇宙"：艺术作品的欣赏标准不再是模仿的忠实性，不再是作品引起的愉悦感，甚至也不再是自然中任何一个美的东西，而是作为自动、系统和完整的产物，因其自身而存在，为其自身而存在。根据这个概念，与世界有直接联系的摄影师，完全按照自己意愿来创作的画家，两者无论在哪个方面，都是相互对立。前者"拿来"，后者构成。面对摄影"没有一丝忽略，不做任何牺牲"的态度，批评家古斯塔夫·普朗什（Gustave Planche）坚决赞同艺术牺牲论，即艺术作品应该"选择合适的，净化不合适的"[13]。原因很明显：无论是在被摄物之间，在复制的细节之间，还是在画面边缘和中心之间，摄影不做任何等级区别，"次要部分与主体部分同等重要"[14]，德拉克罗瓦补充道。

13. Gustave Planche, « Le paysage et les paysagistes », *Revue des Deux-Mondes*, 15 juin 1857, in André Rouillé, *La Photographie en France*, p. 268-269.

14. Eugène Delacroix, *Journal*, 1er septembre 1859.

15. "太阳的创造，作为文献，是完美绝伦的，不应对此进行诽谤；但如果我们想从中看到最完美的艺术品，那就绝对是弄错了。"(Gustave Planche, « Le paysage et les paysagistes », *Revue des Deux-Mondes*, 15 juin 1857, in André Rouillé, p. 268-269.)

16. Voir Quatremètre de Quincy, *Essai sur la nature, le but et les moyens de l'imitation dans les beaux-arts*.

　　不加选择地照搬照抄，这就是使摄影远离艺术，将其顽固地封闭在文献领域的根源，持此观点的远不止德拉克罗瓦、普朗什和波德莱尔。[15]不过，很显然，他们的观点与其说来自摄影的启发，还不如说是受到瓜特梅尔·德·昆西（Quatremère de Quincy）的新古典主义思想的启发。早在 1823 年，为了回应艺术领域里出现的记录和自然主义倾向，瓜特梅尔提出，机械复制的完美无缺和实用性，根本不符合艺术模仿的精神，因为后者建立在图像的不完整上，追求与模特的差异，与现实的差距。[16]一个世纪后，这些立场各自的特点将显得相对明显。比如，1930 年代，在德国和美国这两个曾经把摄影完全定义为文献的国家，艺术的大门开始向摄影敞开。在奥古斯特·桑德或是沃克·埃文斯这样的摄影师拍摄的纪实照片中，现代理论家们发现了充分的艺术的构成元素，不同于严格意义上的文献功能。于是，被视为"媒介的特性"的清晰度、机器视角，或是非个人化，成为现代美学观念的组成部分，这个观念认为每一门艺术应该建立在其自身技术的严格的局限性上。

　　摄影诞生之日起就遭到艺术的强烈敌意，但这并不意味着，摄影在本质上与艺术不相容，只能作为低一级的文献。相反地，这个敌意来自对文献摄影正在彻底颠覆传统视觉和再现方式的清醒意识。摄影之所以彻底区别于新古典主义、浪

漫主义甚至现实主义绘画，不仅仅因为它用机器代替画家的手，还因为它的图像
是片段的、分割的、不连贯的、对现实不分等级的。19 世纪出现的关于绘画与
摄影的争论，代表着两个不同世界的对峙。一个世界继续相信统一体，相信它能
够将所有的部分整合起来；另一个世界则刚刚
兴起，由无数分裂的无法被整合的碎片构成，
在这个世界里，旧的统一体正在瓦解。换言之，
摄影为图片领域输入了"现代非理性意识"，
而绘画却还停留在旧的普遍理性上，即总体的
审美观，由从部分到整体、从整体到部分构成的永无止尽的联系。[17]

17. Gilles Deleuze, *Proust et les signes*, p.127 et 158. 我们将看到，千年之交的时候，面对数字图像和网络，面对当代艺术，体现理性价值的正是摄影—文献。

18. Walter Benjamin, *Charles Baudelaire, un poète lyrique à l'apogée du capitalisme*, p.43 et 154.

19. Gilles Deleuze, *Proust et les signes*, p.195-196.

　　有机整体的破裂，局部和片段的凸现，这不只与图像、绘画和摄影有关，
也是现代主义的一个综合现象，不仅触及了工业生产，还触及了文学和新闻领
域。确实，摄影的出现（1830 年代末）和新闻领域发生的重大变化有着令人惊
讶的同步性，例如在埃米尔·德·吉拉丹的鼓动下，报纸订价降低一半，推广小
消息，开创小说连载专栏等。消息开始与叙述竞争。简短、清楚、匿名，新闻
以罗列的方式出现，且不管它们之间是否相关，这与以往追求叙事结构和情节，
融入作者主观体验的新闻写作风格截然相反。[18]于是，19 世纪中期，现代新闻的
建立以叙述者身份消失为代价，思想、体验、视角或是感情等所有为叙述赋予
韧性、厚度、意义及和谐的因素也都随其消失。信息把报纸变成了一个万花筒，
失去了视点和中心，简单的景象变得复杂。至于小说连载，由于报纸的分章发表，
小说的统一性被打破了；它们所能做的，是尽量不沦为一个不确定整体的简单
添加部分。

< 统一化 Unifier

　　通过切割、提取、抽象，文献摄影迅速积累了丰富的局部视角、片段、现实
的碎片。于是，一大堆散乱的图像寻找着一个统一体：不是原来被打破的、被找
回的那个有机整体，而是由这些碎片和片段重新构成的整体。[19]它也不是去重新
构建那个过去存在过的统一体（拼图游戏规则），而是构建一个"未来的统一体"：
一个无数的支离破碎的局部构成的整体和统一体。这个构建是通过特定的材料（繁
多的文献摄影图像片段）和设备（全景拍摄，特别是影集和档案）来完成的。

1855 年，英国摄影师罗杰·芬顿（Roger Fenton）将克里米亚战争中拍摄的 11 张照片拼成一幅"整个（英法）联军营地的全景图"[20]。艾内斯特·拉康（Ernest Lacan）在他的评论中，建议读者设身处地想象"站在摄影师所选择的制高点上"，"环视摄影师为我们展现的辽阔空间"。摄影的速度（与素描和油画的节奏相比）使得 11 张不同的照片在相当短的时间里就能获得，而且摄影师不用变更位置，只需在原地转动一周，即可获得"环形的全景"。如此对空间进行局部拍摄后，照片被重新配置成一个新的整体，这个整体就叫做"全景图"。这个全景图通过分散的、"构成的"[21]、多向的透视，将所有这些相对孤立的、具有各自线性透视的照片聚集在一起。

罗杰·芬顿（Roger Fenton, 1819—1869）：英国摄影师，被称为"战地摄影的鼻祖"。从律师到画家，再到摄影师，他的人生经历多次转折。1852 年他成了俄国克里姆林宫雇用的第一位摄影师，1853 年又得到大不列颠博物馆的邀请拍摄一批写实照片。1855 年的大部分时间，芬顿将精力投入到记录克里米亚战争中。他主持创建了英国皇家摄影协会的前身——"伦敦摄影协会"，还涉足风景和建筑摄影领域。

20. Ernest Lacan, *Esquisses photographiques*, p.170-176.

21. Pierre Francastel, *Art et technique*, p.174.

22. André-Adolphe-Eugène Disdéri, *Renseignements photographiques*, p.31.

23. André-Adolphe-Eugène Disdéri, *Application de la photographie à la reproduction des œuvres d'art*, p.18.

在插图新闻迅速发展起来之前，文献摄影所记录的现实的碎片，主要通过画册来聚合成一个"新的统一体"。工业社会的到来改变着世界，将其淹没在商品的大潮中，带来了开放和活力，同时也打碎了传统的和谐。当交换价值即金钱吞没了其他所有的价值，当思考方式、行为方式、生活方式、看问题的方式等被彻底颠覆，一个新的具有象征意义的世界秩序正在出现和成形。通过积累和拆分，文献摄影产生混乱；通过重新集合，摄影画册产生和谐、逻辑和统一。

在 1855 年世界博览会期间，摄影师迪德立以极大的热情来歌颂文献摄影，将它视为最理想的工具来表现"城市纪念性建筑、宫殿，其中每一个卓越的雕刻部分和内部结构；总之，平面的或是剖面的宫殿、博物馆、寺庙、图书馆、剧院、火车站、工厂、营房、宾馆、大厅、码头、集市、花园等的建设"[22]。然而，在列举了超出一页纸这样一长串不无疯狂的清单后的几年，迪德立承认"出版物（画册）不应该只是一个混乱无序的堆积物。相反，必须通过理性的系列归档和文字说明来将其明朗化，为这个整体赋予强有力的统一性"[23]。

存档和文字，理性和言论，让画册成为一个整理碎片的机器，一个将明晰取代混淆的机器，一个从无序的堆积物中产生统一的机器。作为理性的操作者，摄影画册其实与百科辞典一脉相承。它符合启蒙运动的思想，即将知识归为无数个信息的总和，信息与信息之间是同等的，编撰的唯一逻辑是字母顺序。这个关于知识的概念，同样在与摄影同时兴起的世界博览会被推崇[24]，具有象征意义的是，最早的四届博览会，1851 年和1862 年在伦敦举行，1855 年和 1867 年在巴黎举行，而这两个城市也是新的工业世界的中心地带。正是在这样的背景下，法国摄影协会提出对"法国的考古、历史、地理、艺术、风景、农业、工业、地质和植物学的摄影画册"[25]的创作进行鼓励和推动。这样做的目的只有一个，那就是将"散落在纸箱里"的照片"集合起来编撰成册"。

　　大部分画册是当时许多大型摄影计划的结果，自 1851 年著名的日光摄影计划（Mission Héliographique）获得了成功后，一大批摄影计划相继涌现。1861 年，摄影师阿洛夫（Alophe）建议，"所有这些摄影计划拍摄的照片汇合在一起，可以编成一部画册，这将是本世纪最重要的著作之一，将成为某种意义上的关于自然、艺术和工业的大百科全书"[26]。如果从今天全世界博物馆和图书馆所收藏的摄影画册数量来评判，阿洛夫的期望显然是被大大超越了。

　　事实上，第一个大型摄影计划"日光摄影计划"，并没有被编辑出版，只是停留在档案领域内。1851 年，历史建筑委员会邀请了爱德华—丹尼斯·巴尔杜斯（Edouard-Denis Baldus）、亨利·勒·赛克、古斯塔夫·勒·格雷，以及奥古斯特·梅斯特拉尔（Auguste Mestral 又称 O. Mestral）和希波利特·巴耶尔，让他们参与拍摄法国的建筑遗产，前提是必须按照规定线路和具体程序来完成拍摄。摄影师们访问了 47 个省的 120 多个历史建筑遗址，拍摄了 300 多张底片，这些底片直到今天还保存得很完好。当时法国铁路网络正开始铺展，火车成了摄影师的主要交通工具之一。无独有偶，1930 年代的美国，类似具有现实和象征意义的土地征服计划，也带动了科学，比如动植物学、地质学等领域的考察。这些计划的目的不仅是搜集对研究和考察有用的图片资料，同时也是为了用摄影来致力于构筑集体记忆，获得美洲的过去。其中最重要的，毫无疑问是 1935 年和 1942 年之间由罗伊·斯特莱克（Roy Stryker）领导的美国农业安全局（FSA）旗下的摄影计划。[27]

24. André Rouillé, « La photographie française à l' Exposition universelle de 1855 », *Le Mouvement social*, n° 131, avril-juin 1985.
25. *Bulletin de la Société française de photographie*, 1855, p.134.
26. Alophe, *Le Passé, le présent et l'avenir de la photographie*, p.46.

27. Jean Kempf, « Le rêve et l'histoire », *La Recherche photographique*, n°10, juin 1991, p.59-65. La présente analyse doit beaucoup à cet article majeur sur la question.

　　FSA 摄影档案首先是一个汇编（87,000 张装裱在卡纸上的黑白照片，130,000 张底片，1,600 张柯达幻灯片）和一个存储库：位于华盛顿的美国国家图书馆的版画馆。其次，它也是一个作品，一个收藏。收藏的不是单个摄影师的作品，而是一个团队的集体作品 [罗素·李（Russell Lee），沃克·埃文斯，多萝西娅·兰格，本·沙恩（Ben Shahn）等]。通过汇集散乱在四处的由不同摄影师拍摄的照片，FSA 希望这些收藏能够成为美国统一的象征。事实上，这个规模宏大的文化和政治项目的实施，建立在一个假设之上，那就是档案是对片段最佳的协调，因为它汇集了一切，既不排外也不审查。而且，档案具有完全的自由度：

沃克·埃文斯（Walker Evans, 1903—1975）：美国摄影师，出生于密苏里州的圣路易斯。他在 1930 年代经济大萧条时期为农场安全管理局拍摄的照片，如《佃农家庭》与《广告牌和框架房屋》，以简单和直接为特点，影响了后来的美国纪实摄影。埃文斯的许多单幅作品都成为摄影史上和那个时代社会历史的里程碑。

多萝西娅·兰格（Dorothea Lange, 1895—1965）：20 世纪美国杰出的纪实摄影家。美国"战争安置局"曾雇用兰格去拍摄日本以及一些周边的状况，使她有机会接触到了更为广泛的人世间的故事。兰格的早期作品记录了美国农场家庭的转移，以及在大萧条时期工人的迁移。多萝西娅·兰格以其创造的图像，反映了人类的勇气和尊严，特别是处于被侮辱和受压抑状态下的人物形象。其代表作品有《迁移的母亲》《等待救济的人》等。

本·沙恩（Ben Shahn, 1898—1969）：美国画家和绘图艺术家。他以反映社会和政治主题的绘画和招贴画作品而出名。他为美国联邦农场安全管理局摄制的数千张照片也反映出他对社会问题的关注。

不受新闻法的约束，也没有艺术目标。作为自由和纯粹的空间，也就是说"真正的文献"，FSA 的收藏同时也依照一个非常明确的提纲。最初是根据不同的州和摄影报道来分类，地理位置的概念和摄影师的个体创作被优先考虑。但是在 1940 年代初，存档的迅速增长（近乎 1 万张照片一年的速度）和传播的要求，促使罗伊·斯特莱克开始采用根据主题来分类的方法。此举打破了摄影报道的统一性，并掩盖了摄影师的个体经历。

　　这个新的分类法实际上反映了一个雄心：提供一个美国的国家全景图，甚至人类探索世界的全景图。然而，存档的分类太受《圣经》的影响而难以具有普遍性的意义。另外，整个摄影计划所代表的只是"20 世纪美国的辉煌"。总是不满足的斯特莱克要求摄影师拍摄所有的一切，包括最小的细节部分，并且清点他们拍摄的所有照片，"不遗漏任何一张照片"。他不知疲倦的强迫症性格和他对档案归类的原则，与其说带有鲜明的个人主观性，不如说对 FSA 的收藏提供了许多建设性意见，使这个庞大的机器更好地搜集图像，重新分配图像，从而引导受众的阅读方向。这也是一个制造美国统一梦想的机器。关键不在重新发现，而在结果。

使知识现代化 MODERNISER LES SAVOIRS

一个世纪以来，艺术领域对摄影的争议越是强烈，科学和知识领域对它的异议就越罕见，甚至波德莱尔也表示："它（摄影）的真正使命，是作为科学和艺术的仆人，不过是非常谦逊的仆人。"[28] 这个坚决将摄影排斥在艺术之外的顽固观念，只有在关于摄影的实用性和文献性这一点上表示出一致性。1839 年，弗朗索瓦·阿拉贡就已经赞美达盖尔法银版照相在服务于绘画、天文、光学、地形学、生理学、医学、气象学，当然还有考古学上的成就。"为了抄录遍及底比斯、孟菲斯、卡纳克等地成千上万的纪念碑上的象形文字，需要大批的素描画家，用上 20 年左右的时间才能完成，"阿拉贡解释道，"有了达盖尔法银版照相，一个人就能实现这个庞大的工程。"于是，阿拉贡鼓励埃及研究学院配备照相机："巨大逼真的象形文字将取代虚构的或是纯粹约定俗成的象形文字。"[29]

28. Charles Baudelaire, « Salon de 1859. Le public moderne et la photographie », *Œuvres complètes*, p. 749.

29. François Arago, « Rapport à la Chambre des députés », 3 juillet 1839, in André Rouillé, *La Photographie en France*, p. 38.

＜科学 La science

摄影对现实的复制比绘图更快、更经济、更忠实，它无遗漏地记录下一切，弥补了手的不足和眼的缺陷，一句话，摄影用机器取代了人类，一下子成为现代科学所需要的最出类拔萃的工具。这个现象一直持续到"二战"爆发。

作为科技的产物，摄影将对知识进行现代化，特别是科学知识。这个使命关键在于取消文献摄影中的主观因素，没有遗漏、不加阐释地记录，从而达到证明或是替代原物的目的。长久以来，唯独摄影能够保证这个使命的实现。在科学领域里，天文学和显微学最早运用摄影技术。这些学科非常活跃，而且大量地用到光学工具。与其他系统的结合（显微镜和天文望眼镜），使摄影进入地球勘探的领域。1840 年代初，雷昂·傅科（Léon Foucault）和阿尔弗雷德·多内（Alfred Donné）[30] 开始借助"达盖尔显微镜"进行的研究，被奥古斯特·贝尔彻（Auguste Bertsch）和光学家儒勒·杜波斯克（Jules Duboscq）继续。

雷昂·傅科（Léon Foucault, 1819—1868）：法国物理学家。他最著名的发明是显示地球自转的傅科摆。除此之外他还曾经测量光速，发现了涡电流。他虽然没有发明陀螺仪，但是这个名称是他起的。在月球上有一座以他命名的撞击坑。

30. André Rouillé, *La Photographie en France*, p. 71-76.

1857 年，后者借助"光电显微镜"，将研究结果印在玻璃上，并在科学院的圆形大教室里用电子投影仪播放。在天文学研究领域，奥古斯特·贝尔彻和卡米尔·德·阿尔诺（Camille d'Arnaud）在 1856 年 10 月 13 日用普罗镜（lunette de Porro）拍摄了
月蚀现象。每一个日蚀或是月蚀现象，都将成为新的试验机会，"用摄影来代替观
察家的眼睛，并且电子化地记录下光线进入暗箱的瞬间"。问题的关键永远在于核

实"自动观察相对于建立在人类感知基础上的
传统观察方式的优势"[31]。摄影、光学设备、
电学，以及相关的试验报告，它们之所以现代，
因为它们用真相来揭露虚假，将科学与感知、
情感和个体性明确地区分开来。[32]

31. Hervé-Auguste Faye, « Sur l'emploi de la photographie dans les
observations astronomiques », *Comptes rendus hebdomadaires de
l'Académie des sciences*, 1864, in André Rouillé, *La Photographie
en France*, p.452.
32. Isabelle Stengers, *L'Invention des sciences modernes*, p.164.
33. Guillaume B. Duchenne (de Boulogne), *Mécanisme de
la physionomie humaine ou Analyse électrophysiologique de
l'expression des passions*, in André Rouillé, *La Photographie en
France*, p.446.

因为，艺术和科学的界限在当时不像在
今天这样彻底。早在 1852 年，通过对其病人脸部肌肉的电冲试验，杜升·德·布
洛涅（Duchenne de Boulogne）医生试图重新修复观相术，通过身体来读懂"灵
魂沉默的语言符号"[33]。他认为试验结果是"如此出乎意料，或者与一些既成
的观念完全相反"，以至于有必要为此留下不容置疑的见证：他所求助的正是
"如镜子一样忠诚的摄影"，并且，不做任何后期处理的摄影，以达到"不留下
对试验确凿性的丝毫怀疑"之目的。他于 1862 年发表了著作《人类相貌构造
或情感表现的电生理学分析》（Mécanisme de la physionomie humaine ou Analyse
électrophysiologique de l'expression des passions），书中配有大量的摄影图片。尽
管杜升使用了当时最先进的技术，摄影和电力，来更新人体研究的操作方式，
他的立场从两方面看仍旧停留在前现代主义阶段，一是他把面相学作为参照支
撑，二是他对科学和艺术的关照。书中将解剖学和心理学与伦勃朗（Rembrandt）
和里贝拉（Ribera）相提并论，并由两部分构成，科学的部分和美学的部分，这
两个部分"尽可能聚集了一切条件来塑造造型意义上的美"。

　　科学知识的转化当然超越了单纯的摄影，后者只不过是大规模的现代化进
程中的一个工具。它的功能主要在于通过将文献和所有艺术类型分离，来更好
地分开科学和艺术。这一点既体现在自然风光中，也体现在肖像和人体中。

< 自然 La nature

　　风景的历史很短，与透视同时诞生于文艺复兴时期。风景象征了绘画中第
一道世俗和平民的目光，从神话与宗教的世界中抽离出来的目光。乡村、树林、

大海或是山川，这些今天人们如此熟悉的风景的组成部分，在很长时间内肉眼看到的却不是它们的本来面目，而是混沌、过度的多样性和神秘莫测的繁复性。风景绘画通过框架、透视、晕阴、对称等诸多方法，再现了这个对人类目光充满叛逆性的自然，使它成为可以控制和可视的。也就是说，通过整理、概括、形式化和在不同的组成部分之间建立象征性的联系的方式来再现自然。所以，正是通过艺术的方式，自 16 世纪初起，人类的眼睛才终于能够辨认自然风景。18 世纪末，在西方社会剧烈的动荡中，特别是新的价值观和真实观在艺术、文学、哲学和科学技术领域中出现，自然的概念又一次改变。摄影正是出现在这个特殊的时期，并开始取代绘画的地位。绘画没有在视觉领域消失，但是西方世界关注的目光正逐渐转移到摄影之上。就这样，绘画和艺术失去了实用功能的本质（符合康德的"没有目的性的目的"的美学观点）。文献摄影取代了艺术来表现世界和培养视觉。通过这个现代机器，现代性变得可视。另一个现实，另一种真理，另一些价值观，另一种视觉方式，另一些图像，另一些形象范例。

康德（Immanuel Kant，1724—1804）：出生于柯尼斯堡，德国哲学家、德国古典哲学创始人。他被认为是现代欧洲最具影响力的思想家之一，也是启蒙运动最后一位主要哲学家。他一生深居简出，终身未娶，过着单调刻板的学者生活，直到 1804 年去世，从未踏出过出生地半步。

34. Alain Roger, « Naissance d'un paysage », *Montagne. Photographies de 1845 à 1914*.

35. Charles Sainte-Claire Deville, « Rapport relatif à des études photographiques sur les Alpes, faites au point de vue de l'orographie et de la géographie physique par M. Aimé Civiale », *Comptes rendus des séances de l'Académie des sciences*, 16 avril 1866, in André Rouillé, *La Photographie en France*, p.453-458.

例如关于山的表现，要等到 18 世纪，作家和画家才相继通过"风景"（paysage）这个艺术类型来将其纳入创作，使其不再激起拒绝和担忧[34]（因为之前在欧洲人的眼里，唯独乡村宜人的、肥沃的、恬静的景观，才无愧于风景画的资格）。需要指出的是，所有的自然并不是一上来就是风景，"风景"作为艺术类型在图像的历史上也不是突然出现的，而且一张表现自然景观的图像，并不一定属于作为美学类型的"风景"的范畴。因此，在弗里德里希·马藤斯（Friedrich Martens，1855）、比松兄弟（Bisson，1862），特别是埃梅·斯维亚尔（Aimé Civiale）拍摄的大量照片中，对山的表现是以往从来没有见过的，也就是说在艺术之外的科学和文献领域内。斯维亚尔以科学之名公然摒弃了"艺术的视角"。同时为地理学家、地质学家和气象学家工作，他希望自己拍摄的照片"立于所有的争议之上，独立于所有的先入之见或是个人的错误之外"[35]。此外，与艺术家相反，他为自己规定了严格的拍摄程序：将局部拍摄和全景拍摄结合（一部分照片的长度在 4 米左右），计算太阳移动和相机移动的相对距离，依照海拔高度的具体条件，"完美地"调整水平光轴，不留下任何空白点。最后，也是科学行为的另一个特点，即所有的照片都配有一系列的测量结果、地质采集数据和拍摄的特别标记。面对艺术灵感和想象，面对偶然性和突发性，他的文献摄影方式则体现了系统、秩序、测量和标准。

斯维亚尔这样一个摄影师拍摄的文献式的照片，在 19 世纪不仅被出售立体感光板的商人们，也被像欧仁·德拉克罗瓦这样的画家称为"风景照"。"风景"的称呼是专门保留给艺术领域里的摄影作品的，也就是说其流通圈子、观众、涉及的价值观和知识都是属于艺术范围的。"风景"属于美学评价，"风景照"属于实践评价。在风景照中，参照物先于摄影师，描述先于表现。风景照是所指的。它的终极目的地不是展览的墙面，而是出版物和档案。它描绘，它传达某种知识。我们不需要对它进行欣赏或注视，我们对它进行查阅和使用。从风景到风景照，也意味着从艺术到文献，从艺术家到摄影师，从艺术作品到档案记录。主体的概念正在移位。例如在亨利·勒·赛克拍摄的汉斯大教堂的照片中，谁是主体？是根据自己的审美意愿来创作的艺术家，还是遵照"日光摄影计划"（Héliographique）要求来完成任务的执行者（摄影师）？坚持"摄影是艺术"这一观点的人回答是前者；而反对"摄影是艺术"的人回答则是后者。

< 人体 Les corps

不同于艺术可视性的新的可视性正在萌芽，与此同时，人类关于自然、地域和景观的现代知识也正在增长。当摄影与传统艺术类型特别是裸体艺术发生决裂时，其他关于人体的学问也在出现。于是，当许多像亚历山大·奇内（Alexandre Quinet）和朱利安·瓦鲁·德·维那夫（Julien Vallou de Villeneuve）这样的摄影师继续以传统的艺术观念和方式来表现裸体时，文献摄影则创造了新的人体摄影，一个不属于艺术但属于文献的人体摄影，一个不被观赏而是被使用的人体摄影，那就是为艺术家创作服务的人体照片、情色照片，或是医用人体照片。

直到 1860 年代末，一个针对学院派艺术家的商业摄影才开始兴盛，比如戈登兹欧·马可尼（Gaudenzio Marconi）拍摄的人体画册中，就采用了当时传统绘画中最常见的姿势。[36] 在这些专门为艺术人体创作而拍摄的照片中，审美显然牺牲给文献的严谨。不附加任何特殊效果，这些照片是纯粹意义上的人体结构和姿势图解，完全符合艺术家创作或是美术学院教学提纲的要求。这个实用性的特点，不仅影响到照片的形式和照片的冲印质量（往往很差），马可尼甚至在他拍摄的某些照片上直接贴上类似"美院学生专用"等标签。这些标签同时也为照片象征性地烙上了使用功能的烙印。自 1880 年起，让－路易·伊古（Jean-Louis Igout）为艺术家提供了新的参考形式，即一张照片由 8 或 16 张小照片构成，分别从不同角度表现了男性或女性的裸体，或仅为胸部、脚部、手部等人体的不同部分。无论如何，这些服务于艺术创作的商业摄影，避免了雇用真人模特所需的高额费用。

　　不过，真正开创人体摄影新篇章的是其在医学领域的应用。法国大革命后，医学领域开始了漫长的行业重组，旨在将外科和内科纳入同一个行业内。在实践中，摄影与外科的组合使医生也有机会对人体进行直接的接触和观察。总之，直到此时，医生对人体的了解与摄影师对人体的了解相比，并不领先很多，因此医学行业的重组也为摄影对人体的探索开辟了一条新的道路。不得不承认的是，医学摄影最初对人体的探索结果，可以成立一个恐怖博物馆。1868 年，"在圣路易医院成立的考究的摄影工作室，这个病理学研究中最有意思和最罕见的约会"[37]，为医学人体摄影拉开了帷幕。意义和罕见性与畸形和可怕性相混淆，就如工作室出版的两本期刊《圣路易医院摄影诊所》（Clinique photographique de l'Hôpital Saint-Louis）和《巴黎医院摄影期刊》（Revue photographique des hôpitaux de Paris）中所见证的。前者致力于皮肤学，后者致力于研究人类层出不穷的畸形病例。一页一页地翻阅这两本期刊，那些手工上色的照片形象地向人们展现从"血管痣""疤痕疙瘩""银屑病""丘疹型梅毒""象皮病"到其他性器官疾病的过程。它们见证了一个可怕的世界：病变、肉体的衍生物、皮肤病等。每一个病例都有相应的描述、命名，并被精心地分类存档，配有清晰的特写照片。

　　直接、精确、不加粉饰、目光直入主题。如果允许对这些出版物的科学效率进行一番调查的话，它们与当时普通的摄影正好形成鲜明的对比。当时的艺术肖像摄影尽力掩盖生理上的异常，而这个异常却是医学人体摄影的唯一主题；

36. André Rouillé, *Le Corps et son image. Photographies du XIXe siècle*, p. 50.

37. A. de Montméja et J. Rengade, préface, *Revue photographique des Hôpitaux de Paris*, t. I, 1869.

艺术中的人体突出的是美学价值，而在文献摄影里，人体却被肢解，并被赤裸裸地表现出最残酷的一面；影棚里的摄影师试图表现人物的个性甚或灵魂，而"摄影诊所"试图表现的却是病态的例子；最后，长久以来，进摄影棚拍照是富有阶层的特权，而在病理照片上，常常可以根据手、衣着或是脸部特征来推测出大部分的患者出身低微。影棚拍摄歌颂人体，以丰富的技巧掩饰了人体的不足，而在功能和审美上却体现了某种倒退；医学摄影破坏了人体的完美，暴露了某些隐秘的现实，有时甚至接近于恐怖。

尽管如此，人类对身体的探索和认识不止于表面现象，也不止于对可视的症状的清点。早在 19 世纪初，摄影就开始试图穿过肉体的包裹，来研究人体运动的动力，并附带地来研究精神病人的身体症状。由此摄影融入了科学领域的试验装置，如艾蒂安—朱尔·马雷对人类运动机能的研究，阿尔贝尔·隆德和让—马丁·沙可对歇斯底里症的研究，以及自 1895 年德国物理学家威廉·康拉德·伦琴（Wilhelm Conrad Röntgen）发现了 X 光射线后迅速发展起来的 X 光摄影的研究。我们了解到马雷为了获得运动机能的研究成果，将既定主题的实践（动物生理学）和试验性的视觉实践（他发明的连续摄影）相结合，在一个特定的场所（王子公园），借助于一个特殊的技术装置（生理观察站），通过对身体特殊的作用来获得特殊的图像。与此同时，在萨尔贝蒂耶医院，则进行着对人体的另一个领域（神经系统疾病）的研究，实践对象是另一些身体（歇斯底里病人），另一些条件（神经学条件）和另一些实践（诊所的实践）。

1875 年，刚刚进入萨尔贝蒂耶医院在沙可（Jean-Martin Charcot）领导的部门做见习医生不久的保罗·雷纳尔（Paul Régnard），与德斯雷·布尔那维勒（Désiré Bourneville）合作完成了一本由上百张照片构成的影集，后者此前早已有意"拍摄患癫痫病和歇斯底里症患者病情发作时的照片"[38]。一年后，他们的拍摄成果结集出版，成为《萨佩特里尔医院摄影集》（Iconographie photographique de la Salpêtrière）的第一卷。布尔那维勒写道："我们尊敬的前辈沙可先生，以他一贯的友善，关注和支持我们的诊所工作和摄影实践，并鼓励我们把在他部门里所获得的考察结果出版，以雷纳尔先生拍摄的大量图片作为图解。"另两卷画册出

威廉·康拉德·伦琴（Wilhelm Conrad Röntgen，1845—1923）：德国物理学家，发现了 X 射线，为开创医疗影像技术铺平了道路。1901 年被授予首次诺贝尔物理学奖。

38. Désiré Bourneville, préface, *Iconographie photographique de la Salpêtrière*, t. I, p. III-IV.

版于 1878 年和 1880 年，插图不再是原始照片而是来自油墨印刷的照相石印。[39]

阿尔贝尔·隆德不是医生，他于 1884 年开始负责摄影部门的工作。当时摄影部的设施还比较简陋，包括一个暗房和一个玻璃摄影棚。摄影棚里设置了一张床，"以供拍摄那些需要卧床或

39. Désiré Bourneville, *Iconographie photographique de la Salpêtrière*, t. II, p. I-II.
40. Albert Londe, *La Photographie médicale*, p. 13-15.
41. "为了保留过客的影迹，摄影是最合适的手段……每当有变化发生的时候，都需要拍摄一张新的照片。"（Albert Londe, *La Photographie médicale*, p. 3.）
42. 同上，p. 3-5.

发作状态的病人用"，一个折叠式讲坛，用来拍摄"行走中的病人"，以及一个"铁托架用来固定那些既不能行走也不能站立的病人"[40]。棚里同样设置了背景、调节光线的窗帘，以及立体测试仪和连续拍摄所需的电池。

摄影在萨佩特里尔医院，特别是在沙可的临床实践中究竟占有怎样的位置？显然，没有达到隆德所期望的重要性，如将摄影融入每个病人的病例资料这个计划一直都没有实现。[41]在这种情况下，他设想了一种病例卡，收录了每个病人的姓名、地址、出生地、病房和床号，以及参考照片。除此之外，每张病例卡上还包括一个象征性的"诊断"栏和保留给"病况"的部分。尽管如此，摄影并没有如同隆德所希望的那样被系统性地融入医疗"观察"中；也没有被用来"跟踪治疗或是病情的发展"[42]。

通过萨佩特里尔医院 10 年的临床实践，隆德撰写了《医学摄影》（La Photographie médicale，1893）一书，他在书中却将摄影称为神经系统疾病体态症状研究首选的科学工具。他认为，摄影对严重的歇斯底里症患者发作时的研究有特殊的效果，能够"准确地记录和留下（病人发作时）极其短暂的临床现象，以便用于直接的观察分析"，而肉眼不能"辨识太过迅速的运动"。另一个用途是，对同一个病理现象拍摄的照片汇集成系列后，有助于比较研究，突显某些症状，否则就是"最有经验的观察家，在孤立的观察中"也无法完成这个任务。观察，"轻而易举地弥补肉眼的缺陷"，记忆化，捕捉和比较，更完美地去看，或者像弗洛伊德说的"看到新的东西"[43]，这就是摄影为神经病学研究所带来的贡献。

然而，沙可却极力冷却隆德的热情。为了回应后者在其著作上的题词，沙可写道，"对我来说这是一个机会，用来强调摄影为医学研究提供的切实和重要的

弗洛伊德（Sigmund Freud，1856—1939）：奥地利精神病医生及精神分析学家。精神分析学派的创始人。他认为性的扰乱是精神病的根本原因。著有《性学三论》《梦的解析》《图腾与禁忌》《日常生活的心理病理学》《精神分析引论》《精神分析引论新编》等。

43. Sigmund Freud, « Charcot », *Wiener Medizinische Zeitschrift*, août 1893, *Gesammelte Werke*, Londres, Imago, 1952, t. I, p. 22.

服务，我个人认为，影像文献在医学中所占的地位越来越不可忽视。"从中可见，对隆德来说摄影已经达到的目的，对沙可来说显然还是未来。当马雷在试验性生理学研究中开始借助摄影时，沙可却从其身旁绕过，因为他更重视临床实践（对现场直接的观察）和病理解剖（通过尸体解剖来验证），也就是将观察置于比试验更重要的位置[44]。"这不是一个理论家或思想家"，弗洛伊德写道，"而是一个具有艺术天赋的人，一个视觉机器，或是如他自己命名的，一个窥视者。"[45] 为了诊断歇斯底里症并从中找出规律，沙可将典型症状和催眠状态详细记录在一本册子中，并用到一个记录仪器，但是没有用到摄影。

在萨佩特里尔医院工作了 20 年后，阿尔贝尔·隆德将他的实践活动总结为"不无遗憾"。"医学摄影从启蒙角度来说具有不可否认的重要性，医学工作者从中受益匪浅，但是作为观察对象的病人，却不能从中获得任何益处"。[46]患者对医生来说是病例，对摄影师来说只不过是拍摄物体，必须通过他们"表现出应该看到的东西"[47]。这是一个双重肯定：首先，摄影在萨佩特里尔医院的功能不是试验性的，而是启蒙性的；其次，人们期望通过摄影"看到新的东西"的梦想，长久以来被淹没在单薄的"表现出应该看到的东西"的实用功能中。

尽管其功能是如此单薄，但却动用了隆德所有的创造智慧。他之所以采用溴化银相纸，因为"对白痴、弱智和疯子来说，瞬间摄影是最好的选择"[48]。因此他专门构思了一个同时拥有 9 个镜头的环状照相机，这个照相机能够"在极短的间隔内连续拍摄 9 张照片"[49]，接着他又发明了另一个更完美的相机，由 12 个镜头分成三排构成，可以调节曝光和间隔时间。因为"应该看到的东西"，不是一个个体，甚至也不是一个姿态或是动作，而是归功于"一系列连续性的图片，（才能看到病理学上的）一个运动的所有阶段"[50]。正是这个原则决定了隆德发明的照相机的理念，决定了他的连续摄影方法和成像形式，即 12 张照片按顺序排列在一张图片上。由 12 张照片组成的示意图，直接体现了与此相应的方法、照片和相机等不是偶然产生的。这个沙可和里彻（Richer）研究得出的歇斯底里症

44. Michel Foucault, *Naissance de la clinique*, p. 108.
45. Sigmund Freud, « Charcot », *Wiener Medizinische Zeitschrift*, août 1893, op. cit. (trad. M. Borsch-Jacobsen, Ph. Koeppel et F. Scherrer, in Jean-Martin Charcot, *Leçons sur l'hystérie virile*, Paris, Le Sycomore, 1984, p. 296.
46. Albert Londe, « Le service photographique de la Salpêtrière », *Archives d'électricité médicale, expérimentales et cliniques*, Bordeaux, juin 1899, p. 5.
47. Albert Londe, *La Photographie médicale*, p. 14.
48. 同上，p. 86。
49. Albert Londe, « Le service photographique de la Salpêtrière », p. 2.
50. Albert Londe, *La Photographie médicale*, p. 87.

发作的示意图，不久便遭到医疗界质疑。虽然摄影主要是用于档案、教学和医学出版 [特别是 1888 和 1898 年间出版的《萨佩特里尔医院新图像集》,（Nouvelle iconographie de la Salpêtrière)] [51]，虽然没有临床研究的切实功能，但是隆德通过对歇斯底里症观察的一些方法和观念的参照，从审美角度（图像上）和技术角度（装置上）塑造了摄影。在隆德这里，摄影是某种意义上的反文献，因为它顺从了当时歇斯底里症的现行观念，并未对其发生任何改变。事实又一次证明了言论（在这里是关于歇斯底里病症）的强大，言论决定了图像的构成和技术装置。

51. Denis Bernard et André Gunthert, *L'Instant rêvé. Albert Londe*, p. 99-135.
52. Arthur Batut, *La Photographie appliquée à la production du type d'une famille, d'une tribu ou d'une race*, p. 8.
53. 类似的行为有 Alphonse Bertillon 在巴黎警察署，Cesaire Lombroso 在威尼斯和 Francis Galton 在英国的拍摄工作。
54. Gilles Deleuze, *Foucault*, p. 74.

通过拍摄病人的肖像，隆德以为能够为每一个神经官能性疾病建立一个"病理面容"，一个超越个体面容的"无个性面容"。这让我们联想到亚瑟·巴图（Arthur Batut）的实践，他将 20 个同一人种的不同个体的肖像同时印在一张照片上，试图取消"所有可能改变人种类型的拍摄意外"，取消所有个性特征，从而解读"种族纽带的神秘特性"。对巴图来说，"摄影完成的不再是复制工作，而是不可思议的分析和综合工作" [52]。就这样，巴图或隆德拍摄的每张照片，将摄影文献的普通功能颠倒了过来：因为它不反映任何事先存在的物质现实（某张特定的脸），而是一个病理类型的或是潜在的人种类型（面容）；因为它忽略人体，突出精神病患者或是某个种族的身体症状；因为它将合成代替了记录。

不论是一个时代的异想天开还是白日梦 [53]，这些摄影实践提醒人们，文献摄影没有固定和必须的特征（一个事先存在的所参照对象、记录、准确性等），它的道路是曲折多变的，充满了偶然性，依赖于个人或是团体的实践（比如隆德、马雷、贝蒂荣）。所以，文献摄影既是抽象的机器（摄影），也是独特的实践（个人或是团体）。此外，隆德在萨佩特里尔医院的实践，还证明了看的方式与说的方式密切相关。大量著作、期刊的出版，众多学术研讨和社交活动的展开，使沙可关于歇斯底里症的理论获得强大的权威性，以至于支配了隆德的摄影实践，甚至直接影响到他的拍摄形式和照相器材的设置。萨佩特里尔医院的摄影经验，证实了言语至上的观点，即言语表达在视觉表现和引导视觉的过程中所起的决定性作用。[54] 与语言学上将语言和话语对立的做法截然相反，我们不应该把作为

一般意义上的、作为系统的摄影与多变的、个体
的摄影实践相对立，而是要考虑那些作为辅助的
特殊机器（比如隆德发明的照相机）和言论的影响（比如萨佩特里尔医院的歇
斯底里症研究）。

55. Albert Londe, « Le service photographique de la Salpêtrière », *Archives d'électricité médicale, expérimentales et cliniques*, p. 5-6.

　　面对歇斯底里病患者身体内部无形的力量，摄影显得无能为力，但是不久，
X光射线的发现，将为它开拓出人体中另一片不可见的领地：人体内部，视觉无
法抵达的肉体深处。1895年12月，沙可过世两年，德国物理学家威廉·康德拉·伦
琴发现了X光射线。这个无形的神奇的辐射，能够将某些物质变成透明的，比如
木头或是肉体，但对于金属或骨质不起作用。这个发现立刻震撼了学术界，隆德
也很快意识到X光射线在医学上的意义。伦琴发现X光射线的三个星期后，他就
给法国科学院递交了一份关于X光摄影的报告，并于1896年6月成立了巴黎医
院系统里的第一个X光摄影实验室。[55] X光摄影不仅在很长的时期内对医疗研究
具有极其重要的意义，它的出现也强烈震动了文化领域。它颠覆了习惯性的视觉；
它打破了人体或是物质中存在的内外界限；它重新定义了透明与不透明；它摧毁
了人体再现的传统规则：X光摄影对人体深处不可视的类比表现，替代了以往对
表象的逼真表现或对人体机能的抽象图示（马雷）。与皮肤病学、生物学和X光
射线的结合，使摄影成为从表象、运动机能到内部，由浅入深地探测人体的工具。

　　在X光照相发明的10年前，马雷的分析式连续摄影就已经与传统人体表
象的再现发生了断裂，他的目的是获得人体运动的解析图。连续摄影取消了身
体的形状以达到表现人体机能的目的，X光摄影则通过穿透人体表象到达内部。
这些来自科研的文献照片，完全摆脱了表象的束缚，也不必遵循任何审美标准。
它们不仅改变了一贯将文献视为简单的"临摹"的观念，同时也见证了当时美
学之外对人体的关注类型。马雷的研究目的在于精确地测量和计算出人体动作
的机械原理、人体力度和能量消耗，与此同时，即泰罗制和现代奥林匹克运动
体制的开端时期，工业和运动理性不断刺激着身
体理性的增长。脱离了表象，突显出力量与功能
的抽象表现，这些身体在工业生产和体育竞赛中
受到了彻底的重视。

泰罗制：泰罗在20世纪初创建的科学管理理
论体系。泰罗认为企业管理的根本目的在于
提高劳动生产率，而提高劳动生产率的目的
是为了增加企业的利润或实现利润最大化的
目标。由于泰罗制的实施，当时的工厂管理
开始从经验管理过渡到科学管理阶段。

　　X光摄影展现了其他角度、其他可视性和其他的知识，以及其他的场所和

实践。在阿尔贝尔·隆德看来，萨佩特里尔医院的摄影结果，是献给医生的图像，而 X 光摄影是献给病人的图像，即病人的治疗和痊愈所需的图像。X 光摄影的运用，使医疗图像成为诊断和治疗的工具，尤其是对某些肿瘤的治疗，但同时由于缺少自我保护，很多放射科医生因长时间受 X 光辐射而死亡。既是治疗工具，又是死亡工具，新的视觉性的无形制造者，X 光摄影被赋予了神奇的色彩：它能使巨大的肿瘤消失于一旦，它能将不透明物质变得透明，能穿透人体不透明的表面从而抵达不可触及的深处。可以说，放射学家进行着一个对活人无创伤的解剖，他让人类的目光第一次穿透肉体和器官。可视与不可视，人体的外在和内在关系，因而被重新定义。

X 光摄影和连续摄影表现的已不再是真实的人体，它们将人体虚拟化，意味着超越表象，将人体置于一系列普遍问题之中：在马雷的连续摄影中是对人体运动机能的研究，在 X 光摄影中是对人体内部的勘探。连续摄影将人体虚拟化，因为它希望通过摄影获得人体跳跃、行走或奔跑的机理，为此不惜牺牲具体的形象。试验报告和连续摄影同样是知识生产程序。马雷曾记载道，"在一个大幅度的跳跃动作中，身体在运动的每个阶段留下的几何轨迹，表现为几乎连续状态的弧线形；多骨的射线造成表面或多或少的复杂性，显示了单纯的观察所不能察觉的运动存在"[56]。分析代替了观察，　56. Étienne-Jules Marey, *Le Mouvement*, p.156. 几何轨迹代替了对表象的模仿。连续摄影不比 X 光摄影更具象，它不追求再现，它回答疑问。事实上，人体介于虚拟化和现实化之间：处于一个问题（运动的机械原理）和一个具体特定的回答（连续摄影的试验报告和图像）之间。而且，文献不再遵循传统的再现规则、模拟规则、相似性规则和透视规则。透明的临摹纸变成了示意图，也就是说既定的问题组之构成。摄影不再是简单的记录，而是研究工具。

图解 ILLUSTRER

文献摄影朝着探寻方向、科研方向，甚至治疗方向（X 光摄影）发展的这个趋势，直到 19 世纪末期才姗姗来迟。原因既来自科学界的一些束缚，也来自摄影自身技术上的不完善。摄影的多功能首先体现在天文学领域的应用，然后在医学领域，如杜升·德·布洛涅对人类相貌机理的研究（1862），或是夏尔·欧扎南（Charles Ozanam）对心脏跳动的研究（1869）。借助于他自己发明的机器，欧扎南将心跳转化为某种摄影记录形式的运动。先于马雷10年，他将摄影从对物体的形象表现中解放出来，用它进行对触觉现象的视觉阐述。这个从触觉到视觉的换位，在一个特别构思的照相机内完成。第一次，摄影不再被视为超越绘画的再现，而是一个能够成为试验报告的记录装置。

1878年，天文学家朱尔·让森（Jules Janssen），即墨东天文台台长和天文协会的成员，公开肯定了摄影作为科学工具的功能。对他来说，摄影是真正的"学者的视网膜"。整整一个世纪，摄影将致力于生产、存档和传播知识。记录、表现、证明、简化

朱尔·让森（Pierre Jules César Janssen, 1824—1907）：法国天文学家，氦元素的发现者。

57. Paul Léon, préface à *Micrographie décorative*, par Laure Albin-Guillot, Draeger, Paris, 1931, in Dominique Baqué, *Documents de la modernité*, p.257.

论证、参与试验性研究、辅助教学、加速学者的研究工作，总而言之，摄影致力于创造新的可视性和加速科学的现代化。在为博物学家、地理学家、考古学家、天文学家、皮肤病专家、外科手术师以及放射学家的服务中，摄影是一个非常珍贵和高效的工具。不过，它的地位随着学科的不同有着很大的区别，它在X光摄影中的活跃功能永远被视为一个例外。因为摄影的功能从来没有真正超越简单的图解，哪怕是在两次世界大战之间，从商业、工业、娱乐、建筑、装饰、出版、新闻到时尚领域，当然还有广告，摄影无所不在。正是基于广告，摄影进入了1920年代现代主义具有标志意义的空间：招贴广告、商品目录，以及迅猛发展的插图新闻。

如果在1855年的世界博览会时，迪德立希望将摄影运用到社会各个领域的呼吁还如同一个可爱的乌托邦，那么在1925年装饰艺术国际博览会的时代，这个梦想则已经成为了现实。如劳拉·阿尔彬–吉优（Laure Albin-Guillot）在1929年创作的室内装饰用的织物和墙纸，图像来源就是抽象的显微摄影。另外，这些图像曾经被编辑成书出版，名为《装饰性显微摄影》（Micrographie décorative, 1931）。她不乏新意且具有时代特征的摄影创作，游走在科学试验、新兴的装饰艺术尝试和艺术创作之间。"学者、艺术家、企业家，将能够以同等的热情在这个辉煌的视觉作品面前进行对话"[57]，劳拉·阿尔彬–吉优著作的序言中这样写道。

两次世界大战之间经济的发展，促进了广告册子和商品目录的产生，进而

将摄影决定性地纳入商业和工业流通中。"试图为工业摄影寻找一个将所有主题概括进去的专业术语是不可能的，这些主题是如此之多，就如同人类活动和国家工业的分支结构一样"[58]，一本职业指南的作者这样预见道。尽管如此，还是可以举出一长串不无杂乱的名单：室内摄影，建筑师和承包人的工地摄影，房屋租售公司的楼房照片，地方史的文献照片，工业装修内部和外部的照片，铁路公司的建设照片包括做广告用的铁路沿线名胜景点的照片，农业和园艺照片，博物馆或私人收藏的艺术品照片，为画册或是消息做插图的手工制品照片，正在展示机器或是新产品说明书的人物照片，以及所有那些用于品牌广告的照片，等等。这个如万花筒一般的枚举（上述列表已算是概括，每一个例子还包括许多分支），证实了摄影在 1920 年代完全处于经济和工业构成的网络之中。然而，摄影的建设性和试验功能（如在科学或是医学领域），却居于次要位置，远远落后于图解功能。图解成为摄影的主要功能，既优先于它融入科学试验报告的能力，也优先于它的艺术潜力。

58. Edgar Clifton, *La Photographie industrielle*, Paul Montel, Paris, 1923, in *Dominique Baqué, Documents de la modernité*, p. 261-264.

无论是从技术角度、表现主题还是从表现形式来说，图解功能只动用了摄影的普通能力。为什么是摄影的普通用途？这毫无疑问与图像的使用有关。直到今天，在某些领域如建筑、工业或是销售中，摄影师继续运用大画幅相机，又笨重又占地方。拍摄过程保留了 100 年来的传统仪式性：非常细心而缓慢地安置机身，每拍一张照片后要更换遮光板，拍摄时要用黑布蒙头，在毛玻璃上对焦等。尽管照相器材、照明设备和胶片等发生了很大的变化，但是拍摄姿势、身体动作和时间性仍显得如同在操作一个陈旧过时的机器。无论是操作方式还是图像，都流露出对整个世界节奏变化的无动于衷。一部分摄影师为求快速，放弃了沉重的大相机，改用中画幅 120 相机 [6×6（厘米）或是 6×7（厘米）] 甚至 135 胶卷相机。在他们拍摄的很多照片中，仍可以强烈地感受到形式上和主题上的谨慎，但这已不再归因于器材的局限，而是来自审美上的因循守旧，更确切地说是对赞助人的妥协。事实上，自 1980 年代以来，随着赞助人的消失和图片社及图片库的兴起，摄影在形式上和主题上的随大流更是明显加剧。图片越来越注重实用价值，对经济因素越来越敏感，而对审美上的革新却越来越冷淡。

1974 年，斯坦利·肯尼（Stanley Kanney）成立了第一个图片库 The Image

Bank，如今在纽约证券交易所上市。图片库的客户是艺术总监、艺术商人、出版社、广告公司、企业、报纸等，这些个人及组织通常因为经费不足或时间不够而无法进行专门的拍摄。同时，"视觉资料"这个词在专业用语中的出现，明确道出了这些图片的附属性质或者说是衍生性质。于是，图片库租售存档的图片，并且对图片的使用进行控制，因为根据图片使用范围和程度的不同，其租售价格也不同（比如说出版量很少的书籍，广告公司宣传用的图片等）。The Image Bank 要求它的每个代理摄影师至少提供 400 张具有商业使用价值的图片，也就是技术上必须完美，审美和主题上必须符合惯例。图片在技术上必须拥有丰富的色彩，不能有颗粒或刮痕。所有的图片被分成 6 个主题——体育、场景、旅游、工业、人物和抽象—特效，这 6 个主题又各自包括许多下属主题（如人物主题里的女性专项），或各自包括不同的下属类型，如女性—外景类（沙滩、乡村、城市等）和女性—内景类（厨房浴室、卧室、办公室等）。此外，不管是从伦理道德角度看（如黄色照片是被禁止的），还是从法律如肖像权的角度看，图片的主题分类尽量做到准确公正。在为图片库提供照片前，摄影师必须取得被拍摄者的肖像出版许可权。当然，事件照片和公众人物肖像例外。这些限制同样也加固了图片库的一个主要现象：统一化，中性化，个体的消退和总体的突显，易于商业操作。总体而言，图片库的图片不表现某一个家庭，而是某一个类型的家庭；不表现某一个体育事件，而是一个体育实践；不表现某一个企业，而是整个工业的一个分支甚或总体意义上的工业。在实用性和实践理性的标准下，在图片法的限制下，特别是在商业逻辑的影响下，图片库通过遵循一个中庸的、透明的、稳当的审美原则，将所有的物体（包括场面、环境、局势等）转化为典型模式。丧失了主题的独特性和美学抱负，这些标准化的稳当图片，如果把主体和形式也同时取消的话，甚至可以流通（销售）得更好。就这样，这些图片处于文献内部的极限范围内。在这里，个别的图像溶解在大批量图片销售中；在这里，图像消失在插图功能和普通的视觉材料中；在这里，图像试图脱离作者和著作权（大量的版权自由的图片被刻成商业光盘）；在这里，脱离现实的图像漂浮在一个没有时间性的空间里；在这里，就是瞬间性的镜头也被抽离了时代背景，从真正意义上的瞬间性变成报道，后者追求的是提供信息。

提供信息 INFORMER

　　提供信息，这无疑是指派给文献摄影的最重要的功能。至少从 1920 年代到越南战争之间的这段时期，摄影与纸上新闻结成了强大的组合，出现了一批具有传奇色彩的摄影记者，他们的影响一直持续到电视的兴起。与其艺术潜力不同的是，摄影的信息功能很早就被承认，甚至从来都没有遭到过真正的非议。因为整个 19 世纪后半期，在社会上流通的数以千计的历史建筑照、风景照、产品和人物的照片等，被赋予的信息价值远远超过同时代其他大部分类型的图片。不过，这些照片表现的大多是物体或物体的状态，而不是动态的事件。另外，尽管这些照片是可复制的，但还没有达到大批量复制的程度。换言之，只要摄影还不能定格动态的现象，只要照片还处于限量复制的状态，提供信息这个功能仍是一个乌托邦式的设想。

　　随着摄影新闻的出现，摄影开始进入信息领域，并伴随着两个系列的技术变革：一个是来自摄影自身的技术变革，另一个是来自印刷业的技术变革。

＜摄影与新闻的结合 Alliage photographie-presse

　　当历史的步伐迈进 20 世纪的大门，众多技术上的革新也为摄影工艺带来了希望，使瞬间定格成为可能。随着负片的敏感度不断提高，镜头的透光性越来越强，新一代的小型相机也应运而生。1925 年，当 Ermanox 牌相机刚刚推出具有极高透光度的 Ernostar 镜头，著名的 Leica 相机就接踵而至并将取代它的位置。Leica 的到来开启了一个新的时代，它不仅更隐蔽、更轻巧、操作更方便，而且首次将 35 毫米电影胶片应用到摄影中来，使相机从此可以一次性连续拍摄 36 张照片。技术的进步终于让摄影实现了瞬间拍摄的梦想，但同时为了提供信息，这些瞬间拍摄的照片必须能够被大量地传播出去。摄影不能单独完成这个使命，必须与印刷联合。确切地说，正是在这个时候，在经过了半个多世纪的探索后，照相凹版印刷技术，特别是胶版印刷术，才达到成熟期[59]，最终使摄影通过印刷来广泛传播成为可能。从 1920 年代中期开始，图片承载了传播信息的使命，这个使命的完成取决于瞬间摄影和印刷术的结合，即图像的生产和传播的结合。当然，与此相关的决定因素还有很多，比如制作程序、职业范围、活动领域、参与者、用途、视角等。

59. 这些研究开始于 1855 年世博会后，在 de Luynes 公爵协助下，由法国摄影协会发起。

换言之，摄影信息"由摄影与其他媒介结合而非其工具自身来定义"[60]，在摄影工具（镜头、胶片、机身）和印刷手段（照相凹版印刷技术、胶版印刷术）尚未足够有力之前，在它们没有相互结合之前，信息的传播是难以实现的。1952 年，亨利·卡蒂埃—布列松感慨道，"印刷术存在于大众和我们之间，它是传播我们思想的途径；我们就如同手工艺人，为杂志画报提供原材料。当我卖出第一张照片时（Vu 图片社），我体验到一种从未有过的感动，这也是我与画报出版之间长期合作的开始。"[61] 当卡蒂埃—布列松发现 Leica 相机的时候，由吕西安·沃吉尔（Lucien Vogel）创办于 1928 年 3 月的《Vu》周刊已经有 3 年的历史了。通过照相凹版印刷技术，版面设计充满活力的《Vu》周刊，是法国第一个大型的摄影画刊。1931 年 3 月，伽利玛出版社（Gallimard）创刊"摄影报道周刊"《Voilà》。当时，摄影报道被定义为"对事件充满激情的亲身经历"，并以照片与文字配合的新形式出现。"无文不成图，无图不成文"[62]，这就是《Voilà》周刊的编辑方针。1932 年 1 月，诞生了具有共产主义倾向的《Regards》月刊。这本刊物为摄影提供了一个极大的空间。两年后该月刊转为周刊。

《Vu》力图客观，《Regards》表明政治立场，《Voilà》不断寻找着耸人听闻的摄影报道。然而，三个刊物都面临着西方新闻界在 1920 年代所经历的巨大转变：读者开始"读的比看的少"，并且"更青睐于以摄影为载体的而不是以文字为载体的信息"[63]。当变化触及到法国时，德国报业已经受到极大的影响，如《柏林画报》(Berliner Illustrierte Zeitung [BIZ])、创刊于 1923 年的《慕尼黑画报》(Münchner Illustrierte Presse)、创刊于 1924 年的《工人画报》(Arbeiter-Illustrierte Zeitung [AIZ]) 或是 Uhu 和《明镜》杂志（Der Querschnitt）等。现代新闻以摄影画刊的诞生为标志，这是一个新的综合体，特点是读与看的结合。在读与看的过程中，信息不再只是与文字产生关系，也与图片产生关系。这个新的新闻体裁，颠覆了

60. Gilles Deleuze et Félix Guattari, *Mille plateaux*, p.114.

亨利·卡蒂埃—布列松（Henri Cartier-Bresson, 1908—2004）：法国摄影师，被誉为"现代新闻摄影之父"。他的"决定性瞬间"理论堪称影响了全球的媒体和影像，他参与创建的马格南图片社是世界上影响力最大和持续时间最长的摄影机构。

61. Henri Cartier-Bresson, « L'instant décisif », *Images à la sauvette*, np.

伽利玛出版社（Groupe Gallimard）：主要出版文学艺术、人文科学等方面的图书和期刊，是法国最大的文学类出版社，出版社书目品种达 2 万余种，涵盖 8000 多位作家的作品。

62. Anonyme, « Voici », *Voilà*, n° 1, 1931, in Dominique Baqué, *Documents de la modernité*, p.306.

63. Herbert Starke, « Le nouveau photographe de presse », *Photographische Rundschau und Mitteilungen, n°8, 1930, in Olivier Lugon, La Photographie en Allemagne*, p.257.

文字与图片之间、可读性与可看性之间的关系，"渐渐地，文字功能退化为填补照片之间的空白"[64]。

　　这个对"阅读的文明化"[65]发出的挑战，加剧了新闻摄影的反对派与拥护派之间的紧张关系。对于文字至上者来说，摄影通过不真实的文字说明、版面编排、后期制作和图像的叠放等，来达到欺骗造假、愚弄读者的目的。新闻摄影让现代人"只会对事物发生浅表的关注"，忽略深入事物内部，轻视精神质量，"迎合惰性"[66]。对于支持图像的人来说，摄影帮助更多的读者更好地理解新闻，保证了信息的时兴性和文化知识的传播。《Regards》杂志认为，非常通俗和民主的摄影，具有强烈的现代效率："相当于一整版的评论，既节省时间，又能让读者自己来评判。"[67]两次世界大战之间的一些极端的立场和姿态，就这样挑起了"报纸对抗画报，昨天的钢笔对抗明天的摄像机"[68]之争。这个古老与现代之间的争论，在几十年后《巴黎竞赛画报》（Paris-Match）的口号里找到了折衷的答复，那就是"文字的重量，照片的冲击"。这个标语体现了该画报图文并茂的方针，将理性与非理性衔接，在可述与可视之间寻找不断延伸的空间。

64. Adolf Behne, « Les illustrés », *Die Weltbühne*, Berlin, n° 31, 3 août 1926, in Olivier Lugon, *La Photographie en Allemagne*, p. 252.

65. Rudolf Arnheim, « Les photos dans le journal », *Die Weltbühne*, Berlin, n° 15, 9 avril 1929, in Olivier Lugon, *La Photographie en Allemagne*, p. 253.

66. 同上。

67. Anonyme, « Aux lecteurs, aux amis ! », *Regards*, n° 21, 6 juillet 1933, in Dominique Baqué, *Documents de la modernité*, p. 302.

68. Carlo Rim, « Défense et illustration de la photographie », *Vu*, n° 214, 20 avril 1932, in Dominique Baqué, *Documents de la modernité*, p. 316.

69. Henri Cartier-Bresson, « L'instant décisif », *Images à la sauvette*, np.

＜报道摄影大师 Figures du reporter

　　摄影与新闻的结合，报纸上文字与图像之间的新关系，与一个新角色的产生不可分离，那就是报道摄影师。这个角色的特点之一是与照相机形影不离，二是与外部世界和物体融合在一起。1931 年，亨利·卡蒂埃—布列松声称 Leica 相机"成为我的眼睛的延伸，与我从此不分离"[69]。照相机远不止是一个简单的身体的延伸物，因为它与摄影师紧紧地绑在了一起（"与我从此不分离"）；它远不止是一个新的器官，而是更敏感更具有感知力。摄影报道让照相机与摄影师成为一个切实的混合体，这个混合体里不存在延伸，也不存在移植，而是通过照相机发生变体和杂交，一个新的生理关系得以展开。

　　报道摄影师与照相机的混合体及其与客观世界的关系不是一成不变的，而是随着不同的个体，不同的情景，特别是不同的实践方式而变化。亨利·卡蒂埃—布列松经常把自己描述为一只肉食动物：像猫——"爪子覆盖着丝般绒毛，却有着雪亮的眼睛"；像狐狸——"悄然而过，不被察觉，嗅出猎物，猛地出手"；或像貂——"我出发搜索（猎物），就如我带着照相机到处搜索"[70]。像猫、像狐狸、像貂，此外，亨利·卡蒂埃—布列松作为报道摄影师还具备侦探的人性特征——"如同目击现行犯罪一样抓拍现场照片"；或者具备猎人的人性特征——"某人刚经过，我们通过取景窗跟踪他，耐心等待，等待……我们按下快门，然后我们带着捕获了猎物的满足感离去"[71]。直接、完全地融入客观世界和物体中，不被察觉地经过，然后悄悄地"在现场"获得"偷拍的照片"，这就是卡蒂埃—布列松的姿态。

与此截然相反的，是那些"拍拍垃圾"（paparazzo，指狗仔队，又音译作"帕帕拉齐"）的姿态，最早的一些特点可以在艾瑞克·萨洛蒙（Erich Salomon）博士那里找到。作为《当代名人不当心的时刻》摄影集的作者，艾瑞克·萨洛蒙被阿里斯蒂德·白里安（Aristide Briand）喻为"冒失大王"。他因 1928 年成功地进入当时政界人士最隐蔽的圈子而一举成名。为了拍摄政客活动的

70. 摘自 Henri Cartier-Bresson 《L'instant décisif》（1952）和 Gilles Mora 访谈（1986）。见 Les Cahiers ⌐ la photographie, n° 18, sd.
71. Henri Cartier-Bresson, « L'instant décisif », Images la sauvette, np.
阿里斯蒂德·白里安（Aristide Briand，1862—1932 ⌐ 法国政治家，外交家。法国社会党创始人。11 次任总理，以对德和解获得 1926 年的诺贝尔和平奖以非战公约和倡议建立欧洲合众国而闻名于世。
72. Libération, 5 septembre 1997, p.6.

幕后新闻，他不择手段，可以说是狡猾的猎手之象征，但同时他又与那些"拍拍垃圾"有别。与萨洛蒙人性化的冒失和卡蒂埃—布列松狐狸式的谨慎不同，"拍拍垃圾"不行动，只回应。就像蜘蛛待在蜘蛛网里，他们什么也看不见，几乎什么也觉察不到。他们围绕猎物织了一张网，等待最细微的迹象，守候第一声振动，然后才扑向猎物出现的地方。无眼无脑，也就是说没有实用功能，他们凭着条件反射来回应。无眼？总是在跌撞拥挤里盲目地拍下在公众场合现身的名人。无脑？比如，一个匆匆赶到戴安娜事故现场的"拍拍垃圾"难道不是这样为自己辩护的："戴安娜确实还活着，她还在动。好吧，就算我不假思考光顾拍照片了。但是我又能做什么呢？我的工作，就是拍。[72]"从恐怖与悲惨中牟利，以职业之名来自我辩护，无意识的行动（"不假思考地拍照片"），个体责任感的丧失，这些就是"拍拍垃圾"的写照。而对卡蒂埃—布列松来说，报道摄影是"头脑、眼睛和心灵的渐进操作"，手中的照相机对他来说只是用来"在胶片上印出眼睛

的决定"[73]；正因如此，他特别强调摄影师
的责任感，而"拍拍垃圾"们则似乎阻止
他们自己的眼睛、心灵和头脑的意愿。不自主感受，不自主记忆，不自主思考，"拍
拍垃圾"只不过是抓拍机器，一个对外界请愿不起反应的没有器官的退化机体。[74]

73. Henri Cartier-Bresson, « L'instant décisif », *Images à la sauvette*, np.

74. Gilles Deleuze, *Proust et les signes*, p.218.

< 报道伦理 Morale du reportage

今天，"拍拍垃圾"更是空前地盛行着，摄影信息的真实性机制崩溃了。很久
以来，报道伦理从新生的视觉文化那里寻找价值参考。经历了口述文化（真理被说
出来）和书写文化（真理是被阅读出来），今天的视觉文化认为真理成为可以被看
到，可视能够成为真理的保证。第一次世界大战后，在新闻领域，信息从以文字为
载体向以图片为载体转变，或者更确切地说是从单纯的以文字为载体转向以照片为
主导的图文并茂的形式，报道也在此刻同时出现。摄影信息，如同标准的报道一样，
遵循着某种伦理，这个伦理在亨利·卡蒂埃—布列松的作品中体现得较为彻底。

首先，这个伦理将摄影师置于事件之外。在好几代摄影师（罗伯特·弗兰
克 [Robert Frank]、雷蒙·德帕东 [Raymond
Depardon]，以及马克·帕托 [Marc Pataut]）
的作品中，我们可以看到，直到 1970 年代，
这个外在性一直是他们行动、想象、立场
和表达的基础。所以，卡蒂埃—布列松不
停地将自己描述成置身事外的观者，与事
物和事件保持距离，在"透过取景窗直面
现实世界"的时候尽量做个局外人。当 20 世纪末许多摄影师都试图与现实建立
长久的对话、交换，甚至友好关系时，卡蒂埃—布列松却与现实相敬如宾地保持
距离，Leica 相机的取景窗也成为了他最好的盾牌。他写道，"在摄影报道中，我
们是旁观者，有一点像裁判，也不可避免地像一个入侵者。"[75] 裁判以彻底抽身
世外的姿态来主宰局面。距离，等级和瞬间性。卡蒂埃—布列松极力推崇"丝绒
猫爪"的策略：警惕，狡猾，"偷拍"行动，"狼步"式的逼近。面对世界的混
乱，他给了自己一个使命，即设定一个中心，找出一个秩序，然后得出一个真理。
这个中心正是他的眼睛——"空间从我们的眼睛出发"[76]；秩序结合了构成和欧

罗伯特·弗兰克（Robert Frank, 1924—）：原籍瑞士，
美国摄影师。他结集出版了名为《美国人》的摄影集，
该书奠定他在现代摄影史上的独特地位。

雷蒙·德帕东（Raymond Depardon, 1942—）：法国导演，
摄影师。曾任职于马格南图片社。1974 年，德帕东开始
尝试拍摄纪录片。至今已发表 18 部影片、47 本书籍和
摄影集。

75. Henri Cartier-Bresson, « L'instant décisif », *Images à la sauvette*, np.

76. 同上。

77. 同注 75。
78. Henri Cartier-Bresson, *Flagrants délits*, préface.
79. Voir Rosaling Krauss, *Le Photographique*, et Philippe Dubois, *L'Acte photographique*.
80. László Moholy-Nagy « Production-reproduction », *Peinture, photographie, film...*, p. 120-123.
81. "我站在摄影报道一边，更倾向于寻找唯一的那张照片，即：寻找凝结。" (Henri Cartier-Bresson, « Henri Cartier-Bresson, Gilles Mora : conversation », janvier 1986, *Les Cahiers de la photographie*, n° 18, sd., p. 121.

几里得的几何学。

至于真理（真实性），被假定为一个，并能够通过一张照片在一个决定性的瞬间被揭示出来，这就是报道摄影的第二个特征。在"传统"报道中，当记者面对一个新闻事件时，他的任务是"围绕着正在发展演变的事件转"，在事件的多样性和多变性中"寻找出一个（唯一的）解决办法"，也就是说"现场梳理、简化"，直到最后"在深刻的现实面前抓住事件的真实面目"[77]。摄影的过程则被视为从可视的现实中抽离出被隐藏的真实（通过淘汰、切割和简化）。"最重要的是置身现场，从取景窗中对眼前的现实进行切割"[78]，卡蒂埃-布列松进一步强调说。从活生生的既存的现实中切割并留下化学痕迹，这个过程迎合了皮尔士的符号学及其追随者的观点，比如罗萨林德·克劳丝（Rosalind Krauss）或是菲利浦·杜布瓦（Philippe Dubois）[79]。然而，将摄影图像视为简单的对既存的现实的切割并不合适，因为摄影旨在将现实转化成一个摄影的现实：并非切割和记录，而是变形和转化。摄影所再现的只是现实的一小部分[80]；或者更确切地说，它在对现实的再现中不可避免地融入了自己的再创造、再生产，不管是否出于艺术的目的，总之它表现的不是原来的那个现实。卡蒂埃-布列松相信通过某些表面的迹象可以抵达现实深处隐藏的真理，摄影师的使命是揭示和收集这个真理。根据这个理想主义的观念，真理与其说是被创造和生产出来的，不如说是可以抵达的，是可以找出来的，是可以被再现的。正是这个观念支撑了卡蒂埃-布列松的作为摄影"浓缩"[81]过程的产物的"决定性瞬间"论和"单张图片"论。唯一瞬间，是对所有瞬间的综合；单张图片，是对所有可能取得的照片的浓缩；唯一和真实的事实，是对所有复杂多变的现实的表达；摄影在此是对超验性的寻觅。

超验性作为第三个特点，在"传统"报道里表现为透明和纯粹的美学。在卡蒂埃-布列松的作品里，我们可以看到这个美学的一些基本元素：Leica 相机和标准镜头的系统性运用，表现形式上的苦行僧，大景深，大画面，清晰，相对没有颗粒，灰色调，等等。瞬间、构图、"视觉完整性"等概念，还都是从这个传统的美学里引申出来的。也正是在这个美学的影响下，卡蒂埃-布列松推崇现场拍摄，拒绝后期暗房处理和对照片进行重新裁剪[82]——他在照片上留下的著名的黑边就是对这一理念最好的见证。不过，这个透明和纯粹的美学最主要的特点是对构图和几何学的重视。与其说是人道主义者不如说是几何学家，卡蒂埃-布列松吐露了他对摄影的痴迷原因，"（因为）那就是生活，那就是全部！尤其是，摄影中所包含了这个神秘的东西：构成，几何"[83]。构图严格地受到几何学的限制，并被置于一个特殊的眼睛的监督之下，这个眼睛就像无形的"圆规"，善于"测量、评估"，并能"应用黄金分割的原理"。几何学胜过人道主义，卡蒂埃-布列松甚至相信图片的生命力在于能够直接凝固"具体的几何地点"[84]。

82. "拍摄失败的照片，很少能够通过暗房的重新构图和底片放大过程中的剪裁而获救：视觉的完整性已经不存在了。"（Henri Cartier-Bresson, « L' instant décisif », Images à la sauvette, np.）

83. Henri Cartier-Bresson, « Henri Cartier-Bresson, Gilles Mora : conversation » (janvier 1986), Les Cahiers de la photographie, n° 18, sd., p. 120.

84. Henri Cartier-Bresson, « L' instant décisif », Images à la sauvette, np.

85. Ernst Ernst, « Photo de sport et sport photographique », Photofreund, Berlin, 20 juillet 1928, in Olivier Lugon, La Photographie en Allemagne, p. 266.

86. Hans Sahl, « Le photographe-reporter. Une interview du Dr Erich Salomon », Gebrauchsgraphik, Berlin, juillet 1931, in Olivier Lugon, La Photographie en Allemagne, p. 266.

87. Kurt Tucholsky, « Une image en dit plus que mille mots », Uhu, Berlin, novembre 1926, in Olivier Lugon, La Photographie en Allemagne, p. 262.

最后，对于"传统"的报道来说，真理只能从不断变化的物体和现实中捕捉。卡蒂埃-布列松还试图把空间构成（几何）与时间的构成（运动）结合起来。关于真理与速度的内在关系的问题，在迅速发展的 1920 年代越来越得到肯定。艾内斯特（Ernest Lacan）在 1928 年提到"理想的瞬间偷拍"[85]；而汉斯·萨尔（Hans Sahl）提出应该"抓住好的瞬间来拍出一张照片"[86]，他的提法比卡蒂埃-布列松的《决定性瞬间》（1952）早了 20 年。试图从世界物体的流通里截取出来真理的观念，只不过是理想主义观念的另一面，因为后者相信能够从事物隐秘的深处赶出真理。艾内斯特的"理想瞬间"，萨尔的"好的瞬间"，卡蒂埃-布列松的"决定性瞬间"，成为真理的载体，这个真理隐藏在事物的动力中，只有懂得方式的人才能看见，而摄影具有抓获这个真理的特殊才能……

在图解阶段，（摄影师的）眼睛看到的是照相机在那一时刻记录下来的东西；在信息阶段，眼睛总是在事后才发现摄影所抓获的东西；图解摄影师手中的相机延长了摄影师眼睛的行为；报道摄影师手中的相机"毫不留情地揭示了眼睛不能察觉的所有信息"[87]。就这样，瞬间性回应了速度向视觉发出的挑战，归还眼睛被速度夺走的能力。

四、文献摄影的危机 CRISE DE LA PHOTOGRAPHIE-DOCUMENT

摄影，与工业社会有着异常紧密的关系，包括其价值观，以及技术的、经济的、自然的、感知的和理论的综合体。今天，这个摄影面临着危机。这个摄影诞生于铁和煤的时代，难以应付信息社会的要求了。但是，摄影并未因此被淘汰，它通过自我转化，更新土壤，朝着从未涉足过的领域发展。摄影与艺术的关系也得到了更新，越来越注重文化表达，实用性特征随之减弱。更重要的是，表现摄影正在逐渐取代文献摄影。

文献摄影在法国的经历可以由两个重要的出版来标志：1952 年卡蒂埃—布列松的《决定性瞬间》一文的发表和 1980 年罗兰·巴特《明室》一书的出版。虽然都热衷于摄影的参考价值，怀有对参考和再现的崇尚，但是，这两个出版物所处的背景却是非常不同的：前者处于文献摄影的顶峰，而后者出版时（有意思的是，作者自己似乎并未意识到），文献摄影已步入衰退期。

表现摄影 LA PHOTOGRAPHIE-EXPRESSION

1980 年，当罗兰·巴特出版《明室》一书时，世界已步入信息社会，至少在经济发达国家。电视成为新闻领域的主宰，尽管当时直播还没有像今天这么普及。至于个人电脑，当然还有互联网，也就是说图像和数字网络，则刚刚兴起。然而巴特及其符号学理论的追随者们，仍然强调在摄影领域，以及在当时社会大部分领域中越来越站不住脚的部分——再现。对他们来说，摄影的本质是再现性的，即记录下物体和物体的状态。强调"此曾在"，强调"参照对象附着"，强调痕迹、遗迹或记录，强调对时间和空间的切割，强调图片的透明性，强调图片的抽象性而抹杀图片的个体性，所有这一切，定义了这样一个由两方面构成的理论立场：一方面，图像的使命是再现事先存在的客观世界；另一方面，摄影（作为抽象的机器）对世界的再现是通过与其直接接触来完成的，在这种情况下，摄影被简化为其物质性功能。

这个理论立场将摄影简化为文献，并将文献简化为感性的再现（指示），将图像的个体性掩藏到抽象的装置背后，显然，这个姿态忽略了物体和图像之间存在的无数中介。图像成了"不可见的"（巴特），至少是没有作者，没有材质，没有审美，而是纯粹的信息载体，或是属于纯粹的形而上学的类型。然而，尽管从技术上来说物质的存在是摄影图像必不可缺的前提条件，这一点并不意味着图像必须消解在物质中，也不代表将其局限在对所指对象被动的记录中。更严重的是，这个理论姿态在现实中只考虑物体或是物体的状态，排除了任何可能介入的无形事件（文字的或是图像的）；这些事件突然发生在物体或是其他具体的存在物之上，脱离了表述它的载体，则是无形的。[1] 总之，这个理论立场低估了陈述（图像与文字结合的）是如何能够同时指代物体并表现动态事件的。

1. Gilles Deleuze, *Logique du sens*, p. 37.
2. 同上，p. 170-171。

因此，贬低图像提高参照物，贬低事件提高物体，最终导致将文献禁锢在感性再现的唯一的狭窄范围内。对摄影图像的表述价值的低估，导致否认摄影既能指代物体，又能表达事件的能力。然而，对事件的表现往往正是依附在对客体的指代上。也正因如此，再现和指示的组合既具有实在意义，又包含了另一个属性的东西，即事件。

包含着表现的文献摄影，也就是包含着事件的文献摄影，可以被称为"表现摄影"。"表现摄影"表现事件，但不再现事件。[2] 其中，摄影从具有指代功能的文献到表现的转变过程，反映了一个更全球化的现象：一个有形的物质世界向事件性的无形世界过渡的过程；一个从工业社会向信息社会过渡的过程。信息社会，以通讯数字网络的节奏发展着，对整个的社会活动，特别是摄影实践和图像，产生了深刻的影响，文献摄影的时代也因此告一段落。

脱离现实 PERTE DU LIEN AVEC LE MONDE

1952 年，亨利·卡蒂埃－布列松发表《决定性瞬间》的时候，战争带来的巨大创伤尚未退去，世界寻觅着新的价值观，现代主义也在此时诞生，向世人承诺着一个更美好的未来。这是电视前时代，也是传媒乌托邦前时代。一些画报，比如法国的《巴黎竞赛画报》（Paris-Match），或是美国的《生活》杂志（Life），将代理摄影师们派往世界的四面八方采集报道，几乎垄断了视觉信息的传播。冒着生命危险，摄影记者们追踪报道了冷战冲突、非殖民化，以及不久后爆发的越南战争。新闻照片的供不应求，刺激了图片社的兴起。就这样，1947 年，卡蒂埃—布列松和罗伯特·卡帕（Robert Capa）、大卫·西摩尔（David Seymour）一起，成立了马格南图片社（Magnum），后两者都在执行拍摄任务中遇难。这些殉难者的事迹，加上摄影在信息体系中所占的中心地位，为报道摄影师这个职业添加了更多的传奇色彩，并在越南战争期

罗伯特·卡帕（Robert Capa，1913—1954）：匈牙利裔美籍摄影记者，20 世纪最著名的战地摄影记者之一。"如果你的照片拍得不够好，那是因为你靠得不够近。"这是他的经典语录，相信爱好摄影的我们都不陌生。

间达到了顶峰（1965—1973）。不过，报道摄影的坠落也发生得很快，速度如同电视的崛起。美国《生活》杂志于 1972 年 12 月停刊，标志着摄影在战后新闻中主导地位的丧失。一个阶段结束了：文献摄影将不得不放弃众多的堡垒，分享领地，并且直面激烈的竞争。

文献摄影的衰落，也体现了与其密切相连的一个庞大的现代化计划的崩溃。因为，摄影不可思议地缩短了图片生产的时间，加快了图片流通的速度，使图片适应工业和市场的价值和条件，摄影作为痕迹，还具有见证的能力（无疑是持久性的）。总而言之，摄影身上体现了某些最基本的现代价值。而且，摄影长久以来被视为工业和科学进步的重要因素，被视为信息传播最出色的工具和真实性的保证，也就是说，如同一个主宰世界的手段。有这样一个世界，无疑是无止境的，但是通过现代的手段，这个世界是现实的、可抵达的、可辨识的和可控制的，这个现代的手段首推摄影。这就是直到 1950 年代还占优势的信仰，之后便不断地自我瓦解。

一步入 1970 年代，摄影在社会经济的主要部门马上被技术更繁复、传播速度更快捷的图像所取代。在新的社会体系里，电视主导着信息传播，然后是卫星电视和数字网络，摄影的发展空间局限在报纸和画刊；在医学上，自从有了超声波、扫描仪和核磁共振成像，摄影不再涉足研究，仅仅保留了档案记录的功能；在科技和工业领域，摄影也不再处于生产活动的心脏。随着摄影越来越难以应付工业、科学、信息和权力对图像的新需要，它的实用性价值的历史衰落也在加剧。这个衰落，更因摄影与新社会价值观之间的差距而加速，尤其是，它已不能再体现一个新的真实性机制。

文献摄影拥有两张王牌：一是它与客观世界的近距离，另一个是它与现代主义的关系。然而，在这个千年之末，这些优势大大地贬值了。现代信仰揭示

了它们的局限性，世界变得太过复杂以至于文献摄影无法再继续保持合理联系。尤其是，真实性的机制已经改变了。文献的真实性与表现的真实性不是一回事。另一些图像，另一些技术，似乎更具有适应时代需求的优势。摄影与数字网络的结合，部分地回应了这个需求。至于文献摄影，它太过于依赖物体和物质，太依赖过去那个时代的技术和经济范例，而不能经受正在进行的巨变所带来的震撼。瞬间摄影的到来和插图新闻的飞速发展曾经让报道摄影得到世界的一致认同，而今则显得力不从心。作为持续半个世纪的动作图像(image-action)的象征，文献摄影如今辉煌不再。脱离现实，或者说动作图像的衰落，这就是文献摄影的危机表现之一。

< 动作图像的衰落 Déclin de l'image-action

越南战争既标志着动作图像的顶峰时代，也标志着电视地位的确认。此后，面对电视的强势，摄影报道的地位一落千丈。正因如此，越南的经历对很多摄影师来说，就如同人生中一个重要的转折点，一个歧点。他们是被神化了的斗士，某种意义上的堂吉珂德。"越战时倍受尊重，现在我成了一个庸俗的间谍。更糟糕的是，人们经常问我为哪个电视台工作"[3]，马格南图片社的摄影师何奈·布里（René Burri）感叹道。在新闻现场，媒体的角色、地位和手段正在发生翻天覆地的变化："以往是摄影居前，电视靠后。而今是电视占据了一线地位"[4]，1980年代末，被法新社派往中东的记者埃塞亚斯·贝特儿（Essaias Baitel）这样写道。

3. Cité par Michel Guerrin, *Profession Photore-porter*, p.131.
4. 同上。

拉里·伯罗斯（Larry Burrows，1926—1971）：英国摄影家，被公认为伟大的战争摄影家。报道了一生中几乎所有的重大战争，最后将生命也奉献给了摄影事业。拉里·伯罗斯曾是《生活》杂志的摄影师。1962年，他奔赴越南战场进行摄影报道。1971年在拍摄中因直升机失事而意外死亡。

大卫·道格拉斯·邓肯（David Douglas Duncan，1916— ）：美国摄影师和作家。出生于密苏里的堪萨斯城。他以捕捉生活情绪和生活方式内涵的强烈而富有想象力的照片而成名。他于1951年出版了《这是战争！》，展示了朝鲜战争中军队的痛苦，并为自己带来了全国的知名度。"二战"期间在海军服役退伍后，他为《生活》杂志工作，成为自由职业摄影师。

越南战争是第一次也是最后一次，摄影和电视报道平分秋色，各自充分而自由地施展技能，有时甚至超越了一定的界限。在物质供给方面，美军给予报道摄影师（拉里·伯罗斯 [Larry Burrows]、唐纳德·麦卡林 [Donald McCullin]、大卫·道格拉斯·邓肯 [David Douglas Duncan]、菲利浦·琼斯·格里菲斯 [Philip Jones Griffiths]）直接的支持，使他们几乎与军方享有同等待遇。摄影师们经常与士兵着同样的战斗服并肩"作战"，通过军方新闻通讯将前线的照片传播出去。照相机和远摄镜头似乎与轰炸机、火焰喷射器和机关枪保持着同样的节奏。那是 Nikon F 的时代，一个日本产的新一代 24×36（厘米）的（135）单反照相机，拥有不同的配套镜头和附件，其广告所表现的也是一个正在现场拍摄的摄影师形象，场景通常是热带丛林或泥泞之地。摄影与动作、冒险、战争、危险、军事征服或对女性的征服合拍。在行动意志和传播信心的支持下，摄影与电视构成的新媒体将战争的残酷性，以前所未有的手段赤裸裸地表现出来。面对越南人民的顽强反抗，美国国内的爱国热情很快转化为深深的震惊和感动，反战情绪开始蔓延，反战人士组织了多场大规模的游行。

在战争媒体化的经历后，军方和政府才开始真正意识到，必须从策略上完全控制军事冲突的图片报道，特别是不能让摄影师和电视摄像师自由地进入战场拍摄，政界人士也同样意识到把关自身形象的重要性。第二次世界大战后的四分之一个世纪里，摄影超乎寻常的发展，为图像打开了一扇欣悦的窗口，毫无界限，毫无保留。图像的权力不断上升，朝着积极的方向发展，但还没有到达那个将引起人们反感和敌意的程度。也正是在越南战争期间，局势发生了改变：电视来势强劲，新闻将暴力平常化。这场战争，促成了动作图像的成功，同时也为它烙上了死亡与鲜血的不可磨灭的印记。当图像变得过剩，它所获得的信任也开始变得淡薄而保守。1970 年代初，西方世界整个进入了图像时代。无知、信任和对图像的完全敞开，将逐渐转化为怀疑、控制企图和封闭。

< 封锁图像 Fermeture du monde à l'image

1982 年爆发的福岛战争，标志着图像报道被严格管制的开始。与越战中美军大力支持摄影记者形成鲜明对比，福岛战争中仅有两名摄影师获准跟随英国部队进入前线。报道自由度越是开放，审查就越是系统与严格。此后，这个政策更加普及化。例如自 1980 年起持续了 8 年之久的两伊战争，能够找到的相关资料照片寥寥无几。发生在阿尔及利亚的血腥大屠杀，被永远地隐藏在镜头触及不到的地方。此外，1980 年代前后出现了一个新的报道类型：组团报道。摄影师们通常受到军事权威的统一邀请，组成记者团被汽车运到前线，但却受到完全的监控。

　　不过，新的图片管制模式的最终确立，则是以海湾战争（1991）为标志。经历了越南战争的报道自由，经历了福岛海战的报道禁止，经历了派往前线的组团报道，海湾战争报道显示了从此军方完全控制了图片的拍摄及其在全球的传播。这场战争不是一个没有图像的战争，而是一场"非图像"（non-images）的战争，也就是在这场战争中，西方总参谋部完全控制了新闻图片的使用。在这场战争中，新闻报道自由受到了嘲弄，传统的表现战斗场面和士兵伤亡情况的摄影或电视图像，被从飞机和卫星上拍摄的电子图像所取代。形象宣传的政治策略支援了军事策略，如美国的 CNN 电视台就是其中最主要的操作者。确切地说，这个形象宣传策略试图避免越南战争报道的结果。越战期间，杂志和电视报道中充斥了鲜血与伤亡。正是由于清醒地意识到图像对公众舆论的引导性，军方才采取系统性的干涉措施，废除从地面拍摄的图像，禁止所有对身体和伤亡的直接表现，拒绝所有关于战争的具象镜头，而是用一场大规模的抽象电子游戏战的形式来表现这场战争。于是，战争变得抽象而易于被接受，甚至被接受。

　　这个封锁图像的新信息秩序，不只是军事、战争或是极权国家的特色，在政界要人那里，它也正在成为一个非常普及的现象。联系图片社的摄影师弗兰克·福涅尔（Frank Fournier）披露了他是怎样与另外 400 多位摄影记者一起，被安排在 150 米开外，见证罗纳德·里根于 1986 年在公众场合的一次重要露面的。"我当时随身带着一只 600 毫米长焦距镜头，一个加倍镜，拍摄时用的是连动模式。我用的三脚架重达 20 公斤。所有的人都必须拍摄同样的照片，因为所有图片都被白宫安全局严格审核：我们被彻底搜身，被圈禁在一个明确的范围内，被规定用怎样的光线、镜头和曝光时间来拍摄！[5]"除非钻极端严格的监控缝隙和面临激烈的竞争，才有可能出现人们渴望已久的独家新闻。福涅尔的见证，揭露了今天的报道摄影师们是如何被剥夺行动权利，被残废，被简化到纯粹的观测镜的地步，甚至不能自由地选择拍摄角度、镜头或曝光时间。其实在这个报道中，作为"观测镜"的福涅尔捕捉到一个特殊的镜头：里根夫妇和机长遗孀出席美国空军为"挑战者号"航天飞机遇难者所举行的致敬典礼。"事情发生得很快"，福涅尔继续说道，"当他们转过头注视从上空飞过的战机时，我突然有一种强烈的感受。这位女士痛声尖叫的一刹那，我按下了快门。我当时便意识到我有了'那张'照片，唯一的一张照

5. Cité par Michel Guerrin, *Profession Photore-porter*, p., p. 142.

片。我很幸运。"[6] 这就是摄影师—观测镜在与其他"观测镜"的同等竞争下的

6. Cité par Michel Guerrin, *Profession Photoreporter*, p., p.142.

最后结局。在这样一种戏中戏式的现场报道中，虽然被完全剥夺了行动自由和拍摄自由，但知觉和运气有时还是会带来独特的收获。

＜新闻报道的剧本化 Scénarisation du reportage

1980 年代期间，插图新闻和图片社的发展为摄影报道赋予了一个新的特色：剧本化。或者，摄影师事先构思准备，然后完成一个主题的拍摄，就像拍一部电影一样。或者在如火如荼的现场，摄影师根据局势进行"摆布"，来为拍摄增添更多的说服力。这是一个切实的革命，是对摄影立场和伦理的全盘颠覆。此前整整一个世纪，摄影报道被视为对现实完全依赖和对时事绝对附属；被视为与事件直接赤裸地面对面，宣扬"决定性瞬间"和瞬间性的职业伦理，建立了与物体绝对真实标准上的接触。经过这一切，今天越来越多的摄影记者采取了截然相反的态度。要得到这个态度突变的答案，首先需要到市场的转变中去寻找。面对杂志中泛滥的战争和悲怆场面，面对暴力的堆积，面对"血腥的头版头条"，读者感到了疲乏。就像变态的窥视欲，世界末日的景象，病态的许诺，已经不再有吸引力，或者⋯⋯从此留给了电视。这个突变，也从反面解释了不断激化的竞争，导致摄影记者毫不犹豫地采取包装事实的手段，来更好地推销报道。

于是，很多摄影记者决定不再跋山涉水地寻找独家新闻，而是构建他们的图片；不再追随时事，而是对其进行预见或评论；不再盲目推崇瞬间性，而是为自己赋予摆布拍摄对象的权利；不再直面粗糙的现实，而是对现实进行导演。例如在 1985 年，杰拉尔·兰斯南（Gérard Rancinan）选择通过对 30 个人物的拍摄，来表现西班牙进入欧洲共同体这个时事主题：每个人物在自己的生活背景下被拍摄，最后照片被剪辑得如同一部电影，图像之间被一个叙述性的文章连接起来。拍摄前对人物和地点的选择，摆拍的姿势和时间、光线和色彩的选择，图片发表方式的选择⋯⋯如此多的元素与报道摄影的真实性机制完全相悖。然而，导演拍摄的手法并不只局限于此类摄影调查，它甚至被应用于事件发生现场，在最具悲剧性色彩的时刻，就算是恐怖场面也不能避免导演拍摄。

因此，剧本化的拍摄与传统的报道摄影的真实性基础发生了断裂，后者曾

经长久依托于图像—动作的概念，与现实直接接触和记录的概念；依托于对参照对象和对瞬间性的崇尚。事件发生时，摄影师在现场拍摄，不对事件做任何干涉和修改，这就是传统的摄影报道的真实性，相对而言，导演拍摄自然地提出了一个伪造的问题。一边，信息是"捕捉"的；另一边，信息是"制造"出来的。这个在争论中经常出现的对立概念，其实很牵强。它建立在一个报道的传奇概念的基础上，建立在一个传统的信仰上，即认为摄影师是读者和世界之间的一个完全中立的、客观的中介。然而众所周知，拍摄一张照片时，即使是最简单的取景也同时意味着纳入和剔除，最普通的角度选择也意味着某种立场的选择，最即兴的记录也是一种构成。更值一提的是，提供信息从某种意义上来说永远是在"创造事件"，即导演一起事件。关于事件的消息是事件的不可分离的段落，是事件的组成部分。获得信息与制造信息的相互对立，或者说真实与伪造之间的对立，对于真实性其实无伤大雅。导演的摄影报道并不一定比"现场拍摄"的报道缺少真实性，它遵循的是另一个真实性机制，符合另一些可能支持信仰的标准，或是另一些期待。

< 图像的图像 Images d'images

　　摄影实践脱离现实后，一个额外的现象在艺术家的创作中变得越来越普遍，那就是图像的图像，这意味着被作为参照的是一张图像，而不再是客观世界，建立在图像—痕迹基础上的真实性机制也同样发生了巨大的摇摆。

　　与文献伦理相悖，当代艺术家的许多摄影作品所参考的与其说是物质实体和现实状况，不如说是其他的一些既存的图像。克里斯蒂安·波乐坦斯基(Christian Boltanski) 显然是一个典型的例子，他把翻拍的老照片放大，作为元素融入自己的创作中。又比如艾瑞克·容德皮耶尔（Eric Rondepierre），他不记录现实世界中的物体、地点或是事件，而是通过拍摄屏幕上带有字幕的录像来表现电影中的世界。多米尼克·奥尔巴舍（Dominique Auerbacher）借用通信销售目录里印刷的商品图像来创作，乔吉姆·莫加拉 (Joachim Mogarra) 的《杂志山》(Montagnes de magazine 1994) 系列中的照片，并不是从自然中拍摄而来的，艺术家没有直接面对陡峭的雪山，而是仅仅满足于翻拍杂志里雪山的照片。1991年海湾战争时，以色列艺术家米歇·萝芙娜（Michal Rovner）拍摄了一系列大幅的军事行动照片。

事实上，她没有像摄影记者那样直接到达现场，她仅仅拍摄了电视机的屏幕而已。这个美学上的倾向，揭示了一个视觉上的现象，那就是与现实的直接接触变得不可能，甚至是多余的，世界被简化成一系列的图像，在这个由图像构成的世界里，物质实体失去了坚固性，变得无穷尽——战争成为一个美学主题，图像成为武器。

在所有这些艺术创作中，摄影不反映物质实体，而是如同卷入一个无限上升的螺旋形，反映了其他无数的图像。图像在现实中取代了物体，图像自身试图成为世界。如果说文献摄影以通过直接接触物体而进行模仿著称，这些艺术作品则仅仅是对其他图像的模仿。这属于第二个层次上的模仿，即对模仿的作品进行再模仿，对文化的模仿。[7] 从文献摄影，到运用摄影材料的当代艺术家的作品，摄影与现实之间的距离越来越远。这个分离现象，在摄影从文献到当代艺术创作材料的过渡中几乎是自然发生的，并越来越超出文献摄影自身的范畴。通过用"观众—窥视者"来取代"报道者—演员"，米歇·萝芙娜用艺术方式来体现了这样一个在报道摄影实践领域越来越普遍的现象。

法国在 1960 至 1975 年间，电视机的数量增长了 7 倍，电视的影响力也随之倍增，直到将摄影排挤到对事实进行后期解说的地步。一些逸闻里，摄影记者们在宾馆房间里收看 CNN 直播，然后随时把从电视屏幕上拍摄的照片传给图片社。而且像法国《解放报》（Libération）这样的报纸，开始固定地发表从电视新闻里截取下来的，而不是从现场直接拍摄的照片。似乎"摄影记者"成了哑巴的电视观众，与世界失去了联系。似乎，电视成为了世界本身。似乎，我们见证着动作图像的精疲力尽和摄影师成为取景器的转变。[8]

7. Barbara Cassin, *L'Effet sophistique*, p.15.

8. Gilles Deleuze, *L'Image-temps*, p.220-221.

< 人文主义，人道主义 L'humanisme, l'humanitaire

在西方世界，这个图像和摄影立场的演变，反映了在人文主义价值体系边缘的人道主义思潮到来时，与之同步的、可以感知的人类观念的演变。

1930 年代以来，传统的报道摄影朝着人文主义的方向发展。但是这个对罗伯特·杜瓦诺、亨利·卡蒂埃—布列松或者塞巴斯蒂奥·萨尔加多（Sebastiao Salgado）等摄影大师来说至关重要的"人文主义摄影"，今天已经很大程度上被我们所说的"人道主义摄影"所取代。后者的出现，与边缘人物、被遗弃者和无家可归者在西方社会里的大量涌现相关。它反映了社会在巨大的产业转化和资源回收的过程中，物质与人类的关系也因此被混淆，比如职业、生活、身份、情感等。人道主义摄影镜头里的人类是当今社会的受害者：经济的受害者（失业、失所、失去收入），饥饿、艾滋病和毒品的受害者，现代化末期的受害者。受害者沦为经济发达城市

塞巴斯蒂奥·萨尔加多（Sebastiao Salgado, 1944—）：巴西摄影师。1974 年，30 岁的萨尔加多被法国西格玛图片社吸收，任摄影记者，开始了到世界各地拍摄照片的生涯。1975 年起，他先后成为法国伽玛图片社和马格南图片社的记者。萨尔加多常用的相机是黑徕卡。他随身至少携带三台相机，上面分别配装 28 毫米、35 毫米和 60 毫米的定焦镜头，目的是在摄影采访时只换相机，不换镜头，避免耽误时间。2016 年 12 月，萨尔加多被法国授予"国家荣誉骑士"勋章。

里随处可见的街头流浪汉，等待着最后的援助或对其困苦的不确定的减缓。听天由命，这些男人和女人失去了行动的能力，不再有任何希望。就像瘫痪了，精疲力竭了，被掏空了，他们被动地等待着，找不到命运的出路，缺少行动的意志，世界与他们割断了联系。

从人文主义到人道主义的过程，也反映在图像内容的完全颠倒上。人文主义的工作、爱情、友情和团结的主题，被人道主义的主题所取代——灾难、痛苦、穷困、疾病。平民百姓成了人道主义报道的主导：经常是被剥削的贫困者，永远在工作，在斗争，在行动，或在休息，也就是说还活着。人道主义的图片库里只有消费社会边缘人，只有机能障碍的消极的受害者，只有失去社会地位、备受痛苦折磨的人，举目无亲，居无定所。一边，表现的是极度受地域保护的人物：簇拥着亲友，熟悉的场所，或是与某个社会阶层、工厂或是团队相连。另一边，是失去地域归属的个体，背景中没有任何标志性提醒或是地点昭示，没有范围界限，他们被从一个集体中切除出来，独自面对痛苦，唯一的慰藉是那些没有任何特色的无名收容所。一边，旺盛的精力和滋润的生活灌溉着图像；另一边，死亡、无奈和逆来顺受掏空了存在。

基于一种特殊的摄影风格，人性和非人性得以在图像中共存。在人文主义摄影中，景深和图片的层次将参与者置于社会和人文背景中，并传达出某种希望和对未来的勾画；人道主义摄影一般采用尽可能靠近的拍摄角度（如色情照片中的大特写），透视被压缩，镜头的视野扩大。就这样，个体被割裂于环境、家庭、阶层或是团体。从社会圈子中抽象出来，从所有的集体归属和历史画面中分离出来，"他"孤独地面对发生在自己身上的一切。此外，构图的中立化，特殊效果的取消，光照对比和阴影的淡化，更巩固了对个体和事件个性的抹杀。

人文主义摄影的舞美、景深、明暗对比和人物的传奇化，更接近于戏剧；与此相反的，照片的平淡无奇和"平坦"化，将人道主义摄影与电视拉近了关系。尽管如此，形式上的平庸并不构成零度化的摄影风格，而是一种被媒体机制削弱、被恐怖图像破坏、被希望的贫血症吞噬的风格。

无论从主题上还是从形式上来说，人文主义摄影表现的是一个更美好的世界。反之，人道主义摄影反映的是，相信这个世界（人文主义表现的世界），相信另一个世界，或相信一个经过转化的世界，在今天都成为不可能。人道主义摄影的一个典型特征是："不可承受的（悲惨的景象）不再被视为不平等，而是成为日常生活中司空见惯的永恒现象"[9]。在此，不可承受的现象不再是战争的残酷和耸人听闻，而是对社会不公正现象的冷淡、无能为力，甚至无动于衷。不可承受的是"民众震惊或让人震惊的形象"[10] 的消减，换言之，民众完全地在场（总是可见到），却又完全地妥协（从不反抗）。顺从取代了反抗和战斗，同时，（对弱势群体的）排斥则继续无情地在西方社会蔓延。

在人道主义摄影里，人类内在的活力被掏空了，经常疾病缠身，躺卧不起，被排斥在所有社会生产活动之外，失去了任何行动的能力。面对这些丧失行动能力的个体，"决定性瞬间"的摄影哲学，即动作摄影的象征，失去了意义。图像的时间性必须适应个体的时间性。面对"新的城市受害者"，雷蒙·德帕东（Raymond Depardon）认为，应该发明一个"弱势时间里的摄影方式，在这个时间定义里，什么都不发生。没有任何兴趣点，没有决定性时刻，没有绚丽的色彩和光线，没有微弱动人的阳光，没有后期处理。照相机将成为某种意义上的远距离电信监视器"[11]。

与世界彻底中断关系，行动能力的丧失和动作图像的衰竭，"弱势时间"取代"决定性瞬间"，这一切将人道主义摄影推至顶峰。至于"城市的受害者"和摄影师，前者成了静止的没有行动力的躯壳，后者的介入姿态变得越来越低调：照片上，人物目光空洞，迷失在虚无之中，而摄影师则被同化为匿名的无足轻重的电信监视器。

9. 同注 8。
10. Jacques Rancière, *La Mésentente, op. cit.*, p.143.
11. Raymond Depardon, « Pour une photographie des temps faibles », *La Recherche photographique*, n° 15, automne 1993, p.80-84.

< 名人 Le people

在 20 世纪的最后 25 个年头里，人类与世界的关系更彻底地疏远了，在摄影领域，动作图像的衰落加快，摄影师则向单纯的取景器转化，其身份时而是观众（拍摄电视屏幕），时而是导演（导演拍摄），时而干脆成为简单的电信监视器。同时，人物新闻的大获成功，产生了另一个类型的摄影师："拍拍垃圾"（狗仔队），或称为窥视摄影师。

尽管"拍拍垃圾"看上去比摄影记者更自由灵活，但是它仍旧属于日渐衰落的动作图像的组成部分，正在与世界失去联系。为了拍摄灵活性，"拍拍垃圾"在实践中采用了一个新的拍摄方式，即监视拍摄法：受侦探手段的启发，摄影师长达数日甚至数月藏匿不动，监视"猎物"。此外，人物摄影与现实发生了彻底的分离，其范畴缩小到名人的小世界，用镶满了金片的薄纱掩盖了现实中最阴暗的角落。

1997 年夏，戴安娜王妃悲剧性的遇难，将社会注意力聚焦到摄影记者的职业现状：信息的衰落和八卦人物新闻及"拍拍垃圾"的兴起。在海湾战争期间，摄影就已经被从前线的位置——即它曾经获得荣誉的地方——驱逐了出去，此后，摄影多次成为谎言的罪魁祸首，其中最具代表性的是对于所谓的蒂米什瓦拉（罗马尼亚）假尸事件的报道。于是在黛安娜事件中，摄影直接成为舆论抨击的对象。背叛、谎言、凶手，这些指责不无夸张，但是预示着危机的到来。另一个征兆是图片的售价。一个名人类的独家新闻，可以卖到惊人的价格，普通新闻与之不可同日而语。于是信息被八卦摄影的盛行击退，有关影星歌星、王子公主、国王、电视主播、体育明星的图片销售，占据了 Sipa 图片社营业额的 40%，Gamma 图片社的 50%，Sygma 图片社的比率则更高。

这个名人摄影机器的构件和机理是什么呢？首先，是各种类型的名人，包括那些在社会新闻中昙花一现的主人公；其次，摄影师（拍拍垃圾）和他们的图片社；再次，具有极高经济实力的机构下属杂志，其新闻主管以追求赢利为目标；最后，是读者。"我们出售给读者的是喜怒哀乐"[12]，《Voici》的主编如是说。出售喜怒哀乐，通过煽情和刺激来获得利益，这就是八卦摄影记者的存在理由。新闻老总获得经济效益，"卷入疯狂的营业额竞赛"中的图片社获利，"在赢利竞争中向前猛冲"[13] 的摄影师获利，名人也同样获利。

12. Dominique Cellura, « Méfions-nous de ceux qui savent ce qu'il faut lire et ne pas lire », *Voici*, 8 septembre 1997.

13. Raymond Depardon, *Télérama*, 10 septembre 1997, p.14.

　　名人们学会了经营和变卖自己的肖像，或是通过拍摄获取高额报酬，或是利用杂志来获得广告效应。同时，他们不可避免地被"变成图像"。因为，被变成图像是作为名人的宿命。那些名人是纯粹的图像，过度曝光的图像——只有纯粹的外在性，毫无内涵，毫无个性，毫无隐私。这是被完全公众化的人物，没有私人生活，或者就算是私人生活也免不了被曝光的结果。名人不再是一个主题，不再是一个人，而是一个物体，一个消费产物。不同于传统的神的"光环"，名人的"光环"不建立在现身的罕见性和唯一性上，不建立在"曝光不足"上；他的"光环"建立在"曝光过度"上，建立在无限的多数化上。这是一个媒体化的"光环"效应（正好与瓦尔特·本雅明关于摄影的"光环"概念相反）。

　　"明星"这个词本身也就是星星，体现了另一个特点：光线。星星是光的存在。但是与宇宙间的星星有所不同，他们必须被照亮才能闪烁光芒。他们只不过是些反射面。然而，是什么使他们闪烁得如此耀眼以至于冒着焚身的危险？是谁将他们从阴影里推出，并给予他们如此的可视度？正是这道既强烈又不稳定的光线，制造和传播了这个规模庞大的名人机器：摄影、杂志、广告、电视、电影等所有媒体的综合体。它既是光学机器，又是照明机器，更确切地说是制造可视物和闪烁物，那就是明星。每一颗明星，越是能更好地捕捉、调整和反射这道赋予其生命的光线，就越是闪亮。

　　至于读者，正是他们难以满足的窥视欲，使名人新闻得到社会承认。然而，读者是唯一的投资无回报者，甚至也许付出大于应得。不管怎样，读者是唯一对名人新闻抱以信任和感情的，也是唯一不与之为伍者，唯一无视浮华背后阴暗面的人。然而，为什么他们购买名人新闻？原因很简单，为了做梦和感动。精心设计的版面充满诱惑，让他们暂时忘却了沉闷的日常生活，从中寻找自我认同，逃避现实。这个自我认同和自我逃避的过程之所以具有可能性，来自名人的两面性。从情感角度说，名人与读者具有同样的喜怒哀乐。从社会角度说，名人们生活在一个失重的魔幻空间里（奢侈、时尚、戏剧、王子公主的后花园等），一个从表面看脱离了物质和经济偶然性的空间（与读者身处的空间正好形成对比）。如果读者从浏览名人优越的生活中获得暂时的满足，那么同时他也回报名人以仰慕、怜悯、感动和渴望。埃德加·莫兰（Edgar Morin）写道，这些主人公"切实地活着，但同时是我们在他们身上注入了我们的灵魂和呼吸"[14]。确实，读者

不是一个简单的接收器，名人所展现出来的，或者更确切地说经过杂志包装的
生命的光芒、梦想的片断和隐私的瞬间，埃德加·莫兰 (Edgar Morin, 1921—)：法国当代著名思想家、
在读者这里被一一转换成能量。法国社会科学院名誉研究员、法国教育部顾问。他的研究
　　　涉及人文科学和自然科学的诸多领域，在人类学、社会学、
　　　　因而，名人新闻摄影位于传统的信 历史和哲学等方面均有重要著述问世。他将自然科学和人
息和新闻报道的对跖点。两者在各个方 文关怀有机结合，提出了"复杂思维范式"，引起学术界
　　　的普遍关注。
面都形成对立。信息的理性与名人和社会新闻的非理性之间形成对立。还有拍
摄领域的对立：新闻摄影立足政治和战争；名人新闻摄影依托对名人生活场景
的偷拍。这个对立不仅是摄影记者与"拍拍垃圾"之间的对立，而且更是传播
载体之间的对立：一边是传播信息的报纸杂志；另一边是丑闻和煽情新闻，皆
大欢喜的时事等。两个摄影类型之间的真正分歧不在于工具，也不在于人（一
些名人摄影师自己也变成了名人），甚至也不在于图片社（它们提供两种类型的
图片）；真正的分歧存在于传播载体和方式之间。1920 年代形成的摄影与新闻的
结合，遇到了今天迅猛发展的电视的竞争。一个新的结合产生了，那就是摄影
与名人新闻的联手。从中体现出众多的变化，包括操作方式，图像的主题和形式，
真实的定义，更不用说摄影师与"模特"之间的关系，以及职业伦理。

　　　雅克·兰格威（Jacques Langevin）揭露了摄影报道在某种意义上朝名人新闻
方向发展的现象。作为 Sygma 图片社的资深摄影记者，他试图与"拍拍垃圾"
划清界线。然而，他是如何发表声明的？"如果我必须重新拍摄这张戴安娜躺
在成为她的棺材的轿车内的照片，以职业之名，我会去做的。我曾经是一个事
件的见证，不论哪个职业人士都会有同感。王妃之死，不管人们愿不愿意承认，
是一个新闻。令人毛骨悚然的死亡的照片，我拍过很多……为什么戴安娜有权
拥有特殊的待遇？……我就像证人，展现人类 14. Edgar Morin, *Libération*, 2 septembre 1997, p. 2.
的生存与死亡。[15]"职业主义和见证之名取代了 15. Jacques Langevin, *Le Nouvel Observateur*, 11
伦理道德，允许一切行为；拒绝尊重隐私，哪 septembre 1997, p. 90.
怕是死者；信息定义的极端延伸——确切地说，这些就是摄影从信息报道转向
名人追踪的决定因素。当然，雅克·兰格威还可以炫耀曾经作为报道摄影师的
辉煌经历，但是戴安娜王妃车祸的那一天，他就是一个"拍拍垃圾"，因为他被
卷入了这个名人机器之中——也许是违背他自己意愿的，但还是被卷入了。

　　　为了理解这个现象，必须考虑国际化竞争的背景，导致不可避免的图像全

16. Francis Apesteguy, *Marianne*, 8 septembre 1997, p.90.

17. Raymond Depardon, *Libération*, 9 septembre 1997, p.43.

18. Catherine Deneuve, *Libération*, 2 septembre 1997, p.6.

19. Henri Cartier-Bresson, *Images à la sauvette*.

20. *Voici*, 8 septembre 1997, p.5.

球化和因此为摄影师带来的压力。"因为，'拍拍垃圾'上面，有图片社、社长、股东。再往上，有图片社所赖以生存的杂志。然后，再往上，是那些势力强大的新闻财团。"[16] 这就是名人机器。

尽管很多名人照片都是经过许可拍摄的，甚至经过协商，但是最畅销的独家新闻，报酬最高的照片，还是偷拍所得。"围捕"、"监视"、"跟踪"，这些是"拍拍垃圾"最典型的姿态。这是"某种意义上的特工，能够不择手段让自己消失在镜头后面"[17]。长焦距镜头是他们偏爱的工具。对于"猎物"来说，不能忍受的"不仅仅是照片，而且是监视和控制"[18]。亨利·卡蒂埃—布列松也曾寻找决定性瞬间，也曾小心翼翼不被察觉，也总是与被摄场景保持一定的距离，然而他的姿态与"拍拍垃圾"有着根本的区别：他从来不用长焦距镜头，当然也从来不用监视的方法来围堵"猎物"。他（悄然）经过。对他来说，他的照片是"抓拍"[19]而来的。

通过减少景深和淡化背景，长焦距镜头使照片变得抽象而不现实。它擅长拍摄模糊的、粗犷的、胶片上呈现粗颗粒纹理的照片，而这些也正符合了名人摄影的需求，因为这些迹象显示出了拍摄的荒诞性。长焦距镜头让摄影师能够不被察觉地从远处拍摄对象，通过灵活的远近组合，能够在照片上产生某种光晕效果。形式和光晕的效果构成了一个名副其实的窥视主义离合器，一个自相矛盾的真实性的保证。长焦距镜头的专横、色情照片式的大特写、距离感的消失，这些就是名人摄影的模式。此外，杂志对名人照片的大范围传播，使"拍拍垃圾"的靠近欲和隐私窥视欲有增无减。"拍拍垃圾"就像一个奇怪的小偷，赃物必须示众，偷窃行为才有意义。正是这个摄影盗窃和出版传播的组合，实现了对隐私空间的侵犯。

"我们都在与极限调情"[20]，《Voici》杂志的总编清醒地承认。名人摄影总是在信息过度（过度接近、骚扰和窥视等）和信息零度（总是同样的接吻、同样的眼泪、同样的私生活的平庸场面，哪怕是名人也一样）之间协调平衡着。过度行事的态度也来自职业本身的需求：通过传播亚信息，经常是关于一些无聊的主题，达到煽情或刺激公众好奇心的目的。

将私人生活变成公众事件，制造出某种不可抵达的虚幻的邻近感，关键在于对曝光不足的部分进行过度曝光。名人机器的主管们强调公众的需求，更不用说强加给公众的名人视觉资料，反映了公众生活与私生活之间的界线正在消失。电话和广播出现后，在向完全意义上的信息化时代的过渡中，电视标志了一个重要阶段。当电视明星通过荧屏每天出现在人们的客厅里，分享他们的隐私世界，那就毫不奇怪为什么人们（名人新闻的受众绝大部分也是电视迷）总是期望知道这些显像管里的客人更多的东西。总之，合乎情理的，对名人私生活的好奇心，不过是公众自己日常生活的某种反衬。可悲的是，读者和观众被封闭在一个由图像构成的空间里，名人新闻带给他们的不是更多的生命和人性，而是无止境的图像堆砌。

当一个更美好的或是新世界的前景成为 21. Gilles Deleuze, *Cinéma 2, L'Image-temps*, p.223.
泡沫，当"恢复对世界的信仰"[21]成为今天的一个重要话题，名人机器却背道而驰。不仅不提供任何巩固大众信仰的理由，不像信息新闻那样来展露和阐释世界，名人新闻反而将这个世界伪装起来，包裹起来，蒙上一层点缀了金片、梦幻、情感和神经过敏的面纱。它将现实世界的复杂性，缩减为浮华的名人生活的小世界。

此外，也许更不易察觉地，名人机器将公共场合私人化，具体表现在将私人的情感力量和非理性引入公共空间，完全对立于理性传统中关于城市空间的定义。知觉取代思考，感性取代理性，心脏取代头脑，戏剧取代信息。从量上看，信息在减少；从质上看，信息正变得越来越导演化，甚至远远超出名人新闻的范畴。当现实秀（reality show）与信息之间的界限越来越模糊，关于世界和城市的问题也越来越被娱乐同化。信息的衰落是最近的事。在工业社会向信息社会的过渡中，这个衰落也在加速。

一个视觉秩序的终结 ACHÈVEMENT D'UN ORDRE VISUEL

通过梦想、情感、小说和童话世界里的非现实立场，名人机器重演了媒体、游戏和网络中的现象，即世界坚实性的丧失及其虚构化。名人新闻的受追捧，摧毁了新闻摄影遵从的真实性原则。然而，没有人真正受骗，谁都知道新闻里报道的那些名人生活是假的；谁都清楚"丑闻报纸"无论是在信息面前，还是在新闻伦理面前，都采取彻底自由的态度。《Voici》杂志官司缠身，甚至有时封

面被迫打上指控的横幅，不过周刊主管并不为此困
扰，因为这一点都不影响销售。[22] 他们毫不顾虑地

22. Dominique Cellura, « Méfions-nous de ceux qui savent ce qu'il faut lire et ne pas lire », Voici, 8 septembre 1997, p.5.

23. Paris-Match, 11 septembre 1997, p.24.

与真相做游戏，因为他们知道信息并不是读者最关
心的。在戴安娜王妃去世的第二天，《巴黎竞赛画报》难道不沾沾自喜地通过摄
影"讲述了一个生命的传奇故事"？而且，读者"就和我们一样，在灰姑娘遇
难的第二天，面对如此逼真的照片，无法克制心中的敬意和悲痛"[23]。与戴安娜
合二为一的图像、童话或是她的传奇、悲伤和眼泪。虚构，戏剧，感动，非理性。

与新闻摄影完全相反，名人摄影不自诩真实，它与真实做游戏。如果说它
承认自己与虚假的交易，那是因为关于真实的问题对它来说是次要的。在新闻
摄影中，摄影与现实的直接接触，为报道的真实性赋予了力度；在名人摄影中，
这个接触在真真假假的偷拍实践中，在导演手法中，在协商中，在真与假之间
来回振动的版面编排中，变得越来越模糊。正是这个真假之间、文献和虚构之间、
信息和情感之间不停的摇摆，构成了名人新闻的特点。这个对现实的虚构，建
立在一个对立关系上：一方面，与现实的接触，或者说是接触的假象，再次被
跟踪摄影这个行为所肯定；另一方面，在拍摄过程中，面对真实所采取的完全
自由的态度。这个交错的关系将读者置于一个不稳定的状态中，其中虚构与真
实相混淆，所有的确定变成了偶然。名人新闻中，真实与虚构杂交，取代了文
献摄影里纯粹的真实（或者说是被假设的纯粹的真实）。所以，有必要对还有人
坚信戴安娜王妃没有死感到吃惊吗？因为她从来就没有存在过，至少对于他们
（读者）中的大部分人来说。悲剧性的车祸并没有令她消失，而只是将她从图像
的世界转到了圣像的世界……

今天，摄影和名人新闻在经济发达国家之所以盛行，源自一个更普遍的现象：
再现的危机，真实的危机。文献摄影对这个危机有着特别的敏感，因为它曾经
是图像领域里真实性的主要载体之一。这个危机在 1990 年代左右加剧，触及了
文献摄影自身的根基，也反映了其对正在向信息社会过渡的现实世界的不适应，
比如新的技术、经济和象征性原则。两者之间存在着巨大的差距。摄影仍旧非
常依附于物体、存在物、实物，从中收集直接的痕迹，而今天的世界、现实和
真相已经改变，朝着非存在、信息和非物质的方向发展。因为摄影对心的现实
不再产生效率，不再能行使文献的功能，也不再能揭示确定的真相。这就是为

什么文献摄影在新世界里被边缘化，甚至被排挤出局。

真实性的危机甚至还体现在文献摄影内部，体现在其自身的偏航和机能障碍，体现在其价值基础的崩塌和界线的模糊。事实上，一个真实性机制的坍塌，就像一个政治体制的坍塌。报道中最神圣的原则遭到嘲弄；对现实的尊重、对瞬间性的崇拜和与物体直接接触的信条，在导演拍摄、图像的图像或是名人新闻里的煽情交易面前，消失得无影无踪。每一次，当《解放报》这样的报纸发表从电视屏幕或是网络上截取下来的时事图像，或是发表由录像爱好者提供的图像，摄影的失职可谓公之于众。拍摄图像的图像，将摄影师转变成观众或是网虫，用图像来替代现实，打破了新闻摄影真实性的一个主要来源，即图像和摄影师与现实世界的直接接触。将现实世界变成一张图像的过程，意味着将世界非现实化的过程。物体与图像在空间和时间上的直面关系消失的同时，传统再现中的二元关系也在衰落，取而代之的是一系列的关系，也就是说，即图像不再直接和单义地反映被摄物体，而是反映了另一个图像；图像处于一个没有确定源头的系列中，迷失在复制、复制的复制这样一条无始无终的图像链中。现实世界在这个系列中渐渐消逝，疑虑出现了，真实与虚构之间的界线模糊了。

危机的其他表现还有：摄影报道的场景设计（mis en scène）动摇了摄影的真实性，人们不再相信摄影对现实的记录是不带任何粉饰的、不作假的、客观的，甚至无人参与的。在电影和戏剧中，场景设计是营造真实环境的手法，在摄影报道中则相反，虚假的场景设计试图代替活生生的现实。一边，虚假被视为创造真实的手段；另一边，是虚假的欺骗性。不过，最终虚假的威力战胜了报道的真实性。以假乱真，或是让人对真实产生怀疑，这就是文献摄影的危机。面对新闻信息的困境，名人杂志在商业上获得的成功，说明了真实的现实被虚构的现实掩盖，信息被煽情掩盖。"真实世界，最后，成了寓言。"（尼采）

其实这个真实的危机，从侧面揭示了摄影特别是文献摄影的一个真相。与教条观念截然不同，文献摄影的主要功能并不是再现现实，而是指示并且整理视觉秩序。秩序，超越了真实和虚假的范畴。事实上，文献摄影完成了以意大利15世纪绘画为开端的形而上学和政治意义上对视觉秩序展开的探索使命。完成这个使命的关键在于通过高效的技术工艺来整理视觉空间，也就是让视觉秩序遵循光学几何的规律，担负挖掘（即展现一切）的乌托邦使命，试图把世界表现得透澈、明朗而清晰。[24] 这个使命完成的同时，也是摄影危机产生和旧的世界秩序崩溃之时。在旧的世界里，政治权威（君主制或是共和制）、社会机构、公共空间、生产及透视绘画，全都是围绕着一个中心来组织。世界从集中化向网络化的过渡，产生了一个摄影不再适应的新视觉秩序。

24. Jean-François Lyotard, « Représentation présentation, imprésentable », *L'Inhumain*, p.131-133.

25. Gilles Deleuze et Félix Guattari, « Postulats de la linguistique », *Mille plateaux*, p.95.

26. Gilles Deleuze, Francis Bacon, *La logique de la sensation*, p.59.

27. Gilles Deleuze et Félix Guattari, « Postulats de la linguistique », *Mille plateaux*, p.97.

根据吉尔·德勒兹和瓜塔里的说法，语言的功能与其说是传布信息或者通信，不如说是传播一种秩序。[25] 以此类推，文献摄影与其说是为信息和通信服务，不如说是致力于传播一种视觉秩序。"支配眼睛"[26] 与指示是不可拆分的，并且优先于再现，甚至优先于见证。报纸和杂志不仅定义了"应该"思考、记住、等待、理解或知道的东西，还通过文献摄影定义了应该被看见的和应该怎样被看见。信息只不过是用来传达和观察视觉指示所必须的载体和借口。

不同于受到痕迹和符号概念、"此曾在"和记录概念深刻影响的观念，不同于对社会和意识形态发展及个体创作无动于衷的态度，不同于建立在查尔斯·桑德斯·皮尔士哲学基础上的思想。总之，不同于最近 25 年间大部分学者所持有的观点，文献摄影并不确保图像与被摄物体之间的直接关系。这一点体现在"图像的图像"、场景设计摄影、大大小小的特技手法等所有这些文献摄影衰落阶段盛行的实践方式。这一点也体现在随着档案库、图片社、出版社等机构的相继涌现，摄影身处的流通网络越来越复杂，图像被不断地更换背景和更改，总之，离"拍摄原点"（即著名的巴特理论中的附着于图像的参考对象）越来越远。就像语言，并且完全不同于语言学家的公设，文献摄影"并不满足于从一到二，从已见者到未见者，但是它必然地将从二到三，而这两者还什么都没看见"。[27]摄影不直接地将摄影师（已见者）与观众（未见者）连接起来；文献摄影不处于看见和图像之间，而是处于一张图像和另一张图像之间。

在文献摄影中，现实和图像不是面对面地处于一个二元附着关系中。现实和图像之间总是插入了一系列无穷尽的其他图像，这些图像是不可见的，但是它们构成了视觉秩序、图像法则和审美示意。摄影师不比画家更接近现实，两者被这样一些媒介区别开来，如同吉尔·德勒兹（Gilles Deleuze）以弗朗西斯·培根（Francis Bacon）为例所论述的，"画家脑子里、身边或是画室里有很多东西。而且他头脑中、身边或是画室里的这些东西，在开始作画前就已经存在于他的画布上了，带着或多或少的虚拟性和实在性。不论实在的还是虚拟的，所有的这一切以图像的名义存在于他的画布上。这个画面是如此完整，他所要做的与其说是填充一个空白的画布，不如说是清扫、梳理、留白。因此，作画的目的不是为了在画布上再现作为参照的物体，而是画已经存在的图像，这个意义上的绘画将颠覆原件和副本之间的关系[28]"。

28. Gilles Deleuze, *Francis Bacon. La logique de la sensation*, p.57.

　　所以，文献摄影依托的其实是一个乌托邦理念，它试图忽略所有先于图像潜在地或实在地存在过的东西，忽略所有围绕在物体周围的东西，忽略所有摄影以外的对摄影产生必然影响的因素。这些元素，正好与表现摄影相符。文献摄影试图成为直接痕迹，表现摄影则坦认其不直接。表现摄影不保证原件与副本之间的附着关系，而是通过主观和创造性的手法，来操纵和演绎"既存图像"，即已经被看见的图像、照片。从文献到表现，就如同从透明临摹纸到示意图，即从理想化的真实和接近，到距离和差异无限伸缩的游戏。

五、表现摄影的机制 RÉGIME DE LA PHOTOGRAPHIE-EXPRESSION

图像与物体之间完全的对等性，体现了以三个拒绝为标志的立场，即拒绝摄影师的主观性，拒绝与模特或物体之间的社会关系和主观关系，拒绝摄影的风格。而表现摄影的特点，正是建立在对这些拒绝的推翻上。换言之，歌颂形式，肯定摄影师的个性，与模特进行沟通。风格，作者，他人——构成了一个新的记录方式。

表现摄影并不与文献摄影对立，它提出了另外一些通向物体和事件的途径，表面看来是迂回曲折的。这些途径也是曾经被文献摄影压抑的因素，即风格（图像），主题（作者），沟通（他人）。

图像，风格 L'IMAGE, L'ÉCRITURE

摄影的图像和风格，在崇尚透明度的文献乌托邦中（即图像与参照对象之间完全的对等性），是首先被牺牲的元素。"不管是用什么样的手法拍摄的，一张照片永远是不可见的，我们看到的不是照片本身"，罗兰·巴特于 1980 年继续写道。确切地说，这也是摄影开始寻找新的表现途径、注重拍摄风格的时期，特别是表现风景、人体和物体的新的方式，比如时尚和广告，以及当时著名的 Datar 大型摄影计划。

< Datar 摄影计划 La Mission photographique de la Datar

1983 年发起的 Datar 大型摄影计划，旨在通过摄影来表现法国的自然景观，其实践经验标志着表现成为文献的先决条件之一。风景画出现于文艺复兴和透视发明的时期，成为人类看自然的一个构思精巧的工具。风景画体现了画家第一次以世俗的眼光来看周遭的世界，迅速被摄影先锋们采用，继而在文献摄影领域得到充分发挥。一个半世纪后，表现摄影为其划上了一个句号。当 Datar（地区经济规划委员会）摄影计划发起时，目的已经不再是描述或是记录，而是在当代空间里寻找新的坐标。所以，对 Datar 计划来说，关键在于回应一个新的形势：昨天统一的风景已经变成了今天支离破碎的领土辖区。今天，一切都还在，

但是杂乱无章。Datar 计划是向摄影发出的一个呼吁，期待它从这个混沌中梳理出一个统一性，一个掩盖了分裂现象的想象的统一。

创造新的视觉方式，意味着必须摆脱视觉上的自动性，从以文献摄影的视觉秩序中解放出来。Datar 计划的 28 位摄影师中的大部分，正是因其作品与传统文献摄影的明显区别而入选。这些摄影师或是将"表现"的艺术手法融入纪实摄影 [比如加布里埃尔·巴西利克（Gabriele Baisilico）、雷蒙·德帕东（Raymond Depardon）、约瑟夫·寇德卡（Joseph Koudelka）]，或是自己本身就是艺术家 [如路易斯·巴尔茨（Lewis Baltz）、汤姆·德拉霍斯（Tom Drahos）、霍尔格·楚赫（Holger Trulzsch）]，或是摄影师兼艺术家 [如皮耶尔·德·费诺伊（Pierre de Fenöyl）、伊夫·纪优（Yves Guillot）、维纳·哈纳培尔（Werner Hannapel）、埃尔韦·拉勃（Hervé Rabot）]，或是具有艺术的初期特点 [比如多米尼克·奥尔巴舍、让·路易·加尔内尔（Jean-Louis Garnell）、苏菲·瑞斯特吕贝尔（Sophie Ristelhueber）[1]]。Datar 计划发起的同时，不仅处于摄影和艺术的交点（文献摄影摇摆于两者之间），也处于一个正发生着剧烈变化的时代背景中，那就是辖区划分。文献摄影的危机和重新定义，与记录对象的危机和重新定义结合在了一起。

约瑟夫·寇德卡（Josef Koudelka, 1938— ）：捷克摄影家。他本来的专业是航空工程，做了 7 年的航空工程师，只在业余时间给布拉格的一家剧院拍照片。后来开始全心全意转向摄影。他偏爱的两个拍摄主体是剧院和吉普赛人。寇德卡的黑白照片往往颗粒感很强，反差也很大，但构图上都十分严谨。

1. On présisera ultérieurement les distinctions ici proposées entre photographe, photographie-artiste et artiste.

需要强调的是，以直接、客观和准确著称的记录，并不足以（也从未足以）促进新视觉的产生，Datar 计划的意义在于成为 1980 年代初摄影形势的指标。这个计划在回应行政管理（后者对计划的实际用途 [领土整治] 的重视远远胜过对文化和艺术的关注）要求的同时，也显示了文献摄影的局限性、在当时完成纪实任务的难度，以及协调混乱局面的无力。正是这些缺陷，推动 Datar 计划挑战摄影和艺术的极限，果断地进入了表现的领域。

创造新的视觉方式，关键不再取决于指示、证明、捕捉、描述或是记录。文献摄影的程序应该让位给另一个程序，一个对过程比对痕迹更敏感的，对问题比对结论更敏感的，对事件比对物体更敏感的程序。这就是表现摄影的程序，它体现了摄影对风格的需求，对构成图像形式的作者的需求。根据这个程序，图像不直接来自物体，而是在摄影形式、图像和风格共同的作用下间接地产生出来。文献摄影和表现摄影的区别，也许可以用马丁·海德格尔（Martin Heidegger）关于语言的观点来类比，即"谈论具体的事情"和"为了谈论而谈论"之间的区别。在指出"真正的交谈和对话，是一个纯粹的文字游戏"后，海德格尔继续指出："当某个人纯粹地为了谈话而谈话时，这恰巧就是他表露真

马丁·海德格尔 (Martin Heidegger，1889—1976)：德国哲学家，20 世纪存在主义哲学的创始人和主要代表之一，《存在与时间》是他的主要代表作品。

2. Martin Heidegger, « Le chemin vers la parole » (1959), *Œuvres complètes*, t. II, p. 86.

3. Gilles Deleuze, *Proust et les signes*, p. 134.

4. Gilles Deleuze, *Proust et les signes*, p. 158 et 195.

相的时候。然而当他想要具体地谈论某事的时候，言语的狡黠很快地控制了他，让他说出最荒诞的话，道出最奇怪的蠢事。"[2] Datar 摄影计划的大胆之处，在于将任务交给那些倾向于"纯粹地"拍摄而不是那些拍摄"某个确定的物体"的摄影师，前者为形式的"游戏"着迷，后者以再现某个物体为使命，前者接近于图像的"言语的狡黠性"，后者则更接近报告的严密性。简言之，Datar 计划的意义在于赋予摄影自由表达的权利。

从透彻性上来说，汤姆·德拉霍斯的作品无疑是最具有代表性的。对照片的上色（单色），将其与色彩的现实主义割裂；将图像汇集起来以栅格的形式排列，打破了单一视点和透视的理念；不连续的剪辑和对某些图像的刻意破坏，营造了一种强烈的破碎感和零乱感。与文献完全不同的是，德拉霍斯不再现世界的混乱和过去风景的崩溃，而是通过作品的整体形式和图片的构成，来艺术地表现这一切。与此同时，他重新定义了客观性在摄影中的问题，不再是对现实忠实的记录，而是将现实融入具有表现性的作品的形式结构中，也就是说风格中。[3]为了表现世界的混沌、我们生存空间的破碎，德拉霍斯打破了文献摄影的视觉框架及其要素：色彩的现实性、主题的统一性、视点的单一性、画面的完整性、透视原理、透明度、清晰度等。传统的报道摄影师追求的是记录和（忠实地）传播他们自认为己见而他人未见的东西，与此形成鲜明对比的是，德拉霍斯不通过揭露来展现，而是对己见的素材进行加工，即日常生活中那些充斥了我们视野的平庸又贫瘠的图像。他不是直接再现物体，而是通过图像、形式和风格的途径来间接地表现。在他的作品中，脱离整体的单独的照片不再具有信息含量，甚至不表现任何具体的内容。如同整个 Datar 摄影计划，汤姆·德拉霍斯的创作体现了一种反理性的现代意识。这是对一个失去了逻辑统一和有机联系的由片断构成的世界的表现。这个世界是如此支离破碎，似乎再也不可能重新成为一个整体。[4]

＜时尚与广告 La mode et la publicité

　　摄影从文献到表现的转变过程中，最辉煌的阶段，也许体现在广告特别是时尚广告领域。事实上，当广告开始对产品进行宣传，当时尚摄影开始表现服装，时间已经过去了很久。产品与产品宣传之间的距离越来越大，最典型例子显然是促销广告。如在 1997 年美国的 Lucky Strike Light 香烟广告中，同时表现了一位正在抽烟的男士，一包嵌入画面的香烟，以及几乎占据了半个画面的广告语。

Voir par exemple le mensuel *Raygun*, n° 59, septembre 1998.

然而，同一时期的杂志[5] 中出现了另一个香烟牌子 Winston 的广告，画面截然相反，只表现了一位男士欣然微笑的简单肖像，没有对抽烟行为的直接影射，也没有任何有关香烟的提示。这个省略，主要源自杂志与电视之间平摊广告任务的策略，其中广告的外延功能由后者承担。

　　新一代摄影师的出现，特别是以英国《The Face》杂志及其艺术总监菲尔·柏克（Phil Biker，1988 至 1991 年间）所推出的摄影师为代表，为 1990 年代初的时尚领域带来了一个重要的转变。这也是西方世界"垃圾"（trash）艺术运动兴起的时代。比如在英国，以马克·波斯维克（Mark Borthwick）、科琳·德（Corinne Day）、格伦·卢奇福德（Glen Luchford）、克雷格·麦克丁（Craig McDean）、尼格尔·沙夫兰（Nigel Shafran）、大卫·西姆斯（David Sims）等时尚摄影师为代表；在美国，以阿内特·奥瑞尔（Anette Aurell）、特瑞·理查森（Terry Richardson）、马里奥·索兰提（Mario Sorrenti）为代表；在德国，以尤尔根·泰勒（Jürgen Teller）和沃夫冈·提尔曼（Wolfgan Tillmans）为代表。他们与传统的摄影师如塞西尔·比顿（Cecil Beaton）、乔治·汉宁金—胡恩（George Hyningen-Huene）或理查德·阿维顿（Richard Avedon）之间的决裂是彻底的。在昨天的大师作品中，服装总是被置于显要位置的前景上；带着精致褶皱的长裙一丝不苟地垂落，优雅的模特完美地从奢华的背景中凸现出来；所有的一切散发出奢侈、梦境

马里奥·索兰提（Mario Sorrenti, 1971— ）：原籍意大利，10 岁那年随家移居纽约，圈内炙手可热的时尚摄影师。

塞西尔·比顿（Cecil Beaton, 1904—1980）：著名摄影师、服装设计师，被誉为 20 世纪最伟大的英国摄影家之一。曾凭借《琪琪》(1958) 获得第 31 届奥斯卡最佳服装设计奖；凭借彩色片《窈窕淑女》(1964) 获得第 37 届奥斯卡最佳服装设计奖。作为摄影师，他用相机记录了众多的名流：从女电影演员、舞台戏剧明星到作家、流行明星以及皇室成员。更为重要的是，他在二次世界大战时，作为一名战地记者，记录下了许多政治家、军事家和战地作家在那个特殊时期与环境下的特殊印象。

理查德·阿维顿（Richard Avedon, 1923—2004）：美国摄影师。21 岁时，阿维顿就开始为时装杂志《Harper's Bazzar》工作。在传奇艺术总监布罗德维奇的领导下，他在 Harper's 当了 20 多年的专职摄影师。1966 年，他去了纽约《Vogue》杂志。1970 年代以后，阿维顿转向人文摄影，他拍摄自己患癌症的父亲，去西部拍摄普通的油田工人和卡车司机。这些颇具震撼力的纪实人像照片使他的摄影生涯走上了一个新的高度。

和坦然的浪漫主义味道。在 1980 年代，文献摄影摇摆不定，但是时尚摄影却继续歌颂美丽，用做梦来服务商业，并推出了一批超级名模，从辛迪·克劳馥（Cindy Crawford）到克劳蒂亚·雪佛（Claudia Schiffer），到完美得不可企及的身体—物品。完全被用于宣扬服饰崇拜和名人模特，这些繁复造作的图像激起联想的功能胜过对服饰的描述和表现。这也是崇尚模糊摄影的时代，如那些在时装表演幕后抓拍的照片，那些曝光过度的照片，等等。

1980 年代末 1990 年代初，那些最激进的杂志走得更远，不仅完全摒弃了摄影的"示意性"（线条、形式、光线和整体的清晰度），而且抛弃了其"暗示性"（多种模糊效果的运用）。一切为了表现。在《The Face》《i-D》《Self Service》和《Purple Fashion》这类杂志中，优雅和精致，人体美和图像的完美，全都消失了，取而代之的是"垃圾"（trash）艺术风格的图像——疲倦而苍白的脸，冷漠的姿态，孱弱的身体，被焦虑、痛苦或是病痛折磨着。至于图像本身，表面上带着瞬间拍摄和业余照片的特点。构图刻意地粗俗，色彩很"脏"，光线不足，背景平庸。最终的悖论是，服饰变得几乎不可辨认。似乎，图像刻意抛弃了服饰，来更好地表现困扰这一代人的烦恼——失业、希望的落空、艾兹病的威胁等，所有这一切，正好位于奢华魅惑和享乐的对立点。

正是从摄影的悖论中，"垃圾"艺术运动获得了力量和创作灵感。时尚摄影似乎忘记了自己是为什么而存在，名义上是为高级成衣制造业服务，事实上，却是迎合了一代人的视觉趣味、生活方式和文化倾向，例如那些从当代艺术中汲取灵感的艺术总监们的审美观[6]，那些酷爱摇滚乐、电子音乐或是说唱乐的客户们的口味。消费模式和衣着模式也都改变了。与那些商品目录完全相反，"时髦"的时尚杂志首先追求的是获得一个团体或是一群人的渴望和认同。面对生活在一个符号和物质过剩的社会中的客户群，杂志所传播的信息无法再做到直接，而必须采取一些倾斜的策略。物质本身的诱惑（一袭华美的外衣、一个完美的身体），让位给了更具有存在主义意义的关注：时代、个体、生存。

确切地说，"垃圾"艺术运动为时尚和广告摄影带来的革新在于，以存在主义的价值观取代了商品至上的价值观，从直接的推销过渡到形式上间接的、更委婉的销售，从明示到艺术表现。在图像之外，这个转变过程具体表现为：拍

6. Voir « Art et mode, attirance et divergence », *Art Press*, hors-série, n°18, 1997, p.153-164.

摄风格（一边是高雅的审美，另一边是贫瘠的审美），拍摄内容（一边是清晰可见的服饰和炫耀的超级名模；另一边，服饰消融在一个平凡的背景里，模特被烙上生活的痕迹）。图像的内容离不开形式和风格，摄影的转变也因此而完成。

<形式的力量 La force des formes

文献摄影围绕着再现这个核心来展开，而表现摄影（在此是"垃圾"艺术版本）不以再现和参照为目的，而是介入物体。时尚和广告摄影从不对物体进行直接的表现，而是在物体转化为图像的过程中对前者施加作用。[7] 通过艺术表现，时尚摄影中最激进的部分颠覆了图像和物体之间的传统关系。文献摄影的教条曾经过高地估计了痕迹、符号和记录的概念，如今这一信念被打破，物体不再先于图像。图像的作用不仅是表现物体，更是通过物体和图像的结合，来影响物体和受众。广告和时尚摄影强烈地体现出，图像在再现物体的同时也对物体进行了"作用"，图像既是被动接受的，又是主动发挥作用的，或者用务实的话说，摄影意味着做。[8] 一句话，摄影图像不是一张透明描图纸，而是一张物体的示意图，由此而言它的操作性大于复制性。

7. Gilles Deleuze et Félix Guattari, « Postulats de la linguistique », *Mille plateaux*, p.110.

8. Voir l' ouvrage de John L. Austin, *How to Do Things with Words*, traduit en français par *Quand dire, c'est faire*.

这个富有意义和建设性的力量，这个摄影形式的潜力，长久以来被文献摄影所否认，后者一直坚持所谓图像透明性的观点，贬低形式，抬高物体（参照对象）。因而文献的衰落，反而为风格讨回了公道。无论是 Datar 摄影计划、广告、时尚，还是人道主义摄影，以及报道中出现的一些新的表现方式，所有这些表现摄影的不同类型拥有一个共同的特点，那就是对形式有着清醒的意识，并且对此进行不断的探索和尝试：取景、视角、光线、构图、距离、色彩、材质、清晰度、曝光时间、场景设计等。风格产生意义，这就是表现摄影的逻辑，完全对立于文献摄影的逻辑，后者认为意义存在于物体及其状态之中，摄影的使命在于从表象中收集这个意义。生产或是记录？一方面认为，意义只能被捕捉和记录；另一方面认为，意义是在图像与现实交汇中形式创作的产物。

甚至在艺术领域之外，表现摄影的出现重新肯定了形式和风格的力量，在此具体表现为摄影的形式和风格。无疑，文献摄影并非轻视形式，很多文献摄影师能够完美地运用形式，然而对参照对象的崇尚压抑了对形式的追求。我们将看到，与此形成鲜明对比的是，艺术摄影将抛弃物体及其状态的参照，彻底以形式为上。正是通过表现摄影，摄影实践第一次如此明确地挑战图像和物体的极限，追求意义。意义不具备有形特征，是物体和物体状态的无形属性，意义是不能被发现、被记录或是被修复的。与此相反，意义是被创造和表现出来的。这个意义的创造物和表现物，必须具有一定的风格和形式。比方说，为了富有意义和创造新的视觉方式，Datar 计划将拍摄任务托付给那些完全忠于形式和风格的有创作力的摄影师。

表现摄影既与物体相关，又与图像相关，这使它在形式上与文献摄影和艺术摄影区分开来。同时，它与两者也具有哲学意义上的区别。与文献摄影不同的是，表现摄影不混淆意义和它所指示的物体；与艺术摄影不同的是，它不将意义局限在图像及其形式里。意义的产生需要物体和语言，需要（"附着"的）参照对象和使图像超越纯粹记录性的风格。意义突然出现在物体之上，但网住它的是风格。[9]

因此，1820 世纪初，罗伯特·杜瓦诺、布拉塞、   9. Gilles Deleuze, *Logique du sens*, p.34.
亨利·卡蒂埃—布列松，或是塞巴斯蒂奥·萨尔加多这些人文主义摄影师的作品，不仅只是从情景、地点、人物上的不同与人道主义摄影师的作品区别开来，他们在摄影风格上也截然不同。一个在现实中"无家可归的流浪汉"，如果未经形式上的特别设计，不能在摄影中被逼真地表现出来。例如特写镜头的运用缩小了景深，将个体从群体中孤立出来；取景和用光的平淡化，刻意贬低人性的价值。人文主义摄影所参照的社会景象当然不同于人道主义摄影，但是两者最彻底的区别还在于拍摄风格上的迥异。受舞台美术的影响，人文主义摄影善于通过角度选择、明暗对比、构图和景深来塑造主人公，能把日常生活中的普通人拍成主角，把最平庸的场景拍成史诗般的场面。

人道主义摄影将作者、主人公和世界结合为一个富有意义的统一体。然而就像经过了一场塌方，这个完美的统一体在当代摄影中消失了。塌方后的碎片和分裂取代了曾经集中的、同质的空间，也就是取代了昨日统一的、完整的图像。视觉内在的一致性消失了，取而代之的是一个自由的间接视觉的多样性和异质性。人与世界的和谐统一被打破了。这个地震般的冲击，动摇了整个图像领域，在摄影上符合从文献到表现的过渡，并在最后的几十年间加快了速度。这些颠覆性的变化促进了摄影形式和风格的升华，同时也促进了主题和作者的出现。

作者，主题 L'AUTEUR, LE SUJET

<罗伯特·弗兰克 Robert Frank

罗伯特·弗兰克毫无疑问是这个转变过程中最有影响和最受推崇的摄影师之一。1955 年和 1956 年间，在古根海姆基金会（Fondation Guggenheim）的资助下，弗兰克用一年的时间，完成了穿越美国的长途旅行。这次具有象征意义的旅行，圆满地为征服美国西部的摄影"长征"划上了一个句号。这个征服西部计划由蒂莫西·奥苏利文（Thimothy O'Sullivan）、威廉·杰克逊（William Jackson）、马修·布兰德（Mathew Bradley）等摄影师开始于 19 世纪，并在安塞尔·亚当斯（Ansel Adams）、温·布洛克（Wynn Bullock）、哈里·卡拉汉（Harry Callahan）和米诺·怀特（Minor White）等摄影师这里得到继续。弗兰克的摄影实践，将证实由图像和世界构成的旧的统一体的消失；他将打破传统的建立在单一视点基础上的空间透视关系，将主观性置于创作的核心地位。一句话，他将颠覆至此为止一直占主导的文献摄影的视觉和表现方式。

安塞尔·亚当斯（Ansel Adams, 1902—1984）：美国摄影师。亚当斯曾做过《时代》杂志封面人物，是美国生态环境保护的一个象征人物。他的摄影书已印了上百万册，在美国的超级市场都可以买到。他提出"区域曝光"理论，认为摄影师应借助光线的变化，控制底片和相纸上的图像密度。

温·布洛克（Wynn Bullock, 1902—1975）：美国摄影师。他在摄影史上也是非常重要的纯影派时期的摄影家，作品被全世界 90 多个主要博物馆收藏。

哈里·卡拉汉（Harry Callahan, 1912—1999）：美国摄影师。他以构图严谨的黑白照片出名，内容涉及市景、风景、家庭，尤其是他的妻子埃莉诺。他对彩色照片的试验贯穿他的职业生涯，1977 年开始他只拍摄彩色照片。他被喻为"影像炼金术士"。

米诺·怀特（Minor White, 1908—1976）：美国摄影师。他将摄影看作是一种艺术媒介，认为清晰不变的照片是自我表达的一种方式。他的创作，多以自然景物为主要题材。1952 年，怀特与亚当斯等人共同创办了著名的《光圈》杂志。

10. Gilles Deleuze, *Foucault*, p.65.

因此，重新定位摄影，开始其半个世纪的发展演变，关键将在于创造新的视觉方式（凭借一个特殊的机器）和摄影叙述方式——叙述与摄影的不可分离就如同可视性与机器的不可分离。[10] 正是凭借这个机器，弗兰克得以获得新的视觉，得以"剖开物体"。这个机器看上去很原始，因为它仅仅由三个部分构成：徕卡照相机、古根海姆基金会的奖金、1950 年代的美国国家公路。这三个部分与弗兰克一起组成了一个坚固的齿轮，我们可以将之命名为"罗伯特·弗兰克的表现摄影机"。

首先，徕卡照相机小巧轻便、坚固耐用，是摄影师最理想的助手。弗兰克选择它还因为其快速拍摄的功能，不过他对徕卡照相机的使用方式，已经大大超出了当时新闻摄影的极限。为了抓拍偶然的场景，弗兰克甚至不惜将设置成自拍状态的照相机抛向空中。其次，古根海姆基金会的一年奖金，保证了弗兰克在经济上的独立，这也意味不受职业限制，他可以完全根据自己的意愿去旅行，去自由地拍摄。光在这一年，他就拍摄了 500 卷胶卷。[11] 至于弗兰克纵横驰过的美国公路，那也是"垮掉的一代"所经过的路，特别是杰克·凯鲁亚克（Jack Kerouac）。这些公路，不同于 19 世纪具有传奇色彩的西部考察计划中的公路，也不是 1930 年代美国农业安全局旗下摄影师拍摄经济危机中的农民所经过的公路。弗兰克所选择的这条路没有固定的终点。带着"垮掉的一代"的姿态和基金会资助的便利，弗兰克进行的是一度舒适的流浪，完全自由的冒险。没有强加的目的地、没有目标、没

11. Robert Frank, *Robert Frank*, np.

杰克·凯鲁亚克（Jack Kerouac，1922—1969）美国"垮掉的一代"的代表人物。他的代表作有自传体小说《在路上》《达摩流浪者》《荒凉天使》《孤独旅者》等。《在路上》是"垮掉的一代"的第一部杰作，带有"自发性写作"的特点。凯鲁亚克离经叛道、惊世骇俗的生活方式与文学主张震撼了 20 世纪五六十年代美国主流文化的价值观与社会观。

12. 同上。

13. Robert Frank, « A Statement », *US Camera Annual 1958*, New York, 1957 (repris dan *Les Cahiers de la photographie*, n° 11-12, 1983, p.5-6).

有理由，他的公路是一条没有方向的公路。这也是没有方向的地域，由偶然和短暂的邂逅、日常空间、凡物和琐事构成的地区。这是一个空的空间。"我常去邮局、Woolworth 超市、10 美分商店、汽车站"，弗兰克记道，"我在便宜的小旅馆过夜。早上 7 点左右，我会去附近的酒吧。我随时随刻都在工作。我很少说话。我试着不引起他人的注意。[12]"没有方向的地域，或是方向的另一种形态？空的空间，或是充实的另一种形式？

当然，在这个旨在解放视觉和拍摄方式的表现摄影的机器齿轮中，罗伯特·弗兰克是主要的零件。正因此，弗兰克强烈地反对"记者或是商业插图摄影师的工作"；反对他们"不从图像出发，而是服务于总编的关注和目光"的创作态度。确实，他指责"摄影，以及大多数的新闻摄影，没有灵感和灵魂，只能成为无名的商品"。因此，弗兰克拒绝将他的作品受制于无论哪个赞助者的意愿，不期望"观众赞同（他的）观点"[13]，甚至拒绝任何一丁点儿的议论和宣传。他完全自由的运动、行为或无行为，他面对权威保持独立的决心，甚或对大众的期待，经济上的独立（至少是暂时的）。总之，弗兰克对外界束缚一贯的反抗，树立了摄影师的"我"的威望，并将图像置于主观性、"灵感"和"灵魂"的绝对主宰下。弗兰克力图摆脱所有外在的局限（用途、经济、大小的权力等），只听从自己意愿。他以自己的个人经历，来取代"大多数新闻摄影记者"器重的"大历史"。"对

所有的群体活动先天持有怀疑的态度"[14]，他努力做到"我"在表现上的独立自主。弗兰克的创作，与商业插图性摄影和"无名商品"的相对立，与文献摄影关于现实的原则相反，但同时也与主观主义所持有的主体决定意义的观念不同。弗兰克追求的"我"，其独特性更多属于摄影而非心理学。

正是通过彻底地将图像置于"我"的独特权威下，罗伯特·弗兰克的创作，特别是《美国人》（1958）一书的出版，才具有开创意义。然而倍受关注的同时，被文献摄影压抑的主体（即作者、摄影师）在图像中的地位也改变了。以往的主体是中心观察员、技术操作员、图像的审美统一和透视再现的诚信度的担保人，如在亨利·卡蒂埃－布列松的作品中所体现出来的。在罗伯特·弗兰克这里，"我"拥有更多的人性和主观性。这是一个摄影的"我"，承载了个人体验、情感和隐私。"我想拍一部电影"，弗兰克于1983年写道，"一部混合了我的个人生活和工作的电影，前者是隐私的，后者从原则上说是公开的，这部电影将表现一个对立的两端是如何会合、相交，又是如何既相互对抗、相互斗争，又相得益彰的，因时而异。"[15] 弗兰克的"我"，如同处于一个完全自由的理想化状态，甚至几乎失重的状态。自由地行动和汲取灵感，彻底摆脱了来自社会、经济和审美上的束缚。这个自由为图像打开了通向所有可能性的道路，在此具体表现为一个新的摄影表述机制的诞生，即表现摄影。然而与此同时，摄影也脱离了现实和再现的土壤，不再能确保图像的内在统一性。弗兰克不表现（外界），他表现自我。主体，即作者从此高于现实。可以说，表现摄影的诞生，建立在文献摄影的主要范例的废墟之上。

4. 同注13。
5. Robert Frank, « A Statement », US Camera Annual 958, New York, 1957 (repris dans Les Cahiers de la hotographie, n° 11-12, 1983, p.5-6).
6. Robert Frank, Robert Frank, Photo Poche, np.

报道摄影师致力于见证，与现实保持着直接而固定的关系，表现摄影师与现实的关系是间接而自由的。这体现在新的摄影风格里。以如此强烈而短暂的方式，（"我把徕卡相机藏进柜子里"[16]，他在1960年就做出这个决定），弗兰克打破了以亨利·卡蒂埃－布列松为代表的文献摄影的原则。在布列松那里，理想化的摄影理念体现为拒绝剪裁照片，追求图像总体的清晰度和准确度，注重价值观的协调，崇尚决定性瞬间，尤其是几何性构图。面对这个构思严密的理念，弗兰克用偶然性来反击：或是将相机抛向空中让其自动拍摄，或是拒绝对胶片中的不完美（斑点、条纹等）进行修复，并认为这些残缺中包含着更丰富的表现。

维利·罗尼（Willy Ronis, 1910—2009）：法国
摄影家。罗尼是美国《生活》杂志的第一个法
国摄影记者。他从事摄影近半个世纪，专门拍
摄法国人，特别是首都巴黎市民的日常生活。
1979 年荣获法国教育部颁发的摄影艺术金奖。
罗尼是 20 世纪与罗伯特·卡帕和卡蒂埃—布列
松齐名的摄影大师。

17. Jean-François Lyotard, *L'Inhumain*, p.137.

确实，弗兰克打破了文献摄影中富有意义的统一体，特别是集作者、对象、世界为一体的卡蒂埃—布列松、布拉塞或维利·罗尼（Willy Ronis）这类人文主义摄影师的作品。传统美学里的和谐统一，让位给不协调或是非理性的分离，如被遮挡的脸、残缺不全的身体、无神的目光、倾斜失重的场景等。弗兰克似乎醉心于一个游戏，这个游戏的每一击都敲在文献摄影被普遍接受的规则上。通过将被禁元素（照片颗粒感、变形、强烈的对比，尤其是模糊）置于形式机制的中心，弗兰克将摄影从文献和文献的规则中解放出来，并雄辩地证实了这并非必须也并非一成不变。

罗伯特·弗兰克的立场，动摇了文献摄影中的柏拉图观念。弗兰克对外在的表现总是通过"我"来完成，他将"我"的力量介入了物体（参照对象）和图像之间。文献摄影中的个体性被压抑，反之，在表现摄影中，主体（即摄影师）无处不在。如果说弗兰克的摄影作品与文献摄影分离，那是因为他的作品不再现（曾经存在过的东西），而是表现（发生过的事情）；因为他的照片不反映物体，而是反映事件；因为他的照片打破了（图像）与参照物体的相互粘附的二元逻辑，肯定了个性的价值。从清晰到模糊，从距离感到接近感，从标准镜头到广角镜头，从几何构图到偶然性构图，从透明到叙述，这是两种摄影表现机制、两种摄影实践和两种哲学观念的对立。让—弗朗索瓦·利奥塔（Jean-François Lyotard）认为，罗伯特·弗兰克反对文献摄影将世界简化为可视物的观念，以实践"证明了视觉领域隐藏着并苛求着不可视的东西，这不仅仅属于（王子的）眼睛，也属于（流浪汉）的灵魂"[17]。

< 雷蒙·德帕东 Raymond Depardon

在法国，雷蒙·德帕东无疑是第一个追随罗伯特·弗兰克在 1950 年代美国走过的道路的摄影师之一，他所追随的还有与弗兰克同时代的李·弗里德兰德(Lee Fiedlander)，黛安·阿勃丝（Diane Arbus），或是威廉·克莱因（William Klein）。和这些美国摄影师一样，他不再相信"摄影必须致力于通过对世界的忠实再现来歌颂和谐与安定"[18]。反对法国人文主义摄影流派，反对决定性瞬间的权威，反对图像与世界和谐统一观念，德帕东很清楚在自己的拍摄中，不可视的部分与可

视的部分具有同样的价值。1981 年夏，他在法国《解放报》上开辟了一个拍摄纽约的专栏，该专栏的所有照片最后被结集出版在《纽约书信》（Correspondance new-yorkaise）中。在简短的图片前言中，德帕东谈道的是自己。例如，"1981 年 8 月 5 日，纽约。古根海姆美术馆。我很想回到乍得，我想在那里做一次长途旅行，然后一直北上，在那里停留，不着急，拍拍照，到处转转，继续我的电影。再一次接近当地的人、当地的事，尽管我仍旧是一个异乡人"[19] 当时德帕东已是很有资历的摄影记者，曾经遵循报道的规则，而在这里，他却明显地强调"我"，并且用到"我很想"这样的字眼；他身在此，心却在别处。差距，在这个系列中，

威廉·克莱因（William Klein, 1928— ）：美国摄影师，被世界摄影博览会的国际评委推选为摄影史上 30 名最重要的摄影家之一。他拍摄于 1956 年的具有强烈感情色彩的画册《纽约的生活对你有利——威廉·克莱因恍惚中看到的狂欢》，在欧洲引起巨大反响。在画册中，他以人为的事故、粗颗粒、模糊和变形，构成了全新的视觉语言，这种反传统的摄影方法却恰到好处地将纽约的生活充满激情地展现在世界面前。在拿起相机之前，克莱因曾是位画家。

18. Raymond Depardon et Alain Bergala, *Correspondance new-yorkaise. Les Absences du photographe*, p. 62. L' ouvrage mêle *Correspondance new-yorkaise – des clichés réalisés et légendés par Depardon – et Les Absences du photographe*, un texte de Bergala.
19. Raymond Depardon, *Correspondance new-yorkaise*, p. 81.
20. « L' actuel est toujours objectif, mais le virtuel est le subjectif » (Gilles Deleuze, *L'Image-temps*, p. 111.
21. Raymond Depardon et Frédéric Sabouraud, « Une perpétuelle incertitude », *Depardon/Cinéma*, p. 75.
22. Jean-François Lyotard, *L'Inhumain*, p. 137.

在图像和文字之间反复出现，使德帕东作为主体在摄影师自身内部展开，在现实和图像之间插入另一个现实，即他的渴望，他的情感，他的需求，他的梦想。将精神图像嵌入现实图像，彼处在此处的出现，潜在与实在、主观与客观的错综复杂的混合[20]，尤其是"我"对曾经不可侵犯的领域（从本体论上来说）的突然闯入，摧毁了技艺错觉，将图像投射到此时此地的空间之外，让它总是与现实错过，至少是文献摄影所谓的现实。总之，所有这一切，瓦解了纪实规划。"通过电影和摄影来自我表达，这是我的挑战，我的目标"[21]，德帕东袒露。

　　这个针对纪实规划的挑战，关键在于发明一个接受"视觉范畴隐藏着并苛求着不可视的东西"的摄影实践，它不仅属于眼睛，也属于灵魂。用利奥塔（Jean-François Lyotard）的话来说，这个摄影实践应该"试图表现那些无法被表现的东西"[22]。为此，罗伯特·弗兰克选择了"虐待表现"（让–弗朗索瓦·利奥塔）。在《纽约书信》里，雷蒙·德帕东则有不同的见解：通过文字，当然，同样也通过图像。尽管他也在纽约，如同 25 年前的罗伯特·弗兰克，也拥有完全的自由，只凭自己的意愿来拍摄和表达，他所采用的形式却有别于弗兰克。例如他从来不用模糊效果，并且他总是与物体保持一定的距离（弗兰克正相反，极力消除

距离感）。德帕东一直是摄影师，从某种角度说是报道摄影师。因而他对报道摄影的颠覆是从其内部展开的，其中最彻底的是摧毁了与文献摄影密切相联的技艺错觉。在拍摄期间，他一次次地对这些文献摄影的特征提出疑问：所谓的真实性、作为主体的摄影师的被压抑、决定性瞬间、独家新闻、现实简化为表象、此时此地，以及完美世界的乐观主义观念。

23. Roland Barthes 于 1980 年发表 La chambre claire 一书；Correspondance new-yorkaise 的照片拍摄于 1981 年夏，并于同时期发表在 Libération 上；Philippe Dubois 的 L'Acte photographique 出版于 1983 年。
24. Alain Bergala, Les Absences du photographe, p. 32-34.
25. Toutes les citations ci-dessus sont extraites des textes de Raymond Depardon parus dans Correspondance new-yorkaise.

1980 年代初，文献摄影仍被与准确性和真实性联系起来，关于痕迹和符号的理论接过人文主义报道的接力棒，继续宣扬摄影与现实的完美结合[23]，雷蒙·德帕东开始采取在当时法国摄影界还非常陌生的立场：怀疑、"永恒的不确定性"、不满足、缺席、失败、与现实的错过[24]。"我感觉这个专栏里还缺了很多东西"，他在《纽约书信》的总结中写道。在过去，摄影师不过是文献摄影这个忠实再现现实的机器齿轮中的零件，表现摄影则通过将其置于拍摄程序的中心位置，为摄影师恢复了身份。但是这个成为中心的主体，是破碎的、被欲望折磨着、被疑虑穿透着的。他不再履行记录世界的使命。肯定摄影师自我的同时，技艺错觉被打破了。德帕东身在纽约，心却在他处；他在拍照片的同时，也不停地与照片进行拐弯抹角的游戏：抗拒它，回避它，质问它，控诉它。7 月 3 日，在一具跳楼身亡的男性尸体前，"我不愿看到这些。但我还是拍了一张照片"——他为摄影的窥视主义色彩哀悼；7 月 4 日，雨，"我强迫自己拍了一张照片。我寻思自己究竟在这里做什么"；7 月 10 日，他目睹了两个国际影星先后出没于特殊场合，"我不拍照片"——作为新闻摄影的代表性人物，他彻底摒弃独家新闻；7 月 23 日，"我一边走路，一边在思考关于新闻、信息、电影、暴力"等问题。德帕东的精神状态，是典型的中间状态，介于文献和表现之间，也正是在这个状态中他才找到自己。7 月 22 日，一个等出租车的小女孩的肖像，他在旁注中承认，"20 年来，习惯了报道事件。自由下来以后，我感到有点失落。我需要重新学习去看"。这个反思之后，是对文献摄影的切实否认："我永远都不会了解这个小女孩。"[25] 这个清醒的否认，让人联想到贝尔托·布莱希特（Bertolt Brecht）关于（摄影）

贝尔托·布莱希特（Bertolt Brecht, 1898—1956）：德国戏剧家与诗人。青年时代的布莱希特就显示了非凡的戏剧才能，1919 年的《夜半歌声》使他获得了德国的最高戏剧奖。希特勒上台后，他流亡国外，后于 1948 年回到柏林。1951 年，布莱希特因对戏剧的贡献而获国家奖金图像的无能性提出的观点，即面对主要由关系、过程和事件构成的现实，摄影过于注重物体和即刻发生的事件。

经历了 20 年紧张的报道生涯后，德帕东深深体会到其中的局限性、空白点、主体边缘化的因由、束缚，以及与现实的不相符。然而，怎样"重新学习去看"？首先，肯定主体（他的渴望、梦想、情感和弱点）在摄影过程中的核心位置，才能将纪实的机器转变成主观表现的机器。其次，从报道摄影这个机器齿轮的内部瓦解，摒弃独家报道；抵制色情主义和窥视主义的影响；更重要的是，瓦解报道最主要的动力——著名的"决定性瞬间"论。

为了回击企图在顶峰状态定格事件的"决定性瞬间"，德帕东于 1990 年代提出了"弱性时间里的摄影"。他认为，在这样一个"弱性时间的摄影里，什么都不发生。没有任何兴趣重点，没有决定性时刻，没有绚丽的色彩和光线，没有微弱动人的阳光，没有后期处理——除非是为了获得极端的柔美感。照相机将成为某种意义上的远距离电信监视"[26]。决定性瞬间假设存在着无数的强度突变、一个行为和一个时间动力，独家报道以其对象的独特性为支撑，两者都在一个充实而鲜活的世界里展开，而德帕东的作品体现的却是一个"彻底的空无"。决定性瞬间强调照片的唯一性，以将所有的行为和信息包含在一张图像里著称，与此反差鲜明的，是德帕东的作品的"空"和在"永远的不确定"[27]中演变的特征。

26. Raymond Depardon, « Pour une photographie des temps faibles », *La Recherche photographique*, n° 15, automne 1993, p. 80-84.

27. Raymond Depardon et Frédéric Sabouraud, « Une perpétuelle incertitude », *Depardon/Cinéma*, p. 75.

从决定性瞬间到弱性时间，在四分之一世纪不到的时间里，世界就被清空了；文献摄影瓦解了；行为、工作和人类改变了，就如拍摄它们的方式的改变。抓拍奠定了"决定性瞬间"，而在"弱性时间"时代，这种合法的"偷窃"变得不可能，总之没什么效果。一个新的角色在摄影师身旁出现：被摄者，他人。于是，交换和沟通将取代偷偷摸摸。

"他人"，对话　L'AUTRE, LE DIALOGISME

"他人"和对话在摄影中核心位置的确立，标志着摄影从文献向表现转变过程中的一个新阶段。"他人"，将与刚刚获得新生的风格和主体一起，致力于

28. Robert Frank, « A Statement », *US Camera Annual 1958*, New York, 1957 (repris dans *Les Cahiers de la photographie*, n° 11-12, 1983, p.5-6).

29. Raymond Depardon et Frédéric Sabouraud, « Une perpétuelle incertitude », *Depardon/Cinéma*, p.75.

完善摄影实践过程。罗伯特·弗兰克曾经部分地促成了被文献摄影所压抑的主体的回归。但是，他对"我"的极点化，他发自内心深处的个人主义（"我对所有的群体活动抱有很大的不信任"[28]，他曾经袒露），1950 年代中期仍然保持旺盛活力的纪实摄影，局限了他将摄影向对话开放。如同那些报道摄影师，罗伯特·弗兰克继续在对象不知情的状态下偷拍，"他人"在他的摄影实践中只不过是一个没有生命的物体。之后，1980 年代开始，雷蒙·德帕东运用电影和摄影的方式，拍摄了 San Clemente 精神病院以及其他类似的场所。随着实践的深入，他越来越有一种强烈的渴求，那就是在拍摄过程中采用"一种交换的方式，让拍摄不完全是偷的行为，为被拍摄对象保留他们的自主权和自由"[29]。

不过，摄影对"他人"和对话真正的放开要等到 1990 年代的到来。与此同时，文献摄影继续衰落，新一代摄影师脱颖而出，于是出现了这样一个主体类型：一个喧闹的、分裂的、解体的世界中的受害者。

＜新的主题，新的手法 Nouveaux sujets, nouvelles procédures

在当代西方社会，赤贫和苦难很难用抓拍的手法来表现（除非是那些被媒体广为播报的残忍和夸张的暴力事件）。在这种状态下，亨利·卡蒂埃—布列松的"决定性瞬间"的立场失去了意义，雷蒙·德帕东的"弱性时间"则一直显示出其合理性。因为，为了进入这些边缘人的生活现实，为了克服经常压在他们身上的屈辱感，为了缩小他们与世界之间的壕沟，总之，为了征服这些击垮他们的无形的力量，一张简单的照片显然不值一提。这往往需要时间，数周或是数月；这要求摄影师对"他人"投入极多的关心；这需要一个整体的社会和政治视角；这迫使摄影师在每一次拍摄时努力寻找特定的方法。

Bar Floréal 图片社的摄影师奥立维·帕斯奇（Olivier Pasquier），定期去 La Moquette 拍摄。这是位于巴黎的一个无家可归者的收容所，在这里，交谈是暂时忘记孤独的手段；在这里，通过与正常人的讨论，得以与社会生活保持联系；在这里，参加写作小组，能够维持这个将迅速被边缘生活磨损的基本能力。总之，这是一个帮助在困境中挺住、不在不稳定的生活中跌倒的地方。然而，帕斯奇拍摄的图像不表现 La Moquette 的场所和活动，既不是见证，也不是辩护，而是将每个人更深地推入孤独和痛苦之中。帕斯奇拍摄的是一组无家可归者的肖像特写，采用的是拍摄电影明星的审美表现方式。每个肖像具有完美的光线，精致的构图，并且陪衬着一篇以"您是谁"为主题的短文。这些短文由每个被拍摄的模特在写作小组活动时小心翼翼撰写而成，有时非常艰难。拍摄完成后，照片和文字被结合起来，做了多次展览，特别是在 La Moquette 的展览。最后，展览作品被制作成精美的画册出版，其中每一个肖像都被印成整页大图，文字排版在对页。

这个系列运用新的拍摄手法来表现困境中的边缘人，不妨这样形容（借用马克思的论断）：摄影师们只不过以各自的方式再现了这个世界，重要的是，改变这个世界。[30] 这组系列提出了对话　30. Karl Marx, « Thèses sur Feuerbach », *L'Idéologie allemande*, p.27.
式的拍摄，将模特摆到主动的位置。不只是单纯地记录物体，在这里，摄影成了社会发展进程的催化剂。通过接近这些特殊个体，通过将他们转变成主体，拍摄过程中交织了图像的产生和个体的抵抗。事实上，这个拍摄计划让参与者三次成为主体：第一次是通过文字，在写的过程中引发了他们对自己身份的思考；第二次是通过言语，不同的拍摄阶段，让他们获得语言沟通的机会；第三次自然是通过照片。拍摄花了很长时间，因为帕斯奇首先要获得这些流浪汉的信任，等待他们从内心接受，自愿被拍摄，自愿拿起笔写作，最后还要获得他们的同意，才能将照片展出。被社会排斥所带来的创伤，深深刻在这些人沧桑的脸上，无形地折磨着他们，磨损着他们的自信心，这也是帕斯奇漫长而细致的拍摄工作所直接面对的主题。在肖像中将模特美化，抹去他们脸上困窘潦倒的痕迹，象征性地让他们从与社会隔绝的封闭空间里走出来，帮助他们重新建立信心。在这个耐心的摄影对话中，奥立维·帕斯奇和他的模特儿们没有任何探寻真相或是身份（一些肖像和报道摄影师可笑的理想化观念）的意识。相反，他们在一起编故事。饱受社会排斥，这些镜头前的男人和女人接受改变自己的形象，扮成重要人物，这样才能够获得与名人同样的特权，被隆重地拍摄、展览和出版，而这也是他们作为边缘人被剥夺的权利。他们既是自己，又成为了其他的人。扮演走出困境者的角色，这一点也许能帮助他们重建对未来的一点信心。在现状和虚构的未来之间的微妙碰撞中，他们与帕斯奇一起，组成一个小的整体，这个整体的成员知道，从此他们也可以成为其他人，从而摆脱社会排斥、挫败等不稳定因素。

另一位摄影师是马克·帕托（Marc Pataut），自 1992 年起，他在一个名为"不屈服"（Ne pas plier）的协会中拍摄男女失业者肖像，创作了《活着的照片》系列。和帕斯奇一样，他试图为社会排斥现象赋予一张面孔，为边缘人和一无所有者赋予可视性。1994 年 3 月，巴黎街头举行了许多场游行，其中在"生活权利，工作权利"的游行中，这些放大固定在托板上的肖像，成为示威工具之一。反对贫困的斗争中，加入了一个具体的形式，那就是贫困者的面孔。

当马克·帕托拍摄塞纳－圣丹尼省的中学生时，仍从脸部肖像着手。在这个以外来移民为主的巴黎郊区，学校汇集了原籍、肤色各异的学生。正是在这个经常产生身份冲突的混合居住区，帕托于 1992 年开始拍摄奥奈丛林（Anulnay-sous-Bous）、布朗－梅尼尔（Blanc-Mesnil）和圣丹尼（Saint-Denis）三所中学的学生。在拍摄过程中，他不要求学生们思考自己的身份归属，反而建议他们拿自己的身份做游戏。通过虚构身份，来挫败尖锐问题，这些问题常常是种族歧视、冲突甚至民族主义厌恶情绪的源头。于是，这些中学生被邀请拍摄自己的肖像，面对大画幅相机，手握快门线，自由地决定按下快门的时间。参与者达成协议，将照片冲印成蓝色（由于曝光时间较长，很多照片是模糊的）。蓝色，模糊了脸部的线条和肤色，模糊了种族歧视的根源。一张蓝色的脸，不是黑人的脸，不是白人的脸，也不是北非人的脸。肤色将人类分化，而蓝色却将其统一，如同模糊效果抹去了脸部线条所揭示的种族痕迹。模糊和蓝色，让肖像得以虚构一个反种族歧视的人种。在蓝色和模糊的统一下，这些在现实中分裂的少数人，在拍摄计划期间勾画了一个民族的轮廓。[31]

31. Gilles Deleuze, *L'Image-temps*, p. 284-286.

马克·帕托或是奥立维·帕斯奇照片里的"他人"，是"局外人"、混血者、一无所有的人、被社会排斥的人、出轨的人、边缘人、流放到郊外的人、囚禁的人、失业的人，等等。正是这些人打乱了规范，挑战常规，蔑视权力，动摇主导价值观和原则。"他人"，是次等人，他挑衅上等人，如同"居无所者"的脸对居有所者的脸永远是一个挑衅。"他人"同样也挑衅文献摄影的这个机器，特别是媒体报道。这就是为什么帕托、帕斯奇，当然还有其他摄影师，在拍摄过程中与对象进行对话，在正式拍摄前投入大量时间的原因。他们彻底颠覆了拍摄时间的概念，并在创作中为被摄对象提供了极大的自主空间。他们通过肖像，其他摄影师则通过报道的方式，在 1990 年代末促成一个新的摄影流派的诞生，我们可以将之称为对话式报道。

<对话式报道 Le reportage dialogique

最早实践对话式报道的是那些从追逐独家新闻转型而来的摄影师，之后，他们又将转向名人和体育新闻报道。比如英国摄影师尼克·瓦普林顿（Nick Waplington），Métis 图片社的摄影师吕克·肖凯（Luc Choquer），Bar Floréal 的摄影师奥立维·帕斯奇（Olivier Pasquier），Editing 图片社摄影师派特里克·巴尔（Patrick Bard），或是马格南图片社的派特里克·扎克曼（Patrick Zachmann），他们是西欧对话式报道的主要代表。

他们的立场，往往与自己以往长期持有的立场相反；与同一图片社的同事们所持的立场相反；当然，也与类似 Sipa，Gamma 或是 Sygma 这样的图片社的立场相反，这些图片社一半的收入来自名人新闻。更概括地说，他们的立场与"抓拍"摄影、"决定性瞬间"摄影，甚至也许与雷蒙·德帕东"弱性时间里的摄影"完全背道而驰，与塞巴斯蒂奥·萨尔加多的拍摄方式也相去甚远。所有这些前辈摄影师，是世界这个大舞台的观众，一贯遵从摄影的规则，那就是以注视、距离、隐退、疏远和抽离为优先。很少有人企图消除这个距离感，或是废除这个横跨在摄影师和世界之间的象征性的隔离栏。确切地说，正是这个企图决定了对话式报道的特点。

1991 年，英国摄影师尼克·瓦普林顿发表了摄影集《客厅》（Living Room），反映了在经济危机中，位于诺丁汉的两个普通工人家庭的生活。该作品的独特之处，无疑体现在作者的创作方式和图像审美上。多年来，瓦普林顿保持着与这两个家庭的接触，与他们同忧共喜，对他们生活中的一切了如指掌。比对话更深入的相互渗透的关系正在产生，为此，瓦普林顿找到了符合这个关系的特殊表现方式，那就是运用成像尺寸为 6×9（厘米）的中画幅相机，采用特殊的拍摄角度——经常与地面齐平的角度，极端接近直至极限，完全不顾因此而造成的模糊或是构图不全，完全忽略几何构图规律。线性透视和图解构成被打破了，取而代之的是巴洛克式的丰富褶皱（衣服、肥胖的肚子、窗帘、一些从模糊过渡到清晰的线条等）。这个风格，赋予图像强烈的视觉活力，也造成一种极端的混乱感。同时受到巴洛克和家庭摄影的影响，这个风格在对话、交换、靠近和持久中形成。这里摄影师与拍摄对象不再面对面，不再有利益冲突（比如"拍拍垃圾"），或是为某个共同目的暂时聚到一起（比如肖像的拍摄）。与此相反，摄影师与被摄者共同参与一个计划，拍摄只是其中的阶段之一，不一定非要完成。

所以这个类型的报道，需要时间米与对象建立深入持久的对话关系。在图像领域激烈的国际竞争下，大部分摄影记者只是经过、拍过、从不回头，而另一些摄影师则不同，他们来了、停留、再回来。他们交换、给予，因为他们的行为是社会性的而不是商业性的，以拍摄对象的利益为上。在这个前提下，拍摄不再是偷窃，被拍不再意味着是送给摄影师的无回报礼物。模特成了一个演员，一个名副其实的合作伙伴，一个主体。

"抓拍"式报道的猎人立场，在图像和经济领域的竞争下更为巩固。它主要依附于这样一个哲学观念，即"真实"是在保持距离的前提下，从物体表面和行为中提取和收集出来。相对而言，对话式报道受市场制约的因素较小，它所追求的是用集体的和跨学科的方式来制造"真实"。对他人的留心，永远不背叛他人的信任，总是把他人放在拍摄的中心位置，这就是对话式报道的特点，这与传统报道中"他人"等同于物体，图像优先于拍摄对象的特点形成鲜明的对比。马克·帕托、尼克·瓦普林顿或是奥立维·帕斯奇创作的图像，与其说是"……的图像"，不如说是"与……的照片"，或者甚至可以说是"献给……

32. Gilles Deleuze, *L'Image-temps*, p.201.   的照片"。对他人产生的浓厚兴趣是他们拍摄的组成部分，这个兴趣超过了对摄影本身的热情，如同卡萨维茨在电影评论中所说的，"对人的关注应该先于对摄像机的关注"[32]。

对话式报道完全忽略再现、记录、从表象中捕获等问题，而是试图表现超出可视范畴的人类生存状态。图像不再是对某个时间点上发生的行为的记录，而是一个工作计划的结果，这个计划的覆盖远远超出了拍摄的短暂时刻。对话代替了文献摄影的个人独白。当"他人"不再是一个无生命的东西（"拍拍垃圾"花园里的猎物），变成一个主体，一个主角，一个合作伙伴，此时，摄影师也从与世界保持的距离和孤独状态（文献摄影的禁锢）中走了出来。

见证方式自身也在改变着，关键不在于再现可视，而是使不可视变得可视。使无面孔和无图像变得可视，使主流社会中被排挤的边缘人变得可视。并且和他们一起来完成这个使命，也就是既不像报道摄影那样没有他们的参与，也不像"拍拍垃圾"那样反对他们。见证需要新的形式和工艺,某种意义上的新的摄影语言,来颠覆可视与不可视之间的界线,揭示那些人们视而不见的事物和现象。

< 家庭摄影 La photographie de famille

也许,正是在长久以来被忽略和轻视的家庭摄影中,对话和表现的特点得到最充分的体现,或者至少是最自发的体现。家庭摄影并不像我们通常认为的那样毫无个性特点。由于通俗普及,并且属于个体活动范围,家庭摄影在主题、用途、工艺和审美上,都具有极其鲜明的独特性。

家庭摄影的对话属性主要取决于"摄影师"的独特立场,即与模特的亲近关系,与其同处一个空间,甚至有时自己也成为场景的一部分。另外,他既是图像的制作者,也是接收者。没有其他任何摄影实践能够保证如此的近距离和与"他人"如此融洽的关系。"抓拍"式的报道摄影视"他人"为局外人,为无生命的物体(在"拍拍垃圾"那里甚至被视为"猎物")。对话式的报道摄影试图将"他人"转变成合作伙伴、演员;而在家庭摄影这里,摄影师和"他人"属于同一个世界,即隐秘的家庭圈。对话关系随着摄影师与"他人"之间距离的变化而变化。传统的报道摄影的特点是最小限度的对话关系和最大距离,摄影师完全处于"他人"的辖区之外;当摄影师开始成功地置身于两个辖区的界限之间,那么对话关系也开始产生;毫无疑问,在家庭摄影中,对话关系达到最大限度,其中摄影师与"他人"(父亲、母亲、孩子、表兄弟姐妹、朋友等)分享生活和生活中的众多时刻。

摄影的程序完全被颠覆了。对话式报道摄影师是经验老道的专业人士,拍摄过程也往往漫长而独特,家庭摄影只是一个业余活动,拍摄者通常没有经验,不懂或是不在乎技术操作原理。不过这个相对的缺乏经验性,并非来自操作工艺的复杂性,甚至也不来自摄影爱好者主观上对技术的拒绝,而是因为他们认为家庭摄影不一定非要掌握完美的技术。家庭内部成员每天自发产生的交换和对话关系,正是马克·帕托、尼克·瓦普林顿、奥立维·帕斯奇和其他很多摄影师通过自身能力和技术手段试图从外部建立起来的。在前者那里,对话关系是区域效应(家庭);在后者那里,对话关系是摄影手段产生的效果。此外,技巧在家庭摄影里无关紧要,家庭关系和感情优先于图像质量,情感表现比艺术表现更重要。图像的形式，如同其他大部分象征性的制作，在很大程度上依赖于它的所属区域，尤其是私下还是公开的特点。例如室内着装不适合出入公共场合或是晚会，私下交谈总是比公开场合的谈话更形象、更讽喻、更直接。同样在形式和技术上，为自己和亲友拍照比报道、时尚、广告、插图、艺术等公众图像更灵活。正是因为其使用限于严格的私人化范畴，远离社会规范和经济束缚，家庭摄影才能将技术和审美牺牲于情感表现。

当然，并非所有的家庭摄影师都对审美不感兴趣；一部分人努力争取拍摄效果，但是他们的尝试往往不仅没有获得追求的独特性，反而倾向于形式上的庸俗。不可否认，其中也有一些高质量的图像，但常常是偶然导致，因为这些质量并非产生于有意识的行为。家庭不属于美学范畴，所以在此应该谈论非意愿式审美，即无企图无意识的审美。风格的原始性和不确定性、技术的随意性、审美的无意识性，这些特点矛盾地显示了，家庭摄影的表现力建立在对技术和风格的遗忘上，并且主要依赖于家庭这个确保了近距离拍摄的狭窄空间。总之，如果说家庭摄影具有表现力，这来自于形式上的残缺和对话关系的内在性。

因而这些图像与其说是描述，不如说是表现了家庭生活中的局势、关系、情感，特别是家庭的和谐与幸福。这些表现通过图像与家庭影集的结合来完成。影集不只是家庭照片的载体，如同杂志、广告牌、画廊的展墙分别是新闻照片、广告和艺术品的载体。影集的独特之处在于，这是个体与个体通过图像来相遇的空间。影集编织了一张家庭记忆的网，其中有庄重的时刻，也有平凡的时刻，但都是美好的回忆。这是一个不完整的记忆，充满了遗忘和虚假的怀旧。因为在影集里，我们总在笑，我们有时悲伤忧郁，但是很少哭泣或痛苦。工作和努力的情景，艰难的时刻（病痛、死亡等），也极其罕见。至于性，虽然产生了一批在家里拍摄的性感照片，但是不属于处于隐私边缘地带的影集的范畴。所以这个虚构的家庭的和谐与幸福，建立在对传统的尊重上，甚至建立在陈旧的家庭观念上。黑白分明，一成不变，影集是一个可靠、稳定和舒适的空间。

家庭摄影的产量很大，主题却非常狭窄，被有限的地点、物品、个体和局势所主宰，同时图像对这些有限的主题进行无限的挖掘。更确切地说，家庭摄影主要围绕这些主题展开：孩子，庆典（婚礼、生日等），娱乐活动，熟悉的场所（室内餐桌、屋子周围等），日常用品（童车、汽车、玩具等）和家养动物。

其中只有娱乐活动（露营、海滩、登山等）和社区场合（学校、营房、健身房等）这两个主题超出了狭小的家庭范围。拍摄方式上，尽管抓拍开始普及，人物姿势也越来越不受束缚，但是摆拍仍占主导。但不同于专业摄影棚里背景抽象的肖像拍摄，家庭摄影中被摆布的人物总是与场景和活动结合在一起的，这是某种意义上的暂停和中断，而不是抽象。

影集涉及了三种表现方式:图像、图像说明（经常是手写的）和图像的故事性。通过这个组合，主体说话了，表达了，表露了它的渴望和信仰，就这样构成了一个家庭的故事。拍摄主体不一定是制作影集的同一人，但是这两个行为共同构成了影集，影集由可视的和可表述的成分构成，来自家庭，却不再现家庭。因为，一方面，在状态与人物之间；另一方面，在图像、说明和影集之间（即物体和符号之间），这些关系不能简化为单纯的再现。符号对物体产生作用，同时物体通过符号来延伸和展开。某个影集的图像和说明，只有融入这个家庭并对其发生作用，才能表现这个家庭特定的物品和特定的人。卡夫卡（Kafka）不是在给他的未婚妻菲丽斯（Felice Bauer）的信中这样写道吗:"当我凝视你的照片时（它就在我眼前），我总是吃惊于将我们绑在一起的那股力量。在所有这些被欣赏的表象背后，在这张亲爱的脸庞、恬静的双眼、微笑、让人想立即拥入怀中的双肩背后，在所有这一切背后，涌动着离我如此之近又如此必不可少的力量，所有这一切是一个谜?" [33]

卡夫卡（Kafka, 1883—1924）:奥地利小说家，现代派文学的奠基人之一，是表现主义文学的先驱。他生活在奥匈帝国行将崩溃的时代，又深受尼采、柏格森哲学影响，对政治事件也一直抱旁观态度，故其作品大多用变形荒诞的形象和象征直觉的手法，表现被充满敌意的社会环境所包围的孤立、绝望的个人。

33. Franz Kafka, *Lettre à Felice*, t. I, p.238.

介于物体和符号之间的这些互逆的关系，在家庭摄影这里体现出鲜明的特性，特别是在对冲突和悲剧性事件的不适当的表现中。愤怒的情绪能驱使人们涂毁和撕毁照片，或是将照片从影集中抽走。这些由痛苦和怨恨指使的叛逆举动，显示了对照片所投入的情感厚度，也体现了情感所隐藏的巨大的力量。这些物体与符号之间的互逆行为，可以一直达到象征性的融合，特别是在家庭里，因为图像（痕迹）与对象的比邻性与情感上的比邻性相辅相成。如何从另一个角度，来理解这些点缀着壁炉、珍藏在皮夹内的家庭肖像的流行；这个对图像的模糊、损坏或是不可辨认、无动于衷的情感至上主义；这个超越了再现的社会实践？"图像可以是模糊、变形、退色、没有文献价值的"，安德烈·巴赞在 1945 年写道，"它

来源于模特的本体论；它自身就是原型。这就是家庭影集的魅力。"[34] 接着，他

34. André Bazin, « Ontologie de l'image photographique »
(1945), *Qu'est-ce que le cinéma?*, p.14.

展开论述了本体论的观念："摄影拥有复制现实物体的能力。最逼真的素描能够为我们提供关于模特的更多信息，但是不管我们怎样具有批判精神，它永远也不能拥有摄影的非理性的力量，正是这个力量赢得了我们的信任。"在此基础上，巴赞认为可以谈道"关于圣物和纪念品的心理，因为它们同样具有对现实的转化能力，源自木乃伊情结的现实"，接着他又强调，"都灵的裹尸布完成了圣物和摄影的命题"。

六、摄影的"介于两者之间" ENTRE-DEUX DE LA PHOTOGRAPHIE

这个将摄影降为圣物的本体论观念，伴随着这样一系列坚定的信念：摄影是现实的镜子,摄影实现了图像的客观性和自动性,摄影如同一个名副其实的"自然现象"。安德烈·巴赞坚定地信奉摄影的"客观性本质"，他认为，摄影用客观的眼睛取代了人的眼睛，这是对客观性的可靠保证。"有史以来第一次"，他强调，"在原始物体和它的复制品之间，唯一介入的只有另一个物体。有史以来第一次，外面世界的图像自动生成，不需要人类根据某个严格的决定性因素进行创造性的介入。"[1] 相对于绘画或是素描，摄影的独特性不在于"结果而在于起源"[2]，在这个排除了人类的"自动性的起源"中。

1. André Bazin, « Ontologie de l'image photographique » (1945), *Qu'est-ce que le cinéma?*, p.14.
2. 同上，p.12。

本体论的贫乏 MISÈRE DE L'ONTOLOGIE

安德烈·巴赞（André Bazin）的这些总的来说属于传统的观点，借鉴了美国符号学家查尔斯·桑德斯·皮尔士（Charles Sanders Peirce）的理论，特别是其关于痕迹符号的概念，从 1980 年代起到今天，不过是助长了摄影研究的平庸之见。

不可否认，这些关于踪迹、痕迹或是征兆的概念，其价值在于将摄影从符号学意义上与其他手工绘制的图像区分开来。这些概念揭示了物体与图像之间不仅具有相似性，而且具有毗连性；它们将摄影置于光学相似性和接触相似性的交叉点。然而这些概念同时具有很大的不合理性，因为它们过于强调物体先于图像的存在性，而摄影只不过是对物体留下的痕迹的被动记录。符号学的理论促成了一些对"媒介"和摄影行为[3]的细致研究，然而它滋润的是一个总体的、抽象的思想，这个思想对作为个体的实践和创作、对客观环境和具体条件无动于衷。根据这个理论，摄影是一个类型，所以需要找出一些普遍的规律；摄影既不是一个随受众的变化而变化的实践总和，也不是单个作品的汇集。对个性和背景的拒绝，对本质

3. 见 Rosalind Krauss, Philippe Dubois, Jean-Marie Schaeffer 的著作，或 Roland Barthes 的 *La Chambre claire*.

的专一，导致本体论思想将摄影简化为一个机器，一个光线的留痕，一个符号，一个机械记录工具。就这样，摄影范例被建立在它的零度基础和技术原理上，并与简单的自动性混淆，完全对立于以作品无穷的独特性为灌溉的绘画思想。

4. Rosalind Krauss, « Notes on the Index : Seventies Art in America », *October*, n° 3 et 4, New York, MIT Press, 1997. Traduction française dans *Macula*, n° 5-6, Paris, 1979.
5. Roland Barthes, « Le message photographique », *Communications*, n° 1 , Paris, Seuil, 1961.

自罗萨林德·克劳斯（Rosalind Krauss）[4] 在美国之后，也许要算菲利浦·杜布瓦（Philippe Dubois）在《摄影行为》（Acte photographique）一书中，罗兰·巴特以其独特的文笔在《明室》一书中，

用最一贯和偏执的方式维护了符号学理论在摄影领域的应用。谁会怀疑摄影与痕迹、踪迹、寄存、圣物、废墟之间的通性呢？谁敢怀疑被巴特描述得如此之完美的"参考对象附着"这一概念呢？尽管自 1961 年起，他本人就从未停止强调摄影是"一个没有编码的信号"[5]，之后，菲利浦·杜布瓦对这个观点进行了委婉的引用。

杜布瓦通过对符号学说的综合，来同巴赞、巴特和皮尔士竞争。符号学理论的局限性在于，对摄影（图像）和摄影师（人）的兴趣不大，而是专注于研究作为总体的摄影（装置性）；对某个具体拍摄的兴趣不大，而热衷于研究摄影的"原理和本质"[6]。摄影因而被简化为一个"理论的装置：摄影特性（Le Photographique）"，简化为一个"思考的门类"。（罗萨林德·克劳斯的摄影评论在法国被编辑出版，意味深长地用《摄影特性》来命名。）符号学理论试图成为一个本体论，一个关于摄影本质的研究，足以与克莱蒙特·格林伯格（Clement Greenberg）在绘画理论上的尝试相媲美。然而通过怎样一个本质主义的方法，摄影向"摄影特性"过渡，图像向思考门类过渡？通过一系列连续的递减、对立、删节，

6. Philippe Dubois, *L'Acte photographique*, p. 57.

克莱蒙特·格林伯格（Clement Greenberg, 1909—1994）20 世纪下半叶美国最重要的艺术批评家，也许是该时期整个西方最重要的艺术批评家之一。他被说成是美国"抽象表现主义"的主要发言人，正是他，使得波洛克（Pollock）、罗斯科（Rothko）等美国本土或移民画家登上了世界舞台。

直到摄影最终成为一个残缺的存在，被简化成虚无，或是极简。这样构成的摄影特性（摄影），更接近于图示，而不是非理论的图像和具体的实践。

这个理论对摄影的第二个简化在于贬低图像抬高符号；在于选择了记录说来反对模仿说，选择了痕迹说来反对相似说。只择其一，而忽视了两者之间的丰富的对话性。"照片首先是一个符号"，杜布瓦写道，"其次它才能成为相似的（图

7. 同上，p.50。
8. Jean-Marie Schaeffer, *L'Image précaire*, p.102.

像）并获得某种意义（象征）。"[7]分等级，设定秩序（首先，其次），选择符号——这无疑是为了有别于相似论，从这个将摄影简化为现实的镜子的理论中脱离出来，而这个理论已经持续了一个多世纪。然而这样的分析有时会产生歪曲的观念，比如让－马利·谢弗（Jean-Marie Schaeffer）认为摄影本质是不稳定的，因为"摄影永远处在符号功能和图像存在的压力对峙之间"[8]。然而与其在这个"符号和图像的压力对峙"中，如同让－马利·谢弗那样只看到多变的、复杂的、暧昧的、最后是不稳定的因素[9]，还不如将这些不同原则的混合，视为充满生机的、有力的、丰富的因素（这样我们可以运用更丰富的语汇来谈论摄影，来颠覆这些充满随意性的关于摄影的不稳定性和贫瘠性的言论）。谢弗显然被摄影"这个符号的暧昧状态"所困惑，因为它将两个一般来说处于分离状态的功能组合在一起，打破了符号学苦心构建的类型。

　　第三个简化在于优先"化学装置"而弱化"光学装置"，将直接感光法的物影造像（photogramme）视为符号学理论最纯粹的表现。物影造像实际上是光线不通过光学镜头，而直接在感光材料上留下的非具象的痕迹。具体就是直接将物体置于感光纸上方，使光线透过物体投射到感光纸表面，即可获取痕迹。曾经被曼·雷（Man Ray）和拉兹洛·莫霍利－纳吉（László Moholy-Nagy）出色运用直接感光法创作的物影造像照片，成为符号学的又一例证："基于其本质，作为痕迹的照片并不一定需要包含相似性"。

曼·雷（Man Ray，1890—1979）：美国著名达达主义和超现实主义艺术家，是一个擅长绘画、电影、雕刻和摄影的艺术大师。他是世界上最早广泛运用特殊技法来进行摄影创作的艺术探索者，比较著名的有"中途曝光法"和"实物投影成像法"。

9. 同注 8，p.101-102。
10. Philippe Dubois, *L'Acte photographique*, p.67.
11. Roland Barthes, « Le troisième sens » (1970), *L'Obvie et l'obtus*, p.59.
12. 同上，p.59-60。

甚至对杜布瓦来说，物影造像"在实践中运用了摄影定义中最少的元素，简直就是本体论的表现"[10]。这让人不禁联想到罗兰·巴特在 1970 年发表的关于电影的看法："非常矛盾的是，'值得拍摄的'往往不在'情境'中的、'动态'的、'自然状态'的电影中，而是又一次只存在于物影造像这个主要的赝象中"[11]。作为摄影特性的物影造像，有助于将摄影从类比性中解脱出去，如同"值得拍摄的"直接感光成像肯定了"作为电影本质的'运动'，和动画、流动性、可动性、'生活'、复制没有任何关系"[12]。在摄影特性中，就如同在电影特性（"值得拍摄的"）中，物影造像服务于本体论和本质主义的思想，完全对立于两次大战之间的艺术家们的行为。

第四，符号学理论对摄影进行了技术主义式的简化，即聚焦于载体，停留在图像颗粒和感光表面的微观层面。远离社会功能、经济问题、文化审美符号构成的宏观世界，摄影图像退回到"最基本的水平"[13]，被降低到其"最简定义"，技术的和物质的定义，即图像"首先（简单而唯一地）是光线痕迹，更确切地说是一个被固定在卤化银晶体二维平面上的痕迹，等等"。此外，这些感光晶体不仅确保了"摄影最后和最小的统一体"，还为对这个"将无形的影像颗粒所隐藏的信息转化成可视的平面再现"的图像的迷恋做了辩护。这种缺乏远见的、将分析建立在图像的载体和基本成分上的观点，正是本体论立场所必须的，因为它所追寻的是在摄影装置功能中，在摄影本体中，研究作为类型的摄影的存在，也是它所假设的摄影的本质。对本体论来说，强调图像的技术性和物质性以及摄影的基本功能，是抹杀实践和图像的个性，废除背景和具体条件，将摄影最终归入一个具有自然和普遍法则的类型中的方式。即不管是时尚、广告、新闻，还是家庭摄影，不管图像出现在报纸版面上、家庭影集里、户外的墙上或者美术馆里，它们的根本法则是一致的。这些普遍法则里的摄影是一个单体机器，对历史、背景、用途等全然没有感知。反之，恢复图像和作品的多样化，恢复其历史的、社会的和美学的厚度，就必须承认作为一个类型的摄影"只能通过其运动法则来阐释，而非其不变因素"[14] [特奥多尔·阿多诺（Theodor Adorno）]。关键在于，将对摄影装置和媒介的分析，与对摄影领域及其演变的研究结合起来。例如摄影昨天还被艺术彻底拒之门外，今天是什么样的（社会）机制、什么样的（经济）条件、什么样的（文化）背景和什么样的（机构）状况决定了摄影被当代艺术承认？这个从"美术馆的废墟"[15] 上产生的摄影与摄影艺术之间的区别是什么？文献摄影、艺术摄影和作为业余爱好的摄影之间的关系是如何发展演变的？何时又如何，摄影的艺术价值开始优先于经济价值（后者能够通过工作时间、单位面积和材料成本来测量）？这些以及其他很多未列举的问题，确切地说，正是本体论思想所逃避的，为此，它将注意力集中在一个唯一的问题上，那就是作为类型的摄影的存在，这个摄影建立在一个唯一的标准上，即最基础的技术标准。

13. Philippe Dubois, *L'Acte photographique*, p. 58 et 100
14. Theodor W. Adorno, *Théorie esthétique*, p. 11.
15. Douglas Crimp, *On the Museum's Ruins* (with photographs by Louise Lawler).

这个局限于摄影本质的本体论研究，还对摄影进行了第五个简化，即将摄影时间浓缩为拍摄瞬间，简化为"世界在感光表面'自然'记录的时刻，表象自动转变的时刻"[16]。菲利浦·杜布瓦承认，摄影时间在之前和之后都超出了这个"简单的时刻（作为中点）"。但是这个对拍摄时间"中点"之前（拍摄时间）和之后（图像产生时间）的区分，只是加强了决定性功能的假说，巩固了摄影图像是时间顿挫的产物的观点，甚至将其与文化完全割裂开来。实际上在本质主义者那里，拍摄瞬间被视为在由一系列手势、决定以及一系列纯粹文化的、人性的和社会的过程所构成的整体（之前和之后）里的一个中断，一个"自然的"破裂。换句话说，在被密集的编码构成的网络渗透的摄影时间内，拍摄瞬间是一个"编码遗忘的瞬间"[17]。30 年前，巴特提出摄影是一个"没有编码的信号"[18]，杜布瓦对此进行了委婉的引用，但是他没对这个说法提出置疑。"自然记录时刻"和"编码遗忘的瞬间"，明显让人联想到巴特的"没有编码的信号"和"此曾在"，以及卡蒂埃—布列松的"决定性瞬间"。这些概念重新捡起自然与文化对立的旧观念，把摄影行为视为文化领域内的自然标点。在被简化为单纯的表面和银盐颗粒后，摄影在这里被简化为光线与感光物体之间物质的、"自动的"接触瞬间。又一次技术和物质排挤了其他所有决定因素，并支持了一个理论空想，即"决定了摄影作为痕迹的'自动化起源'"[19]的空想。

事实上在符号学理论的分析中，缺少了不断发展演变的摄影这个主体，因为该理论将摄影禁锢在类型论中，过于本质主义而不能避免语言学上的局限性。符号学理论用研究语言学的方法来研究摄影，假设"存在着一个抽象的语言机器，不受任何外在因素的影响"[20]（吉尔·德勒兹和菲利克斯·瓜塔里）。于是，符号学理论将摄影描述成一个单体机器并总结出一些本质原理。期间它将具有多样性和多变性的摄影平面化，变成功能和物质的抽象图解。诚然，摄影与图画的功能相异，为图像从手工到化学记录的过渡进行理论分析是极其重要的，但是将摄影置于一系列二元对立关系（工艺和图像、自动性起源和手工制造、符号和图像、痕迹和相似、化学和光学、自然和文化等）中，并且只承认这些对立关系中的前一个因素，从而得出"摄影特性"的这一做法，有待商榷。这个理

16. Philippe Dubois, *L'Acte photographique*, p. 83.

17. 同上，p. 84。

18. Roland Barthes, « Rhétorique de l'image » (1964), *L'Obvie et l'obtus*, p. 34.

19. Philippe Dubois, *L'Acte photographique*, p. 83.

20. Gilles Deleuze et Félix Guattari, « Postulats de la linguistique », *Mille plateaux*, p. 109.

21. 同注 20，p.116。
22. Roland Barthes, *La Chambre claire*, p.16-18.

论不仅将摄影简化和截肢，还假设摄影中存在着永恒和共相，从而将摄影定义为一个同质系统。[21] 因此，符号学理论认为，在作为类型的摄影中，存在着结构上的不变量，并在工艺的基础材料和技术中去寻找这些不变量。于是，材料和技术支持了这个将本休论中的本质主义与实用主义相结合的立场。

摄影不仅被简化为曾经在某个时刻某个地点存在过的物体的直接痕迹，一些观点甚至将图像和物体混为一谈。巴特也许是这个观念最坚定的拥护者，他认为"某张特定的照片永远不能与参照对象（它所再现的）区分开来"。在《明室》一书中，巴特反复阐述这个看似正确实则错误的观念，他写道："摄影的本性（为了方便，应该接受这个万金油，它暂时只是对偶然性不知疲倦的重复而已）决定了它具有同语反复的特点：一个烟斗永远是一个烟斗，不容争议地"。他继续道："摄影总是随身带着它的参照对象"。他总结道："总之，参照对象附着"（"le référent adhère?"）[22]。巴特在 1980 年写下这些文字时，反对其观点的文章已经出现。他在摄影中看到的是一个透明描图纸，而不是一张图解；更重要的是，由于只考虑物质的参考对象，并将图像与参照对象同化，巴特的理论局限在由具体的物体构成的世界中，将现实简化为一个可记录的已知条件。

摄影的"极性" POLARITÉS PHOTOGRAPHIQUES

摄影的发展及其在新的图像世界里的位置，促使理论关注从痕迹向过程转移，从指示、描述、定格、记录向表现转移。符号学理论过于抽象，对图像本身过于冷漠，过于本质主义，过于简化，所以不具备操作性，特别是在这个图像之间的关系发生着巨大转变和重新定义的时期。符号学自我禁锢在本质的永恒不变中，而没有意识到世界正在往前发展。不管是否具有艺术性，摄影越来越超出符号学理论断言的范畴，超越了物质参照对象的定义，从而引发更普遍的思考。摄影试图从对存在物的证明和肯定，向表现过渡。

符号学理论所理解的摄影，常规报道所信奉的摄影，是一个关于物体和物体状态的摄影，是一个物质的摄影。这个摄影扎根在此时此地和物质世界中。这是一个区域性的摄影，所以巴特说它"总是随身带着参照对象"。尽管如此，并非所有的摄影都如他想象的那样，是无相似性的痕迹，无光学介入的化学反应，无编码的信号，无图像的装置，无构成的参照。并非所有的照片都停留在最基础的技术层面，就像并非所有的绘画都能被简化为画笔和画布的组合。摄影师的工作，就算是最注重文献价值的拍摄，事实上也从未停止摆脱此时此地的企图，从未停止从物体状态和痕迹向事件和情感表现过渡的企图。

　　不可否认，罗伯特·弗兰克或是雷蒙·德帕东，马克·帕托或是奥立维·帕斯奇，Datar 计划的摄影师，以及许多其他摄影师，都站在摄影表现的立场上，颠覆了这些粗浅的关于摄影和现实的物质化的观念。诚然他们的作品化学地记录了物体留下的痕迹，并因此而区别于素描、版画和油画。但是图像并不就此在指示的功能里衰竭，如同巴特仍旧认为的"摄影永远只不过是'您看'、'你看'、'这就是'的替代词"，对他来说，摄影只是"伸出手指指向对面的某个东西，而不能从这

23. 同注 22, p.16.　个纯粹的指示性语言中走出来"[23]。这些夸张的言论藐视摄影，抬高符号，忽视图像自身和表现风格，低估摄影过程本身。这些言论来自试图抵达摄影存在的理论方法，排除了所有的摄影构架，局限于一个唯一极点，这个极点总是摆动在两个异质立场之间，并总是将其中一个立场所具有的多元化动力（至少是二元的）废除。事实上，摄影永远既是科学又是艺术，既是记录又是陈述，既是符号又是图像，既是参照又是构成，既是此地又是彼处，既是实在又是潜在，既是文献又是表现，既是功能又是情感。当通向摄影存在的道路遇到排斥时，关键在于思考摄影的独特性在其对异质原则进行混合、结合甚至杂交的方式中，是如何体现出来的。比方将摄影视为图像和现实的透明描图纸，忘记其符号属性，或者反之，只考虑符号功能而忽略图像存在，这两种方式都有欠缺。应该思考的是，符号功能与图像功能是如何有史以来第一次在摄影身上形成一个独特的结合。换言之，超越本体论从摄影存在出发的角度，而从结合、混合的角度来研究摄影，摒弃"或者"（非此即彼）的排斥性，选择"和"（两者皆可）的包容性。不再将摄影视为一个遵循内在的、永恒的、普遍的机械原理的抽象的机器，而是将它视为多元化的、不断发展演变的社会实践。不将物质观点从社会、经济和美学的空间里孤立出来，也不将技术装置从实践、用途和图像的综合体中孤立出来。摒弃将摄影简化为单一图解的抽象概念，理解摄影中的异质原则所产生的能量和活力。从不变走向变化，从同质性的空想走向异质性的多产。

< 介于艺术与科学之间 Entre art et science

自其诞生之日起，摄影就被一分为二，在科学和艺术之间左右为难。这个划分很快演变成对立的两种实践——达盖尔成像（清晰，金属板上成像）和正片直接成像（模糊，纸上成像），不同的人物——达盖尔和巴耶尔，各自的支持机构——法兰西科学院和法兰西艺术院，以及与此相应的不同观点。

1839 年，在法兰西科学院和法兰西艺术院的联合代表面前，科研家弗朗索瓦·阿拉戈隆重宣布了摄影术的发明，并公开表示对达盖尔和科学的拥护立场，反对尼埃普斯和巴耶尔。两个月后，德斯荷·哈乌尔—侯谢特在法兰西艺术院介绍了巴耶尔的纸上直接成像，认为它是达盖尔金属成像的可喜替代：这是"真正的素描"，具有"逼真的魅力"，而且"如同水彩素描画，能够在旅行时随身

24. André Rouillé, *La Photographie en France*, p.65-70.

携带，或是插入相册里"[24]。从 1840 年代末起，达盖尔成像和巴耶尔直接成像之间的对立，即金属成像和纸上成像之间的独立，导致了两大对立流派的产生：一派坚持成像清晰，另一派崇尚轮廓的模糊；一派拥护金属板负像，另一派赞成纸上负像；一派是"职业人"，另一派是艺术家。这些对立实际上也体现了摄影工艺的不同用途（科学或是艺术，职业或是创作），不同机构（达盖尔由阿拉戈和法兰西科学院支持，巴耶尔则由侯谢特和法兰西艺术院撑腰），不同的美学观念：载体的光滑结实性对立于粗糙多纤维性，图像的肤浅单薄性对立于厚重深刻性。

在整个摄影史上，摄影的实践、参与因素、用途、图像和形式，以及相应的技术，都在科学和艺术这两极之间不停地摇摆。这种内部断裂，使得摄影自诞生以来就不断遭到反对和不理解。摄影所激起的强烈反响，体现了摄影对几百年来形成的传统思想的震撼之强烈，因为它完成了被认为违背自然规律的科学、艺术和技术的结合。艺术能够是科技的吗？这就是摄影不断提出的问题。在经历了一个半世纪的否定回答后，如今摄影正在艺术领域里占据着主要的位置。因为随着整个社会的发展，艺术、摄影和图像的世界已经完全改变了。然而这些变化的内部原理，并不为那些自闭在图像的物质微观世界里的目光所察觉，这些目光对宏观社会力量之于图像世界的影响视若无睹。

< 介于潜在与实在之间　Entre virtuel et actuel

在摄影的基础功能中寻找本质的本体论思想，导致了极其物质化的观念（当然不等同于物质主义）。忽略过程，强调装置性，这样就支持了一个二元形而上的概念：摄影一方面是对现实物体的再现，另一方面是对这些物体存在的证明。这个概念在（摄影的）本质和（物体的）存在之间摇摆，用巴特的话来说，就是在 "无编码的信号"（本质）和 "此曾在"（存在）之间摇摆。退回到零度的摄影，因此被禁锢在一个面对面的二元关系中。这是 "保存了所有痕迹的镜子" [25] 的立场，结合了模仿的理论（镜子，即相似和再现）和符号学理论（记录、记忆、证明）。

25. 摘自 Jules Janin 在 *L'Artiste*（1839）中的用语。（André Rouillé, *La Photographie en France*, p.46-51.）
26. Gilles Deleuze et Félix Guattari, *Qu'est-ce que la philosophie?*, p.111.
27. 同上，p.112.
28. Pierre Lévy, *Qu'est-ce que le virtuel?*

就这样，摄影被认为是掩盖了直面世界的混乱的方式。混乱的特点 "不在于混乱，而在于各种形式的不断出现和消亡的速度之无限" [26]。面对处于永恒的消长状态的混乱，科学（不同于艺术和哲学）提出了一个参照，其操作原理 "如同对图像的停顿，一个不可思议的节奏放慢" [27]。摄影完全能够以类比的方式进行：与其记录，不如放慢节奏；与其再现一个既定的现实，不如将潜在的现实变成实在的现实。

瞬间性概念的普及，使人们几乎忘了，拍摄速度的进步其实经历了一个漫长的过程。几十年的努力研究，获得的只不过是将运动速度放慢了。最初的肖像摄影师用一种固定头部的设备来保证拍摄时模特的静止不动，或是查尔斯·马尔维勒于 1860 年代拍摄的城市景观照片中，因动态而产生的鬼魂似的人物；又或更近一些，哈罗德·艾杰顿（Harold E. Edgerton）专门构思一种电子照相机来拍摄超速的物体如子弹，这些就是借助科学手段来完善摄影速度的例子。如同科学并与科学一起，摄影摒弃了无限，选择了有限，将潜在体现为物体状态（实在）。正是这个从潜在的无限性到实在的有限性的转变，无论是在科学还是在摄影领域，决定了这个参照方案的特色。

这个潜在，显然不能与通常所认为的现实的对立面混为一谈，混淆的同时也意味着将现实简化为物质的和可触的物体。这里的潜在指的是通过潜能而不是通过现实存在的东西。[28] 这是一个无限速度，这是一个聚集了很多问题的地方，其中实在提出了具体的解决方法——种子是一朵潜在的花，通过发芽就能开出实在的花。实在（解决方法）与潜在（问题）之间没有任何的相似性。但是潜在和实在并不对立于现实，它们是现实的两种不同的存在方式。再举一个例子，口语中的词是现实的，它们具有坚固的语音结构，但是既没有绝对的形状，也没有指定的场所。它们是潜在的实体，只等待通过特定个体在特定场合以特定的方式发音（特定的句子、特定的口音、特定的语调、特定的嗓音等）来完成自身的实在化。

　　对一个词的"发音—实在化"，永远是一个不具有相似性的、不断变化的创造，与再现没有丝毫关系。同样，拍摄一座城市，并不只限于再现它的楼房、行人或是街景。城市是物质地存在着，我们能够在其间穿行，研究它的地图，欣赏它的建筑。然而这个物质的城市，只有通过非物质的视觉角度，才能被眼睛或是相机接收。在城市中的每一次穿行，展开了无数转瞬即逝的意图，这些意图随着行动而打乱，随着景致而变化，随着视角而演变。这些非物质的意图不是物体，不属于这座城市，但是通过自动地归属于这座城市来壮大它，让它成为无限的变量。同一座（物质的）城市不仅包含了无数（潜在的）城市，也包含了无数的意图、视角、景观、行走路线。拍摄的照片不是物质城市片断的再现，而是这些（无限的）潜在城市进行的（有限的）实在。所以，这个行为是减缓，而非记录。

　　摄影师对物体的接触，总是通过取景窗、在行走过程中、在被几何透视主宰的系统内来完成。他不拍摄物体，而是物体之间的关系状态以及一些无形的实体，特别是意图。所以他的照片既是物体的图像（物质的），又是摄影的视觉方式（非物质的）。如果说"参照对象附着"于图像，那么它的附着方式也无可争议地融入图像中。由于只考虑现实的半个物质性，巴特将摄影封锁在物质和痕迹的领域里，排斥意图、立场和摄影的表述。然而，某一张特定的图像不是一个简单的物体痕迹，它是一个摄影关系（非物质的）和物体状态（物质的）的实在化过程，即从潜在的无限性到实在的有限性的过渡。

　　在这里，图像不是先于其存在的原作的副本。关于原作与副本、模特与假象，以及相似、参照等柏拉图式的问题，在此失去了合理性和独有性。对理想的文献纪实来说，可视是一个恒定的既定条件，能够被最大程度地还原；从此，可视不再是定量，而是在摄影过程中不断发展变化的变量。通过切割剖面，勾勒参照图，我们拍摄的不是现实，甚至也不是在现实中拍摄，而是"和"现实结合。现实的延伸超出了物体的概念，进入了独立的无形的图像领域（问题、消长、情感、感知、强度等）。不仅永远地与物质实体（地球上的）联系在一起，摄影图像还接收了"高能的、无形的、非物质的宇宙力量"[29]。摄影图像在实体的世界和消长的世界之间摆动，将潜在通过参照系和坐标系进行实在化。

在人物拍摄中，从最普通的肖像到具有严格规范的刑事摄影，肖像、头、脸是有区别的。头及其形状、动作和器官，是人体的一部分，但不等于脸。因为如同吉尔·德勒兹和菲利克斯·瓜塔里所描述的那样，脸是一个"脸部抽象机器"的产物，这个机器是一个"黑洞白墙的体系"[30]。由这个脸部机器制造的脸，与其没有相似性，并且两者从来都不是一模一样的。脸不是一个既定物体，而是一个挥发性的转瞬即逝的现实，是一个建立在头的构成之上、随着局势的变化（尤其是权力）而变化的无限的变量。[31] 具有"诞生和消失的无限速度"[32] 的脸，是摄影师试图放慢速度并通过拍摄来完成肖像的实在化的一个潜在。

29. Gilles Deleuze et Félix Guattari, « De la ritournelle », *Mille plateaux*, p. 422-423.
30. Gilles Deleuze et Félix Guattari, « Visagéité », *Mille plateaux*, p. 205-234.
31. 同上，p. 222。
32. Gilles Deleuze et Félix Guattari, *Qu'est-ce que la philosophie?*, p. 112.

＜介于参照与构成之间 Entre référence et composition

最激烈的误解和抨击，往往针对摄影作为科技图像的本性，针对其"无人图像"的特点。对摄影参照能力的高估，以及将摄影与真实的同化，使这个误解达到了顶峰。对摄影表述功能的低估，导致摄影被排斥出艺术范畴。对文献的颂扬和对艺术价值的抑制，是同一个立场的两面。

对摄影文献价值的过高估计，导致将它视为一个彻底的观察员，一个能够满足人类无限制、无变形地看到整个世界里所有物体的幻想的出色工具。1855年世界博览会期间，艾内斯特·拉康的修辞在这一点上很有说服力。但是最完美的乌托邦在这样一个事实面前绊倒了，那就是摄影师只不过是局部观察员。并非因为缺少能力或是过于主观，而是因为光学透视决定了他们在观察时永远处于一个圆锥的顶点。局部观察员能够感知和验证、辨认和选择，但是只能从照相机指定给他的这个位置上来观察。为了看见其他的东西，必须换一个位置，也就是说换一个装置，或是调整原来的装置。上个世纪，在巴黎警察署，为了从犯人的体貌特征中获得当时普通的肖像摄影师所观察不到的东西，阿尔封斯·贝蒂荣制定了极其严密的摄影程序。在这个程序中，他扮演的不再是位于透视圆锥顶点上的摄影师的角色，而是作为文档主管的警察的角色。然而，尽管他成功地创造了许多新的视觉形式，但是摄影很快显出对这些刑事项目的不适应。于是，他需要另一个装置的加入，即体貌测量仪，这个装置提供了另一个类型的局部观察员，另一种感知、另一种接收方式、另一种类型的图像——模拟摄影就这样因数字图像（人体测量）的加入而增强。

如同科学和所有的参照系统，摄影正是在物体内部来安排它的局部观察员。他们中的每一个所能看到的特定的东西，所能单独领会的东西，并不取决于它的主观意志，而是取决于它的观察点的合理性。这个处于物体中的最佳视角，既来自工具（光学的线性透视、胶片的感光性、快门等），也来自观察员所采用的观察方式。这就是为什么人文主义报道中最理想的视角，与对话式报道的视角有着彻底的区别。每一个视角取决于对一系列因素的特殊配置，比如感知和情感，以及距离、时间、取景、速度、形式等，也就是摄影特有的表述方式。

33. 同注 32，p.126。　这就是摄影，也是科学与艺术结合的途径。[33]

因此，摄影图像无论是最精心构思的还是最自发的，无论是有意还是无意，在反映一个物体或是某种感知和情感的过程中，都无法避免表述和风格的渗透。表面上看起来最透明的图像，并不是物体状态的直接反映，因为它从未脱离表述过程和材料加工。图像扎根于物体（保留了物体的痕迹）和摄影师的个体经验（他们的感知和情感），而表述和材料加工则将其从物体和经验中脱离出来。鉴于参照与构成的不可分离性，摄影处于参照图（科学的）和构成图（艺术的）的十字路口（这里的艺术不是随时准备对无数的争议敞开大门的社会空间，而是如同哲学与科学，是直面混乱的最佳方式之一）。因为它们既是摄影也是图像，摄影图像在科学和艺术之间、在参照和构成之间永无止尽地摆动着。两者向来都是缺一不可，尽管它们各自所占的比重随着实践的变化而变化。

毫无疑问，这是模仿理论和痕迹理论的对跖点，尽管这两者有所区别，它们的共通点是将摄影简化为最基础状态，强调参照，忽视构成。通过封闭在技术装置中，通过忽略图像本身，通过选择完全排斥了艺术的科学，模仿理论和痕迹理论将摄影禁锢在"参照图"中。对它们来说，世界仅是一个物质实体的集合。这是粗糙的简化，因为图像中隐藏的远远不止物质实体，还有非物质非存在的实体，即事件。

＜介于物体与事件之间 Entre choses et événements

摄影不仅与物质世界里的物体存在有关系，而且与非物质世界里作为非存在的事件有关系，这一点，对于所有试图摆脱再现枷锁（甚至在文献领域内）的人来说，是不容置疑的事实。这就需要对图像投入更多的关注，考虑被本质主义观念所压抑的部分，即风格、主体和对话。换言之，即图像、作者和他人。摄影图像，在指示物体和物体状态的同时，也表现了事件。它不单是既存物体的栩栩如生的痕迹，它同时也表现了无形的、非存在的事件——这些事件突如其来地发生在物体身上，来自它们的互相混合，在它们身上作用，但是却不具有物体的自然属性，不像它们那样是实际存在的物体。

当奥立维·帕斯奇（Olivier Pasquier）用拍摄明星的方法，来拍摄那些在社会中完全失去了可视性的边缘人物时，他同时也参与了一个将这些人"提升到名人的尊严地位"的事件。这个事件，在拍摄过程中通过物体（照相机、照明等）和身体（模特和摄影师）的独特混合来实现，也就是通过距离的调整、身体姿态的采用、一系列工具和道具的展开、视点和视角的选择、创作风格的运用，以及相应的审美和社会法则等。并且只有当某些无限变化的参数发生变化时，当聚合在一起的物体和身体完成了某些混合时，"提升到名人的尊严地位"这一事件才能发生。在同样的物体和身体的基础之上，另一些变化和另一些混合将实现另一个事件，完全不同的事件，比如说"揭露困境"。

马克·帕托（Marc Pataut）强调照相机和摄影师的身体在图像中所起的重要作用是有道理的。使用沉重而较长时间曝光的大画幅相机，和使用快速轻便、易于操作的 24 毫米 ×36 毫米（135）单反相机，拍摄过程中身体与机器的交换和混合方式完全不同，产生的效果也不尽相同。小型相机有取消身体参与、提升眼睛的重要性、使拍摄过程相对抽象化的趋势，反之帕托大腹便便的身体的介入和大画幅相机的重量感，为摄影融入了有形的东西。另外，帕托经常调侃说他可以用肚子来拍照，拍摄不只通过眼睛和取景器，而是身体及身体混合的结果。

摄影旨在将一个事件实在化，离开了表现它的图像，这个事件是不存在的，

但是又与图像有着不同的本性。[34] 从这个角度看，

34. Gilles Deleuze, *Logique du sens*, p.213.
35. Philippe Dubois, *L'Acte photographique*, p. 81-82.

新闻记者有理由发出媒体"制造事件"的感叹。因为实在化是一个创造过程——图像不再现事件，它表现事件。事件定义所启发的思维，与建立在记录、痕迹基础上的符号学的思维有着彻底的区别。后者完全忽略图像的个性和表现形式，只关注物体和痕迹，事件的思维与这个观念割裂了联系。事件定义将摄影从观念的死胡同里解放出来，不再局限于物质、存在、本质这些概念。菲利蒲·杜布瓦曾写道，摄影"不解释，不演绎，不评论"。然而什么样的图像能够做到这些？接着在巴特式的激情中，他又写道，"它又哑又裸露，平淡无光，也有人说它愚蠢。它简单地、纯粹地、不加任何修饰地表现了一些语义学上空白的符号。"[35] 存在，除了存在还是存在——纯粹的指示。既无含义也无意义。顺带地说，这个意义，图像（不管是摄影的还是非摄影的）永远也不会解释，因为解释来自语言，不来自图像，图像只能够表现。

正相反，事件的定义有力地证明了摄影从来就不是肤浅地记录或是简单地指示，而是无可争议地既指示（身体、物体和物体的状态），又表现（事件、意义）。更确切地说，在不同程度上结合了相似性和痕迹的指示，也包括了表现在内。指示，包括再现和表现，表现不是再现性的。在图像中，就如在语言中，同时存在着多个语级，每个语级都有自己独特的参照。指示是与外界物体状态之间的符号的和图像的关系，它是图像中具有指示性的一部分，是图像指出这个、那个、那里、此时等的方式。指示的参照是有形的物体和身体，在这个意义上，符号学将摄影几乎整个地简化为指示和参照。

然而，图像中同样介入了其他一些"无形的"参照，这些参照不为光学和化学具象的力量所捕获，不能被直接地再现出来，但是它们在图像中的渗透却不因此而有所减少，它们的渗透途径有别于有形的痕迹途径。事实上，图像总是与"我"这个主体深深地相连，与其行动、情感、感知和个性相连。图像和"我"之间的这个关系的体现是情感表露，这似乎正是被符号学所忽略，而又被另一些受传统艺术观念影响的学说过高估价的。对后者来说，艺术作品整个取决于作为"我"的艺术家。至于作为观念语级、意义，这无疑是最不稳定的，因为不同于语言，图像与观念之间的关系是脆弱和不确定的。最后，意义的语级、表现，是图像最根本的组成部分，特别是在摄影图像中，它不再现（物体、

身体），但是表现了事件和意义。[36] 这些语级总是　　36. Gilles Deleuze, *Logique du sens*, p.22-30.
不可避免地混杂在一起，在图像中以不平等的方式存在。指示主导了文献摄影，在艺术摄影中，最重要的毫无疑问是情感表露，而在被我们命名的"表现摄影"中，表现占据了中心地位。

　　然而，指示怎样才能包含表现呢？以紧密与物体相连、物质的自动留痕、完全客观而著称的摄影，又是如何对无形世界（事件和意义）敞开大门的？这来自事件的双重结构，一是通过有形物体的实在化，二是通过图像的表现。在摄影中，指示不仅能够出色地包含表现，而且图像具有将照相装置（指示物体）和表现形式（表现意义和事件）合二为一的独特属性。事件不是发生的事情（事故），而是在发生的事情中被指示的和在图像中被表现的综合的东西。正是基于其指示性和表现性的力度，摄影和媒体才能够从最平凡的现象中成功地"制造事件"。与有形物体相关的指示，能够包含与无形事件相关的表现，因为事件体现在有形物体中，并通过图像被表现出来，两者是不可分割的。

　　从过去和将来的广阔中分离出简略的拍摄瞬间，选择应该被指示的东西，即孤立出一个物质和时间的空间，这就是摄影装置的功能，这就是它的指示功能的力量所在。然而对有形物体的指示，并非无条件地包含对无形的事件的表现，具体的形式和风格是其前提。正因如此，缺乏合适的风格，就是描述性最强的图像，也可能在其表现的物体中缺少事件的部分。而符号学正是通过忽略图像，抬高装置性，将摄影降低到纯物质的地位，远离事件和意义。就这样，时间的顺序性被突出，而摄影中非顺序性的时间部分却被埋没了。

摄影的时间性 TEMPORALITÉS PHOTOGRAPHIQUES

　　摄影的时间性是一个复杂的问题，也许可以这样提出：图像是怎样避开照相装置符合编年顺序的时间性的主宰，向生活和事件中的非编年顺序的时间性敞开的？显然是通过形式和表现。严格的文献遵守时间的编年顺序，而表现摄影则不择手段地来规避它。因而，对于直面事件的摄影师，和对于面对图像的观众来说，时间完全不是同一个概念。

< 摄影师的时间性 Temporalités de l'opérateur

1952 年，亨利·卡蒂埃–布列松在为其摄影集《抓拍》写的前言"决定性瞬间"一文中，描述了他与事件在摄影报道中的关系。他认为能够置身于事件之外，与其保持一定的距离，并交给自己"从现实的深度中捕捉真实的事件"[37]（假设的）的任务。姑且不论这个观念是否合理，至少他准确地意识到事件的复杂性，以及摄影师在摄影上"寻找解决办法"的必要性。

37. Henri Cartier-Bresson, « L'instant décisif », *Images à la sauvette*, p. 9-20. Sauf indication contraire, les citations ci-après sont extraites de ce texte.

38. Henri Bergson, *Matière et Mémoire* (1939) , p. 152.

尤其，亨利·卡蒂埃–布列松揭示了摄影瞬间是如何向多个异质的时间性提出质疑的。第一个时间性，当然是事件发生的现在时，也就是摄影师"从取景窗里直面现实"所处的时间性。这个现在时具有一定的长度，它是具体的，被直接经历的，需要与物质世界进行接触的。"一个事件是如此丰富，我们尚未进入其中，它就已经变样了"，卡蒂埃–布列松解释道。对他来说，拍摄过程可能持续几秒钟、几小时，甚至几天。

如果说作为痕迹，摄影迫使摄影师在事件运行过程中投入了身体参与，那么，作为具有"定格特定瞬间"独特属性的装置，摄影使这个现在时绊倒在一个被完美限定的数学瞬间上，即抽象的现在，没有厚度的现在，由突然、简短并经常伴有噪音的快门的按动所实现的现在。这就是第二个时间性，机械发动的时间性，这个时间性将摄影师亲身经历的持久的现在时，无限缩短成一个微现在时，即无限小的时间点。

作为短暂的时间停顿，机械发动在时间的弧线上切割出过去和将来。[38] 这也是摄影的第三个时间性，即过去将来时——物体和身体的过去，图像事件的将来。尽管如此，矛盾的是机械发动的物质瞬间是空的，在这个瞬间内不产生任何能够直接被感知的事物。与画家或是雕刻家截然相反，摄影师不可能循序渐进地展开创作。他的特殊处境决定了他必须在不确定和失明的状态中来完成。因而摄影图像既处于已经过去的瞬间，又同时被抛向将来。图像的定格和显现被一个潜在时间分开，另外我们将其称为"潜在图像"，这是一个光线留在银盐表面的无形图像，等待着通过化学反应被显影出来。尚未出现但已经存在，这就是对图像潜伏期的过去将来时的描述。潜在的图像对未来开放着，也对图像自身开放着。摄影时间性的另一部分则相反地处于过去，即物体和身体的过去。"我们与正在消失的东西做着游戏",亨利·卡蒂埃—布列松写道,"并且,当它们消失后,是不可能让它们复活的。对我们来说,消失的东西,永远地消失了——这就是我们的焦虑所在,也是我们职业的独特性所在。"仍旧存在却已经过去了,这就是处于拍摄瞬间的身体和物体。卡蒂埃—布列松的焦虑,很早就被许多其他实践者感受到了,特别是法国风景画家朗格鲁瓦上校,他于 1856 年在克里米亚前线艰苦的条件下拍摄了第一批战争照片。停战前,军队在撤离前销毁了所有的防御工事,朗格鲁瓦在报告中写道:"我让他们暂停对我尚未拍摄完的军事搭建物的拆除;那是马拉科夫附近的三个炮台;我将它们依次拍摄下来,每拍完其中一个,拆卸工就迫不及待地将其摧毁。我恨不能马上离开又马上赶回来,以便知道三个炮台是否拍摄成功,不然,是不可弥补的。"[39]

39. François Robichon et André Rouillé, *Jean-Charles Langlois. La photographie, la peinture, la guerre*, lettre n° 40.
40. Gilles Deleuze, *L'Image-temps*, p. 108-109.
41. 同上。
42. Henri Bergson, *Matière et Mémoire* (1939), p. 76.

　　拍摄的现在时具有双重时间性:一是即将显影的图像的将来时,二是物体和身体所处的过去时。拍摄刹那,不产生任何即刻的感性结果,"将现在时分为两个相异的方向,一个直奔将来,另一个坠入过去"[40]。以至于摄影瞬间没有将时间悬置,没有将其凝固,它将时间"分成两股不对称的喷射"[41]:一个喷向图像的将来时(尚未出现但已经存在),一个喷向物体和身体的过去时(仍旧存在却已经过去)。

　　拍摄之后,是后期处理过程中的图像显影,这期间摄影师的角色变了,成为自己作品的观众。这个特殊时刻,开启了第四个时间性,将摄影师作为操作者和观众的两面结合在一起。照片是一个双重图像,是现在时与现在过去时、感知与回忆、实在与潜在的无形结合。这是一个图像结晶,如同德勒兹在伯格森德关于时间理论的基础上所定义的。对于作为操作者和观众的摄影师来说,从拍摄前直到显影完成,感知图像的现在时与对拍摄过程的记忆的现在过去时同时存在。与普通经验主义的观念相反,这意味着面对自己拍摄的照片,摄影师并非直接地、简单地面对被固定下来的物体过去的状态,而是夹杂着对拍摄过程中的波折和境况的记忆(现在过去时)。正是通过"与感知密不可分的记忆将过去融入现在"[42],现在(感知的)才能够与过去(记忆的)同时。

　　摄影师对自己拍摄的图像的感知和对整个拍摄过程的记忆,是不可分割的。

所以产生了两个时间性的十字路口：感知的现在时、记忆的现在过去时。这里摄影师兼观众的记忆中的一部分，也是作为摄影师的记忆，将其与不参与拍摄过程的单纯的观众区分开来。

< 观众的时间性 Temporalités du spectateur

在《明室》一书中，罗兰·巴特以精彩的文笔描绘了观众的立场，即他自己的立场。带着深深的眷恋，期望在家庭老照片的探寻里"找回"逝去的母亲，是该书撰写的缘起。巴特对图像的论述，采取了观众的视角，带着"从容潇洒的现象学"的特点，而且他在这里只考虑家庭照片。这个关系，很显然来自他对母亲深厚的感情，来自他交给图像的使命——让母亲复活。

虽然承认不再赏识摄影，巴特还是重新回到摄影上来，因为他相信摄影"具有某种起死回生的力量"[43]，并且它能够将他"引向一个本质的身份，一个被爱慕的面庞的精髓"（逝去的母亲）[44]。复活的主题为巴特的思想赋予了强烈的宗教色彩，也许是时间特性最为突出的天主教传统的主题。摄影因而成为一个具有神秘和神性力量的装置，能够象征性地复活死者，让死去的身体回到生命状态，讨伐被时间摧毁的东西，让时间倒转。对巴特来说，这个暗喻揭示了"在照片面前，就如同在梦境里，做的是同样的努力，西西弗斯式的重复：绷紧的，朝着本质（山顶），往上推（巨石），（到达后巨石滚落下去）来不及张望就又下山，再重新开始"[45]。对他来说，图像只是无休止的起点和艰难的逆向行驶，徒劳无止尽地向上推：时间的向上推，生命的向上推，从死到生的向上推，或者是从表象到本质的向上推。[46] 事实上，巴特反复运用的这个很早就被伯格森揭示的立场，即"为了在既成和现在的状态中找到过去的起源标志，为了区别记忆和感知，而进行的徒劳的无用功"[47]。

43. Roland Barthes, *La Chambre claire*, p.129 et p.100-101.
44. 同上，p.104-105。

西西弗斯：希腊神话人物。他触犯了众神，诸神为了惩罚他，便要求他把一块巨石推上山顶，而由于那巨石太重了，每每未上山顶就又滚下山去，前功尽弃，于是他就只能不断重复、永无止境地做这件事。

45. 同上，p.104。
46. 同上，p.104 et 111。
47. Henri Bergson, *Matière et Mémoire* (1939), p.150.

在既成和现在的老照片里，巴特加入了一个过去的起源：他的母亲。如同在许多照片观众那里，这个行为总的来说是建立在一个形而上的空想之上，即通过现实的图像直接回到假设的起点，即对象。在这个观念看来，什么都不能够阻止从图像抵达物体这个至尊，（时间中的）回忆不能，（空间中的）图像也不能。正是这样，巴特一贯地将对图像的感知从对物体的记忆中分离出来，并宣称摄影图像的不可视性。对图像的感知独立于记忆，这就是他的第一个公设。"我所看到的"，巴特说，"不是如同艺术宣扬的对于玛雅古城的回忆、想象、重建，或是片断，而是成为过去的现实：一个集过去和现在于一身的现实。"[48] 直接抵达过去的物体，没有回忆的面纱，没有记忆的代言，也没有图像的中介。感知就这样被简化为一个直接的投影，并且是单向的，从现在的照片投向过去的物体；感知被视为一个从图像的此时此地到物体过去的现实的线性上推，对回忆的缠绕无动于衷。因此，这里存在着一个从记忆中解放出来的精神的笔直前行，它从图像的现在出发，渐行渐远，再也不回头。这个从"图像—现在极"朝"物体—过去极"的直接上推，矛盾地巩固了著名的符号断裂说，在语言学家那里介于符号和物体之间的断裂，被摄影痕迹的到来取消了。聚焦于物体（"因为我眼中看到的只有参照物，被渴望的物品，珍贵的身体"[49]），导致巴特得出图像的不可视性这样一个结论。"不管它表现了什么，也不管它用什么样的方式来表现，一张照片永远是不可视的：我们看到的不是它"[50]，而是它的参照物。

而亨利·伯格森（Henri Bergson）则从一个彻底不同的假设出发。通过将物体和身体视为图像，通过"称呼物体为'图像'"[51]，他首先将巴特式的立场逆转了过来。一个将物质和世界带入图像中，另一个则废除图像突出物质。此外，巴特反驳的感知与记忆的统一，在伯格森这里得到肯定，使他能够不直接将被感知的图像反映物体（参照物），而是反映了一系列掺杂着回忆、梦境、渴望和意义的其他图像。这些区别，也导致了两者对待感知和对待图像与物体、时间之间关系的方式上的深刻差异。在《明室》一书中，作者通过矢量式的形式，以线性、单向、直接的方式，将"图像—现在极"与"物体—过去极"连接起来，而半个世纪前的伯格森则已经在《物质和记忆》（Matière et Mémoire）一书中，提出了相反的电流线路式的连接方式。

伯格森认为，感知的功能就如同接在物体之上的符合一定电压的电流，每一个感知和专注程度，即电压，产生一个新的线路。而且从即刻感知到越来越

48. Roland Barthes, *La Chambre claire*, p. 130.
49. 同上，p. 19.
50. 同上，p. 18.

亨利·柏格森（Henri Bergson，1859—1941）：法国哲学家，他的著作文笔优美，思想富于吸引力，1927 年因《创造的进化论》一书获诺贝尔文学奖。在柏格森有生之年，他的哲学影响了整个世界。在 20 世纪二三十年代，中国知识界就对他相当重视，梁漱溟、梁启超、蔡元培、杜威、胡适、熊十力等都曾研究或评论过柏格森哲学。

51. Henri Bergson, *Matière et Mémoire* (1939), p. 258 et 17.

专注的感知的过程中，产生了一系列的线路，它们都从物体出发，最后回到物体，并在物体周围形成了许多幅度越来越大的相互镶嵌的循环圈。[52] 这些记忆的循环圈是如此之大（因为是整个的记忆在这些感知的线路里流通），以至抵达了现实的最深层面和记忆或思想的最高境界。于是，同一个物体在多个感知和记忆的线路中相继存在，每一个存在都产生了一个无形的图像，一个"描述"，试图取代这个物体，"擦除"这个物体，而只记住它的某些特征。同时，与其他线路连接的其他的描述，即其他的记忆、梦境、思想、专注和意义的区域，则记住了物体其他的一些特点，永远是暂时性的。[53] "每一次线路流通抹掉并产生一个物体"[54]，德勒兹总结道。所以对一个现实存在的物体的感知，在于将它与一个潜在的图像相连，这个图像是对它的反映，也是对它的包含，将它插入无数线路循环中，这些线路在感知和记忆、现实和想象、物质和精神之间将它完全地吸收进去。对一张实在的、此时此地摆在眼前的图像的感知，伴随着一张潜在图像的产生过程，某种意义上的复制或是反射，两张图像结为一体，成为一张"图像—结晶"。实在与潜在，现实与想象，现在与过去，在这个结晶之上互相交换。

抛开伯格森和巴特在观念上的差距，以及后者对前者思想的演绎，我们可以推进这个假设——巴特对这张能够让他从中"找回"母亲的照片执着而痛苦的寻觅，目的其实是为了构建一个"图像—结晶"，也就是说让他脑海中潜在的母亲的图像与实在的图像（一张母亲的照片）重合。与图像感知的正常运行背道而驰，巴特的寻觅是从关于母亲的精神图像（潜在的）到摄影图像（实在的）的过程。与他自己声称的相反，巴特并非从图像出发，在"找回"母亲的企图中不断地失望，他其实并没有"往上推"，反而是从他脑中潜在的图像出发往下走，走向困扰他的实在的图像。他实际上是通过摸索来找到那一张最好的照片，最能和关于母亲的思想、梦境、记忆和感情产生共鸣的照片。

这张能够与母亲的潜在的图像深深契合于一体的实在图像，也就是能够形成"图像—结晶"的图像，巴特最终找到了，这就是那张从此著名的《冬日花园》，在这张照片上，他母亲 5 岁。这张照片之所以被留意，显然不是因为逼真性，而是因为它和巴特的梦境、回忆和感情产生共鸣的能力。这张照片既不具

52. 同上，p.114-115. Voir le schéma des circuits que propose Bergson。

53. Alain Robbe-Grillet, « Temps et description », *Pour un nouveau roman*. 摘自 Gilles Deleuze, *L'Image-temps*, p.63-64.

54. Gilles Deleuze, *L'Image-temps*, p.65.

再现性又不具相似性，结果给了巴特巨大的想象空间。他幻想当时的拍摄过程，重温这个家庭故事（之后母亲的父母离异），掺入自己的感知和记忆（"我观察着这个小女孩，然后我终于找到了母亲" [55]），从而欣赏自己对母亲眷恋的本性（"从这张小女孩的照片上，我看到了很早在她品性中形成的并伴随她一生的善意" [56]）。巴特通过这张照片来摸索感知和记忆、现在和过去、观察和梦境、图像和想象之间的共存关系，也就是实在和潜在的共存关系，正是这一点让《冬日花园》成为一张"图像—结晶"。如果巴特从来没有展现这张照片（实在），如果这张照片是不可公开的，这不是因为它的隐私性特点（巴特曾经发表过家庭老照片），也不是因为它表面的微不足道，而是因为巴特不能将其与母亲的潜在图像（只属于他自己的回忆、梦境和感情）分离开来，除非是把它销毁。实在和潜在，作为"图像—结晶"的《冬日花园》的两面，是相互不可分离的。"我不能够公开《冬日花园》这张照片"，巴特袒露，"因为它只为我存在。对您来说，它只不过是一张无关紧要的照片。" [57] 总之，这张照片是对巴特关于摄影理论的最雄辩的否认。

55. Roland Barthes, *La Chambre claire*, p.107.
56. 同上。
57. 同上，p.115。

< 现在与过去 Présent et passé

　　这个从现在到过去的逐渐上推的摄影寻觅，在巴特的构想中，没有任何本质上的差异能将两者分开。然而这个从手中的照片出发寻找母亲（过去）的尝试，很快就被证实是既艰难（"西西弗斯式的" [58] 努力）又徒劳的："我只能通过碎片来认出她，也就是我失去了她的存在，并且我失去了她的全部。" [59]

　　巴特的"此曾在"的概念建立在时间的持续性流逝基础上：过去只是一个旧的现在，很自然地，现在取代过去。一个简单的程度上的差别，而非自然属性上的差别，

58. 同上，p.104。
59. 同上，p.103。
60. Gilles Deleuze, *Différence et Répétition*, p.105.

将现在与过去分开，以至于它们之间的过渡是逐渐完成的。在这个构思中，时间的基础是正在经历的现在，而这个现在也正在成为过去，是对独立连续瞬间的收缩。至于过去和将来，则只是这个现在的标尺而已。[60] 我们的习惯、节奏和自然的生理周期构成了正在经历的现在，通过对独立连续瞬间的收缩，它似乎完美地符合摄影的技术功能。

　　然而这个巴特极力维护的，建立在正在经历的现在基础上的连续性时间概念，

在他自己的著作《明室》一书中，却令人吃惊地被质疑甚至被否定，即《冬日花园》这张照片的发现。"就这样"，巴特写道，"我独自进入她过世时住的公寓，在灯下翻看母亲的照片，一张接一张，渐渐地和她一起随着时光倒流，寻找我曾经爱慕过的真实的脸。我找到了。"[61] 这个逐渐的（"一张接一张"）、缓慢的（"渐渐地"）、绝望的、"西西弗斯式的"时光倒流，突然被中断了，因为，当巴特"在部分真实却整个虚假的照片中挣扎时"[62]，《冬日花园》这张照片的出现，顿时吸引了他——这是一张很普通的母亲小时候的照片，陈旧泛黄，没了边角。而正是这张照片，承担了表现脸庞真相和身份本质的使命。[63] "我母亲当时五岁"[64]，巴特描述道，似乎突然地潜入一个他所不了解的过去之中：这个过去不是"此曾在"的过去的现在，而是一个混合着他的童年、母亲的去世和现在对照片的感知的过去。

61. Roland Barthes, *La Chambre claire*, p. 106.

62. 同上，p.103。

63. "为了抵达它的本质属性，我在一局部真实即整体错误的图像中挣扎。"（同上）

64. 同上，p.106。

65. 同上，p.107。

66. 同上，p.133。

67. 同上，p.135。

68. « Non seulement la photo n'est jamais en essence, un souvenir[…], mais encore elle le bloque, devient très vite un contre-souvenir »（同上，p.142).

　　"我观察着这个小女孩，然后我终于找到了母亲"[65]，他继续袒露，既流露着喜悦之情，也带着理论上的迷惑。与他一直承认的截然相反，巴特其实在这里预感到，照片的"真实"和"准确"既不存在于附着的参照物身上，也不存在于"此曾在"这个过去的现在身上。相反，《冬日花园》的这张照片之所以吸引他，是因为它能够把最遥远的和最相异的交织在一起，将小女孩和去世的母亲重合，让现在和过去最极端的一些对立点在这里共存，让感知和记忆在这里汇合。这是过去与现在的真正断裂，因为对这个过去的抵达，并不按照从现在出发的时间倒流的规律，所以，《冬日花园》既不遵循时间连续性的逻辑，也不遵循相似性的逻辑，也就是说，不遵循巴特关于摄影的总体观念。

　　那么，这张照片是否直接反映它的物质参照？它是否局限于"证实它所再现的"[66]？在它身上我们是否只看到一个"到场凭证"[67]，如同《明室》中反复强调的？这张对巴特来说不寻常的照片，是否逃脱了他自己对所有的照片所下的"不可视"的咒语？最后，它是否只是一个封锁了记忆的"反记忆"[68]？《冬日花园》巨大的方法论意义在于（在巴特的无意识中）证实了一个显而易见的事实，即最平凡的照片也不能被简化成纯粹的参照，无论是作为物体的参照，还是作为曾经存在过的过去的现在的参照。这张照片的另一个意义在于，为读者呈献了罕见的对一张摄影图像的感知如此栩栩如生的描述。

　　尽管如此，这个描述也反映了，一张摄影图像与其说是记忆，不如说是反记忆，或者更确切地说，是一个记忆的离合器——对一张照片的感知，体现了一个实在化的过程，一个过去与现在相交的过程。一张接一张地浏览老照片后，巴特没有"随时间倒流"，而是一头扎进借助"伤感"[69]所营造的过去中。每一张照片让他从过去的一点跳到另一点。这个过去不光是他自己的过去，而且是一个普遍意义上的过去，集个人的、亲情的、家庭的、历史的过去于一体，这些也是巴特在《明室》一书中断断续续点拨到的。唯一吸引他的，是那些能够将他脑海中的某个记忆激活，并赋予其现在的形状的那些照片，即实在化。正是在这些照片中，巴特认出了母亲脸上的某个"部分"或是身体的某个"运动"，如同记忆，是过去在今天的迁移、演绎和蔓延。

69. Roland Barthes, 同上，p.110-111.
70. Gilles Deleuze, *Le Bergsonisme*, p.60.
71. Henri Bergson, *Matière et Mémoire*, p.148.
72. 同上，p.76。
73. 同上，p.167。

　　换言之，作为理论家的巴特，从现在出发到过去，从感知到记忆，作为观众的巴特则从过去到现在，从记忆到感知，两者之间是矛盾的。[70]"我们脱离现在，首先回到普遍意义上的过去，然后进入过去的某些区域"[71]，伯格森如是解释。如果现在的属性与过去不同，那么记忆就不能随着时光的逐渐倒流而出现。我们记忆的构造始于和现在的割断，通过在与现在异质的"普遍意义上的过去"里的跳跃，继续寻找符合我们目前的行动和感觉需求的记忆。在现在的情感驱动下，过去区域里的沉睡的记忆被唤醒，被转变成记忆的图像，然后通过观众的感知形式被实在化，甚至通过照片的形式在摄影师那里被实在化。用伯格森的话来说，"与感知不可分离的记忆，将过去插入了现在"[72]，也就是记忆为感知赋予了主观特点。就这样，我们投向图像的目光既是立体的（在现在和过去中），又是方向性的（从过去到现在）。我们在此时此刻，感知不到任何未在记忆中引起共鸣的东西，任何与过去没有联系的东西。"所有的感知已是记忆。"[73]

< 物质的时间，记忆的时间 Temps de la matière, temps de la mémoire

　　在相继定义了摄影的时间后，我们能够从亨利·伯格森的著作出发，用共存的观念来研究摄影，这与安德烈·巴赞于1945年提出的思想完全相反。通过肯定摄影"保存时间"的特点，借助于一个"圣物和记忆的心理学"，巴赞总结了

一个世纪以来的摄影时间理论，为 1980 年代在查尔斯·桑德斯·皮尔士影响下产生的符号学理论思潮的兴起埋下了伏笔。抛开差异不谈，这些相关的作者都运用了物质的、生理的、心理的观念来研究时间和记忆。时间由一系列独立瞬间构成，摄影停住、固定、保存时间，胶片上相应产生的一系列影像是完美的隐喻。如同以巴特"此曾在"为代表的，或是以布列松的"决定性瞬间"为代表的一类解释，过去只不过是一个曾经的现在。现在和过去之间，没有任何自然属性上的区别，我们可以渐进式地从一点到另一点，并通过现在来重新构成过去。

虽然"此曾在"是各种有关摄影时间的思考的多数派意见，具有显而易见的特性（即曾经经历），但是同时它并未真正揭示出摄影的本质，而仅仅是关于时间和摄影的一个独特的观点，且这个观点亟待商讨。

什么是"此"？对巴特来说显然是附着于图像的物体，是物质现实，排除了在图像中起决定作用的无形世界的东西（特别是拍摄姿势和整个的表现形式）。对巴特来说，"特定的照片与参照对象（它所再现的）从来没有区别"[74]，图像的形式、风格、表现方式是不可视的，所以他只能将摄影与确定性、真实性和证实性的概念联系起来。他宣称"摄影的本质是证实它所再现的（东西）"，然后又解释道：摄影"不创造"，"从来不说谎"，总之，"所有的摄影是一个在场证明"[75]。摄影图像的本质被简化为证明物体的物质性的存在及其过去的存在。此曾在，"这个物体曾经存在过，并且就在我看到它的这个地方存在过"。[76]

74. Roland Barthes, *La Chambre claire*, p.16.
75. 同上，p.133-139。
76. 同上，p.177。
77. Henri Bergson, *Matière et Mémoire*, p.166.

尽管巴特的目的是定义摄影的本质，而"此曾在"概念却导致了将摄影图像置于一个三岔口：一是物质存在的问题，二是现实简化为附着于图像的物体的问题，三是一个"曾在"的过去的现在的问题。巴特对现在的定义为：是……的，而伯格森认为，"现在简单地说就是正在做……的"[77]。从巴特的"是……的"到伯格森的"正在做……的"，体现了不同的时间概念，尤其是对现在的概念，从而产生了不同的关于摄影的概念。"此曾在"被"此曾做"取代，或更确切地说是被"此曾发生"取代。这个取代极其重要，意味着对验证性观念的打破，将摄影从物质、在场和存在的范畴转移到了事件的范畴。同时，曾做过的或曾发生过的，既与摄影之外的现实世界里的物体和物体状态相联系，也与整个的摄影和选择过程有关，以至于事件产生于现实和摄影的交界点。从此，照片不再是参照物体的被动记录，而是一个事件的审美（痕迹和风格）的产物。在事件的理论性驱动下，将摄影简化为证明的观念自动瓦解了。甚至作为肯定式的"此曾发生"，试图转化为文学小说式的疑问"发生过什么了？"[78] 与通过"将发生什么？"来吸引读者的神话故事的提问不同。　78. Gilles Deleuze et Félix Guattari, *Mille plateaux*, p.235. 承认摄影中除了物质存在，还有事件的部分，相当于结合了德勒兹式的文学理论和巴特式的在场证明。这个概念旨在通过在场证明（肯定的）和文学小说（疑问的）的共存，打消两者在摄影中的矛盾。证明就像贴在物体身上的透明描图纸，自认为完整地再现物体，文学小说让摄影向不确定、遗忘，甚至秘密，当然还有风格开放。透明纸变成了图解。

毫无疑问，关键在于解除束缚了图像的参照枷锁——符号学理论和"此曾在"的概念。《明室》虽以"摄影笔记"为副标题，实则阐释了图像的不可视性，这难道不是一本自相矛盾之作吗？"此曾在"的概念，难道不是以摄影的时间性来对照物质的时间性吗？当然，巴特有理由强调一个现实的物体曾经必然地存在过。但是，他的错误在于将这个摄影的局限性，判断为摄影的本质。事实上拍摄瞬间必然存在的物体，只构成图像的基础，一个物质的和时间的基础，图像扎根的土壤。然而一张图像的基础，如同一个建筑物的基础，不光是由必然的载体构成，至少不能代表它所支撑的图像或是建筑的全部。摄影图像不等于物体，不论是从物质角度、空间角度还是时间角度看。图像的范畴时而超出物体，时而小于物体，不管怎样，它在对物体的见证过程中，总是激起疑问、不确定性，甚至敌意或谴责。

就算是普通的照片，也毫无疑问是对身体、物体和物体状态在拍摄瞬间存在过的见证。但是这个来自记录的见证，仅仅是图像的肯定部分。图像的信息价值决定了其更偶然的一面。远非摄影的全部，"此曾在"就像一系列问题的离合器。其中一些问题与物体状态相关，比如：发生了什么事情？照片上的这些人是谁以及他们在做什么？这是在哪里发生的事？其他的问题直接指向图像，比如：这张照片是何时拍摄的？这张照片的画外空间是什么？为什么这样取景或为什么这个形式？最后，随着对摄影客观性的信仰的衰落，这个问题出现得越来越频繁：这张照片的可信度有多少？确实，这些问题还有其他很多问题，伴随着并完善着感知过程，正是在这个过程中，读者通过一系列在过去时态中的跳跃，试图在图像表现的某些元素和记忆中的某些区域之间建立起联系。因为感知不等于接受和被动地记录，而是主动地质询和追忆。

于是摄影图像被两大思维方式渗透，一个是肯定式的，另一个是疑问式的。第一个方式以"此曾在"和"在场凭证"为代表，是建立在身体、物体和物体状态基础上的思维方式，即物质的和痕迹的方式。第二个方式以"发生了什么？"为代表，与摄影事件和摄影之外的世界相关，即无形的、风格的和记忆的方式。如果物质通过痕迹构建了摄影的基础，那么记忆则是它的源头（基础与地面相关，而"起源则来自天空，从顶端到基础"[79]）。通过痕迹、证明、附着，"此曾在"

79. Gilles Deleuze, *Différence et Répétition*, p.108.

构建了摄影的底座，而其中记忆则是其源头。作为摄影空间和物质基础的痕迹，作为摄影时间基础的"此曾在"，是最近几十年间摄影理论研究关注的主体，而从现在起，关键在于将研究重点放到摄影的源头上，特别是研究无形的东西是如何在图像中被体现的。

所以，摄影图像，无论文献或是表现，既站在"此曾在"一边，又站在"发生了什么？"一边；既是痕迹，又是小说；既是证明性的，又是疑问性的；既是物质的，又是记忆的；既是现实的，又是潜在的；既是过去的现在，又是纯粹的过去。痕迹的概念只体现了半个摄影，即其最即刻的一面。时而，在罗兰·巴特那里，摄影与记忆的关系被坚决地否认；时而，在安德烈·巴赞和符号学理论家那里，摄影被视为圣物——被凝固、保存下来的，曾经存在过的物体状态的惰性的、物质的痕迹。在某种意义上，这个摄影图像成为有意识的记忆体现，将从实在的现在走向"曾经"的现在，在活生生的现在完成行动，并试图通过这一系列的悬置的、固定的、静止的、惊怔住的现在的瞬间来重新勾画过去。摄影的另一面，反映了无意识的记忆，如马塞尔·普鲁斯特所勾勒的。正是这无意识的记忆，在《冬日花园》这张照片里，切实地困扰了巴特，因为与所有的期待相反，他意外地从一个无所之所、一个与现在割裂的过去中找到了母亲。他所寻找的是刚刚去世的他所熟悉的母亲，他面对的却是一个小女孩和一个年老的女人不可言喻的神奇的混合，这个混合从未被见过，也从未真实存在过。

这张照片，既挑战了有意识的感知、记忆和经历，也挑战了编年顺序和时间的连续性。它揭示了摄影的时间不能被简化为一系列的现在，并且被感知的图像并非只有一个过去，并非只有一个曾经存在过的过去的现在。事实上，图像的每一个现在时（物体的、拍摄的、感知的现在）都与一个"普遍意义上的过去"共存着，这不是一个曾经存在过的独特的过去的现在，而是一个与我们合为一体的过去，它引导并限制着我们的行为（时间上）和感知（空间上）。这个非编年顺序的过去，非连续性的过去，死去的过去，这个纯粹的过去，不会过去的过去，确切地说，正是记忆的过去。在摄影图像的每一个时刻，物质的时间就这样和记忆的时间相交，现在与"普遍意义上的过去"在我们行动的空间里共存着。

这个受伯格森影响的观念[80]揭示了从图像的拍摄到感知，每一个摄影时刻都是两面的：一面扎根在物质所经历的现在中，另一面处于记忆潜在的过去中。第一个范畴，毫无疑问也是我们所最熟悉的，是活生生的现在，是行动，是"此曾在"。这也是痕迹、捕捉、记录、符号的范畴，总之，是自然接触和物质毗连——物体的物质和摄影的物质。但是，这里只涉及了半个摄影。另一半，尽管与前一半不可分离，但同时又是相异的，由将过去插入现在中的记忆构成。不论是面对图像的观众，还是面对被摄物体的摄影师，正是这一部分为我们的感知和行动赋予了主观性的特点。例如拍摄瞬间并不能被简化为一个纯粹的机械记录，如同符号学的追随者所坚信的那样，他们与安德烈·巴赞一起，赞美摄影的"自动起源"和"本质的客观性"[81]。正相反，记录的客观过程只不过是拍摄中浅表的一部分，而其最深层的部分则是主观实在化的过程。

< 实现化与实在化　Réalisation et actualisation

面对这些将摄影致残的触及一半的理论，一个更全面理论的产生，关键在于承认摄影的时间既包括物质的现在，也包括记忆中的潜在的过去。因此，摄影师处于两个现实的交叉路口——物质的现实和记忆的非物质的现实。他的感知和图像，正是处在这两个异质现实的结合处。感知，来自记忆，在反映物体的同时也被抛入了过去，这就是为什么它总是主观的。[82]至于摄影图像，它们也突然出现在两条相异的通道的十字路口：一条是物质痕迹的直接、客观的通道，另一条是主观的、迂回曲折的，甚至颠倒的记忆的通道，两者是同时的。第一条通道完成了实现化的任务，第二条通道完成了实在化的任务。一个

80. Henri Bergson, *Matière et Mémoire*, p.169 et 181.
81. André Bazin, « Ontologie de l'image photographique »(1945), *Qu'est-ce que le cinéma?*, p.13.

82. Henri Bergson："所有的感知已经是记忆，我们所感知的实际上是过去"，或"我们感知的主观性主要取决于我们记忆的贡献。"(*Matière et Mémoire*, p.167 et 72.)

属于重复和复制范畴，另一个是相异和创造。 实现化在物质中进行，从物体的物质到图像的物质，以线性的、机械的和决定论的方式进行，这是痕迹的法则。实现化在于排除、裁减和选择，这也是取景（空间）和瞬间性（时间）的原则。实现化产生相似性，这是光学和透视的法则。因此摄影的物质和客观部分遵循实现化的法则，这是具象绘画无可比拟的优势所在。然而与普遍观点和符号学理论所持观点相反，摄影过程从来就不是单纯的实现化，图像从来都不只是痕迹、切面和相似物。摄影永远不只是严格的复制，完全的重复，以及对一个事先存在过的现实的纯粹记录之中。

　　摄影图像从来都不是一成不变的重复。从物体到图像的实现化过程，与一个从潜在到实在的实在化过程不可分离。如果潜在是不存在的存在，如果"潜在有一个现实的任务要完成，如同有一个问题要解决"[83]，那么实现在此时此地为其提供了一个特殊的解决办法。比如一个词是一个潜在的现实——现实，因为它存在；潜在，因为它是非物质的，不存在的，不能被固定住的，完全脱离了时空联系的，并且永远等待着被实在化。每一个对这个潜在词的发音，都是一次定位的、具体的实在化。每一次实在化都不相同，因为实在从来不能完全被潜在所事先决定。[84] 在摄影领域，通过图像实在化的潜在，正是这个规模庞大的记忆，这个与我们融为一体的"普遍意义上的过去"。短暂的拍摄瞬间，是一个错综复杂的实现和实在同步发生的时刻。

　　实在化自身就是很复杂的。首先，尽管感知是如此迅速，但不能简单地被看作信息通过感官系统的转移。即便是表面上最即刻产生的感知，也一次性集合了不同的时刻，调动了记忆库，并相对具有一定的时间厚度。伯格森解释道，"瞬间性对我们来说从来就不存在"[85]，因为我们的感知从来不是针对现实存在的物体。正相反，我们的感知既被我们的行动（它"测量着我们对物体可能的行动"）和我们的需求（它"来自对我们不需要的部分的淘汰"）支配着，也被我们的记忆（"没有不被记忆渗透的感知"[86]）引导着。摄影师细腻的感知启动了一个切实的记忆的机器，这个机器作为摄影师过去生活中所有事件的存储库，寻找着融入其行动和感知的最大可能性。面对现在的行动，摄影师的记忆是完整的[87]，所以按下快门是过去与现在相交的瞬间，是过去在现在的迁移、演绎和蔓延。与经验

83. Gilles Deleuze, *Différence et Répétition*, p.274.
84. Pierre Lévy, *Cyberculture*, p.55.
85. Henri Bergson, *Matière et Mémoire*, p.72.
86. 同上，p.57, 35 et 30。
87. 同上，p.187-188。

主义的观念完全不同，拍摄作为实在化，参与了一个从过去到现在，而不是从现在到过去的运动——从记忆出发顺流到感知，而不是从感知出发倒流到记忆。

记忆介入拍摄瞬间的同时，局限了理论上应该包括一切而事实上却简化为摄影师感兴趣的部分的感知。[88] 远远不是无限开放的，摄影师的眼光 88.同注 87，p.38。被自己现在的兴趣和过去的生活体验（文化的、社会的、精神的、知识的、职业的、历史的等）所局限和主宰。生活在他的记忆中沉积了一些视觉习惯（无意识和禁令，复现和空白），而沉积方式也取决于特定时代的视觉方式和视觉机制。这些支配摄影师眼睛的机制，也影响着决定其拍摄位置、距离、姿势和活力的整个身体。记忆定义了摄影师的视觉范畴和视觉方式。

摄影师的目光和身体，与他现在的兴趣和过去的沉积相交。至于图像，则牵动了他记忆库中的其他元素：他的见识和摄影技能，他所见过的无数的图像，以及他对一些形式的和审美的示意图的理解。迅速、复杂而又不确定的拍摄瞬间，试图在三个相异的时间性中寻找着平衡——摄影师独特的过去，既是个体的又是集体的；物体状态的现在；图像的将来。拍摄的不确凿性特点（异质时间性在同一个瞬间的汇合）在摄影师身上产生的压力促使他向记忆求助，并将他抛入过去的沉积中。于是某些记忆被激活了，他的感知被刺激和引导，他的身体进入了一个仪式性的舞蹈，舞蹈中的每一个运动（接近、疏远、膝盖着地、平行移动，等等）都产生了直接的审美效果。每一次，当摄影过程中所有相关的运动（摄影师的过去、物体的现在、图像的将来）达到一定的聚合程度时，便产生了一个按下快门的行为。最后获得的照片是对这个过去、现在、将来相交但不相融的潜在点的实在化，这个实在化必然是不完美的，总是等待着下一次的超越。

然而，发生了什么？一个摄影事件。这个拍摄事件同时发生在两个时间基调上：摄影行为正在经历的现在，按下快门的非物质的瞬间。在物体状态的现在中，摄影师首先以身体和相机作出摄影意义上的反应。这个行为的现在，也是物体、身体、化学物质的现在，是它们的接触和混合的现在；是痕迹、存在、实在化的现在；是曾经存在过的现在。然而，拍摄不只局限于物体状态，不只局限于拍摄空间和正在成为过去的现在。这也是为什么它不只是一个行动，而是一个事件。拍摄介入的现在充满了各种行动，这个现在越来越狭窄，越来越紧凑，越来越瞄准，越来越瞬间——快门开启的瞬间。这个机器的现在，又是自相矛盾的空的、没有长度和没有厚度的顿挫，这个既个体又无个性的瞬间，定义了一个之前和一个之后，自身分裂为"过去—将来"——快门总是处于将启未启和刚刚开启的状态，永远抵达不了正在开启的状态。[89] 作为切实的摄影事件，而不是简单的行动，拍摄由范围较大的行动的现在时和快门开启的瞬间构成，两者缺一不可。总是处于还是将来或已经过去，从来不处于现在，快门开启瞬间是不可逆转的，它激起了"我们的焦虑和我们职业的本质特性"[90]，亨利·卡蒂埃–布列松如是说。

89. Gilles Deleuze, *Logique du sens*, p. 79 et 177.
90. Henri Cartier-Bresson, « L'instant décisif », *Images à la sauvette*, np.

＜瞬间性与姿势 Instantanés et poses

尽管如此，必须区分瞬间性与姿势之间的差异。虽然技术进步是实现瞬间摄影不可或缺的因素，但是后者并不单纯是胶片曝光速度加快的结果。瞬间性与姿势之间的区别是自然属性上的，而不是程度上的。尽管摄影在上个世纪使图像生产变得机械化、数量化、理性化和迅速化，尽管机器的可以调控的时间取代了绘画的人性的时间，但是它没有改变画家遵循的运动观念。只有到 1880 年代后，随着连续摄影的发明，特别是爱德华·迈布里奇（Eadweard Muybridge）拍摄的马飞奔的连续图像，对运动的再现才开始突破传统。

爱德华·迈布里奇（Eadweard Muybridge, 1830—1904）：英国出生的美国摄影家、发明家、"动态摄像之父"和"电影之父"，在摄影史上最早对摄影瞬间性进行了探索和创新。1878 年 6 月 19 日，他拍下了人类史上第一部"电影"（"骑手和奔跑的马"）。这部"电影"实际上是一系列照片放在一起运行，从而产生移动的效果。1887 年出版的《动物的运动》是迈布里奇最重要的著作。

姿势不等于被停止的运动，而是规定的、约定俗成的形式。例如迈布里奇的连续摄影肯定了这个规定性，他的照片令人震惊地揭示出了艺术家画的奔马图中无意识违背现实主义规则的地方。其实这一点都不奇怪，因为学院派的绘画不追求再现运动的现实性，而是通过瞬间优先，根据既定的传统表现，来表现运动。最早的一批摄影师保持这个传统，原因在于相机操作的缓慢，更在于他们所继承的来自传统教育的美学规则和画家的习惯。19 世纪中期，照相机还没有被用来抓拍，而是主要被用来对在既定范围内根据约定的美学图示而布置的物体和身体进行记录。而且这些类型的摄影被画家作为工具广泛地运用，以帮助其完成艺术中必须的创作，特别是人体创作。早在 1853 年，画家和摄影家路易·卡米尔·德奥里维耶（Louis Camille d'Olivier）就成立了一个特殊的公司，专门为艺术家提供"写生"人体照片。很快朱利安·瓦鲁·德·维那夫（Julien Vallou de Villeneuve）步其后尘，接着是亚历山大·奇内（Alexandre Quinet），特别是在 1860 年代末自称"美术摄影师"和"巴黎美术学院摄影师"[91]的马可尼（Gaudenzio Marconi）。　91. André Rouillé, *Le Corps et son image*, p.50-51.
他拍摄了一系列"献给艺术家的裸体写生"，建立了一个女性、男性和儿童的主要姿势目录，这些姿势是当时学院派绘画和艺术学院教育认可生效的。1880 年，让—路易·伊古（Jean-Louis Igout）把这个姿势目录的逻辑推到极致，发明了由八张或十六张裸体模特或身体部分的小图组成的大图录。

　　摄影的空间剖面图，出现在时间剖面图和瞬间性摄影之后。迈布里奇和马雷的连续性摄影，如同柯达照相机（1888 年）的第一批爱好者所抓拍的瞬间性照片，并不仅仅是几十年技术和化学研究的成果，而且是运动观念和再现的革命性的成果体现。当姿势还是运动必须遵循的超验性的图示，当它还是等待被实在化的既定形式，从传统中来并受法兰西学院保护的空间—时间的剖面图，则直接切入运动的物质性中。姿势只涉及运动中的程度最高点，也就是一个本质的、优先的、能够代表全部时刻的姿势，而剖面图则将运动分解成一连串机械性的任意瞬间，也就是说等距离。[92]

　　姿势进行的是综合概括，剖面图进行的是比较分析。所以马雷命名自己的作品为"几何连续摄影"，有时还把他用来分析行走、跑步和跳跃的照片称为"图示"[93]。为了拍摄运动，他专门构思了一个旋　92. Henri Bergson, *L'Évolution créatrice*, p.330;
转式快门，能够有规律地、等时距地曝光。这些　Gilles Deleuze, *L'Image-mouvement*, p.13.
　93. Étienne-Jules Marey, *Le Mouvement*, p.77-78.
在时间的连续体内被机械性地定义的瞬间，是平常任意的，然而姿势的瞬间却是独一无二的。在马雷那里，任意的瞬间是既规律又普通的；在业余爱好者那里，一般来说是既特殊又普通的；在报道摄影师那里则是既特殊又不同寻常的。卡蒂埃—布列松"决定性瞬间"的概念，尽管他承认自己审美参照的古典性，但仍不足以将他的"决定性瞬间"完全地转变成姿势。尽管卡蒂埃—布列松在艺术传统的基础上，以超验性的几何图形为标准来构图，尽管他试图捕捉顶峰状态，他将自己所拍摄场景的空间和时间进行切割，成为一系列等距离排列在底片上的图像。对于"决定性瞬间"来说特殊的和超乎寻常的瞬间，在摄影的机器属性面前永远是任意的平常瞬间；因为它们组成了一系列连续的图像（一卷胶卷有 36 张成像），而姿势则拒绝数量；因为剖面图做减法，姿势则做加法；因为随着时代的不同，摄影的工具和实践方式都改变了。最早一批摄影师所使用的笨重而庞大的大画幅相机，就像今天在广告摄影棚内使用的一样，导致拍摄时间的漫长，为了清晰地定格影像，摄影师不得不从取景器里来对被拍对象和物体进行布局，让他们事先摆好姿势等待快门的开启。与之形成鲜明对比的是，小型相机轻巧而易于操作，配备可多次拍摄的胶卷，为摄影师提供了极端的灵活性，使他们能够自由地在空间和时间里踱步，从中切割和提取图像。姿势将物体和身体置于既定的形式表现规则之下，而瞬间剖面图则直接来自现实。一方面，图像自身所具有的永恒和超验的部分为其赋予了某种庄重性，另一方面，图像则对世界和新生事物保持着开放态度。

ENTRE PHOTOGRAPHIE ET ART

摄影与艺术之间的关系一直是理论界争议的焦点，以至于摄影的历史可以用各种不同立场的选择来加以标志。"摄影是艺术吗？"无论反对还是赞同，每一个立场对自己所持的观点都是如此地不容置疑。迄今为止，这也是摄影研究中的一个永恒而普遍的问题。

然而，由于缺少对具体的摄影实践和图像之间区别的研究，这个关于摄影是否具有艺术属性的本体论的问题一直没有找到答案。事实上，它反映了摄影在 19 世纪图像领域核心地带所提出的一个更普遍而棘手的问题——艺术可以是技术的吗？或者——一张技术的图像属于"艺术"类型吗？

无论艺术与否，与其如本体论思潮那样固步自封，与其从摄影身上寻找本质，不如研究各种具体的立场、实践和图像之间的差异，这似乎是更有建设性的解决办法。从普遍性走向特性，从本质到事实。因为艺术的词义和摄影的词义，在摄影师和艺术家那里显然是不同的。艺术摄影师与运用摄影作为创作材质的艺术家所参考的是同一个艺术概念吗？他们各自持有相同的摄影立场吗？毫无疑问，回答是否定的。至于摄影实践和艺术实践，它们也在不停地发展并超出了本体论的原则范围。

与其在摄影与普遍意义上的艺术之间，寻找一个本质的二律背反或是不可能的和谐，不如一分为二地来看待与艺术相关的那部分摄影——一方面是摄影师的艺术，另一方面是艺术家的摄影。

一、摄影师的艺术 L' ART DES PHOTOGRAPHES

摄影师的艺术曾经不停地在两个领域间左右为难，一个是艺术家的摄影，另一个是文献和表现摄影。尽管如此，这并未妨碍摄影师的艺术在摄影实践和生产中占据了一个切实的，甚至主要的位置。

摄影师的艺术和艺术家的摄影之间的区别很简单，它建立在文化、社会和美学的深刻停顿上，这个停顿彻底地将艺术家和艺术摄影师区分开来。艺术家完全处于艺术领域，而艺术摄影师则局限在摄影领域内发展。后者首先是摄影师，然后才是艺术家。摄影和艺术这两个世界就这样面对面却相互视而不见。

　　牵涉到文献和表现摄影，这个区别就变得更微妙了，因为摄影师和艺术摄影师属于同一个世界，并且常常相互混淆。事实上，很多艺术摄影师是在其文献摄影实践之余来进艺术创作，摄影既是他们的职业，又是他们的艺术。在这种情况下，摄影艺术经常被视为某种程度的自由空间，是从文献和商业摄影严格规范的审美局限（快速性、肤浅性、一致性、系列性等）中逃避出来的一个途径。

一种有争议的艺术：卡罗法摄影
UN ART CONTROVERSÉ, LE CALOTYPE

　　面对实用和商业价值观的主宰，摄影经历了一个漫长的争取自主的过程，而摄影师的艺术正是出现在这个大背景中。摄影自治地位的获得，以纯粹视觉和纯粹摄影的产生为标志，即摄影为了摄影，摄影作为摄影自身而被欣赏。[1]

1. Pierre Bourdieu, *Les Règles de l'art*, p.411-412.
2. 同上，p.78。

＜一种摄影艺术的诞生　Naissance d'un art photographique

　　很久以来，绘画和文学受制于订购商和赞助人的意愿，而在摄影领域，人们很早就开始了摆脱实用性和商业性束缚的自主运动。这个自主化过程处于工业社会迅猛发展的 19 世纪中期——抛弃了陈旧的贵族隶属，文学艺术开始服务于市场、沙龙和新闻。[2]以福楼拜、波德莱尔、马奈等为代表的职业艺术文人，在他们的作品中开创了纯美学、纯视觉和社会性的表现方式。与此同时，摄影领域分裂为两派：一派是商业摄影师，另一派则是试图把摄影从商业和实用的枷锁下解放出来的艺术摄影师，比如古斯塔夫·勒·格雷（Gustave Le Gray）和亨利·勒·赛克（Henri Le Secq）。

　　然而，面对工具性和商业性实践的支配地位，艺术立场仍占少数。这个摄影领域内部的分裂，具体表现为达盖尔和巴耶尔之间的对抗，前者在法兰西科学院的支持下，其金属板成像获得了巨大的成功；后者为纸上成像，尽管得到了法兰西艺术学院的大力支持，但是影响仍停留在一个小圈子内。不管怎样，摄影的艺术尝试，为占主流的美学、技术和经济价值提供了另一种选择。通过将巴耶尔发明的纸上直接成像形容为达盖尔照相术无法企及的具有"着实迷人的效果"的"名副其实的素描"[3]，法兰西艺术学院在 1839 年就为十年后摄影界的分裂埋下了伏笔，这个分裂形成了两大对立派，即卡罗法摄影（通常是业余的艺术摄影师，纸上负像和模糊效果的忠实拥护者）和达盖尔法摄影（通常为专业人士，推崇金属板负像和清晰效果）。

3. Désiré Raoul-Rochette, « Académie royale des beaux-arts. Rpport sur les dessins produits par le procédé de M. Bayard », 2 novembre 1839, in André Rouillé, *La Photographie en France*, p.65-70.

4. Gustave Le Gray, « Photographie, traité nouveau, théorique et pratique » (1852), in André Rouillé, *La Photographie en France*, p.100-102.

5. André-Adolphe-Eugène Disdéri, « Brevet d'invention » (26 novembre 1854), in André Rouillé, *La Photographie en France*, p.354.

6. Pierre Bourdieu, *Les Règles de l'art*, p.121.

金属板成像和纸上成像的技术差异，体现了 19 世纪中期以来存在的一系列分化：实践类型的分化（"职业人士"和艺术家），工艺用途的分化（致力于科学还是艺术、职业还是艺术创作、"用处"还是"好奇心"），机构的分化（法兰西科学院和艺术学院），参与者的分化（达盖尔和巴耶尔，德斯荷和勒·格雷，等等），以及不可分离的美学倾向的分化（清晰和模糊）。"摄影的进步不在廉价中，而在图像的质量中"，古斯塔夫·勒·格雷于 1852 年声称，接着他又补充道："与其落入工业和商业的地盘，我更希望摄影进入艺术领域。这才是摄影唯一的、真正的归属，我也正是朝着这个方向一直在努力着。"[4] 这里，作为艺术摄影师的勒·格雷提早回复了工业摄影的拥护者和"摄影名片"的发明者德斯荷。为了适应迅猛发展的市场经济，德斯荷发明了小尺寸照片和系列冲印的方式，以达到薄利多销和增长总利润的目的，这个发明在当时获得了巨大的成功。"为了让照片适应市场需求，不得不大量降低制作成本"[5]，1854 年，德斯荷解释道。

古斯塔夫·勒·格雷，亨利·勒·赛克，希波利特·巴耶尔，以及其他大部分 1870 年前西欧和美国的卡罗法摄影师，同属于第一代艺术摄影师。他们的共同点是，面对 19 世纪中期不断普及的并试图主宰图像和其他一切社会活动的市场法则，坚决地维护摄影的独立性。当德斯荷这样的摄影师试图将图像的审美、技术和生产方式向商业逻辑妥协时，卡罗法摄影师则以艺术价值之名，坚决抵制这个逻辑。通过选择艺术领域反对经济领域，通过摆脱市场，他们在新生的摄影领域勾勒了一个"颠倒经济的世界"[6] 的轮廓。被夹在市场和艺术之间，他们的立场是左右为难的：一方面是商业摄影师，被他们视为经济的妥协者；另一方面是艺术家，通常与他们有着同样的见解，却并不承认他们。

古斯塔夫·勒·格雷及其同行们，很早就意识到艺术摄影是一个需要构建和维护的领地，是一个需要选择和坚持的立场，必须远离商业摄影，尽可能地靠近艺术。为了让摄影抵达"真正的归属"，需要每个个体的参与，有体系地抗争，更重要的是需要艺术地回应。于是不管是否卡罗法的实践者，艺术摄影师们运用一切手段（社团、运动、新闻、出版、演讲等）来维护自己的地盘。然而他们的社会和言论武器，建立在一个原则之上——图像至上。对功能性和赢利性漠不关心，艺术摄影师们完全沉浸在图像的内容、形式和风格里。推崇质量，反对廉价，拥护摄影自身价值的体现，反对摄影服务于外界的逻辑，反对实用性，这些行为也是某种圈定领土的方式。这个领土既属于摄影，也属于摄影艺术。而正是基于其中的艺术部分，被实用的、商业的和文献的部分所剥夺的自主性才得以回归。其中表现的特点，弥补了实用性的后果。

事实上，艺术摄影来自商业摄影和合法的艺术（特别是绘画）主宰下的双重界定。一方面，技术在艺术和摄影之间拉开了一个不可缩减的距离，某种意义上的自动区分。另一方面，对模糊、形式、材质和风格的强调，意味着对清晰性和功能性摄影的美学否认。从清晰到模糊，代表着从商品到图像（或者作品），从经济到摄影艺术，从实用性到好奇心，从服从外在需求（客户、价格、职业、赢利）到自主和自由的过渡。在发表于 1853 年的《生理学概要》中，评论家艾内斯特·拉康恰如其分地写道："因为艺术摄影师是自由的，只根据自己的意愿来安排作息时间"，所以他们的作品具有"严格意义上的摄影师"[7] 所没有的精益求精性。

7. Ernest Lacan, « Le photographe, esquisse physiologique », *La Lumière*, 8 janvier 1853, in André Rouillé, *La Photographie en France*, p. 161-166.

8. Gustave Le Gray, « Photographie, traité nouveau, théorique et pratique » (1852), in André Rouillé, *La Photographie en France*, p. 100-102.

当时的对摄影最友善者，也认为就算是最艺术的摄影，也与艺术之间存在着不可逾越的鸿沟，就算是最成功的技术图像，也永远被置于艺术的领地之外，因为，艺术家的"手"是至高无上的永恒的裁判。古斯塔夫·勒·格雷自己将艺术视为一个前景，视为一个愿望对象，视为一个进程和投入的不确定的赌注。[8] 关于摄影的艺术属性的很多通常很肤浅的论战，掩盖了这样一个明显的事实，那就是（从绘画传统的意义上来说）19 世纪中期的摄影师从来没有真正严肃地为摄影的艺术性请愿。首先，因为这些摄影师或多或少都曾频繁出入艺术家的工作室，并将手的参与视为艺术的评判标准，所以没有支持另一个革命性艺术（技术的艺术）的想法。其次，试图将摄影与艺术相联系的念头一萌芽，即遭到无

数敌意的攻击，特别是那些预感到摄影对艺术概念造成威胁的艺术领域的主要
参与者。最后，也是最重要的，因为对摄影艺术来说，由绘画为代表的合法的
艺术，与其说是需要强调的是美学焦点或是需要投入的社会领域，不如说是一
个整体参考——普遍审美价值的载体和社会传统的代表（沙龙、杂志、评论等）。
绘画的作用在于，使摄影艺术的立场得到承认，支持其与商业摄影的区别；绘
画成为回应艺术摄影内在需要和支持其自主化进程的标志。

此外，摄影师的艺术与实用性摄影的区别还在于形式优先于功能，表现方
式优先于表现主题。尽管纪实摄影师也非常注重形式（取景、构图、角度、光线、
基调、瞬间等），但是他们的拍摄或多或少受到物体或是客户要求的限制，也就
是说拍摄对象和市场的局限。艺术摄影则相反，摄影计划和形式永远优先于物
体和市场的外在限制。

因技术性而被艺术排斥的同时，艺术摄影选择与商业摄影保持距离。正是
介于艺术之外并与商业对立的两者之间，艺术摄影形成了自己的领地，具有独
特的实践特色、美学立场、言论机制，由地点、结构和参与者构成的网络，以
及独特的行动方式。

一个文化的、文学的、绘画的或是摄影的生产领域，是一个为权力而战的
空间，其中每一个参战者，具有各自不同的职业、技能、参照和信仰。[9] 摄影领
域永远被两种相互对立的力量（比如 19 世
纪的"艺术"和"工业"）和一些"去疆界化"
（德勒兹）运动所主宰着。[10]

9. Pierre Bourdieu, *Questions de sociologie*, p.113-120.
10. Gilles Deleuze et Félix Guattari, *Mille plateaux*, p.402.
11. Charles Baudelaire, « Salon de 1859. Le public moderne et la photographie », *Œuvres complètes*, p.748-749. Les citation de Baudelaire sont extraites de ce texte.

< 对手的攻击 Offensives des adversaires

摄影最顽固的对手，不仅能将纪实摄影和商业摄影明确区分，而且给予了
充分的肯定，反之，艺术摄影是他们最激烈抨击的对象。波德莱尔对摄影的敌
意在这一点上就是一个最好的例子。一方面他排斥艺术摄影，责备其试图"补
充艺术的某些功能"，另一方面却极力肯定文献摄影的实用价值，前提是摄影放
弃所有的艺术企图，接受"属于它的切实的任务，即成为科学和艺术的仆人，
并且是非常谦逊的仆人，如同印刷和速记，对文学没有进行任何创造和补充"[11]。
服务艺术，而不是补充艺术——既不取代它，也不弥补它的空白，比如在美和

真实之间建立起一个不可能的联系。

波德莱尔在 1859 年发表了《现代观众与摄影》一文，时值法国摄影协会第一次被获准参加享有盛誉的美术沙龙。通过参与这个当时最具官方性质的艺术运动，摄影师希望得到新的承认。但是他们的希望大大落空了，因为沙龙将摄影展厅安排在与美术展厅毗连但相距遥远的另一端。与美术的"毗连性"为摄影带来了"某种意义上的平反"[12]，与美术的分离则"切实体现了争议两端的相互状态"[13]，路易·费及耶（Louis Figuier）一针见血地评论道。领地之战、权力之战、身份之战——在 1859 年的沙龙上，美术协会官方性地给予摄影一个介于工业产品和艺术作品之间的位置。某些观察家推断"有一天摄影将彻底进入美术的神殿"[14]。这个直到一个半世纪后才被证实的预言，揭示了图像身份的不固定，它随着"争议部分"社会地位的变化而变化着：一方面是势力强大但面临衰落的美术协会，另一方面是充满活力的法国摄影协会，组织展览、研讨会和摄影竞赛，发表月刊，召集当时的知名人士，赢得了社会好感，并且受益于迅速发展的摄影工艺和市场。

意识到摄影艺术（沙龙中的参展作品）的威胁，波德莱尔从艺术那里求援。然而他那充满了怀旧气息的文章（并且作者本人未曾亲自参观沙龙），从很多方面看显得如同一个绝望的企图，企图以"为艺术而艺术"之名，从汹涌而来的以摄影为范例的现代大潮中挽救艺术这个最后的堡垒。"如果允许它侵入不可触摸的和想象的领域，侵入一切以灵魂为唯一价值观的领域，那么这就是我们的不幸了！"波德莱尔郑重地预言。在摄影之外，他在这番话中其实包含了三个拒绝：一是对工业这个"艺术最致命的敌人"的拒绝，二是对自信能够"准确地再现自然"的现实主义的拒绝，三是对那些欣赏达盖尔"金属板上自己庸俗的肖像"的中产阶级的拒绝。这或多或少带有善恶分明的倾向，波德莱尔将他主观上希望不可协调的两个世界逐步对立起来——艺术和工业，唯美与真实，诗歌与进步，不可触摸的与物质的，梦想与视觉。[15]波德莱尔理想的艺术家是唯一能够面对"观众"，面对"人群"，面对"丑陋的世界"，面对"愚蠢"，面对"现

12. Philippe Burty, « Exposition de la Société française de photographie », *Gazette des beaux-arts*, 1859, in André Roiullé, *La Photographie en France*, p. 321-322.

13. Louis Figuier, « La photographie au salon de 1859 », in André Rouillé, *La Photographie en France*, p.322.

14. 同上。

15. "画家越来越倾向于画他的所见，而不是他的梦想。"（Charles Baudelaire, « Salon de 1859. Le public moderne et la photographie », *Œuvres complètes*, p.748-749.）

代的自命不凡"，所有这些都在摄影身上找到了最佳同盟。

　　因此，摄影艺术领域具有强劲的轮廓标志，经常遭到抱有敌意的艺术家和诗人们的挖苦，断然地将它排除在艺术领域之外。在这一点上，与波德莱尔同出一辙的是，安格尔（Ingres）、弗朗德罕（Flandrin）、特罗荣（Troyon）等画家与其他画家一起，在1862 年签署了请愿书，反对最高法院在一起赝品纠纷案中，承认当时由巴黎照相馆梅耶尔和皮耶尔松（Meyer et Pierson）拍摄的一张肖像照片为艺术品。为了阻止摄影对艺术领域的再次入侵，他们准备"抗议所有将摄影视为艺术的企图"，并强调摄影图像"无论在何种情况下，永远不能与人类智慧和艺术的结晶相提并论"[16]。波德莱尔想要阻止摄影"弥补艺术"，禁止摄影"侵入（艺术的）领地"；请愿的画家们拒绝任何激昂摄影与艺术的"同化"——焦点在于维护一个受到威胁的领地，在于巩固边界，将摄影彻底地排斥在外，并且继续坚持认为这个立场来自自然规律。当然，历史将揭穿这个谎言。

　　另一些画家如莱昂·科涅和欧仁·德拉克罗瓦，则谢绝加入请愿，但这并非意味着他们承认摄影的艺术价值。尽管德拉克罗瓦一直对摄影持有善意的态度，尽管他的创作经常借助于摄影师欧仁·杜流（Eugène Durieu）拍摄的照片，但是他不能想象摄影能够成为艺术。他首先将摄影当作一个为艺术家服务的启蒙"机器"，其准确的透视能够让艺术家拥有一个"准确的眼睛"，其完美的复制功能帮助艺术家们更好地理解绘画大师们的作品。德拉克罗瓦认为："达盖尔照相机超越了透明描图纸，它是物体的镜子"——这只不过是"一个现实的反射，一个副本，由于过于追求准确，从某种意义上来说反而导致错觉"[17]。总之，摄影的启蒙和实践优势正是它的艺术弱点。在日记中，德拉克罗瓦再次提到敌视摄影者的不满——摄影天生的太完美性矛盾地导致它的根本"残疾"；它"严密的透视，过于追求准确反而导致对物体的错觉"；它的"再现一切的企图"，"触犯"了"乐于不足，从而能够察觉无止境的细节"[18] 的艺术家的眼睛。所以艺术与摄影之间的断裂是结构性的——"牺牲论"奠定了艺术的标准之一，摄影不能控

安格尔（Ingres，1780—1867）：法国画家，法国新古典主义的旗手，最有名的代表作为《泉》。

16. « Protestation émanée des grands artistes contre toute assimilation de la photographie à l'art », Le Moniteur de la photographie, 15 décembre 1862, in André Rouillé, La Photographie et France, p. 399.

17. Eugène Delacroix, « Revue des arts », Revue des Deux-Mondes, septembre 1850, in André Rouillé, La Photographie en France, p. 405-407. Delacroix 的文章致力于 Elisabeth Cavé 的著作 Le Dessin sans maître.

18. Eugène Delacroix, Journal, p. 744.

制局部细节的丰富性；艺术旨在择其精华去其糟粕，摄影则不加选择地记录一切；绘画是构成，摄影则是切割、节选。"当摄影师拍下一张照片，您从中所看到的永远只是整体中的一个切面"，德拉克罗瓦强调道。摄影师"拿来"，画家构成；画布是一个整体，摄影只是一个碎片。这些就是彻底地将摄影和艺术分离开来的主要因素。

＜美术的霸权 Hégémonie des beaux-arts

摄影艺术处于这个两极之间的狭窄地段——商业和文献摄影的非艺术性，绘画的艺术性。无论是从审美角度、社会角度还是经济角度，它的操作余地也同样减小了。在独立自主的摄影艺术中，象征价值先于商品价值。商业摄影师关注市场需求，艺术摄影师只服从他自己的艺术。经常被视为失败的画家、平庸的商人，艺术摄影师处于一个夹心地带（从经济角度看同样如此），在此商品的主宰似乎被废除了，供应和需求被分开了，艺术的自主和纯粹先于金钱。

从社会角度看，19 世纪中期的摄影艺术处于商业摄影（特别是巴黎、伦敦和纽约的一些大的人像馆）和传统艺术、绘画、雕刻艺术的交界地带。尽管如此，艺术摄影遭到艺术的排斥，既非不可避免也不是自然的，关键在于其不被看好的处境。波德莱尔，甚至德拉克罗瓦，无法想象摄影能够进入艺术范畴，因为在他们眼里，绘画和摄影的关系是黑白分明的关系，是合法与不合法、被承认与不被承认的关系，是手与机器的关系。然而，波德莱尔和德拉克罗瓦对于艺术概念所做的严格的术语学上的界定，也反映了面对工业革命在图像领域带来的巨变时，他们的惶恐和迷失。画家和艺术界对摄影艺术的敌视，服从的其实是一个权力赌注——决定艺术内涵和外延的权力。美术的构成包括相关机构（美术部、美术馆、沙龙、学院），参与者（艺术家、评论家、收藏家、观众），作品，传统，以及思维、视觉和言论方式等。然而，它们是艺术和图像的唯一权威吗？或者，它应该与摄影这个新的参与者分享权力吗？这个残酷的问题让两个完全不同的世界面对面，并反映了其他一系列越来越突显的问题——艺术和工业是否正在相互结合？大部分画家和诗人对此断然否决，但是这个姿态仅仅持续了短短的几十年。

为了支持艺术和艺术家定义的本质性和永恒性，为了强制遵守艺术领域既定的界线，也就是为了阻止所有重新定义艺术的企图，为了维护既定的立场和利益，一个来自艺术、文学和新闻领域的大规模的反摄影运动迅速形成，并以此来反对正在兴起的现代价值观——真实、商品、物质、工业、民主、资产阶级的自命不凡、进步等。当然，这些运动也激起了摄影的回应和反击。但是摄影的地位在当时还微不足道——领域年轻，在权威阶层和评论界没有依托，技术装置仍处于雏形阶段，摄影领域内部商业与艺术的分裂，艺术摄影师深受绘画文化熏陶。所有这些因素决定了，为了从经济价值和实用价值那里获得自主，摄影需要顺应传统美术。

当摄影艺术的反对者或是通过原则（一个技术的艺术是不可想象的），或是通过抽象的欣赏（照片是物体的一面镜子）来排斥它，反之，摄影艺术的拥护者却在创作中加入更多的微妙差异。对伦理上的排斥，后者以美学来回击。他们认为图像不是机器自动的产物，也不是一个物体的直接反射，而是艺术家的创造。这个创造所拥有的浓厚的品味、智慧和"艺术感情"，远远超过化学药剂的味道和光学镜头的冰冷。图像的艺术质量取决于艺术家本人，而不是被摄物或工具。作为图像质量的保证，许多第一代摄影师为自己贴上了"画家—摄影师"或是"雕刻家—摄影师"，甚至"建筑师—摄影师"的标签，艺术家的身份成为图像艺术价值的保证。这个命名趋势证实了，不管是否艺术家，许多摄影师都曾或多或少出入于艺术家的工作室。此外，这些标签运动还见证了在最初的几十年间，艺术对摄影仍旧有着强烈的吸引力，是摄影的模范。作为类型的"艺术摄影师"，指的是那些对艺术规则的关注超过对市场和实用规则的关注的摄影师，这在当时还非常罕见。至于"摄影艺术家"类型，指的是运用摄影手段来创作的传统意义上的真正艺术家，他们要等到下一个世纪才会出现。

美术在图像领域具有绝对的权威地位，是艺术标准的体现，就是艺术摄影的拥护者也试图从绘画传统和美学的"永恒法则"中寻找解救。艺术摄影挖掘自己与商业摄影的差异的同时，与艺术之间则停留在彻底的从属关系上。摄影领域的言论和活动就是这个关系的完整体现。例如法国摄影协会于 1854 年刚刚成立之际，就着手推动摄影参加艺术沙龙，最终在 1859 年沙龙上获得了一半成功（前文中曾提到）。更具代表性的是，最支持艺术摄影的作家从此将其列入绘画的类型。在当时著名的周刊《La Lumière》中，作家弗朗西·韦伊（Francis

Wey）为了让摄影符合"这个曾被凡·代克、鲁本斯和提香广为实践的绘画牺牲论原则"[19]，指责达盖尔照相机"过度的细节再现"，赞

19. Francis Wey, « Théorie du portrait », II, *La Lumière*, 4 mai 1851, in André Rouillé, *La Photographie en France*, p.120.

20. Charles Bauchal, « Soirées photographiques », *La Lumière*, 29 mai 1852, in André Rouillé, *La Photographie en France*, p.106.

21. Charles Baudelaire, « Salon de 1859. Le paysage », *Œuvres complète*, p.775-777.

美因其模糊柔美的效果"与艺术最靠近"的卡罗法摄影。查尔勒·波夏尔（Charles Bauchal），甚至特奥菲勒·戈蒂耶（Théophile Gautier）也参与进来，将摄影牵强地分为直接从绘画评论中挪用来的"上色师"和"素描画家"[20]的类型。至于保罗·佩日耶（Paul Périer），在对沙龙的总结里，则以美术类型为标准评价所有参展作品，并声称其中最有价值的是风景。这些作者的共同点是试图通过否定摄影的特性，通过避免对摄影的多样性进行思考，通过巩固摄影对艺术的从属地位，来证明摄影的艺术性。

　　虽然艺术摄影师的创作是对绘画及其价值观的一脉相承，但这并不意味着他们对绘画的刻板顺从，如同许多评论家所认为的那样。在这一点上，实践家比批评家表现出更多的创新精神。远离既定的审美规则，枫丹白露森林的卡罗法摄影师，诸如欧仁·库维里耶（Eugène Cuvelier）、古斯塔夫·勒·格雷或阿尔弗来德·布日科（Alfred Briquet），开创了新的艺术表现形式，成为"现代风景画家"追随的榜样，而后者正是波德莱尔在《1859 年沙龙》一文中猛烈抨击的对象。另外，他还以相似的笔调攻击了摄影和巴比松画派的代表人物特奥多尔·卢梭（Théodore Rousseau）。波德莱尔认为，卢梭"掉入一个著名的现代陷阱，这个陷阱来自对自然的盲目热情，纯粹的来自自然的陷阱。他把一幅简单的写生当作构图。一片反光的、充满了湿草和细木的沼泽，一段粗糙的树干，一间屋顶上开满花的茅屋，简言之，自然景观的一小片碎片，在他陶醉的眼中足以成为一幅完美的画作。就算他能够赋予这个从自然景观中掠夺来的碎片最大的魅力，也不能掩盖构图的缺失"。另一些画家"走得更远"，波德莱尔补充道，"在他们眼里，一张写生就是一幅画"。例如路易·弗朗赛（Louis Français）"为我们展示了一棵树，一棵参天古树，接着他对我们说：这就是一幅风景画"[21]。自然而非想象，不完整的写生而非构成，自然的小碎片成为整个的风景画，采样对立于构建，纯粹的展现而非联想，正是这些让波德莱尔如此失望的、"普遍堕落的明显标志"，定义了将枫丹白露的画家和卡罗法摄影师聚集在一起的现代风景美学。

有时，摄影艺术超越了某些迎合它的言论，这些言论在向摄影示敬的同时，却不知不觉地将它置于学院派美学的从属地位，尽管后者面对现代主义的到来显得越来越力不从心。19 世纪远远不能被简化为学院和工业的交替，也不能被简化为一个大众文化和先锋艺术家（马奈，印象主义画家，甚至后期印象主义画家）的过于激烈的对立。艺术先锋并非只革新了传统视觉和空间，远离那些从文艺复兴继承而来的普通的、"现实的"和透视的视觉方式。因为，普通的视角不是一成不变的。波德莱尔对风景画的"现代画派"、对摄影、对立体镜的攻击，反而揭示了这些现代主义绘画上的革新先于马奈和印象派绘画，尤其是它们促进了大众文化和科学运动的产生和发展。所以，绘画和艺术从未像在 19 世纪中期这样成为视觉变革唯一的、主要的，甚至决定性的领域。再现的艺术形式和法则的演变，与知识和社会实践的变革不可分离。[22]

22. Voir Jonathan Crary, *L'Art de l'observateur*, Nîmes, Jacqueline Chambon.

在 1870 年前的一段时期内，艺术摄影的中心是卡罗法摄影。卡罗法摄影实际上是多种成分的和谐统一——技术属性（纸上负像）、美学效果（突出整体，模糊局部）、社会意义（崇尚图像的模糊，反对工业产品的精确）、摄影实践（户外而非摄影棚内，风景而非人像）、经济定位（创作而非生产，作品而非商品）。卡罗法摄影师偏爱的是树木、灌木、岩石、池沼，以及河流、草地等"写实"主题。他们的美学研究方向是材质和肌理的表现（树干、荆棘、矮木等）、氛围营造（暴风雨的天空、雪景等），或是勾勒森林节奏和轮廓。对他们来说，摄影既不是一门纯粹的技术，也不是一个职业，而是一门艺术。在艺术广泛的词义中，卡罗法摄影处于两种思维的交界处：传统与现代，艺术和经济。更确切地说，卡罗法摄影从艺术角度看是现代的，从经济角度看是反现代的——在美学上宣告了艺术的现代性，在技术上为缓慢、手工、感情、模糊和不确定，所有这些对立于商品的市场现代化的价值取向，保留了一部分空间。

具有双重倾向的卡罗法摄影只存在了很短的时间，影响范围很小，但是它为第一个重要的摄影艺术运动"画意摄影"，打开了通道。后者更是将这个双重性推至顶点——通过将摄影溶解于绘画中来维护摄影。换言之，它创立了一个以绘画为模仿对象，而不是以物体本身为模仿对象的美学。

一个杂交的艺术：画意摄影　UN ART HYBRIDE, LE PICTORIALISME

诞生于 1890 年代初的画意摄影，是对模仿和混合的赞歌——对不纯粹的崇尚。它的前身是由法国摄影协会副主席保罗·佩日耶（Paul Périer）创立于 1850 年代的一个激进的艺术摄影流派。

＜画意摄影概探　Brève archéologie du pictorialisme

当 1855 年世博会的评委为最初的人像摄影馆将摄影与市场结合的做法喝彩时，保罗·佩日耶却为摄影与美术的不同等待遇而闷闷不乐。他惋惜摄影远离"艺术的殿堂"，被安排在工业馆展出，人体雕刻作品却与绘画并肩在"圣厅"[23] 内展出。为了反对将摄影等同于机械运动，他毫不犹豫地向美术保证——严格区分"艺术摄影师"与"纯工业摄影师"，揭露为金融利益而牺牲艺术的"这些假同行的罪行"，特别是克制摄影的艺术企图。"次要的，我们说，我们带着尊敬之情不断重复。在这个艺术贵宾的宴席上，面包屑就足以让我们填饱肚子了。但是这些面包屑是属于我们的，我们要得到它。"[24] 以选择从属地位作为被美术承认的代价，这就是保罗·佩日耶的立场。

23. 巴黎 1855 年世博会的时候，工业产品（包括摄影作品）与美术作品分别在不同的馆展出。

24. Paul Périer, « Exposition universelle », *Bulletin de la Société française de photographie*, mai-juin 1855, in André Rouillé, *La Photographie en France*, p. 209-212.

25. Léon de Laborde, *Travaux de la Commission française sur l'industrie des nations, Exposition universelle de Londres*, 1856, in André Rouillé, *La Photographie en France*, p. 218-225. 其中一章题为《艺术普及是否意味着艺术的毁灭？》，Laborde 的回答是否定的。

26. Paul Périer, « Exposition universelle: photographes français », *Bulletin de la Société française de photographie*, juillet 1855, in André Rouillé, *La Photographie en France*, p. 273. 以下引用皆出自此文。

他同样表示反对用摄影的手段来普及艺术作品；反对数量，这个质量的敌人。传播，等于淡化。增加复制品数量，等于失去与原件的联系，等于堕入"一个确定无疑的沉沦"。保罗·佩日耶拒绝廉价文明，不相信"艺术的普及"[25] 能够提高"大众"的品位，并且重申对摄影工具化的反对。唯有艺术的问题才能引起他的关注。然而矛盾的是，将摄影艺术提升到美术行列的热情，导致他忽略了摄影的特性，极力赞成后期加工，因为"在艺术中，重要的是结果的绝对完美，方式无关紧要"[26]。在佩日耶这里，图像先于工艺，产品（结果）先于生产途径（方式）。为了结果可以不择手段——所有的一切应该献身于艺术，就算是摄影艺术的独特性。这也将是 40 年后诞生的画意摄影的悖论：狂热地企图将摄影与绘画这个楷模融为一体，风险是产生一个既非绘画又非摄影的结果。

27. Eugène Durieu, « Sur la retouche des épreuves photographiques », *Bulletin de la Société française de photographie*, octobre 1855, in André Rouillé, *La Photographie en France*, p.273-276. 以下引用皆出自此文。

28. Pierre Bourdieu, *Les Règles de l'art*, p.311.

尽管如此，保罗·佩日耶的支持者寥寥无几，无论是在他直面摄影"工业性"的摄影领域，还是在摄影艺术自身的小圈子中，比如法国摄影协会主席欧仁·杜流坚决表示对后期加工的反对。通过这个"将素描家和摄影师的工作重叠"[27]的后期加工，体现出了两种对立的摄影艺术观念：佩日耶的观念，认为艺术只能是杂交的，一个摄影与绘画的杂交；杜流的观念反之，认为所有的艺术工艺都有"作为其存在前提的法则和局限，因此不应该轻视它们所体现的艺术特性"。一方面是一个必然的、杂交的艺术，其中后期加工是摄影的艺术补充；另一方面是一个纯粹的摄影艺术，"应该在自身中找到切实的力量，也就是在它特有的操作灵活性中"。佩日耶的观念在半个世纪后诞生的画意摄影的实践中得到实现，杜流的观念则是 1920 年代诞生的现代主义思潮的起源。

最后，这些争论的焦点之一，是艺术在摄影艺术领域内的垄断，定义艺术家或艺术作品的权力。如果对于摄影艺术和艺术摄影师的概念，佩日耶和杜流在这一点上产生分歧，如同画意摄影和现代主义流派的分歧，那是因为这些概念没有一个普遍的定义，它们表现的是摄影领域内部关系的一种状态。[28]杜流和佩日耶之间的分歧，还引发了这样一个问题：是根据单独的摄影来定义，还是根据绘画与摄影的重合来定义？前者代表了现代主义的观念，后者代表了画意摄影的观念。

＜反现实主义与反现代主义　Antiréalisme et antimodernisme

1891 年举行的维也纳摄影俱乐部（Camera Club de Vienne）沙龙，标志着新的摄影艺术运动的正式诞生。第二年，比利时摄影协会创办了第一届沙龙，紧接着伦敦的连环会（Linked Ring）摄影协会于 1893 年成立，巴黎摄影俱乐部于 1894 年成立。画意摄影在法国真正的诞生，以 1892 年英国人阿尔弗雷德·马斯凯尔（Alfred Maskell）向巴黎摄影俱乐部推介模糊成像为标志。[29]就这样，这个 40 多年前保罗·佩日耶极力维护的思潮，很快地被视为摄影艺术最具有离心力的观念的复苏和胜利。然而为什么摄影艺术不惜牺牲摄影的特性来维护艺术的利益？为什么这个思潮如此

29. Alfred Maskell, « La platinotypie », *Bulletin du Photo Club de Paris*, décembre 1892, p.382-386. Voir Michel Poivert, *La Photographie pictorialiste en France, 1892-1914*, thèse de doctorat d'histoire de l'art, université Paris-I, 1992.

激进以致在艺术摄影领域内部遭到了强烈的反对？为什么画意摄影在长达半个世纪的时间内主导了西欧和美国的艺术摄影舞台？

因为，佩日耶和波德莱尔以各自的方式所揭示的状况继续强化了。商品、机器、工业和资本的时代，开始于19世纪中期，到1890年代，发展达到了不可思议的程度。几乎没有任何领域能够逃避这个时代趋势，如图像领域，而摄影则在其中做了充分的推动（商业摄影）。商品对图像的支配，不仅是普遍的社会现象之一，也是摄影自身演变的结果——一系列技术上的重要革新，照相馆规模的壮大和工业化，摄影师队伍和业余群体的迅速扩大。柯达相机的著名广告语"您只需按下快门，其余的由我们来搞定！"（1888年），就是这个社会状态的象征。众所周知，这个美国公司推出了一种小型相机，内部配置了能够拍摄100张照片的胶卷，速度之高能够保证瞬间拍摄，并且不需要掌握任何技术原理——拍摄完毕后，机身被直接运到工厂，技术工人负责所有底片冲印和放大的工作。确实对于摄影爱好者，唯一的操作是按下快门，甚至都不一定需要瞄准。胶卷的瞬间拍摄功能和制作过程的工业化，显然是半个世纪以来技术研究和工业发展的结果。摄影操作变得自动化的同时，一个富裕的有闲阶层也正在形成，他们主要依靠金融收入生活，不需要工作。被摄影新颖的操作简易性

. Voir Thorstein Veblen, *Théorie de la classe de loisir* (1899).　　所吸引，这个"休闲阶层"[30]逐渐成为摄影爱好者。摄影市场上最初仅有专业人士的作品，现在向由摄影爱好者运用轻巧易操作的小型相机拍摄的图像过渡，一下子涌现出了大批图像。然而，这些通常在私人场合，由不掌握专业拍摄技巧的业余人士，出于消遣性质或是一时兴起拍摄的照片，无论是在技术上还是审美上，都严重地缺乏质量。至少，画意摄影不能够从中发现瞬间性、轻巧性和技术的解放，是如何为这些通常粗俗的照片赋予了不可思议的率真，具有形式上大胆创新的独特潜力。这个被画意摄影视为沦落和倒退的摄影对新的技术、社会和审美机制的开放，在不断累积的同时，由于19世纪末经济因素在图像中所占地位越来越重要，照相馆专业摄影的美学质量也在大幅下降。尽管，这两个现象不对等，前者是属于未来的，后者是彻底的倒退，但是画意摄影看不到这个差别，将两者混为一谈，并把这个现象视为摄影内部严重的美学危机的体现。另外对他们来说，摄影面临着普遍的沦陷危机，所以必须全副武装来反对危机的罪魁祸首——反对工业化和民主化，反

对标准化和普及化，反对商品。目的是重新评估摄影的价值，将它从机械艺术的领域转移到纯粹艺术的领域。

还需指明的是，画意摄影所参照的绘画并非同时代的绘画，既不是印象主义绘画和后印象主义绘画，也不是 1920 年代出现的现代主义绘画。被画意摄影视为榜样的，是当时沙龙里的官方绘画，是正处于全面解体状态的新古典主义传统，这些过时的约定和陈旧的等级分类被画意摄影奉为绝对宗旨。他们就如同处在象牙塔里，既无视商品经济膨胀和社会民主运动的展开，也对先锋派艺术的诞生无动于衷。此外，画意摄影的风景照更接近于巴比松画派而非印象主义，后者内部画风虽然不尽相同，但是整个画派在 1870 年至 1880 年初的这个时期，在巴黎的艺术界产生了颠覆性的影响。印象主义绘画中的自然景观，纳入了同时代的人类及其生产活动——既有火车、轮船、房屋、工厂和机器，也有沙滩、树木和田野；巴比松画派所描绘的自然景观则是静谧而远离人类文明的，由多节的树木、凹凸不平的岩石和隐蔽在深处的池塘构成。印象主义接受现代世界，但并不去特别颂扬新事物，而画意摄影采取的则是逃避主义的姿态。这个对现代社会的拒绝，将画意摄影与后印象主义的差距拉得更大，如修拉的作品尤其是后期创作的，毫不掩饰地流露出对技术和现代生活的向往，《马戏团》（1891 年）表现的是歌舞剧和马戏表演的场景，《埃斐尔铁塔》（1889 年）则无疑是对现代化象征的献礼。后印象主义和印象主义的现代性和现代形象表现方式是不同的。修拉欣赏工程师绘制的简单的线条，毕加索和莫奈则将线条模糊在不规则的形状和色块中。[31] 主题和形式的大胆，瞬间摄影所带来的新的视觉形式，为许多画家带来了灵感，比如莫奈（《林荫大道》1873），卡耶博特（Caillebotte，《一个避难所，奥斯曼大街》1880），当然还有德加（Degas）。但是这些新的摄影视觉形式，却被画意派摄影师彻底地忽略。在他们眼中，这些图像太通俗、太大众化，不能被纳入艺术殿堂，太刻有现代化的烙印，太远离他们真正关心的问题——阐释。

对画意摄影理论家康斯坦·皮雍（Constant Puyo）来说，主题不重要，阐释是全部。莱奥纳赫·米索讷（Léonard Misonne）则宣称："主题不重要，光线是全部。"

31. Meyer Schapiro, « Seurat », *Style, artiste et sociét* p. 377.

卡耶博特（Caillebotte，1848—1894）：19 世纪国印象主义画家。他的作品注重写实和造型，构严谨，画面形象整体而概括，重视光感，以纯的色块描绘对象，有时候单纯得类似版画效果

德加（Degas，1834—1917）：19 世纪法国印象义画家，雕塑家。他善于用线条勾画出物象的开在线的运动和形的塑造中，表现出一种高雅的味，并擅长于描绘芭蕾舞演员优美细腻的舞姿。

32. Gustave Flaubert, *Correspondance*, t II, p.429, lettre à Louise Colet, 12 septembre 1853.

33. Pierre Bourdieu, *Les Règles de l'art*, p.140-147.

这个立场，与当时福楼拜写作《包法利夫人》时抱有的美学态度"写好平庸"[32]形成强烈的对比。写现实，而不是描写现实；将小说中最平庸的主题（当时被认为是最低级的小说）升华到诗歌的最高境界，需要三重拒绝——拒绝浪漫主义简单的文体化和抒情化，拒绝资产阶级艺术的腐败的理想主义，拒绝现实主义中忽略语言其实是小说最真实的物质的假物质主义。[33]通过淡化主题来突出阐释，皮雍不像福楼拜或是德加那样以各自的方式直面现实主义的问题，而是试图逃避这个问题。于是画意摄影割断了图像和物体之间的一切联系，也就是说脱离了摄影的本质特点，并将画意摄影图像提升到美术艺术理想主义的非物质的苍穹中。一句话，这导致了艺术摄影成为反现实主义和反现代主义的复兴。这个在图像中修复对摄影来说完全陌生的价值的企图，一直持续到画意摄影运动末期，即 1930 年代中期。自 1925 年起，面对现代主义摄影的崛起，画意摄影作了极力反抗，但这一切是徒劳的。

＜机器与手 La machine et la main

如果画意摄影能够在近半个世纪的时间内，是坚持将摄影提升到与绘画同等地位的运动，使它被承认为美术的一员，那是因为该流派具有强大的组织能力和重要的国际性网络。在欧洲，画意派摄影师（通常为富有的业余爱好者）成立协会，与已经存在的摄影协会形成竞争——巴黎摄影俱乐部对立于法国摄影协会，维也纳摄影俱乐部对立于维也纳摄影协会，连环兄弟会对立于大不列颠摄影协会，比利时摄影协会，等等。在纽约，阿尔弗雷德·斯蒂格利茨（Alfred Stieglitz）是摄影俱乐部（Camera Club）的副会长，负责主编《摄影笔记》（Camera Notes）[34] 刊物。这些由有钱人组成的协会很富有，经常组织大型国际性展览，出版简报和作品集，开展理论研讨会，并经常提出技术上的建议。同时，这些协会也断然反对照相馆人像摄影、纪实摄影，或是业余摄影，这不是出于哪种经济原因，甚至也不是领土之战，而是因为这些摄影类型对画意摄影步入艺术领域的计划具有象征性的信誉损坏。

阿尔弗雷德·斯蒂格利茨（Alfred Stieglitz，1864—1946）：被誉为"现代摄影之父"，是一位在各个摄影流派都有建树的全才摄影家。他早期曾是画意派摄影高手，后又成为"直接摄影"的倡导者和写实摄影的先驱者。作为摄影分离运动的先驱，他积极向美国艺术界引进包括马蒂斯、毕加索在内的欧洲前卫艺术家，对美国现代艺术观念转变产生了重大影响，因此又被誉为美国"现代艺术之父"。

34. Marc Mélon, « Au-delà du réel, la photographie d'art », in Jean-Claude Lemagny et André Rouillé, *Histoire de la photographie*, p.82-101.

总之，画意摄影运动既带有强烈的符号学色彩，又具有物质性。陈述的符号学机制和视觉的物质机器，说的方式和看的方式[35]，画意摄影完全按照这样一个理想化的观念来布局：赋予摄影图像完整的艺术性，能够与美术体系中的版画和绘画相媲美。这个集陈述符号性和视觉机器物质性于一体的双重特性，也体现在画意摄影运动代表的理论和实践活动中。在法国人罗伯特·德马奇（Robert Demachy）和康斯坦·皮雍的作品和撰文中，技术建议和实践细节经常规律性地与理论、哲学、美学思考相结合，也因此与争议主题结合在一起。摄影物质的和美学的实践，依托于一个引导它、支持它、证明它和维护它的总体条件。正是这个统一，以及物质实践和符号学表现之间、拍摄一张图像和说出一段文章之间的差异，构成了画意摄影的结构。

35. Gilles Deleuze et Félix Guattari, « Postulats de la linguistique », *Mille plateaux*, p.112.

罗伯特·德马奇（Robert Demachy，1859—1936）出生于法国巴黎的一个富裕之家，法国画报摄影师，他一直致力于改革照片的处理技术以获得更佳的艺术效果。他是著名摄影组织连坏会的一员，还创办了巴黎新摄影俱乐部。德马奇的拍摄对象经常是人物、街道及各种景观的结合体。芭蕾舞演员也是德马奇所喜爱的拍摄对象，他以她们为对象拍摄了许多浪漫的艺术照，模特的穿着与德加的画中人物相似，最后的效果两者也很相近。

36. Gilles Deleuze, « Les strates ou formations historiques: le visible et l' énonçable (savoir) », *Foucault*, p.70.

37. "社会由结合来定义，而不是由工具来定义。" (Gilles Deleuze et Félix Guattari, « Postulats de la linguistique », *Mille plateaux*, p.114.)

什么是画意摄影的视觉过程？我们从中看到什么，什么样的物品、身体和物体的状态？尤其是："我们怎样从这些物品（性质和物体）中，提炼出可视性？"[36]画意摄影的可视性，离不开两个异质成分的结合——摄影的机器和艺术摄影师的手。正是这个结合决定了画意摄影的特性。正是机器与手的共生所产生的图像，定义了画意摄影。[37]

在这个画意摄影特有的结合和它对摄影艺术的词义中，机器（装置整体和严格摄影意义上的机械、化学和光学工艺）与手（图像的人为和主观因素）是既不可分离又相互对立的。建立在这两个对立混合之上的画意摄影，试图将图像置于摄影和绘画之间，同时保持两者的独立性。因此画意摄影的创作手法经常导致图像更接近于版画艺术，但又从不完全与摄影分离；从反面说，也正因如此，画意摄影坚决反对"直接摄影"（Straight Photography）的概念。

＜介入，过程与杂交 L' intervention, procédure et d' hybridation

画意摄影对"直接摄影"如此激烈地反对，因为在它身上看到了自己所拒绝的一切——记录、自动性、模仿、机器、客观性、一丝不苟地复制。对画意摄影来说，机械的纯粹性是摄影固有的属性。这个属性同时也是与艺术格格不入的，因为艺术所要求的高质量完全与此相反——不是自动记录，而是人性化地介入，不是顺从地模仿，而是阐释演绎，不是机器而是手，不是镜头而是眼睛，不是客观性而是主观性。只有符合了这些条件，摄影才能从纯粹的复制（客观性）进入阐释（主观性），即艺术的先决条件之一。

为了让摄影成为艺术，艺术摄影师的使命是颠覆机器的行为，直接参与图像的制作过程，包括手工的介入。机器与手工的结合，适应的是一个混合美学和介入伦理。因此摄影艺术成为一个杂交，一个对不同原则的混合——一个不纯粹的艺术。其中，介入是混合的方式。正是通过介入，这个摄影之外的甚至反摄影的方式，画意摄影将摄影和与摄影相悖的工艺，矛盾地结合在一起。

阐释试图成为介入过程的美学终点。对于只知道复制的摄影师，陌生的阐释是画意摄影师手中的特权，对于后者，现实就如同演奏家的乐谱或演员的台词。无论人工与否，介入通过在现实和图像之间制造一个主观的距离来达到阐释的目的。然而画意摄影关于阐释作为艺术特性的言论，佯装相信文献摄影是对现实的完整再现，而忘记了拍摄的举动中永远已经包括阐释。这个对文献的盲目见解，对于画意摄影，有助于将摄影提升到艺术行列的企图，通过贬低拍摄对象来抬高对图像的美学加工。

介入行为发生在整个摄影过程中——拍摄时对底片负像的介入；冲放照片时对正像的介入。数年间，画意摄影发明了一长串极不协调的甚至奇怪的工艺，涉及手工、化学和光学。它们具有一个共同的目标——将摄影的机械性转变成艺术性，取消自动记录的特性来促成阐释。总之，用尽一切手段，反抗自动性、机器、清晰度和可复制性。后期加工在其中显得尤其重要，因为它是介入的第一个技术，因为它纯手工的特点为图像赋予了强烈的象征价值，并且它也是从拍摄开始的整个摄影链的最后一个环节。

对于画意摄影，拍摄时的敌人，是清晰度、准确度、细节的过剩和镜头的完美；是歪曲了自然视角（眼睛的视角）的镜头。为了接近所谓的眼睛的真实视角，画意摄影师建议将镜头人性化，弱化机器的特征。因此他们发明了许多矛盾的光学组合，包括对一些用来降低成像质量的镜头的混合。这些镜头与"反镜头"

的千奇百怪的组合，专门用来制造柔美的轮廓，产生尽可能接近巴比松画派效果的图像。其中最复古的是针孔成像——借助于一个仅带有一个针孔的密闭的箱子，根据古老的暗箱成像原理，不经过镜头而获得的图像。"工艺固有的轻微的模糊感所产生的艺术效果，取代了镜头成像的干涩"[38]，针孔相机的倡导者热内·扣勒松（René Colson）这样评价。另一个摄影复古是用旧的圆框眼镜镜片作为镜头，来制造诗意的感觉。为了迎合这些反摄影的画意摄影师的口味，光学仪器商达勒梅耶（Dallmeyer）在 1896 年专门推出了一款"艺术"镜头——柔焦镜（Soft Focus）。"这层模糊的包裹，难道不更接近于绘画吗？这就是对曾被广为宣扬的清晰感的反对，这就是对无用的细节的取消，这就是对照片整体的柔化。不再需要做后期加工，因为光线完成了柔化的所有任务"[39]，皮耶尔·杜不荷（Pierre Dubreuil）称赞道，其实他只不过是重申传统的牺牲论而已。其他许多镜头也相继推出，各自针对拍摄主题制造特有的效果，如人像镜头、活动场景专用镜头，甚至"风景镜头"。

38. René Colson, *La Photographie sans objectif Conférence du 27 décembre 1891*, Paris, Gauthier-Villars et Cie, 1892.
39. Pierre Dubreuil, « De l' enveloppement », *Photo-Gazette*, novembre 1903, p. 8-11.
40. Constant Puyo, « La photographie synthétique », *La Revue de photographie*, n° 4-5, 1904, p. 105-110 et 137-144.

　　这些光学上的解决办法，反映了画意摄影观念，也反映了一个反摄影的摄影艺术的悖论。这个摄影和绘画杂交艺术的内在悖论，根本地体现在许多方面——视觉方式（镜头和眼睛），创作方式（机器和手），表现形式（清晰和模糊），立场（模仿和阐释），物质（银盐和树胶重铬酸盐），技术（柔焦镜，或是对立镜头的组合运用，一个是聚合，另一个发散）。画意摄影对镜头及其美学和象征意义的坚决抵制，体现在对镜头纯粹而简单的摈弃和对针孔相机的运用，对类似圆框眼镜镜片这些简陋工具的运用，以及制造模糊感的镜头的研制等。这个抵制同样推动了画意摄影师开发镜头的缺陷，如色彩和光学上的误差，特别是像散现象，并且使用未经调试的镜头。正是追求与既存的科学光学完全相反的艺术光学，驱动他们向复古的初级工具靠拢。他们参照的是一个与摄影成像"质量"背道而驰的审美观，体现了一个更全面的计划：从摄影的类比自动成像过渡到绘画艺术的综合成像。[40]

　　为了完成这样一个计划，在镜头和拍摄之外，介入手段应该被应用到从底片到成像的每一个步骤。对于直接摄影流派，底片是神圣不可侵犯的，而画意摄影师则将它作为艺术介入的平面。他们像蚀刻版画工艺师一样，在底片上刻划或是碎屑式地刮去明胶，如罗伯特·德马奇发明的"雕刻加工法"（retouche au burin）[41]。底片不可触犯

41. Robert Demachy, « La retouche au burin », *La Revue de photographie*, n° 4, 1905, p.97-102.

42. Constant Puyo, « Le procédé à la gomme », *La Revue de photographie*, n° 3-4, 1903, p.142.

43. A. Rouillé-Lavédèze, avant-propos, *Sépia-photo et sanguine-photo*, Paris, Gauthier-Villars, 1894.

性的打破，赋予了画意摄影相对被摄物体的造型自主性，并打破了记录的自动性。

底片加工后，艺术介入的下一步是暗房处理和照片加工，其中值得一提的是，画意摄影发现的一种古老的化学工艺：树胶重铬酸盐。这是画意摄影师最钟情的制作工艺，因为它带来了更多的手工介入的可能性，如用笔刷、擦笔、棉球和手指的方式来加工。[42] 它用"似乎出自水彩画家和素描家之手的乌贼墨画和红粉笔画的大气"[43]，取代了银盐照片的细腻和准确。康斯坦·皮雍曾在 1897 年沙龙，维护"照片不可复制性"的观点，他认为取消一切自动性的关键，在于取消将负片（底片）和正片（照片）结为一体的自动性，正是这个自动性奠定了摄影的可复制性的基础。当负片被加工后，再现的属性被打破，那么正片同时也被艺术摄影师的手赋予了独特性。负片与正片之间的纽带被打破，底片不再有任何价值，照片是一切——照片不再是对底片准确自动的复制，而是一个独特的艺术阐释。通过手与机器的杂交，画意摄影试图打破可复制性所依赖的自动性基础，并将解释引入从物体到底片、再从底片到照片的摄影过程中的每一步。自动性使摄影成为一个重复性工艺，手工介入让差异性成为画意摄影创作的核心。因此每一张照片之于画意摄影，成为不可复制的和不可重复的唯一艺术作品。

在画意摄影这里，后期加工不再是最后的和唯一的非摄影行为。介入为后期加工拓宽了词义，并在摄影过程的每一步中普及开来，并非为了完善质量或是淡化弱点，而是为了彻底颠倒摄影。后期加工不再是化妆美容，而是将工业产品升华为艺术作品的深度行为。这将人工和机器的混合视为摄影艺术的观念，鲜明地体现在用树胶重铬酸盐方法创作的作品中。自 1909 年起，画意摄影师将这个方法运用到图像机械化的领域中，即软油墨印刷。他们仍旧用到树胶重铬酸盐，但目的是为了完成石版画印刷。他们仍旧试图将个性化过程与照相印刷混合起来，从可复制性中提炼出唯一性。正是通过根基的手艺性和载体的贵族气，画意摄影尝试获得作品的不可复制性，并在离版画最近处勾勒出摄影的画意轮廓。

这条艺术之路遵循的是画意派的真实性机制，对立于建立在机械化、清晰

度、非人性化和客观主义之上的真实性机制。画意摄影的真实性，建立在混合的工艺基础上：这不是素描或绘画的基础——想象，这不是摄影的基础——模仿，这是摄影艺术的基础——综合。这个真实性和这个艺术，画意摄影坚持了近半个世纪，最终不敌现代主义的崛起，于 1930 年代宣告结束。

一个机器的艺术：新客观主义
UN ART MACHINIQUE, LA NOUVELLE OBJECTIVITÉ

　　1920 年代初，第一次世界大战似乎并未触及画意摄影在摄影艺术中的主导地位。整个欧洲因战争而中断的活动很快在战后复兴。法国摄影艺术沙龙的传统，于 1924 年在巴黎摄影俱乐部和法国摄影协会的组织下重新开始活跃起来。1925 年德国出现了两件具有标志性意义的事件，一是拉兹洛·莫霍利—纳吉（László Moholy-Nagy）的《绘画，摄影，电影》（Peinture，Photographie，Film）一书的出版，二是曼海姆美术馆举办的"新客观主义"（Nouvelle Objectivité）油画展。[44]

　　拉兹洛·莫霍利—纳吉不是摄影师，而是艺术家和理论家。他之所以重视摄影，目的完全是从艺术角度出发，为了创造新颖的图像和超越视觉的界限。他的"试验"和形式上的大胆创新，在摄影领域却被视为"游戏伎俩"。尽管如此，标志着新视觉（Nouvelle Vision）运动和德国其他现代主义运动的诞生的《绘画，摄影，电影》一书，在摄影艺术领域也产生了极其重要的影响，不论是从理论还是视觉角度来说。至于曼海姆美术馆的展览，参加者没有摄影师，只有画家——乔治·格罗兹（Georg Grosz）、奥托·迪克斯（Otto Dix）、亚历山大·卡诺尔德（Alexander Kanoldt）和乔治·施利姆普夫（Georg Schrimpf）。但是具象绘画的回归，精确理性的表现形式，乃至标题（"新客观主义"），使这个展览远远超出了绘画的范畴，成为现代主义思潮的主要标志之一。当这些新视觉流派的艺术家以莫霍利—纳吉的方式，把摄影作为艺术材料来创作，另

44. Olivier Lugon, *Le style documentaire dans la photographie allemande et américaine des années vingt et trente*, thèse de doctorat, 1994.

乔治·格罗兹（George Grosz，1893—1959）德国画家，新客观主义派大师，版画家作品除少数油画外，大部分是素描，风格辛辣、幽默，有浓厚的艺术趣味。

奥托·迪克斯（Otto Dix，1891—1969）：德国画家。早期以各种风格作画，从印象派到立体派，最后以无政府主义者的叛逆表现而转向达达派。后来又转向现代主题，转向一种相对来说更为写实的处理手法。其代表作品有三联画《大都会》等。

一些摄影师如阿尔贝特·兰格—帕奇（Albert Renger-Patzsch），则将新客观主义的主要价值观运用到摄影创作中去。画意摄影将摄影艺术一直推到绘画和版画艺术的边界，反之现代主义则将摄影艺术扎根在文献的土壤里。

总而言之，德国现代主义促进了一个反画意摄影的新的摄影艺术流派的诞生。这个流派将打破画意摄影的价值观（手和艺术），推崇更接近机器和科学的视觉观。这是一个表象的艺术。

＜一个纯粹摄影的艺术 Un art purement photographique

继 1850 年代的保罗·佩日耶之后，画意摄影发展了一个以摄影和手的杂交为基础的艺术，因为纯粹的机器产物不是艺术。事实上，虽然画意摄影师普遍承认摄影艺术的独特性（基于其材料），但他们一直拒绝接受这个独特性对摄影具有的内有性。[45] 对他们来说，图像的艺术价值对于摄影的机器性，只能是外在的，它存在于手工的介入工程中与版画艺术的混合中。而在新客观主义，欧仁·杜流曾极力维护的观念成为主导，即摄影是一门独特的艺术，它将"在自己身上找到切实的力量，也就是说在它特有的工艺上的灵活性中"[46]。

1928 年，阿尔贝特·兰格—帕奇，新客观主义的代表人物，发表了著名的有 100 张照片组成的摄影集——《世界是美丽的》。他的创作所奉行的原则是，摄影拥有"自己的技术和自己的工具"[47]，不需要去获得"类似绘画的效果"，相反应该创作"依靠摄影自己的品质存在的图像"，无须参照任何其他艺术模式。对这样一种完全脱离传统艺术的、独特的摄影艺术的肯定，既是对画意摄影的直接否定，又是对艺术与机器之间关系的新见解的体现。从此摄影的优点不再是缺点，而成为其艺术特性的决定因素。兰格—帕奇宣称，艺术摄影长久以来被指责的"瑕疵，即表现形式的机器化，在此使它高于任何其他表现方式"。现代主义版本的艺术摄影，确切地说，正是来自这个机器的艺术属性的翻转。

这个翻转现象，同样体现在摄影的边缘地带（工程师艺术的出现），从时代背景看，当时的德国正表现出对机器、经济、美学各个领域极大的热情。"技术

45. Alain Badiou, « Art et philosophie », *Petit manuel d'inesthétique*, p.20-21.

46. Eugène Durieu, « Sur la retouche des épreuves photographiques », *Bulletin de la Société française de photographie*, octobre 1855, in André Rouillé, *La Photographie en France*, p.273-276.

47. Albert Renger-Patzsch, « Buts », *Das Deutsche Lichtbild 1927* (1927), in Olivier Lugon, *La Photographie en Allemagne*, p.138-139.

48. Erwin Quedenfeldt, « Photographie et art photographique », *Das Deutsche Lichtbild 1930* (1929), in Olivier Lugon, *La Photographie en Allemagne*, p. 165.
49. 同上，p. 166。
50. 同上。

的成功让我们欣喜若狂"，一位好讽刺的观察家这样写道，"我们现在呼唤一个客观的艺术，一个实用的、艺术的形式，简言之，一个工程师的艺术"[48]。这个运动通过打破作为画意摄影核心的机器与手的结合，达到了摄影的艺术境界（形式、对象、可视觉性）。其实，现代主义摄影的特点体现在另一个组合上，那就是以机器为主宰的机器与物体的和谐组合。现代主义摄影艺术建立在独立于摄影的机器与物体的积极组合之上。尽管如此，这个新客观主义的理论源头，与符号学中的痕迹论不完全相符。因为痕迹是化学和光学反应的产物，如同莫霍利—纳吉的物影造像所揭示的那样，光学性在其中占次要地位，而机器与物体的组合，则以机器为首要前提。痕迹可以说是化学性的，属于记录、接触和记忆的范畴。现代主义的机器与物体的结合则是光学性的，属于视觉和可视性机械生产的范畴。

　　从画意摄影到新客观主义，机器终于获得了长久以来被拒绝的艺术的至尊权力，而手则被物体取代。从这一点看，兰格—帕奇最初为《世界是美丽的》起名为"物体"是很有说服力的。从画意摄影的关系组"机器和手"，到现代主义的"机器和物体"，手的优先地位被物体取代，人在图像中的地位颠倒了。这个过渡还体现在现代主义对客观性和现实主义的苛求上，与画意摄影对主观性的要求形成了鲜明的对比。而且，摄影的操作过程彻底改变了。从此，用评论家艾尔文·科登菲尔德（Erwin Quedenfeldt）的话来说，"摄影视觉机器的运行完全独立于人类的影响，尤其是美学和艺术主张。它将在自身的基础上创造新的作品，视觉机器的图像与它的特性相吻合"[49]。视觉机器，制造摄影性多于人性成分的图像的机器——在新客观主义的结构中，艺术摄影师不再直面机器，也不再像画意摄影师那样试图将机器置于下属地位，他"自己转变成视觉机器，完全与它同化，小心翼翼地滑进去并整个地脱去自身"[50]。

　　机器与物体的结合，机器面对人类的独立，或是人类与机器的同化，这些是新客观主义摄影独有的手段。现实中的物体与摄影机器结成一体，由摄影师蜕变而成的"机器"也像齿轮一样融入这个组合。这些在人、摄影机器和物体之间发生的物质和言论、真实和虚幻的交换，决定了新客观主义摄影的特性，并将其类比性与迅猛发展的工业生产紧密衔接。在这个完全机器化的视觉系统中，我们看到的究竟是什么？机器与物体结合所产生的是怎样特殊的图像？1920 年代，许多作者相继肯定"技术在自然和我们之间创造了有史以来最紧密的联系"[51]，摄影的机器装备既是"艺术创作的新手段"，又是"迄今为止对我们的感知关闭的世界里看一眼"的最有效的工具。如果摄影打开并剖开物体，如果它将视线投向其他的物体，那么它是怎么做的？什么是以机器为依靠的新客观主义的摄影可视性？

51. Karl Nierendorf, préface, *Les Formes premières de l'art*, de Karl Blossfeldt, *Urformen der Kunst*, 1928, in Olivier Lugon, *La Photographie en Allemagne*, p.175.
52. Albert Renger-Patzsch, « Buts », *Das Deutsche Lichtbild 1927*（1927）, in Olivier Lugon, *La Photographie en Allemagne*, p.138-139.

＜现代视觉形式，亮度 Visibilités modernes, la clarté

对阿尔贝特·兰格—帕奇来说，新客观主义的特性和力量在机械性中，在对摄影技术和工具纯粹性的接受中，在 1920 年代普遍的对"形式上的机械效果"[52]的审美认同中。坚持摄影的纯粹性，拒绝借鉴造型艺术，是保证摄影图像艺术价值的必需条件。在摄影从与版画艺术和手工的杂交向纯摄影的转变中，新的可视性突然出现了。

具体来说，纯粹性意味着线条的清晰、细节的细腻，以及机械化的表现形式。新客观主义摄影创造了独特的视觉形式。画意摄影曾经为模糊、阴影、厚度赋予了至高无上的艺术价值，借助滤光镜，制造特殊效果，在物体和图像之间设置了无数道障碍。从此，取而代之的是清晰度、亮度、精致性、透明度和机械表现力。画意摄影试图阐释现实，新客观主义摄影致力于以准确精神来"再现奇迹"。前者不停地远离并改变被摄物体，后者则梦想尽可能地接近物体，并带着敬意一丝不苟地将其复原。

从广义上来说，新客观主义所特有的亮度，是整个摄影程序（技术上和形式上）的产物。亮度是光线、表现和距离的形式。但同时也是准确性和客观性的理想体现。亮度首先是图像中光线的性质和明亮色调的铺展；其次是摄影技术的合理运用所获得的线条的极度清晰性和细节的无穷丰富性；再者是特写和近摄的频繁实践；最后，亮度是一个匿名形式，是摄影师成为"视觉机器"的形式，是摄影过程非主观化的形式。通过这些，技术的精确性才能抵达客观性的理想境界。

亮度作为表现形式是如此特殊和新颖，在 1920 年代产生了惊人的影响。在发现了兰格—帕奇的作品后，艺术评论家雨果·斯耶科（Hugo Sieker）对其准确的表现力、特写镜头的运用和细节的力度感到由衷惊叹，在他看来，这些形式上的成分为照片赋予了了不可思议的描述力，使它能够"以比自然本身更为强人的力度来表现自然"，并使人们"面对地球上熟悉的物体……如同面对一个奇异

53. Hugo Siegker, « Réalisme absolu. À propos des photographies d' Albert Renger-Patzsch », *Der Kreis*, mars 1928, in Olivier Lugon, *La Photographie en Allemagne*, p. 141.

的杰作"[53]！在画意摄影主张的阴影、不透明、距离和主观的对立面上，亮度让人们看到了别样的东西，因为它所依靠的是一个有别于摄影的实践。作为摄影立场、实践和形式的综合，新客观主义的亮度打开并剖开物体，从中提炼出前所未有的可视性。它为图像赋予了新的锐度和强度。它（在一定的时期内）不仅让我们能够看到肉眼看不到的东西，还改变了我们的视觉惯性——最普通的东西被升华为"奇异的杰作"。换言之，亮度是背靠新客观主义摄影的现代主义的可视性的形式。

无疑，可视性通过被摄物体在表现形式中体现出来，但是与两者不相混淆。相对独立于物体和形式，可视性是视觉和视觉表现方式，是光线和光线的传播方式——明与暗、可视与不可视的独特分配。所以，画意摄影和新客观主义的差异，与其说体现在主题上，不如说体现在它们所产生的可视性上，也就是它们投向物体的光线的形式和因此产生的明显效果。现代主义摄影和画意摄影产生的可视性，通过清晰和模糊、机械和手、明亮和阴暗、透明和不透明形成对比，即两种光线的使用方式。画意摄影和新客观主义各自的特点取决于两种不同的甚至相反的光的形式——每一张图像都是一个对光的形式的实在化。两者各自特有的照相机器、实践和工艺，在功能上就如同两个光线调制器，两个铸造特殊形式的光线的机器。因此，完成一张图像，意味着起动其中一台机器对光线的调制，将光线潜在的形式转变成实在的摄影形式和材质。可视性（画意摄影的或是现代主义的）是每一个光的形式、每一个经过调制的光的类型从物体中提炼出来并展现给我们的显而易见的东西。因而，可视性的定义，让我们能够将每一个艺术流派视为一个光线调制器。换言之，在艺术中，物体不是被偶然的光线照亮，而是被精心调制过的光线照亮；每一个艺术活动特有的调制光线，只强调和展现物体的某些特点，正是这些特点构成了可视性——这些可视性不能为眼睛直接察觉，而是通过具体的图像来体现。

在另一个完全不同的领域——监狱学研究，米歇尔·福柯（Michel Foucault）通过光线调制的不同，比较了两种监狱体制——单人囚室和敞开式监狱。在敞开式监狱中，形成环状的一间间被照亮的单人牢房，与位于中心处于不透明状态的监视塔之间，形成了面对面的强烈反差。"敞开式监狱是一个将'看—被看'拆开的机器：在环行监狱带，犯人完全处于被看状态，却永远不能看；位于中心的监视塔，看到一切，却永远不被看见。"[54] 敞开式监狱将单人囚室的原理逆转了过来。后者是封闭式的，剥夺光源，隐藏囚犯，反之，敞开式监狱则将犯人置于可视性条件中，将他完全暴露在光线和监视下。单人牢房将囚犯从光线和视线中消除，敞开式监狱则将其暴露。这是两种截然不同的光线和视线的流通方式，两种监狱建筑类型，两种监禁囚犯的条件，但同时也是两种监狱权力的执行状态。确切地说，可视性概念的意义之一在于重新将摄影置于权力焦点中。这个概念再次提示，摄影的形式尽管是机械化的，但却完全不是自动化的；相反的是，它直接取决于摄影机器的使用方式，也就是说，在每次具体的拍摄中，照相机、身体、物体、光线和视线的安排方式。

新客观主义摄影表面性的中立姿态，遮不住这些权力焦点，因为后者相对独立于参与者的意识或无意识。所以，兰格—帕奇的作品也不能避免。从最初的"物体"到最后被正式采用的书名"世界是美丽的"，真正的焦点越来越突显：不只是客观地"还原"现实中的物体，而是歌颂机器、工业和商品的世界——所有画意摄影拒绝看到，并试图在其实践、装置和图像中颠倒的成分。《世界是美丽的》由 100 张照片组成：一些动植物的大特写镜头、6 张脸部肖像、一些"自然的碎片"（波德莱尔）、一些物体的片段、一些楼房的局部、一些机器的构件、一些工业设施的部分，还有一系列加工产品，或是系列结构的机器，以及一些图像的对比形式，比如高炉与哥特式拱顶、铁路桥与教堂中殿，又或是两个巨大的港口起重机。近景、清晰度、细节和印刻结构式的取景，构成了一个充满魅力的图像整体，几乎赢得了同时代者异口同声的赞美。科特·屠科尔斯基（Kurt Tucholsky），声称更喜欢其中植物和物质的照片，尽管如此，他写道，该作品"展

米歇尔·福柯（Michel Foucault，1926—1984）：法国哲学家、历史学家、社会理论家和文学批评家。他对文学评论及其理论、哲学（尤其在法语国家中）、批评理论、历史学、科学史（尤其医学史）、批评教育学和知识社会学有很大的影响。福柯的主要学术著作有《疯癫与文明》《词与物》《知识考古学》等。

54. Michel Foucault, Surveiller et punir. Naissance de la prison, p.203.

55. Kurt Tucholsky, « Le plus beau cadeau », *Die Weltbühne*, 18 décembre 1928, in Olivier Lugon, *La Photographie en Allemagne*, p. 143.

56. Oscar Schürer, « Industrialisation et photographie », *Der Satrap*, juin 1926, in Olivier Lugon, *La Photographie en Allemagne*, p. 163.

57. Fritz Kuhr, « Le monde n'est-il que beau ? (encore une critique de Renger) », *Bauhaus*, avril-juin 1929, in Olivier Lugon, *La Photogrphie en Allemagne*, p. 145.

现了我们的时代”,特别是“技术进入了自然之中”[55]——金属构架如同森林,植物如同机器,铁路桥梁如同教堂中殿。这就是该摄影集的力度所在:不直接聚焦工业社会,而是用拍摄机器、工厂或是教堂的方式来拍摄动植物,间接地歌颂工业社会。从某种意义上说,兰格—帕奇将工业变成自然和文化。机器被自然地、和谐地融入这个具有悠久历史的、由物质、自然、动植物,以及人类和人类文明构成的世界。与此相反地,自然物体的“机械化表现”和几何结构的突出,为工业结构和形式之美带来了表面上的多样性。兰格—帕奇的作品展现了这个现代主义的显然性——工业存在于自然界,工业是自然界的圆满实现。

新客观主义摄影与工业结为一体,从某种意义上说,是因为它通过机器特性,通过将所有物体转化为工业品的方式,通过将技术转变为美的起源的美学定位,来完成自己的表现意图。同时,新客观主义对工业的片面理解,也体现在被其遮盖的一面上:社会剥削和斗争,人类的生存和主观性。奥斯卡·舒瑞(Oscar Schürer)认为,“兰格—帕奇不企图在工业现象里注入哀婉动人的内容”[56],他对工业抱有的目光“不带人类情感”。客观主义将自然界简化为物体,将物体简化为机械。这是没有人类,没有社会厚度,没有主观性的世界。如果世界是美丽的,那是因为它沐浴的阳光,只照亮了植物和机器这些宁静和谐的地带;那是因为注视这个世界的目光,只停留在物体的表面。

<物体表面 La surface des choses

完全表面的可视性,这一点再次将新客观主义和画意摄影区分开来,但同时这一点也招致了同时代者的批评,特别是从社会性角度来看,对人类和社会劳动组织的遗忘,一味赞美机械化,激怒了弗里兹·库尔(Fritz Kuhr),面对这个在自然界中只看到物体和美的一面的盲目,不轻信的库尔发出猛烈的质问:“世界难道仅仅只是美丽吗?”他建议兰格—帕奇“抽空去看一下臭虫窝或是工人住宅——更绝的是农业工人的住宅。也许,”他补充道,“在我们的现代监狱中,也有不少很好的照片可以拍”[57]。总之,世界是美丽的,只要关注表象、表面和物体。1931 年，瓦尔特·本雅明将新客观主义摄影与时尚和广告联系起来，将其降低到恋物癖和社会危机纯粹产物的行列。他写道，这个"摄影能够把随便哪一个罐头包装起来，但是却无力捕捉任何一个它所介入其中的人类现象"[58]。将摄影与时尚、广告和商品化归成一类，对立于认识和"揭露"，意味着宣告摄影的失败，将亮度视为一个骗局，一个纯粹的表面效果。尤其这意味着反对摄影的客观主义企图，抨击其对社会和人类现象的失明。

58. Walter Benjamin, « Petite histoire de la photographie », *L'homme, le langage et la culture*, p. 76-77.
59. Bertolt Brecht, « Le procès de quat'sous. Une expérience sociologique », *Versuche*, vol. 3, Verlag Kiepenheuer, Berlin, 1931. 摘自 Walter Benjamin « La petite histoire de la photographie », 1931, in Olivier Lugon, *La Photographie en Allemagne*, p. 372.
60. Walther Petry, « Le lien aux choses », *Das Kunstblatt*, vol. 13, n° 8, 1929, in Olivier Lugon, *La Photographie en Allemagne*, p. 155.
61. Willi Warstat, « Conception moderne du portrait photographique », *Photofreund Jahrbuch 1931* (1930), in Olivier Lugon, *La Photographie en Allemagne*, p. 184.

　　问题在于现代主义摄影的"揭露"力量，在于亮度的认识效果，旨在"还原"物体的摄影立场所具有的认知效率。与兰格—帕奇相反，本雅明和布莱希特一致认为，"揭露"既非通过记录获得，也非通过还原，而是通过结构："无论在何种情况下，一个简单的'对现实的复制'不能说明任何现实的问题。一张 Krupp 或是 AEG 工厂的照片，几乎没有提供任何关于这些机构的信息。真正的现实存在于功能性中。人类关系被物化，如工厂只是工厂本身，不再表现人类关系。于是，其中完全有'一些东西可以构建'，一些'人工的'东西，'制造'的东西。"[59]

　　这些不同的摄影观念来自不同的现实观念。对新客观主义来说，"一个物体的结构、材料和表面是它唯一的也是整个的现实"[60]；由此通过亮度来"还原"表象的摄影，是一个"认识自然的不可估价的手段"。产品优先于生产方式。反之，布莱希特和本雅明希望重新为现实赋予社会深度，超越物体表面的范畴。他们认为现实不能通过还原或是记录被直接抵达，而只能间接地被制造出来，通过生产的"一些东西"来区分。"揭露"通过差异实现，而不是像兰格—帕奇认为的那样通过重复来完成。此外，现代主义对表面的重视，也将其与画意摄影区分开来。

　　个体的主观厚度是新客观主义坚决摈弃的，特别是在人像摄影领域。不同于传统人像对表现模特个性、灵魂和情感的追求，现代观念"在人像中强调表面效果"[61]，通过一贯的近景拍摄和极端的清晰度，也通过放大和对光面相纸的运用。德国评论家乌利·瓦尔斯塔（Willi Warstat）认为，"摄影所具有的细致入微地再现物体表面、忠实地记录皮肤的每一个毛孔、每一个道皱纹、每一个疤痕、每一丝毛发的能力，在过去曾被视为反艺术，如同机器。如今（1930），这个表面效果被视为摄影独有的效果，不同于我们的视觉，而正是基于这一点，我们推崇它欣赏它：它向我们展示了物体的另一种视觉方式"。继画意摄影的优雅深度和非摄影之后，这里呈现的是新客观主义的机械表面和"纯摄影"。继画意摄影用片面的人的主观性视觉来反对镜头的客观性视觉之后，相反地是建立在机器、摄影材质及其与肉眼的差异之上的现代视觉。机械而客观的表面的可视性，取代了深度的、人性的和主观的可视性。在"过去"和"如今"之间，摄影艺术的范例被颠倒了。

脸部被表现成一道风景，或是一个没有内在的物体。人像、静物、风景这些古老的艺术类型，因追求同一个表面效果而被相互同化。我们"在新的摄影人像中，挖掘昔日被认为毫无拍摄价值的神情和姿态"[62]——正在睡觉的人、正在工作的人，或正在笑的人。姿势的特定瞬间，被平凡举止的任意瞬间所取代。[63]构成的原则，被瞬间拍摄的"偶然、不经思考"所取代。在新的人像中，意外、过客、"所有活着的东西"，取代了对存在深度的表现。表面，深度。存在，对时间、姿势和构成有着苛刻的要求；活着的东西，瞬间即可捕获，拍摄就如同"抬手"一样，是局部的图像。个体的另一些概念，另一些形式，另一些可视性。

艺术摄影师自己也脱去了人性的厚度。有技能而没有内在性，这一点将其与画家区分开来。绘画越是被错误地简化为画家内心世界的表现，摄影就越是被错误地视为物体客观而机械的复制，不带有摄影师的主观表现。继新视觉流派对光学的过分强调之后，继画意摄影对主观的过分表现之后，新客观主义坚持的伦理是，在自然面前的谦虚态度和摄影师的保留姿态。

1929 年在斯图加特隆重举办的"电影与摄影"展览（Fifo [Film und Foto]），汇集了不计其数的作品，不仅来自德国，还来自荷兰、瑞士、美国和苏联，在当时被视为"摄影新风格"[64]的胜利和"视觉方式突变"的体现。这个视觉方式的特点是彻底贬低眼睛的价值，抬高镜头的价值。画意摄影曾经想方设法地摆脱镜头这个被认为平庸的附件，试图恢复一个假设来自人类眼睛自然的、主观的视觉，对他们来说，模糊，正好是达到这个目的的造型方式；现代摄影艺术

62. 同上，p.183。

63. Henri Bergson, *L'Evolution créatrice*, p.330 ; Gilles Deleuze, *L'Image-mouvement*, p.13.

64. Wolfgang Born, « Das Lichtbild. Exposition internationale à Munich », *Photographische Rundschau und Mitteilungen* (1930), in Olivier Lugon, *La Photographie en Allemagne*, p.170.

则采用镜头为参照，这个科学的机械眼，"在某种程度上，是超人类的视觉方式"[65]。"无意识的镜片"被青睐，受个体主观深度束缚的"与意识耦合的眼睛"被冷落。镜头一张一张依次记录了物体的局部，而人类的眼睛对一股股的

65. Hugo Sieker, « L'autonomie de la photographie », *Der Kreis*, juin 1928, in Olivier Lugon, *La Photographie en Allemagne*, p. 169.
66. 同上。
67. Otto Steinert, « Par-delà les possibilités formelles de la photographie », *Subjektive Fotografie*, Sarrebruke（1951）, in Alain Sayag et Jean-Claude Lemagny, *L'Invention d'un art*, p. 185-186.

图像流进行添加与合成，从而得出一个对物体的总体概念。机械图像的直接和无意识，与眼睛合成的二次性和主观性形成了鲜明的对比。自然不再属于眼睛，而是属于镜头："无意识的照相机，具有比眼睛更自然的目光，因为后者仍旧与意识捆绑在一起；既然它（照相机）除了看没有其他任何功能，那么它就相当于一个独立的视觉器官。"[66]

　　画意摄影和新客观主义几乎处于对称性对立的状态，它们体现了艺术概念的多变性，在这里是摄影艺术的多变性。从前者到后者，摄影艺术摇摆在杂交和纯粹之间，手工介入和机器表现之间，传统和现代之间，对深度的迷恋和对表面的热衷之间。其他运动如奥托·斯坦奈尔（Otto Steinert）的主观摄影运动，以及离我们更近一点，让－克洛德·乐马尼（Jean-Claude Lemagny）极为推崇的创造性摄影运动，将提出其他类型的摄影艺术的概念。

一个主体的艺术：主观摄影
UN ART DU SUJET, LA SUBJEKTIVE FOTOGRAFIE

　　第二次世界大战后不久，因战败和纳粹独裁而伤痕累累的德国，在冷战和战后重建的时代背景下，奥托·斯坦奈尔和几个德国摄影师，在职业摄影的边缘，成立了 Fotoform 摄影小组，继而发展成主观摄影（Subjektive Fotografie）运动。1951 年，斯坦奈尔与汉斯·讷内（Hannes Neuner）、特艾欧·斯耶格勒（Theo Siegle），以及艺术史学家约瑟夫·阿多尔夫·史莫尔（Josef Adolf Schmoll）一起在萨尔布吕肯组织了"现代摄影国际展览"，为该运动扩大了影响。展览"旨在推介一批精选的具有创造精神的现代摄影作品"[67]，既有欧洲的也有美国的作品。在欧洲巡展之后，被介绍到罗彻斯特（之后又分别于 1954 年和 1958 年举办了两次展览）。展览的目的在于促进新一代艺术摄影师的涌现。同时，它也致力于

恢复被纳粹打破的联系［这是莫霍利－纳吉和艾尔贝而·巴耶尔（Herbert Bayer）展出部分的使命］，表达对和平及民族和解的渴望。"摄影是让我们对我们生存的世界拥有清醒认识的最有效的手段"，斯坦奈尔写道，"作为向所有人开放且易于操作的技术，它是促进民族间相互理解的最出色的工具之一。"[68]

68. Otto Steinert, « Par-delà les possibilités formelles de la photographie », *Subjektive Fotografie*, Sarrebruke (1951), in Alain Sayag et Jean-Claude Lemagny, *L'Invention d'un art*, p.185-186.
69. 同上。

　　这个赋予展览的普遍性，如同对仍旧鲜活的恐惧感和创伤的回应，在奥托·斯坦奈尔看来，符合了这样一种理解，即在战争历历在目的这样一个特殊时期，人们需要对长期的纳粹独裁和残酷的集中营机制下被曲解的主题进行重新评估，"一个清醒的世界观"应该建立在这样的基础之上。"新的摄影风格是我们这个时代迫切需要的"，斯坦奈尔解释道，"'主观摄影'是这次展览的格言，因为这个表述突出了其本质特点：摄影师的独创性。（与插图摄影和文献摄影相反。）所以这次展出作品的根本特征是，摄影师通过外部现实来表现自己个人的世界观。"[69]

　　对主观摄影来说，"清醒的观念"首先是一个"个人的观念"。脱离了商业和实用摄影，反对插图和文献摄影，更接近于新视觉流派而不是新客观主义流派，意味深长地向莫霍利－纳吉致敬，而忽略兰格－帕奇和桑德，主观摄影将"摄影师的独创性"和纯摄影方法实验摆在绝对核心的位置。实验的目的是为了"发现所有技术和创造的可能性，从而通过图像来表现我们时代的视觉经验"，斯坦奈尔肯定道。他还建立了一个严谨的摄影分类：文献、美图、再现式摄影创作（主观摄影）和绝对创作（抽象摄影）。虽然主观摄影的作品并非都为抽象形式，但是从某种意义上说，后者是它的结果。似乎，模糊效果、清晰度的有意缺失，强烈的对比，相机的摇动和那些完全抽象的影像，加上艺术摄影师的主观性和对文献的拒绝，一起来刻意地扭曲过于逼真和沉重的现实。似乎，新的可视性，独特的"见"和"未见"的组合，必须将战后德国所有物质的、社会的和历史的现实排除在外。

　　面对一系列完全不可表现的东西，主观摄影维护摄影媒介探索和摄影师的主观性。与否认摄影特性的画意摄影不同，与拒绝主观性的新客观主义不同，主观摄影在"摄影师的独创性"和摄影媒介的特性之间寻找平衡点。

一个材质的艺术：创造性摄影
UN ART DE LA MATIÈRE, LA PHOTOGRAPHIE CRÉATRICE

在另一个完全不同的背景中，1970 年代的法国，一个新的摄影艺术类型即将诞生，借用让－克洛德·乐马尼的定义，可以称之为"创造性摄影"。尽管，在这个 20 世纪的最后一个 15 年里，摄影艺术不只局限于法国，尽管它一产生便即刻蔓延整个欧洲乃至全世界，尽管它扎根于深厚的文化演变，远远超出了摄影的范畴，在这里还很难将它与两个法国现象分离开来：一是阿尔勒国际摄影节，曾经作为范例带动了法国和整个欧洲数十个摄影节的产生；另一个是巴黎摄影月，曾被众多国际化大都市模仿借鉴。与此同时，摄影以多种方式进入文化领域并开始占据重要地位，如国家摄影中心和大大小小的摄影展览馆的建立，如摄影进入高等学府，特别是巴黎第八大学摄影系的建立，如越来越多的画廊朝摄影艺术方向定位，美术馆摄影展品的出现，相关杂志、书籍、论文和研究的涌现等。总之，曾经只限于小范围传播的摄影艺术，受众群体大大拓宽了。今天没有人可以否认摄影艺术的存在，对摄影的认知和实践远远超出了职业圈子。尽管如此，这个艺术似乎正在衰竭，许多曾经作为其支点的流派和思潮的停滞可以见证，并且更多新的图像类型如闪电般层出不穷，将其吞没。

虽然创造性摄影源自一个颠覆了整个图像和艺术领域的不可阻挡的潮流，不可否认的是，它的兴起和壮大归功于一个地点和一个人物：巴黎国家图书馆及其摄影馆馆长让－克洛德·乐马尼。他用自己敏捷警醒的文笔，关注、思考和支持了创造性摄影的发展，并在自己的办公室里接待了无数来自世界各地的艺术摄影师，连续 25 年，直到 1990 年代末退休，这时创造性摄影也开始走下坡路。

＜摄影的贫乏？　Pauvreté de 《la》 photographie?

让－克洛德·乐马尼经常自称为摄影艺术事业的斗士。在他厚厚的文集《影子和时间——论作为艺术的摄影》（L'Ombre et le Temps. Essais sur la photographie comme art）中，最后一章题为"战斗"。在他眼里，"对创造性摄影的维护，需要战斗的和革命的姿态"[70]。但一方面斗志坚定，另一方面他又矛盾地认为摄影苦于"客观性的贫乏"[71]，另一些作者称为"本

70. Jean-Claude Lemagny, « Il nous faut des critiques » (1984), *L'Ombre et le Temps*, p. 257.
71. Jean-Claude Lemagny, « Noirs et mythes » (1988), *L'Ombre et le Temps*, p. 259.

体论的贫乏"。以致在他最具有倾向性和战斗性的文章中，采用了与这些作者亲近的立场，后者虽不乏善意，但在研究摄影作品时，却一概运用架上绘画甚至雕刻艺术作为参照。仿佛 150 年后，关于摄影的思考仍旧跌倒在这样一个事实面前，即在图像生产过程中，摄影第一个用机器取代了人类的双手。

　　"严格地说，摄影师什么也没做。照片是自己独自产生的。用不着摄影师来拍摄一张照片。"又或者："摄影师不制造图像：他记录图像。"[72] 有意思的是，这些言论说明了乐马尼并未摆脱这个自摄影诞生以来就不断对其贬值和误解的传统思想。没有任何图像曾经如此频繁地被用来作为艺术的绝对反命题。直到今天还被提到的"无编码"（罗兰·巴特）、"无历史"（让—马利·谢弗）、"无材质"[阿尔诺·克拉斯（Arnaud Claass）][73]，也许还可以加上汉娜·阿仁（Hannah Arendt）的"无持久性无稳定性"[74]。总之，摄影在其短暂的历史中，惯常被指责为缺乏人性的图像，没有灵魂，缺乏艺术性和独立的形式，缺乏难度，非职业，缺乏才能，不加选择，不加区分（细节过于丰富，过于逼真），缺少稀有性（无限复制），没有独特性，缺少天赋，缺少人手的介入，没有手势，没有劳动，没有持久性（瞬间性，缺乏严肃创作所需的时间长度），等等。总而言之：没有质量，或极少的质量。与这一长串埋怨相对应的，是赐予摄影的唯一的一个优点（暂且不论其争议性）——忠实再现现实的工具。然而这个对摄影的恭维，对"非常谦逊的仆人"（波德莱尔语）的抬举，是将摄影的丰富性局限在实践领域的方式，使它受制于工具性，束缚在实用、行动、工作和传播的范畴。至于"贫乏即其力量"的观点，徒劳地试图用辩证法的方式来反驳本质主义者关于贫乏和摄影的言论，但没有真正深入主题。

　　让—克洛德·乐马尼谈到摄影的贫乏，甚至认为"摄影严重地残废"[75]。每当他忘记了实践和具体图像的存在时，每当他抛弃了维护创造性摄影的战斗，而采用笼统而抽象的皮尔斯的符号学[76]观点时，他就会发表这样的言论。

　　至于摄影的形式，乐马尼从一个华而不实的回音的隐喻出发，来对待这个

72. Jean-Claude Lemagny, « Chef-d' œuvre et photographie » (1984), *L'Ombre et le Temps*, p. 40 et 61.

73. Arnaud Claass, « Un art sans matériau », *Les Cahiers de la photographie*, n° 1, 1981, p. 21-25.

74. Hannah Arendt, *Condition de l'homme moderne*, p. 223 et 229.

75. Jean-Claude Lemagny, « Ce qui définit la photogrphie en tant qu' art : quelques réflexions » (1985), *L'Ombre et le Temps*, p. 64

76. Voir les travaux de Rosalind Krauss, de Philippe Dubois, de Jean-Marie Schaeffer ou, de façon différente, *La Chambre claire* de Roland Barthes.

问题："摄影是被摄物体的回音，相对于后者来
说，摄影总是处于形式不足的状态中"；又或者：
"形式只不过是对另一个形式的反映。"[77] 通过废
除手的权力来突出机器，通过将照片变成加工
产品，通过将图像传统的单一性颠倒为多数性，
特别是通过将图像简化为单纯的光的痕迹，摄

77. Jean-Claude Lemagny, « Ce qui définit la
photogrphie en tant qu'art : quelques réflexions »
(1985), *L'Ombre et le Temps*, p.63.
78. Jean-Claude Lemagny, « Solitude et communion »
(1990), *L'Ombre et le Temps*, p.326
79. Jean-Claude Lemagny, « La photographie à lèpreuve
du style » (1982), *L'Ombre et le Temps*, p.54.
80. Jean-Claude Lemagny, « Solitude et communion»
(1990), *L'Ombre et le Temps*, p.326.

影也因而失去了成为艺术形式的主要特征，直到招致最后的指责：照片只不过
是物体的痕迹，没有自己独立的形式。与艺术作品相反，摄影图像被认为太过
逼真而自我衰竭，太过透明而自我否定，消失在物体的背后。用乐马尼的话说，
即失去了形状和材质。

　　然而事实上，摄影并不是纯粹而简单的记录（自动的），它的形式也不只是
物体形式的回音（被动的）。至于透明性，它也不是如符号学认为的零度点，而
是一种风格的特别形式。此外，当代艺术领域摄影观众的大幅度增加，削弱了
艺术和摄影之间的二律背反性。评论界对摄影的严厉批评，最终有助于一个既
是纯粹意义上的摄影、又是反对摄影普遍属性的摄影艺术的形成。创造性摄影
的特性是通过材质和阴影的美学来解决这个矛盾。

＜材质与阴影 La matière et l'ombre

　　创造性摄影所代表的摄影艺术类型，有着完美的范围限定。这显然不是家
庭或商业摄影，也不是"在摄影中追求最没有艺术性的部分"[78] 的先锋派艺术家
的作品，甚至也不是这个"跟在先锋派后面的摄影艺术"。乐马尼认为这些实践
没有丝毫艺术性，将它们笼统地称为"摄影"，并批评它们与造型艺术的"功能
完全不同甚至背道而驰"[79]。与这些实践不同的是，创造性摄影勾勒了一条"与
艺术平行的艺术道路"[80]。这是一条艰难的道路，艺术摄影师既要远距离地追随
与造型艺术相去甚远的实用"摄影"，又要追随正面临困境等待被赎买的当代艺
术，确切地说，被创造性摄影赎买。

　　就这样被视为艺术的反现代观念，并被巧妙地赋予再生当代艺术的使命（给
它带去材质感和阴影感），创造性摄影的特点体现在对摄影工艺纯粹性的尊重和
作为当代艺术救赎者的角色。在艺术上，只有现代艺术之前的"永恒"价值才

有意义，因为既然当代艺术被认为抛锚了，那么问题不在于模仿它，而仅仅在于拯救它。画意摄影的理想对象是绘画，创造性摄影为拯救当代艺术的抱负而自豪。两者的角色正好颠倒过来。

创造性摄影的最终目的，是将摄影表现从几何形式变成阴影形式，这个出发点其实是完全绘画性的。广义上的摄影遵循透视、几何和光学的客观规律，创造性摄影则试图通过阴影来再现物体，这是对古代绘画大师传统的延续，乐马尼评价道，后者"早就明白了阴影不只是用来表现立体感的合理方式，也不只是材质的深层变化，而是一个诗意的境界，一个充满梦幻的形式，能够将虚构变成艺术创作"[81]。透视局限于描绘空间，阴影则赋予它灵魂。关键在于视觉角度的变换——从将视点置于圆锥体顶端的几何透视到阴影理论。在阴影论中，光源占据了圆锥体顶点的位置，被照射的物体是不透明的，通过阴影面即无光区，而产生了投影。[82]与画意摄影在暗房里用手工遮光的方式获得阴影不同，创造性摄影通过改变视角的方式，或至少通过重新评估光线和几何光学在摄影中遮掩的部分来达到这个目的：它再现物体的方式就如同皮影戏的表现方式。总而言之，在创造性摄影作品中，摄影从亮处挪到了暗处，从透明变成不透明，从几何线条的清晰到阴影幽灵般的模糊，从眼睛的至尊到材质的触觉，从理性描述到幻觉和虚构。从理想的真实到"梦想的疆域"[83]。

81. Jean-Claude Lemagny, « La matère, l'ombr la fiction» (1988), *L'Ombre et le Temps*, p. 30
82. Michel Serres, *Le Système de Leibniz*, t. I, p.151-174, t.II, p.648-667.
83. Jean-Claude Lemagny, « Genius loci, ou l'étendue rêveuse» (1984)，*L'Ombre et le Temps*, p. 149-159.
84. Jean-Claude Lemagny, « Le retour du flou» (1985)，*L'Ombre et le Temps*, p.270.
85. Jean-Claude Lemagny, « Le retour des dieu (1987)，*L'Ombre et le Temps*, p. 273.

摄影的艺术潜力在于被实用性长期掩盖的阴影部分。与此同时，艺术在某种意义上突然进入了一个回归摄影被压抑部分的过程，即"材质的重新获得"[84]，"阴影部分"[85]的重新发现。最终，艺术取决于"找回一个化身"，归还摄影被剥夺的肉体。乐马尼在文字中经常用到的"回归"这个词（见文章《模糊的回归》或是《神的回归》），以及词语的前缀"回"或"重新"、"再次"（法语为"re"），也很形象地指明了他的动机。关键在于回到过去，并非为了纯粹和简单地修复过去某个状态，而是借用一条被摄影的实用性所抛弃的道路，从而为摄影打开一个既本质又神圣的空间。

"为艺术作品而战"，"保卫艺术摄影"，目的是使"摄影最终找到躯壳和肉体"。

它的肉体，让—克洛德·乐马尼紧接着写道，"只能在阴影的黑暗中才能找到"[86]。这就是他热情地向1980年代"模糊的回归"致敬的原因。在纪实报道中，这个回归首先出现在威廉·克莱因的作品中，模糊表现

86. Jean-Claude Lemagny, « Noires et mythes » (1988), *L'Ombre et le Temps*, p. 261.

87. Jean-Claude Lemagny, « Heureusement, ça n'a pas de sens » (1990), *L'Ombre et le Temps*, p. 317-324.

88. Jean-Claude Lemagny, « Le retour du flou » (1985), *L'Ombre et le Temps*, p. 267-268.

89. Jean-Claude Lemagny, « La photographie est-elle un art plastique? » (1987), *L'Ombre et le Temps*, p. 286.

了都市突然迸发的活力。但是在伯纳尔·普罗素（Bernard Plossu）那里，模糊被赋予了决定性的功能，这是一个充满阴影和质感、动态和抽象形状的艺术，被剥夺了任何意义。用乐马尼形象的话说，"幸好，这是没有意义的"[87]。这个形式主义是如此激进，甚至试图超越视觉范畴，抵达触觉的境界。在形式之外，模糊体现了"某些摄影材质独有的品质，它的颗粒状，它的擦拭效果，它的浓重的黑色，如同我们在绘画材质中所感受到的独特的造型能力，它的肌理，它的笔触"[88]。

从"不存在无形的艺术"[89]这样一个公设出发，让—克洛德·乐马尼试图为以极度单薄、光滑透明、缺乏材质的艺术表现力而著称的摄影，创造一个形式。不同于画意摄影，该流派试图用摄影之外的物质来为图像赋予形式，也不同于从罗兰·巴特到阿尔诺·克拉斯这些理论家的观点，他们宣称摄影是一个没有材质的图像（本文将回到这个问题上），让—克洛德·乐马尼支持"摄影的躯干是阴影"这个观念，并且"最终，一张照片是由阴影的触觉价值一点一点构建起来的"。然后，为了让创造性摄影纯粹性的特点能够与造型艺术一致，他强调阴影的触觉性特点："一张照片最后的现实存在于材质中，且这个材质的最终性质是触觉。"这必须通过某种理论跳跃，理解"触觉性"这个词的尽可能广泛的意义，来将图像等同于远距离的触摸，并就此承认创造性摄影是造型艺术领域内的一个特殊的组成部分。

这个巧妙的立场建立在对传统造型艺术的完全服从上，既然关键在于为照片赋予绘画的形式感。尽管如此，创造性摄影与画意摄影没有任何相似之处，因为在这里，阴影不仅没有遮盖摄影材质，反而突出了银盐的特性。虽然以绘画为参照，将创造性摄影和画意摄影拉近了距离，但是他们对待摄影纯粹性的态度是不同的，前者遵重，后者摒弃。它们的区分还在于前文中曾提到，对绘画赋予的不同角色，画意摄影试图对其进行模仿，创造性摄影则试图对其进行救赎。然而，对媒介纯粹性的重视不足以让创造性摄影成为自主的摄影艺术。那么，更新当代艺术的抱负在哪里？

< 更新艺术的使命　Mission de régénérer l'art

　　面对艺术，让－克洛德·乐马尼（Jean-Claude Lemagny）所维护的立场既有两面性又不容置疑：一方面，是对传统造型艺术的完全尊重；另一方面，是对当代艺术激烈的反对，特别是观念艺术，以及自马塞尔·杜尚（Marcel Duchamp）以来的现代艺术，甚至可从马奈（Manet）算起。最终形势是："艺术抛锚了。这从未在它身上发生过。"[90] 这是不惜代价追求新意的结果，因为"自马塞尔·杜尚以来的先锋派艺术家所做的极端尝试，用非艺术来证明艺术"。这个判断尽管有待商榷，但与此同时在整个 1990 年代的法国，反对当代艺术的言论此起彼伏，最终导致了 1996 年一个重要文件的发表，题为"艺术／非艺术"（Art / non-art），刊登在极右派的《Krisis》杂志。让·克莱尔（Jean Clair）、让－菲利浦·多梅克（Jean-Philippe Domecq）和让·鲍德里亚（Jean Baudrillard）等当代艺术的反对者[91]，发起了一个呼唤职业技能回归的运动，回归具象反对抽象，回归材质反对观念，回归传统反对观念。这正是阴影中感性和诗意的焦点，正是通过这个阴影，"摄影在今天与传统的绘画相交，这个交点也是自马奈以来的现代艺术与传统绘画的分离点"[92]；这也是对艾贡·史耶乐（Egon Schiele）的"现代艺术不存在"，或者让·勒·嘎克（Jean Le Gac）所惋惜的艺术"被流放在语言中"的参照；这也是题为《流放回归》一文的意图，文中作者欣慰地看到，经历了近三十年的抽象艺术和观念艺术主导（可以用"艺术成了一个纯粹的关于艺术的概念"来形容这个阶段），摄影和艺术终于获得新生。

　　正是基于这一点，以娜塔丽·埃尔韦（Nathalie Hervieux）、迪科·布莱克曼（Dirk Braeckman）、阿兰·让森（Alain Janssens）、吉赛尔·纳加（Gisèle Nedjar）、米歇尔·德芭（Michelle Debat）等学者的理论研究为依托[93]，让－克洛德·乐马尼相信能够赋予创造性摄影以更新艺术的使命，结束先锋派这个小插曲。他还在文章中设想了创造性摄影和观念艺术的对峙场景，却忘了他攻击的靶子并不存在，因为

90. Jean-Claude Lemagny, « Retour d'exil» (1990), L'Ombre et le Temps, p. 312-316.

让·克莱尔（Jean Clair, 1940— ）：法国著名艺术评论家。法兰西学院院士，曾长期担任巴黎毕加索博物馆馆长。

让·鲍德里亚（Jean Baudrillard, 1929—2007）：法国哲学家和社会学家。其代表作有《消费社会》《符号交换与死亡》《完美的罪行》等。

91. Voir Yves Michaud, La Crise de l'art contemporain. Utopie, démocratie et comédie; et Philippe Dagen, La Haine de l'art.

92. Jean-Claude Lemagny, « Retour d'exil» (1990), L'Ombre et le Temps, p. 312-316.

93. Jean-Claude Lemagny, Photographie contem-poraine. La Matière, l'Ombre, la Fiction.

这两者相距遥远且互不关心。现实中，他对观念艺术的攻击，对让-弗朗斯瓦·利奥塔为蓬皮杜中心策划的《非物质》展览的反对，仅仅局限于圈内研究。乐马尼的文字歌颂了阴影、形体、肉身、梦境和诗的世界，攻击了一个明确的敌人——观念、意念、先锋主义艺术；通过这个名声显赫的假想敌，抬高了创造性摄影。不过更重要的是，这个论点第一次试图将摄影附属于艺术的传统关系颠倒过来。于是创造性摄影被（想象地）转化成更新艺术的核心角色，并在当代艺术史的脱离现实和回到现实两种思想中，起到了媒介作用。在第一阶段，"镜头无动于衷的客观性"满足了艺术试图尝试一切新鲜事物（脱离现实）的好奇心；而在第二阶段，艺术在阴影中找到了新的起点（回到现实）。"我们曾经以为，通过摄影能够将抽象表现到极致，然而我们同时发现，正是摄影中不可忽略的具象成分——阴影，成为艺术继续存在的理由"。也就是大写的艺术死去了，材质是它的生命，并且在这个寓言中，正是创造性摄影"这个所有艺术中最单薄和最透明的艺术"，使大写的艺术复活。

一个混合的艺术：新画意摄影
UN ART DU MIXAGE, LE NÉO-PICTORIALISME

在这个创造性摄影使艺术复活的寓言之外，在让-克洛德·乐马尼颠倒摄影与艺术的附属关系的企图之外，且不论他言词间流露出的强烈的反现代主义情绪，他的理论根源其实具有彻底的现代性，那就是在纯粹的摄影材质的基础上，来定义一个纯粹的摄影艺术。无疑，这就是为什么乐马尼的战斗行动，抵挡不住20世纪末产生的推崇混合艺术的新画意摄影运动。尽管它们之间有着深刻的差异（一方面是纯摄影材质，另一方面是对混合的颂扬），创造性摄影和新画意摄影还是相互靠近，因为他们拥有共同的企图，即减缓图像的流通速度，抵制图像的非物质化。

这个抵抗企图的参与者是艺术摄影师，他既不同于摄影师，也不同于艺术家。与有规律地或是专门地使用摄影来创作的艺术家相反，艺术摄影师不处于艺术领域，而是处于摄影领域，这也是他们职业活动的背景。所以，关键在于——艺术摄影师首先是摄影师，然后才是艺术家；对他来说，摄影既是他的职业也是他的艺术。作为职业的摄影，严格服从市场规律、效益和赢利原则（流动性、快捷性、轻巧性、同一性、系列性等），所以相对而言，这个艺术摄影对他常常意味着自由的呼吸。这也是为什么摄影艺术经常试图在摄影的职业中颠覆纪实伦理的原因。

与19世纪末的画意摄影运动一脉相承，也或许缘于对一个逝去的艺术的怀念，一些艺术摄影师对底片进行刮擦、修改，或用铅笔描画。他们用手为图像增添了材质。限量、签名、对独创性的崇拜、手的直接介入、手工艺的回归——所有这一切，旨在创造唯一的或罕见的作品，而忘了可复制性是摄影工艺的核心特点；旨在阻碍同一性、多数性和系列性，颠覆机器化的特征。这旨在物质的充实图像，为其赋予沉重感，阻止市场强加给纪实摄影的加速化和非物质化进程。此外，这个意图刺激了对古老材质和工艺的使用，如针孔相机、达盖尔相机、直接成像装置、重铬酸钾胶技术等，这些工艺使摄影回到了前工业状态或摄影的初始状态，甚至史前阶段（针孔成像）。

尽管新画意摄影的实践和材质的混合性，从美学上将其与让－克洛德·乐马尼所维护的摄影的纯粹性区分开来，但是这些摄影作品也在寻找材质、阴影和想象的途径，来抵抗加速度和非物质化。以材质对抗照片固有的单薄；以不透明性和阴影对抗透明和形式的中立；以表现对抗摄影师的缺席或是隐退；以想象和构造对抗现实主义的平面和现实的平庸——所有这些目的，都是为了尽可能地拉开与纪实的差距。作为这个美学纲领的要素——模糊，瓦解了长久以来占主导的摄影与清晰的对等关系；模糊，体现了艺术家对技术的领先。打破了再现的准确性，模糊定义了一个实践之外的公然的立场——一个被视为文献反面的摄影艺术的立场，一个最终获胜的对文献摄影大潮的抵制。

20世纪的最后三分之一，作为摄影艺术的新画意摄影发展迅速，与此同时，美术馆大量繁殖，摄影节、展览、刊物等层出不穷，总之，摄影轰轰烈烈地进入了文化领域。这个在其实用性衰竭时的摄影的变型，主要体现在"摄影月"的普及中。该活动形式于1970年代末在巴黎创立，之后很快在全世界范围内被借鉴，从莫斯科到蒙特利尔，从国际最知名的大都市到默默无闻的小镇。摄影月的成功，与其说代表了摄影生命力的旺盛，不如说体现了它的加速萎缩，体现了它从实践领域向文化领域的过渡。因而文化在关注摄影的同时，也受制

于多个决定因素：新画意摄影浓重的怀旧
情绪，对文化遗产的普遍迷恋（如法国文
化部专门成立了一个摄影遗产计划），摄
影爱好者的大量涌现，以及为文献摄影衰

罗伯特·杜瓦诺（Robert Doisneau, 1912—1994）：法国
平民摄影家，与亨利·卡蒂埃—布列松并称为一代摄影
大师。两人的摄影都以纪实为主，但风格却不尽相同。
布列松喜欢四处游走，作品比较深沉严肃；杜瓦诺则一
生只以他所居住的巴黎为创作基地，作品风趣幽默且具
有亲切感。

退后受牵连的纪实摄影师寻找新的定位的企图，这正是马格南图片社、Vu 图片
社，或是拉佛（Rapho）和罗伯特·杜瓦诺尝试做的，即从文化市场里重新赢得
在信息市场中失去的部分。另外，具有象征意义的是，"摄影月"普遍重数量
（比如巴黎摄影月期间，展览数量往往超百）轻艺术，甚至轻参展图片的美学质
量。更不用说活动所提出的问题的贫瘠性，既无理论意义，也不触及当代摄影
状态问题。似乎摄影文化的主要参与者（他们中大部分来自被文化排斥的领域），
仅仅只了解其中最肤浅的规律。因此，欧洲摄影中心（Maison européenne de la
photographie，简称 MEP）在距巴黎蓬皮杜文化艺术中心不远处的成立，具有标
志性的意义：地理上如此接近，文化上如此遥远，尽管摄影从未如此广泛地进
入美术馆展出。因为摄影师的摄影，就算是艺术的，与艺术家的摄影还是不能
混为一谈。尽管他们越来越使用同样的材质来创作，摄影师和艺术家之间的区
别仍旧是泾渭分明的。

二、艺术家的摄影 LA PHOTOGRAPHIE DES ARTISTES

20 世纪的最后四分之一，摄影在当代艺术中占据了前列位置。但是这个艺术家的摄影，与摄影师的摄影之间，不存在任何共同点，后者仍旧停留在有关再现的问题上：或是一丝不苟地再现表象（如文献摄影），或是与此背道而驰（如表现摄影），或是自由地对表象进行转化（如艺术摄影）。

艺术家的摄影的主要目标不是再现可见的东西，而是将世界中可见的或不可见的东西（有形的或是无形的东西）形象地表现出来。它不属于摄影范畴，而是属于艺术范畴。因为艺术家的艺术与摄影师的艺术之间的差异，就如同艺术家的摄影与摄影师的摄影之间的差异那么大。

尽管差异很大，两者之间的共同点是多元化的。在成为当代艺术的创作材质之前（比如 1970 年代初，克里斯蒂安·波乐坦斯基承认自己"用摄影来画画"），艺术家的摄影依次扮演了这些角色：艺术的压抑者（印象主义），艺术的范例（马塞尔·杜尚），艺术的工具（弗朗西斯·培根、安迪·沃霍尔），以及艺术的媒介（观念艺术、身体艺术、大地艺术）。在此期间，它行使了实用功能、媒介功能、分析功能、批评功能和务实功能。也许在进入第三个千年之际，它能够充当物体在艺术中的庇护所，成为图像非物质化大潮中的最后一道防波堤。

摄影——艺术的压抑者：印象主义

LA PHOTOGRAPHIE-REFOULÉ DE L'ART: L'IMPRESSIONNISME 关于摄影对印象主义绘画的本质影响这个命题，理论界没有足够的研究。或者，印象主义绘画吸收了摄影的特性，来更好地抗拒摄影；或者，它运用摄影不具备的元素，来更好地与摄影区分开来。可以说，摄影在印象主义绘画中被潜在地表现着：既主动又压抑。

当然，关键不在于统计究竟有多少画家直接在创作中用到摄影，如同阿戎·沙夫（Aaron Sharf）在其《艺术与摄影》一书中列的清单。关键在于分析摄影是如何一点一点渗透进印象主义美学并成为其范例的？印象主义美学又是如何体现潜在的摄影性，并且工业社会又是如何从内部影响印象主义绘画的？

当爱德华·马奈在 1863 年展出《草地上的午餐》时，摄影正成为资产阶级的宠儿，人们争先恐后地涌入街头的人像照相馆。这个新兴阶层处于自我崇拜和自恋情结而对摄影产生迷恋，与艺术动机没有任何关系。因为对于当时大多数中产阶级，艺术首先是与绘画等同的，而且这里不是马奈的绘画，而是与传统绘画一脉相承的梅索尼埃（Meissonier）、弗朗德罕（Flandrin）或维尔内特（Vernet）的作品，又或是那些"只对真实感兴趣"的、让波德莱尔备感失望的画家。对于波德莱尔，摄影是认为"艺术只能是对自然准确的再现"[1]的大众所抱有的"愚蠢的念头"的最极端的体现。

爱德华·马奈（Édouard Manet，1832—1883）：法国著名画家，19 世纪印象主义的奠基人之一。他在绘画上的革新精神影响了莫奈、塞尚、凡·高等新兴画家，进而将绘画带入现代主义的道路。受到日本浮世绘及西班牙画风的影响，马奈大胆采用鲜明色彩，舍弃传统绘画的中间色调，将绘画从追求三维立体空间的传统束缚中解放出来，朝二维的平面创作迈出革命性的一大步。其代表作品有《吹短笛的男孩》《奥林匹亚》等。

梅索尼埃（Meissonier，1815—1891）：法国画家。擅长风俗画和军事题材的创作。作品笔法细腻，富有生活情趣。《1814 年出征法国》是他最有影响力的作品。

1. Charles Baudelaire, « Salon de 1859. Le public moderne et la photographie », *Œuvres complètes*, p.748.
2. Peter Galassi 认为，摄影是一个画家的发明。他写道："摄影不是科学放在艺术门口的杂种，而是西方绘画传统的婚生子。"（Peter Galassi, « La peinture et l'invention de la photographie », in Alain Sayag et Jean-Claude Lemagny, *L'Invention d'un art*, p.20.）
3. Thierry de Duve, « Le readymade et le tube de couleur », *Résonances du readymade*, p.168.

波德莱尔将摄影直接地与大众的庸俗口味和那些受大众欢迎的精雕细琢的拙劣之作联系在一起，为了淡化这个偏见，应该研究在 19 世纪上半期，是如何同时出现以下这些现象的：大众和庸俗趣味，一个迎合他们的绘画实践，一个新的工业文明，以及这些现象的主要媒介和象征之一——摄影。[2]最后还需要了解的是，摄影在 20 世纪后半个世纪是如何影响绘画的。

自 1839 年摄影诞生之日起，甚至在其真正能够与现存图像形成竞争之前，摄影就已经强有力地预示了，图像领域将被卷入全球性的工业化进程，机器将挑战手工。摄影的竞争深刻影响了绘画领域，在一个图像生产工业化的社会里，在一个机械化和劳动分工逐渐排挤手工业的社会里，绘画产生了深深的不适应感甚至无用感。与此同时，画家不仅为摄影对手工价值的颠覆所困扰，更为颜料管状化的工业制造为他们职业带来的打击而苦恼。因此，工业对绘画的影响通过外因和内因同时作用，外因是摄影，内因是对传统绘画颜料研磨步骤的废除。长期以来，后者在画家学徒阶段，在大师向弟子传授秘方中扮演了极其重要的角色。[3]

1848 年后，巴比松派画家首先感受到颜料工业制造为绘画带来的改变。因为管装颜料的便于携带性，适应了以多比尼（Daubigny）为代表的正在尝试户外创作的画家的需要；因为巴比松派画家与当时的艺术摄影师来往密切，如古斯塔夫·勒·格雷，格雷经常来到枫丹白露森林和画家们并肩创作。巴比松派画家对工业挑战所持的美学态度，在之后的几十年间，将在印象主义画家和分色主义画家那里得到继承和发展。总的来说，19世纪下半期，现代画家对工业化的抗拒体现在两种姿态上：或者模仿对手，在这里是摄影；或者改变阵营，进入摄影所不能企及的领域。

多比尼（Charles-François Daubigny，1817—1878）：生于艺术世家，自幼随父亲和叔叔学画。巴比松派画家，印象派的重要先驱之一。1835年赴意大利学习，描绘意大利风光。1857年买了一条小船，在船上安了一个画室，起名"波舟"。他乘着"波舟"号沿着瓦兹河观察描绘两岸风光。这种深入自然，对景写生的方式，对后来的印象派画家影响很大，莫奈也学他建了一个"水上画室"。多比尼描绘的画面多为阳光普照，充满自然的光感；他的构图多为横幅取景，具有明显开阔之感，充满自然的生机和浓郁的诗情。

分色主义：即新印象主义。19世纪80年代后年期，一群受到印象主义强烈影响的画家掀起了一场技法革新。他们不用轮廓线条划分形象，而用点状的小笔触，通过合乎科学的光色规律的并置，让无数小色点在观者视觉中混合，从而构成色点组成的形象。

4. Thierry de Duve, « Le readymade et le tube de couleur » *Résonances du readymade*, p.157.

5. Gaëtan Picon, 1863. *Naissance de la peinture moderne*

<吸收摄影 Incorporer la photographie

当巴比松画派的画家开始走出画室，投身户外直接创作；当他们面对摄影的挑战，如此构思了一个美学答复，现代绘画开始萌芽。[4] 多比尼是第一个迅速放弃基调色而改向自然光，并从此只致力于户外创作的巴比松派画家，他还于1857年在漂流于瓦兹河的一艘船上安置了自己的画室。先于许多其他的画家，多比尼打破了传统中将户外创作（仅限于草图）和室内创作（本义上的绘画创作地点）对立起来的观念。

户外如同室内的更替场所，它让主题和画布得以同时出现（直接接触），并与当时正在图像领域兴起的摄影痕迹说相呼应。在露天的自然环境中作画，源自绘画中一个重要的变化，因为这意味着放弃画室和学院惯例，等于将画作直接地、象征性地从画室中抽离，并将其直接扎根到主题中。这意味着绘画服从摄影的法则——物体和图像的毗连性。

于是在巴比松开始的这个转变，超越了马奈在1863年独立画家沙龙上展出的《草地上的午餐》，最终导致了印象主义画派的诞生[5]—— 一个远离古典主义绘画、接近摄影范例的新画派。确实，印象主义抛弃了想象这个绘画中数世纪以来（直到库尔贝和德拉克罗瓦）的核心因素。当古典主义绘画将传说中的过去理想化，讴歌世俗或是宗教里的英雄人物，当它颂扬理想之美的不同标准，当它努力达到超验对象的完美境界，当它被神话传说的无形存在所萦绕，一句话，当古典绘画在时空的彼处发展演变时，反之，印象主义却将绘画置于"此时此地"中。与此同时，摄影的记录功能正获得不可思议的社会认同。与古典绘画相异，与摄影的功能一致，印象主义绘画直面"此时此地"，直面被表现对象，摒弃所有想象的、无形的、处于时空彼处的东西。想象力让位给感知力，过去和记忆让位给在场，神秘遥远让位给近处的现实。

印象主义绘画就如同摄影，是光的图像。对后者来说，光作为化学媒介；对前者来说，光作为美学元素。光是印象主义和摄影创作的力量、能量和个性。通过露天创作，即在日光下创作的方式（这个方式既将两者个性化，又将两者联系起来），他们将自然光以前所未有的方式融入了图像中。在正式成为银盐或是绘画材料构成的图像之前，瞬间拍摄和印象主义绘画都是光的形式：明与暗、不透明与透明的、见和未见的全新分配。这些是新的可视性。[6] 通过彻底改变光的位置和分布，它们同步地、以统一的方式更新了艺术和图像。共同地又是各自地，瞬间摄影和印象主义绘画创造了现代可视性，并支持了一个建立在可见现实拍摄基础上的现代真实性机制。

6. Gilles Deleuze, *Foucault*, p.64.

捕捉，以摄影瞬间记录为例，是印象主义绘画区别于古典绘画的主要特点。古典绘画参照的是永恒不变的姿势、超验对象、既定形式等的总和，然后在现实中通过对这个总和进行去芜存菁，最后艺术地表现出来。而印象主义绘画、摄影与古典绘画的操作方式则不同：前两者捕捉现实中任意的、平凡的瞬间，突显那些不同凡响的事件。超验性在这里让位给内在性，永恒让位给转瞬即逝。印象主义绘画，与其说是对物体进行描述的艺术，不如说是捕捉的艺术，手势快速的艺术，捕捉动态瞬间的艺术。所以它沿着瞬间摄影的轨迹发展，更宽泛地是沿着19世纪现代主义思潮的轨迹发展。

然而，现代性的渗透越是将印象主义绘画与摄影拉近距离，两者所采用的美学解决方式就越是有差异。现代主义将它们往相似的命题上拉拢——捕捉、光线、户外、可视性、此时此地、瞬间性等；各自物质的、社会的和美学的特性却将两者分离。似乎，印象主义绘画的定义是通过一个双重相异性来完成的——面对古典绘画的相异性，面对瞬间摄影的相异性。印象主义通过同化摄影的某些特性，来区别于古典绘画，同时又抵抗着摄影的支配。就这样，印象主义如同是绘画对摄影的回答（更宽泛地是对工业社会的回答）。在一个模拟和拒绝的游戏中，基于其新颖性和出色的形象力度，摄影成功地将绘画去疆界——将它推入新的疆域中。

< 挑战摄影 Défier la photographie

鲜亮的色彩，将印象主义绘画与摄影区分开来，因为后者是单色的。同时它又与古典绘画区分开来，因为后者用混合色彩来模仿物体的基调。德拉克罗瓦试图将浪漫主义画家的调色板从灰暗沉重的颜色中解放出来，印象主义画家沿袭了这一审美观，大量运用纯色彩来作画，直到乔治·修拉1886年创作的油画《大碗岛的星期日午后》，开始"只用纯色的、分离的、均匀的颜色来作画，根据事先的系统推理，使它们在视觉上产生混合"[7]。就这样，后印象主义将印象主义对光线和色彩的表现激进化，向摄影提出了挑战。同样这个针对图像工业化的回答，自相矛盾地建立在工业的前提条件上。因为几个世纪以来，一直由画家本人研磨的绘画颜料，正越来越成为工业制造，并被管装销售。对画家来说，工业化就这样既成为行动原因（反对摄影），又成为行动可能（管装颜料）。工业成分最少的部分（颜料）向最工业化的部分（摄影）发出挑战，尽管如此，这并未阻止艺术中手工成分不可抗拒的衰亡。

乔治·修拉（Georges Seurat, 1859—1891）法国新印象主义画家。曾师从安格尔的学生亨利·莱曼（Henri Lehmann）学习古典主义绘画，后来又研究过卢浮宫里的大师作品，对光学和色彩理论特别关注，并为之做了大量的实验。他的《大碗岛的星期日午后》，是新印象主义典型的代表作。

7. Paul Signac, *D'Eugène Delacroix au néo-impressionnisme*, in Charles Harrison et Paul Wood, *Art en théorie*, p.48.

8. Charles Baudelaire, « Salon de 1859. Le public moderne et la photographie », *Œuvres complètes*, p.748.

尽管印象主义绘画深受工业化进程的影响，它却继续扮演不断普及的工业制造反命题的角色，同时，摄影正在进入图像领域。面对经济效益、实用性和数量，印象主义绘画提倡无用性和质量。我们还记得，1859年，以"高雅审美观"[8]之名，波德莱尔同时对摄影和"失败的画家"，大众和"以真实为唯一的趣味"，以及只求准确性和过于精雕细琢的拙劣作品进行了抨击。在印象主义绘画这里，对立项改变了位置：波德莱尔式的想象让位给感知，怀旧变成对现在的关注，现代主义在积极的意义上获胜，对摄影的敌意在一个双重性的关系中平息下来。画家以及现代经济生产的资产阶级参与者，他们的世界观象征性地相互靠近却不相混淆。用波德莱尔的话说，工业和艺术继续"以建设性的仇恨彼此仇恨着"[9]，继续追求着其他目标，继续采用其他的形式。

正是通过画面的不完整，印象主义绘画更好地脱去了工业生产的商标，更好地区别于"准确再现自然"的绘画，特别是摄影。笔触和草草勾勒的线条，为印象主义绘画赋予了一种未完成的特点，完全不同于现实主义绘画线条的清晰，不同于工业产品光滑的表面和尖锐的棱角，也不同于摄影细节的丰富细腻（特别是玻璃负片成像）。印象主义之前，从多比尼到卢梭和布丹（Boudin）等现代风景画派的画家们，在绘画中引进了反传统的观念，例如反对波德莱尔所维护的绘画的特性是完成性和"坚固性"[10]的观念，也就是通过结构、"完成"和"细节的完美"来决定一幅画是否能成为画。1859年波德莱尔宣称，多比尼和布丹的画仅仅带给他"习作"、"草图"、"自然的碎片"以及"即兴临摹的"户外写生作品的感觉，总之算不上真正的绘画。因此，他没有看到新绘画正在创造的东西，一个既不同于摄影，又不同于古典绘画的绘画。

细节部分的丰富细腻，被视为绘画精湛技巧的体现，或是摄影强大表现力的体现。且不论它们之间画幅的差异，摄影和传统绘画吸引了专注于细节的目光，观赏过程往往在确定的距离内完成。反之，对印象主义绘画的观赏，体现了一个动态过程：靠近画面，欣赏绘画的技巧；远离画面，感知绘画表现的具体内容。线条和看似完成的外观旨在再现现实，草勾的线条和并置在画布上的色块笔触构成了一个潜在的（未完成的）画面，它的实现（完成的）取决于一个观赏过程，这个观赏过程更接近生产，而不是对现实的感知。事实上，未完成性体现了绘画与现实之间关系的新观念和对传统再现的质疑，同时也为观众赋予了新角色。摄影和古典绘画的观众接受的是一个完成的形式，而印象主义和分色主义绘画的观众处于一个积极的实在化的过程中，这个过程通过一个既定的物质参数（画）和一个身体和眼睛的游戏来实现。

从马奈的《吹短笛的男孩》[11]到莫奈的《睡莲》系列，透视的消失即平面无立体感（现代绘画重要规律之一）的到来，构成了对摄影的另一个挑战，因为摄影仍旧体现着古典透视的原理。透视

9. Charles Baudelaire, « Salon de 1859. Le public moderne et la photographie », *Œuvres complètes*, p. 749.

布丹（Boudin，1824—1898）：法国风景画家。参加过首届印象派画展。布丹只是把自然界看成是一种纯粹的绘画对象，他的那种对景写生，笔触粗放地描绘阳光、空气和色彩的风格，得到后来的印象主义画家们的肯定。他是莫奈的启蒙老师，被称作"印象派之父"。

10. Charles Baudelaire, « Le paysage. Salon de 1859 », *Œuvres complètes*, p. 775-780.

11. "这是一个乐手……他背后是一片单色的灰背景：没有土地，没有环境，没有透视：这个不幸的人物似乎被挂在一面虚幻的墙上。"(Paul Mantz, « Les œuvres de Manet », *Le Temps*, 16 janvier 1884.)

克劳德·莫奈（Claude Monet，1840—1926）：法国最重要的画家之一，印象派代表人物和创始人之一。莫奈擅长在画面中经营光影与色彩，其代表作品有《日出·印象》《睡莲》等。

有助于创造外在世界的幻觉，而平面化的表面则突出色彩、线条和笔触，同时，随着再现危机的恶化和绘画中表现功能对参照功能的超越，这些特点显得愈发重要。平面化表现在绘画中的到来，导致了透视没影点的废除和画面中心与边界的消失，与此同时，摄影却通过边框来强化图像中心和边界。摄影和古典绘画中心统一的、边界确定的世界，被一个平面的、无厚度的、无边缘的、不统一性的、无界线的、发散的世界取代，印象主义为这个世界赋予了形状。

因而，印象主义绘画与摄影之间是矛盾的，它从不真正使用摄影，但同时又对它进行吸收和挑战。摄影就这样成为对手，或是绘画通过模仿来抵制的绝对"另类"。这个"另类"，让人爱又让人怕；总之，这是一个去疆界的"另类"。几十年后即 20 世纪初，摄影在马塞尔·杜尚那里，扮演了一个迥然不同的角色，不直接却极主动——艺术的范例。

摄影——艺术的范例：马塞尔·杜尚
LA PHOTOGRAPHIE-PARADIGME DE L'ART: MARCEL DUCHAMP

尽管马塞尔·杜尚自己没有实践摄影，但是通过与阿尔弗雷德·斯蒂格里茨和曼·雷的合作，他曾多次在创作中用到摄影。摄影在他的创作中所占的与其说是工具的地位，不如说是范例的地位。虽然现成品艺术（readymade）不是摄影作品，但是它们在艺术中体现了摄影最显著的特点。换言之，摄影在杜尚的艺术中是无形地存在的。自印象主义绘画之后，杜尚的作品再一次更显著地将摄影的特性体现在现代艺术中。

<选择 Le choix

虽然摄影的到来震惊了艺术家，但是这不在于害怕直接的竞争，因为摄影不能够排挤绘画，而是在于它为艺术打开了其他的可能性。确实，图像的产生，有史以来第一次不再经过漫长而细致的手工劳作的过程，而是直接来自机器——手工艺让步给工业。第一次，直接接触在艺术家和画布之间消失了，转移到物体和感光面之间。被摄影威胁的是图像的手工制作，从中获益的是选择和化学记录。从传统意义上说，正如马塞尔·杜尚自己指出的那样，"'艺术'这个词，指的是做，并且几乎是用手来做"[12]，摄影为一个新艺术类型的产生创造了条件，一个技术的艺术，其中不再需要"做"，只需要"取（景）"。

在摄影中，创造不再意味着制造，而是选择，或者更确切地说是取景。审美选择的方式就这样被重新定义。绘画过程是一个完整和连续的选择，在摄影过程中，取景时理论上能够做完整的选择，记录时却毫无选择的可能性。正是基于这些局限，19 世纪的画家和评论家，以经典的牺牲论之名，完全否认摄影的艺术性。"艺术不应该复制它所看到的，而应该从中选择适合它的并抛弃不适合它的东西"，古斯塔夫·普朗士（Gustave Planche）写道，"太阳的做法不同：它触及所有被它照亮的部分，复制所有被它触及的部分；它不遗漏任何（细节），不牺牲任何（瑕疵），因为它的行为是无意识的，不带任何预定意图的。"[13] 在摄影这里，选择处于拍摄过程的上游，即取景的时候，被选定的空间与时间的部分继而被自动记录下来。

通过现成品艺术，马塞尔·杜尚在艺术中引入了摄影特有的"选择—记录"的基本原理。摄影与现成品艺术之间的共同点是将现成的物品作为创作材质，同时，它们对物品的行为方式又是不同的：摄影复制，现成品艺术切割。现成品艺术与绘画之间的差距更大。绘画是一个漫长的手工过程的结果，是基础材料（颜料）转化为独特物品的产物，现成品艺术则以摄影的方式，从现成的通常极其普通的物品（比如一个自行车轮、一个小便池、一个酒瓶架等）出发，根据艺术家选择和艺术机构认可的规则，将这些物品转化为艺术品。绘画中物质的转化，让位给了现成品艺术象征性的转化。一切并非艺术，但是一切能够成为艺术，或者说，一切物体只要进入一个艺术程序就能够成为艺术。艺术成为一个程序和信仰的问题。

＜记录 L'enregistrement

现成品艺术独有的象征的"炼金术"，与摄影的化学性质相呼应。也就是现成品艺术如同摄影，与一个记录过程不可分离。摄影通过光线和银盐表面的接触来完成对物体的记录，与此相应，现成品艺术首次在艺术领域引进了一个记录方式，即物品被艺术机构登记，被赋予作者之名，拥有一个观众群体的过

12. Marcel Duchamp, « Entretiens inédits avec Georges Charbonnier », RTF, 1961, in Thierry de Duve, *Résonances du readymade*, p. 23.

13. Gustave Planche, « Le paysage et les paysagistes », *Revue des Deux-Mondes*, 15 juin 1857, in André Rouillé, *La Photographie en France*, p. 269.

程。[14] 美术馆、沙龙或学院，显然一直行使着记录和传播艺术作品的功能。现成品艺术的新意在于，艺术机构不只是记录已经完成的艺术品，而是把艺术家选择的任意物品转化成艺术品。如同化学记录是摄影的必须前提，机构记录是现成品艺术不可或缺的条件。摄影在图像领域中引入了记录的范例，现成品艺术将记录延伸到现代艺术领域。一旦被选择并被记录，任意的物体就可以变成图像（在摄影这里）或艺术品（在现成品艺术这里）。

14. Thierry de Duve, *Résonances du readymade*, p.19.
15. Marcel Duchamp, *Duchamp du signe*, p.36.
16. Marcel Mauss, « Esquisse d'une théorie générale de la magie » (1902), *Sociologie et anthropologie*.
17. Marcel Duchamp, « Le processus créatif » (avril 1957) *Duchamp du signe*, p.189.
18. Marcel Duchamp, « Alpha (B/CRI) tique. Regardeurs (printemps 1957), *Duchamp du signe*, p.247.

　　然而，这个通过将任意物品象征性地转变为艺术品的创作方式，也就是说与"制作的概念"[15]毫无关系，同时体现了艺术家角色的深层改变。他的行为关键不在于制作，而在于对物体进行选择，让它被一个艺术机构（美术馆）记录（承认），并试图吸引所有相关因素的注意——作者、评论家、出版社、销售、客户等。与其说艺术家像手工艺人那样制作，不如说更像一个魔术师，把普通物品变成现成艺术品。然而，正如马塞尔·摩斯（Marcel Mauss）对魔术的研究[16]所揭示的那样，魔术家式的艺术家行为的效率，主要并非取决于个人品质、作品、工具、或操作，而是取决于"魔术的团队"，在此具体指艺术圈内所有的参与者。简言之，与手工艺式的艺术家完全不同，魔术家式的艺术家在艺术作品中不再处于核心。摄影用光学和化学机器排挤了人的双手，与其一脉相承的现成品艺术让机构这个机器成为艺术的生产代表。摄影越是被视为无人的图像，现成品艺术就越是蔑视关于艺术家的天赋、内在性和动机的概念。艺术家试图与大众及艺术圈的参与者一起，成为推动艺术运转的这个大机器的齿轮中的一个零件。此外，杜尚强调"艺术创作不是由艺术家一个人来完成的……因为观众也为创作过程加入了他们的参考"[17]。用更简练的话来说："绘画是由观者造就的。"[18]

　　随着"制作的概念"的终结，摄影和现成品艺术依次将制造者（职业、技能、主观性）边缘化，突出选择（邂逅、巧合、偶然），记录（毗邻性、捕捉、机器）和感知（观众）。同样被边缘化的还有目光。

＜目光，迟到 Le regard, le retard

由于摄影保证了物体和图像之间的直接接触，目光不再具有绘画中那样的必须性。至少，摄影将目光变得任意。这个说法在 19 世纪中期也许显得不无荒唐，但是随着时间的推移，它变得越来越有说服力，特别是瞬间摄影的兴起，例如在年轻摄影师雅克—亨利·拉蒂格作品中强烈表现出来的。与此同时，1913 年马塞尔·杜尚推出了他的第一批现成品艺术作品：现成的自行车轮和终止标志。

在两次世界大战之间，随着新闻摄影和业余摄影的传播，导致图像的平庸化，加剧了目光的边缘化。似乎，图像的泛滥必然伴随着为目光减负，既是因又是果。用杜尚的话说，目光让位给了"迟到"：应该"用'迟到'这个词来代替绘画"[19]。于是在目光和绘画的时代之后，"迟到"先后通过摄影和现成品艺术主导了工业时代。

如何来解释这一点呢？与素描、雕刻或是绘画不同，我们不能在拍摄过程中逐渐看到图像的显现，甚至也不能在拍摄瞬间之后立刻看到图像。一张照片的显现永远是滞后的、迟到的。因为快门的开启并不通向可视的东西，而是通向虚无或几乎虚无，即一张潜在的不可视的图像。这是一张图像的承诺，一个只有在通过化学反应（底片冲印）才能被实在化的潜在的图像。因而，摄影师也从不能同时目睹被摄物体及其成像——两者获得毗邻关系的同时，也造成了目光的分离。在瞬间摄影中，这个分离性更为显著，直到投向被摄物体的目光完全消失，摄影师在之后（滞后地）才在图像中发现自己所捕捉的东西。记录取代了目光。"照相机记录的自然，不是眼睛看到的自然"，瓦尔特·本雅明记道，对他来说，照相机"教给我们无意识视觉，就如同精神分析教给我们无意识冲动"[20]。

在摄影特别是瞬间摄影中具有根本意义的"迟到"的概念，与现成品艺术一起进入艺术领域，后者在绘画和艺术家的传统关系中，插入了一个第三者——观者。通过宣称"绘画是由观者造就的"[21]，马塞尔·杜尚不无机智地突出了观众和艺术圈所有参与者，与艺术家一起发挥的核心作用。就这样，他将苏联文学和小说符号学家米哈伊尔·巴赫丁（Mikhaïl Bakhtine）的理论"对话原理"完全应用

19. Marcel Duchamp, « La mariée mise à nu par ses céblibataires, même（la "boîte verte"）», *Duchamp du signe*, p.41.
20. Walter Benjamin, « L'œuvre d'art à l'époque de sa reproduction mécanisée », *Ecrits français*, p.163.
21. Marcel Duchamp, « Alpha（B/CRI）tique. Regardeurs »（printemps 1957）, *Duchamp du signe*, p.247.

到创作中。[22]

现代主义推动了观众地位的上升和艺术
领域的劳动分工，削弱了才能、手艺和目光
在艺术中的至尊性。从此，艺术家（他的风
格和目光）不再是艺术价值的唯一保证因素。

22. 见 Mikhaïl Bakhtine, *Le Marxisme et la philosophie du langage*; Mikhaïl Bakhtine, *Esthétique et théorie du roman*; 以及 Tzvetan Todorov, *Mikhaïl Bakhtine, le principe dialogique*.
23. Marcel Duchamp cité par Calvin Tomkins (*The Bride and the Bachelors*, New York Viking Press, 1968, p.24) et par Thierry de Duve (*Résonnaces du readymade*, p.156).

这个长久以来由艺术家和作品主导的价值，从此在艺术圈内（滞后地并且偶然地）
得到构建。做艺术不再意味着（手工地）做画，而是意味着进入一个由物体或
审美主张构成的、针对"观者"的象征性市场中。这是供求关系规律，这是新
的艺术市场法则。如同在所有的市场上，产品的价值不一定完全符合内在品质。
手工、"手法"、职业、艺术家的目光（"我想要远离风格和这个完全建立在视网
膜基础上的绘画"[23]，杜尚坦言），这些与大众即"观者"的注意力（不确定的、
偶然的、易逝的）相比，显得不再重要。于是，艺术价值姗姗来迟：不再与生
产同步（作品和艺术家的时间），而是出现于传播的第二时间段（观众的时间）。
现成品艺术和摄影将价值从手工艺规则中解放出来，使它符合选择性、偶然性、
市场经济等更不稳定的规则。

虽然，马塞尔·杜尚的作品被大部分人视为没有摄影的摄影范例在当代艺
术中的体现，那么同时他的一部分作品确实将摄影作为工具来运用，比如《喷泉》
（Fontain，1917），《玫瑰·塞拉维》（Rrose Sélavy，1920），《美丽气息，香水》（Belle
Haleine，Eau de voilette，1921）等。这个工具的功能，只不过是摄影与艺术之间
的关系之一。

作为范例或被压抑的力量，摄影对艺术发生了既实在又非直接的作用，一
个潜在力量的作用。摄影在艺术中的体现，它的实际存在和直接可见，是逐渐
产生的，并依照多个特定的方式和步骤：首先作为简单的工具，然后作为媒介，
最后作为当代艺术的创作材质。这些相继出现却不相互淘汰的步骤，通过实践、
艺术运动、艺术家和作品来彼此区分。它们是 20 世纪下半期西方当代艺术发展
演变的标志。

摄影——艺术的工具 LA PHOTOGRAPHIE-OUTIL DE L'ART

与艺术传统一脉相承，摄影最早是作为工具来回应当代艺术的要求。在波德莱尔建议将摄影局限于"艺术谦逊的仆人"的角色前，画家兼摄影师路易·卡米尔·德奥里维耶（Louis Camille d'Olivier）就于 1853 年成立了一个专门为画家提供裸体人像的摄影公司。1860 年代初，亚历山大·奇内（Alexandre Quinet）同样将裸体人像商业化，"写生用，禁止陈列"的标签，明确揭示了它的针对群体：艺术家和摄影爱好者。更直接地，1870 年代初，"巴黎美术学院摄影师"马可尼（Gaudenzio Marconi），推出了著名的"献给艺术家的写生"，其中不仅包括符合古典绘画要求的女性裸体姿势，还包括男性和儿童的裸体姿势。与德奥里维耶和瓦鲁·德·维那夫相反，马可尼的照片明显地摒弃了视觉审美效果而追求实用性：尽可能清晰地表现出符合艺术家或教学计划要求的姿势。为了让摄影更好地服务于艺术，让-路易·伊古（Jean-Louis Igout）于 1880 年推出了 8 张或 16 张小照构成的照片，它们由不同的人体或是人体的部分（胸、脚、手等）组成。摄影在为艺术家服务的同时，也为他们避免了租用真人模特所需的巨大开销。[24] 此后画家们继续使用摄影，但更多的是将其作为简单而被动的纪实文献，尽可能保持其透明性。

24. André Rouillé, *Le Corps et son images. Photographies du XIXe siècle*, p.48-51.

25. David Sylvester, *Entretiens avec Francis Bacon*, p.36.

26. 同上，p.124。

＜弗朗西斯·培根：作画反对摄影
Francis Bacon: peindre contre les clichés

20 世纪后半期，弗朗西斯·培根（Francis Bacon）也用到摄影，但是方式独特，极端复杂而微妙。他与摄影之间不是简单的实践和中立的关系，而是充满激情的：一个集迷惑和蔑视于一体的关系，正如他画室里铺满地板的照片所见证的，既无处不在，又被画家和访客们踩在脚下。

摄影是培根的绘画世界里根本的组成部分：为了研究人体运动，他频繁地参考迈布里奇的照片，就像翻阅"字典"一样[25]；他通过照片来研究过去的绘画；他宣称"着迷于杂志里足球运动员和拳击手的照片"[26]，还有动物的照片；他倾向于根据照片来画肖像而不是根据真人模特。培根不仅一直使用既存的照片，还专门请人［通常是摄影师约翰·迪金（Jean Deakin）］拍摄他想要为之画像的

人物的照片 [27]，比如乔治·戴尔（George Dyer）、伊莎贝尔·罗斯索恩（Isabel Rawsthorne）、吕西安·弗洛伊德(Lucian Freud)，亨利埃塔·莫莱伊斯(Henrietta Moraes）等。

此外他还认为，摄影的出现，深深地震撼了的绘画实践。对培根来说，他自己以变形为基础的创作方式，与德加作画方式的根本区别主要在于摄影，他认为德加可以画得更简练，因为"德加所处的时代，摄影还不如现在这样完善" [28]。并且摄影技术的完善，不仅迫使画家"变得越来越有创造性"，而且迫使绘画不断地重新自我定义，"沉入下去，直到触及最基础和最根本的东西" [29]，也就是说"重新创造现实主义" [30]。

对于培根，摄影不只是一个简单的工具，也不只是艺术史中的一个动力，而是一个视觉方式。他说："我们不只用直接的方式去看，也通过既成的摄影和电影的视觉方式去看" [31]。我们看物体的目光既不是直接的，也不是纯粹的，而是充满了无数摄影和电影影像（应该再加上越来越多和越来越快捷的电视、电子游戏和网络图像）。然而，这些摄影和技术图像饱和了我们的目光，以至于它们自成一体地独立存在，不再仅仅是视觉方式，而是成为我们的视觉对象。最终，我们眼里看到的只有图像，图像代替了物体。[32] 虽然培根承认自己总是被摄影图像"萦绕"，但这不是因为它的快捷性、内容的真实性或是相对物体的透明性，而正相反，他解释这是由于它"轻微的差距，让我能够避免直面事物和它带给我的强烈的冲击力" [33]。站在符号学理论的对立面，培根肯定了摄影表现现实的能力，并非建立在所谓的对物体和事件的附着上，而是在于图像和物体之间必然存在的差距。正是通过这个差距，而不是附着，摄影才能够接收现实。有了这个差距，人的目光和思想才能够在摄影图像间自由地徘徊，培根才认为自己在其中找到了真相，胜过直接从物体和事件中获得。[34]

差距的概念，与变形的概念相呼应，后者是培根绘画实践和相似性观念的核心概念。在他眼里，摄影永远低于艺术，因为它只允许存在"相对于事实的轻微的差距"，而艺术则应该彻底地"将物体变形并摆脱表象的束缚"，直到通

27. David Sylvester, *Entretiens avec Francis Bacon*, p. 44.

吕西安·弗洛伊德（Lucian Freud，1922—2011）：出生于德国的英国画家。心理学家弗洛伊德的孙子。他的画作题材广泛，风格粗率、性感而富于艺术性。

28. 同上，p. 186。
29. 同上，p. 71。
30. 同上，p. 186。
31. 同上，p. 36。
32. Gilles Deleuze, *Francis Bacon. Logique de la sensation*, p. 59.
33. David Sylvester, *Entretiens avec Francis Bacon*, p. 36.
34. "通过摄影，我在图像中徘徊，看到了比现实中看到的更多的东西。"（David Sylvester, *Entretiens avec Francis Bacon*, p. 36.）

过这个构成的差异，来达到更深层次的相似性。[35] 以模特为起点，自由地漂流，歪曲物体，出离表象——所有这些手法对摄影来说是那么陌生，因为它尽管充满魅力，但是仍然停留在前绘画性阶段。虽然培根确实被摄影萦绕，但是他始终将其定位在附属工具范畴，在艺术的边缘。他甚至用摄影作为艺术的反命题，在此基础上来支撑他的创作理念，即从针对知性的"图解式的表现形式"中提炼出触及感性的"非图解式的表现形式"。[36] 用德勒兹（Gilles Deleuze）的话说，"绘画应该从具象艺术中铲除具象的部分"[37]，这一点，通过一场激烈的反对老套绘画和画家老套眼光的激烈斗争来完成；这一点，在于对具象绘画和非具象绘画分离的敏锐意识。

　　摄影对培根的萦绕，印证了在他所有作品中体现出来的"图解式"和"非图解式"之间的紧张关系，他对"绘画的奥秘"和"能够表现表象的方式"的探索，并不是对摄影的图解式的方式，而是对"相当于从绘画技巧的奥秘中获得的表象的奥秘的"[38] 非图解式的方式探索。这个视表象为奥秘的立场，建立在艺术作品"制作的非逻辑方式"之上。在培根那里，这意味着，一方面选择绘画来反对摄影，另一方面将偶然和意外置于绘画行为的心脏位置。因此，画画"捕捉现实的奥秘"，关键在于从物体或身体出发，或者更多的是从照片出发，来变形、扭曲和拆解表象[39]，并从具象绘画理性和必然的世界中，"漂流"[40] 到非理性的、未必的、非具象的绘画世界中去。对于培根，画画就是从具象表现漂流到非具象表现的过程。虽然摄影（最出类拔萃的具象表现）通常符合绘画的程序，但是绘画却必须彻底摆脱摄影来完成自我实现。因此摄影之于培根具有双重意义：一是作为作品创作的积极因素，二是作为绘画的绝对反面和陪衬。

　　变形手法与"绘画的艰难"[41] 成比例。它们体现了克服"不停变化着的"[42] 表象的转瞬即逝性，从而获取其中的奥秘和战胜"成见"[43] 所做的努力。不过，形式上的解体更是培根对艺术中的陈腐观念（视觉和理论上的刻板印象）进行激烈抗争的结果。他既为摄影魅惑又因其灰心的审美观的独特性，在于达到超越形象、图解和叙述的绘画形式——通过画画来反对陈规。吉尔·德勒兹强调，

35. 关于 Francis Bacon, Michel Leiris 谈到"相异中的相似"。(David Sylvester, *Entretiens avec Francis Bacon*, p.10.)
36. 同上，p.62。
37. Gilles Deleuze, *Francis Bacon. Logique de la sensation*, p.13.
38. David Sylverster, *Entretiens avec Francis Bacon*, p.111.
39. 同上，p.124-126。
40. 同上，p.44。
41. 同上，p.108。
42. 同上，p.126。
43. Francis Bacon："关于表象是什么和应该是什么的问题，存在着许多先见"，或"我试图表现表象的方式，导致我不停地询问表象到底是什么。"(同上，p.111 et 124.)

44. Gilles Deleuze, *Francis Bacon. Logique de la sensation*, p.57.

45. David Sylverster, *Entretiens avec Francis Bacon*, p.113.

46. Francis Bacon, "我一直试图挣脱的，是拘泥字面。"(David Sylvester, *Entretiens avec Francis Bacon*, p.129.)

47. 同上，p.186。

48. 同上，p.124。

49. 同上，p.189 Bacon 首先用"专制"一词，后来又说："我曾经说'专制'，但是我想'人工'应该更合适。"

50. David Sylverster, *Entretiens avec Francis Bacon*, p.186.

51. 同上，p.158。

与过快被接受的明显的事实相反，现代画家不再面对一个空白的表面。正相反，"画家脑子里、身边或是画室里有很多东西。而且他头脑中、身边或是画室里的这些东西，在开始作画前，就已经存在于他的画布上了，带着或多或少的虚拟性和实在性。不论实在的还是虚拟的，所有的这一切以图像的名义存在于他的画布上。这个画面是如此完整，与其填充一个空白的画布，他所要做的只是清扫、梳理、留白。因此，作画的目的不是为了在画布上再现作为参照的物体，而是画已经存在的图像，这个意义上的绘画将颠覆原件和副本之间的关系。"[44]

培根一直试图开辟的这条狭窄的、未然的、艰辛的道路（从"图解形式"到"非图解形式"），事实上相当于一个绘画和目光的净化过程；相当于对刻板印象厚实不透明的躯壳的摆脱，如摄影插图、新闻纪实、电影故事片、电视时事新闻、成见、自动感知、回忆、幻想等。但是，从（图解的和叙述的）图像到（培根所构思的）纯形式之间的道路不是直接的——它与物体保持着距离；不是复制，不是记录，也不是插图，相反地它是这样一个"方式，如同表象仍然在那里，但是已经通过其他的形式被改变了"[45]，被完全人工的方式改变了。相似性不是阐释和理性的直接终点[46]，而是在技法完善中，在真伪难辨的非理性的曲折经验中，在偶然和意外的不确定性过程中，不直接地逐渐显现出来。相似性是绘画的，不是摄影的。打开物体，让形式从陈腐观念的束缚中解放出来，革新相似性的概念；一句话，"重新创造现实主义"[47]。

在这个艺术观念中，摄影其实占了极其卑微的位置，它的合理性似乎建立在四条原则上。首先显然是"图像永久解体"[48]的原则，其次是非自然性的原则，这个原则认为，革新过的现实主义将提出"完全（人工）地表现现实的新方式"[49]。再者，培根认为"意外得到的图像经常是最真实的"[50]。最后，在培根这里，相似性（逼真）永远不是必然的，它只能在极端的条件下出现，比如艺术家在创作中的失控、与惯性手势的脱钩、对技法的遗忘等，他经常这样说："我想画得更逼真，但是我不知道怎样画得更逼真。"[51]

培根的晚期作品（1990 年代初）体现着他与摄影之间更激情的关系，且其中范例的意义多于实践的意义。1960 年代初，当他已经在艺术界建立了稳定的名声，安迪·沃霍尔则在摄影和绘画的传统关系之间挑起了一场真正意义上的革命。在他和波普艺术的影响下，摄影确实成为了绘画的主要工具。在培根的绘画中，摄影以潜在和负面的方式活跃着，在沃霍尔的画中则是积极出现的，为绘画赋予了主题、形式和过程。培根通过画画来反对摄影，沃霍尔则公然表示用摄影来画画，并称他自己"想成为一个机器"[52]，在艺术中发起一场真正的反绘画运动。

52. Andy Warhol, « What Is Pop Art ? Interviews with Eight Painters, Part I », entretien avec Gene Swenson, *Art News*, New York, novembre 1963, in *Art en théorie*, p. 806-810.

53. « Douglas Arango, Underground Films : Art of Naughty Movies », *Movie TV Secrets*, juin 1967. 摘自 Benjamin Buchloh, *Andy Warhol. Rétropspective*, p. 40.

<安迪·沃霍尔机器：反绘画艺术运动 La machine-Warhol: dépicturaliser l'art

　　培根和沃霍尔艺术实践和文化观念完全相反。他们的画室也不例外，沃霍尔的"工厂"，顾名思义与培根的画室的概念截然不同。培根的画室无以形容的杂乱，如同对绘画作为彻底投入的个体行为的暗喻。培根完全属于大艺术的行列，而沃霍尔则在大众文化中一步一步地寻找创作灵感——大众文化的价值观、工具和程序。他宣称，"工厂，是制造东西的地方。我正是在这样一个地方做艺术，或者说是制造作品。在我的艺术创作中，手工绘画太花时间，再说这已经过时了。机械的手段才是属于今天这个时代的。并且通过机械的方式，我能够让更多的人接触到艺术。艺术应该是属于所有人的。"[53]

　　于是，他们之间的界线被明确地划分了：一边是工厂、机械手段、制造、快速、大众传播，另一边是画室、手、缓慢、独特性。批量生产的福特主义模式和大众消费模式主宰了艺术创造。在这个艺术观念中，摄影扮演了一个前所未有的重要角色——反绘画艺术运动的主要工具。借助于摄影和摄影机械工艺如丝网印刷，沃霍尔摧毁了学术性文化的价值标准，突显了大众文化在艺术中的创造价值。

　　1960 年代初，当沃霍尔在美国的艺术舞台崭露头角时，新闻摄影是通俗文化的最大媒介之一，其中的社会新闻、"人物"和广告，始终强烈地吸引着沃霍尔。就这样，他开始了画报纸的尝试。1961 年他创作了第一幅以《纽约邮报》一个版面为模本的巨幅丙烯画，1962 年以《每日新闻》的一个版面为模本，特别是以同年 6 月 4 日《纽约镜报》报道飞机坠毁事件的一个版面为摹本而创作的画，引起了极大轰动。从这个时候起，沃霍尔的创作体现了两个选择：一是技术上埃尔维斯·普雷斯利（Elvis Presley，1935—1977）：美国摇滚乐史上影响力最大的歌手，有摇滚乐之王的称誉。

玛莉莲·梦露（Marilyn Monroe，1926—1962）：美国20世纪最著名的电影女演员之一，影迷心中永远的性感女神和流行文化的代表性人物。

杰奎琳·肯尼迪（Jacqueline Kennedy，1929—1994）：美国第35任总统约翰·肯尼迪的夫人。在肯尼迪总统被刺杀后的第五年，她嫁给了希腊船王亚里士多德·奥纳西斯。

伊丽莎白·泰勒（Elizabeth Taylor，1932—2011）：美国著名电影演员，被誉为世界影坛上不可多得的瑰宝，美国电影史上最具有好莱坞色彩的人物。泰勒纵横好莱坞60年，有好莱坞传奇影星、常青树、世界头号美人、玉婆之美誉，尤其以一双漂亮的紫罗兰色眼睛闻名于世。

马龙·白兰度（Marlon Brando，1924—2004）：美国演员。他自然、完美而独特的表演风格使他成为当代影坛最有影响力的人物之一。其代表作是黑帮电影《教父》。

景观社会：当代法国思想家居伊·德波提出的一种社会形态，其特征是整个社会以影像物品生产与物品影像消费为主。所谓"景观"，其实就是"以影像为中介的人们之间的社会关系"。

的选择，即采用丝网印版画；二是图像上的选择，即从摄影新闻中摘录最有象征性和最代表美国通俗文化的人物和场景。例如电影、娱乐和政界明星[猫王埃尔维斯·普雷斯利（Elvis Presley）、玛莉莲·梦露（Marilyn Monroe）、杰奎琳·肯尼迪（Jacqueline Kennedy），以及伊丽莎白·泰勒（Elizabeth Taylor）和马龙·白兰度（Marlon Brando）]，例如社会新闻（车祸、自杀、食物中毒、灾难、暴动等），又如著名的《电椅》系列，以及根据刑事照片而创作的《十三大通缉犯》，其中印刷的网纹也在画面中被表现出来。"人物"和社会新闻，分别代表着社会浮华的一面和阴暗的一面，也是当时美国"景观社会"（société du spectacle）的两大类型。明星和盗贼，幸福的绚丽多彩和命运的严峻，梦想和残酷的现实——这些煽情新闻的套路，第一次被沃霍尔应用到神圣的艺术中。并且这个艺术革命，正是通过摄影来实现的，因为沃霍尔的画几乎全部是对煽情新闻照片的丝网印版画复制。这些作品，让暗淡的现实变得惊心动魄。这些作品，通过表现闻所未闻的、不平凡的东西，来充实单调枯燥甚至可悲的现实生活。这些作品，通过奇迹或是恐怖，也许为无望的存在赋予新的憧憬，将它们从沉闷的日常琐事中解放出来。

　　景观社会也是商品崇拜、批量生产和拜金主义社会，后者构成了沃霍尔创作中的另一个主题。1960年，他创作了一个以消费社会为主题的布面丙烯画系列，致力于表现典型的消费品——199美元的电视机、保温桶、788美元的钻石、3-D滑轮吸尘器等。黑白的画面是对新闻广告图像的放大，类似某种对商品的赞歌，对物品和价格从此合为一体的赞歌。1962年，他以美国社会偶像为主题，创作了美钞系列（分别为1、2和10美元面值的钞票）、金宝汤罐头和可口可乐瓶装饮料系列。显然，沃霍尔并非第一个以消费社会产品为表现主题的艺术家。早在1954年，贾斯培尔·琼斯（Jasper Johns）就以美国国旗这个美式生活方式的至尊标志为主题，创作了一系列彩色蜡画。罗伯特·劳森伯格（Robert Rauschenberg）

的综合绘画（combine paintings）技法和作品在表现了消费社会的符号和标志的同时，也体现了各种不同技法：擦抹、捡来的物品、非具象绘画、素描、丝网印版画和摄影等复制技术。1960年代所有的波普艺术家［罗伊·李奇登斯坦（Roy Lichtenstein）、克莱斯·欧登伯格（Claes Oldenburg）、詹姆士·罗森奎斯特（James Rosenquist）等］都在表现这个主题，但是不如沃霍尔那样彻底。没有一个艺术家能够像他那样将大众文化如此深入地融入学术性文化——它的主题、它的价值观。特别是机械化、系列化和复制化，这些归功于对摄影和摄影机械技术的既频繁又和谐的应用。

罗伊·李奇登斯坦（Roy Lichtenstein，1923—1997）：美国画家，出生于纽约中产家庭。曾在美国俄亥俄州的州立大学学习艺术。1951年开始成为职业画家。波普艺术（Pop Art）运动的先驱。

克莱斯·欧登伯格（Claes Oldenburg，1929—）：出生于瑞典，在美国长大，波普艺术大师。毕业于耶鲁大学，1956年定居纽约市。他是一位多产的艺术家，发表了无数的雕塑、素描、绘画及行为艺术等作品。《街道》和《商店》这两件作品使他声名鹊起。

54. Andy Warhol, « What Is Pop Art ? Interviews with Eight Painters, Part I », entretien avec Gene Swenson, *Art News*, New York, novembre 1963, in *Art en théorie*, p. 806-810.

正因为机械化是沃霍尔艺术思想的核心，所以技术性图像（摄影、报纸上的新闻照片、布面丝网印刷）在他的创作中占有如此重要的地位。他的目的很清楚，就是用丝网印刷（主要是摄影的）代替手画，从而尽可能地加快创作速度（"手工绘画太花时间"），并且让艺术符合大批量生产的工业时代背景。"机械的手段才是属于今天这个时代的"，他宣称。对工业是这样，对艺术也应该是这样。于是，沃霍尔反对绘画崇拜，反对表现主义的狂热，反对独特性和创造性的教条，反对艺术天赋说，通过依靠摄影和摄影的派生，他主张艺术机械化、艺术赢利和艺术分工。不仅他的作品具有不容置疑的说服力，而且沃霍尔本人在访谈中也不停地谈及丝网印刷在他的绘画中所产生的效果。关于劳动分工——"别人能够代替我来完成所有的画"[54]；关于匿名和非个人化——"没有人能知道，是我还是另一个人画了这幅画"；关于对创造性的拒绝——"今天，我不创造"；关于对风格的否定——"风格并不真正重要"；当然还有在手势和笔触上，完全对立于"艺术家—手艺人"的"艺术家—机器"论——"我想成为一台机器，我知道，我像机器那样做的一切正是我想要做的"。从机器和工业生产的模范出发，借助于艺术工具（摄影和丝网印刷）的机器特点，沃霍尔摧毁了以抽象表现主义为代表的纯绘画的价值体系。从某种意义上说，1960年代初沃霍尔的机械绘画反对表现主义绘画，为一个反绘画的艺术运动拉开了帷幕。

甚至他作画的方式，对画布的手工上色，也是机械的，完全忽略手势的表现性和现实主义。玛莉莲（Marilyn）系列依次为青绿色、金色、深玫瑰红等，而且颜色溢出了丝网印刷图案的轮廓。在《蓝色艳后泰勒》(1963)、《橙色车祸》(1963)、《红色死亡》(1962)、《紫色灾难》(1963) 等画中，通常一个单色均匀地覆盖了整个画布。在他创作的双联画中，如《银色灾难》(1963) 和《蓝色电椅》(1963)，相连的两张画中的一幅是空的，这个作画方式让人联想到新造型主义（néo-plasticisme）和抽象表现主义的单色画。尽管如此，沃霍尔淘汰了所有单色画的形而上渣滓，以不同的色调来表现同一个图形，体现了胶版印刷的标志性特点，即通过四种纯色的依次印刷而达到最终细腻的成像。至于无色的丝网印刷画如《救护车灾难》(1963)，仅仅通过将新闻照片机械地复制到画布上这一过程来完成。机械化意味着作者、手势和表现的消失，不只局限于单纯的绘画。沃霍尔以最机械化的方式来使用摄影，从而将创作推向极致。首先，选择现成的照片，其中大部分已经发表在报纸上，已经经过印刷这一关。其次，对自动摄印机投以极大兴趣，如他最早的自画像系列（1964），以及著名的"通缉犯"系列（1964）。

最后，沃霍尔的作品接近摄影远离纯绘画的特点，还表现在系列的运用上。自 1962 年起，他的创作完全由系列构成——美钞系列、《金宝汤罐头》系列、《可口可乐瓶》系列、《玛莉莲》系列、《伊丽莎白》系列、《猫王》系列、《梦娜丽莎》系列、《杰奎琳》系列、《车祸》系列、《灾难》系列等。这里的关键不在于主题，而在于系列的概念，同样的表现形式，将同一系列里的不同的画紧紧联系在一起。与崇尚作品独创性的大艺术相反，沃霍尔的艺术从头到尾都是系列的。如同摄影，如同丝网印刷，如同商品，如同被表现的主题。作品，采用了工业产品的逻辑，在某种意义上，将大商场搬进了美术馆，将大众文化挪入了学术性文化的领地。这也是重复的法则，试图取消独特性和相异性的法则。应需而产的模式取代了创造至上的理念——"我很遗憾没能一直画同一幅画"，沃霍尔宣称，"例如只画汤罐头。当有人需要时，我就再画一幅。反正不管看上去是否相同，我们画的是同一幅画。"[55]

55. Barry Blinderman, « Modern Myths : an Interview with Andy Warhol », *Arts Magazine*, n° 56, octobre 1981, p.144-147. 摘自 Benjamin Buchloh, *Andy Warhol. Rétrospective*, p.47.

汤姆·韦塞尔曼（Tom Wesselmann, 1931—2004）：美国波普艺术代表人物之一。24 岁习画，以《美国大裸体》而成名。他擅长放大人体的局部而进行描绘，从人体的各个部分寻找线条和语言词汇，从而创造一种新的知觉样式。

如同安迪·沃霍尔、汤姆·韦塞尔曼 (Tom Wesselmann) 和詹姆士·罗森奎斯特等艺术家都在 1960 年代大量地使用摄影来进行绘画创作。他们和其他波普画家如克莱斯·欧登伯格和罗伊·李奇登斯坦一起，主导着美国的艺术圈，另一些新兴的艺术家也将继续用到摄影，方式却截然不同。当然，这些艺术家来自观念艺术、大地艺术和身体艺术。

摄影——艺术的媒介 LA PHOTOGRAPHIE-VECTEUR DE L'ART

摄影作为工具，在弗朗西斯·培根的画中是无形的，在安迪·沃霍尔这里，它只是艺术过程的一个步骤或操作者，作为工具的角色将其始终置于艺术之外，而在观念艺术、大地艺术和身体艺术这里，摄影的处境、功能和可视性都发生了变化。所有这些运动，为摄影打开了当代艺术的大门。但同时，摄影很少被单独运用，往往与其他非摄影的元素结合在一起，比如图示、文章、物品等。

摄影的这个附属功能，使它从物质角度、技术角度和造型角度依次被当作纯粹的见证、普通的文献、中立的载体、自动的记录、平凡的物品、简单的工具——媒介。图像通常是小尺寸、黑白，在构图甚至焦距上没有特别的预先设置。这似乎意味着，作品的实质在别处，摄影不过是一个附件，可以忽略不计，或者至少是次要的。由于其轻薄和微弱的物质属性、极少的手工含量、个性的隐退、在传统眼里的不正规性，以及它所遵循的特殊的形式处理方式，摄影迎合了一个重要的艺术现象——物质的衰落，态度和过程的突显［其中具有标志意义的是由哈罗德·史泽曼（Harald Szeemann）于 1969 年在伯尔尼发起的展览《当态度变成形式》（Quand les attitudes deviennent formes）和 1970 年在科隆举办的展览《偶发艺术 & 激浪派》（Happening & Fluxus）］。

< 观念：关于艺术的艺术 Le concept: art à propos de l'art[56]

1969 年 1 月初，《一月 5—31》展览在纽约拉开序幕，它被视为观念艺术的第一个展览。这个展览由塞斯·西格尔劳博（Seth Siegelaub）和罗伯特·巴里（Robert Barry）、道格拉斯·许布勒（Douglas Huebler）、约瑟夫·克瑟斯（Joseph Kosuth）、劳伦斯·韦纳（Lawrence Weiner）等艺术家共同策划，画展是这样被介绍的：

56. 在与 Michele De Angelus 的访谈中，Bruce Nauman 提出"谈艺术的艺术"这一用语（*Bruce Nauman*, p.122.）

劳伦斯·韦纳（Lawrence Weiner, 1942— ）：观念艺术史上的中坚人物，美国最有影响的艺术家之一。较早使用文字作为作品媒介的当代艺术家。同时，他还是一位高产的电影人。自 1970 年开始，电影制作就成了他的核心艺术实践之一，其成果就是几十部"活动影像"，包括短篇录像、故事影片与数码动画作品。

"0 物体 / 0 画家 / 0 雕塑家 / 4 艺术家 / 1 罗伯特·巴里 / 1 道格拉斯·许布勒 / 1 约瑟夫·克瑟斯 / 1 劳伦斯·韦纳 / 32 作品 / 1 展览 / 2000 画册 / 纽约 44 区 52 街 / 1969 年 1 月 5—31 日 / (212) 288—5031。塞斯·西格尔劳博"。换言之，就是四个既非画家也非雕塑家的艺术家举办的既非艺术品也非物品的展览[57]，这个事件以画册为中心展开。

57. Jean-Marc Poinsot, « Déni d'exposition », *Art conceptuel I*, p.13.

就这样，一个远离波普艺术和抽象表现主义的艺术和展览的新概念产生了。如同道格拉斯·许布勒，观念主义艺术家将自己的创作置于"直接感知经验之外"，并且围绕着"文献资料系统"这个中心来构成作品，即照片、图示、素描和描述性的语言。通过用文献资料代替感知和表现，他们希望如同索尔·勒维特（Sol LeWitt）早已提出的那样，彻底将主要针对形象的"感知的"艺术变成针对"思想"的"观念"[58]的艺术。在劳伦斯·韦纳这里，"艺术的非物质化"[59]倾向表现得更为激烈，如同他借展览画册发出的著名格言："一、艺术家可以亲自完成一件作品；二、这件作品可以被其他人完成；三、这件作品不是必须被完成的。"当然，艺术的非物质化，并不意味着物品在艺术中的完全消失，而是意味着物质主导地位的丧失和物质崇拜的摒弃。即便艺术作品很少简化为无形的纯意念，但从此可以肯定的是，艺术不一定非要在物质性中寻找完整性，它从来就不是物体的准确复制——艺术作品永远超越了作为偶然体现的物体。观念主义艺术最宝贵的经验，也许是证实了作品"超越直接感知经验"的潜在性和将这个潜在性实在化的多种可能性之间的关系——"作品的表象是次要的"，索尔·勒维特写道，"不管最后的形式怎样，艺术创作必须从一个意念开始。艺术家的工作在于意念的形成和实现过程。"过程先于完成品，观念先于物质。

索尔·勒维特（Sol LeWitt, 1928—2007）：美国艺术家，艺术研究包括观念艺术和极简主义。他发展起了一种个人化的线条、色彩与形式的语法，他用这种语法将他的理念改写为可以由其他人实施的指令，以此使自己的实践向无数的"合作者"开放。

58. Sol LeWitt, « Alinéas sur l'art conceptuel », *Artforum*, vol.5, n° 10, été 1967, in *Art en théorie*, p.910-913.

59. Lucy Rowland Lippard, *Six Years: the Dematerialisation of the Art Object from 1966 to 1972*.

《一月 5—31》展览举办前一年，索尔·勒维特在《艺术论坛》（Artforum）杂志 1967 年夏季刊中撰文，勾勒了观念艺术的思想纲要，称它是"致力于思想而非视觉和情感"的艺术，精神的艺术而非身体的艺术。这个艺术执意削弱"色彩、表面、肌理和形状，（这些）只突出了作品外貌特征（的因素）"。就这样，实在性、有形、物质性和易感性等艺术特征遭到了观念艺术猛烈的攻击，因为后者确信，过于关注"外貌"导致作品的表现主义倾向，并同样损害对意念的理解。然而，由于作品的物质性很难被完全取消，由于意念需要载体，所以与其避开物质性，观念主义艺术家更倾向于"将意念实在化"。因此，艺术家并未完全从作品的物质性中解放出来，而是向艺术提出了挑战，如何"以悖论的方式来创作"，如何"最经济"地创作。正是为了实现这个矛盾的意图，一些观念艺术家运用了摄影的手法，这正符合了勒维特所认为的，艺术家可以用"数字、摄影、话语，以及其他他想用的方式来表达意念，因为形式并不重要"。

因此，观念艺术以反面的、"悖论的"的方式将摄影引入当代艺术。观念艺术家之所以选择摄影，因为面对抽象表现主义为绘画注入新的活力，摄影的物质性和功能性是对传统绘画价值的最强有力的反击。使用摄影，也就是将艺术创作的工作交给机器来完成，呼应了索尔·勒维特在《论观念艺术》(Alinéas sur l'art conceptuel) [60] 中所描述的这个新的艺术实践的主要原则。根据他的观点，观念艺术旨在"封锁情感"，从"传

60. Sol LeWitt, « Alinéas sur l'art conceptuel », *Artforum*, vol.5, n° 10, été 1967.

统意义的手工业"中脱离出来，旨在将创作视为"浅表的东西"，拒绝"物质性领先意念"——一句话，选择思想和文献范本，来反对艺术中的表现主义和手工业。1960 年代末，在英美艺术界，展出摄影作品是一种维护新的艺术形式的方式，这个新的艺术形式是脱离现实和分析性的。同时，这也意味着摄影正在进入（悄然地，但是具有标志意义地）先锋艺术领域，为其后几十年间摄影在艺术领域的主宰地位拉开了帷幕。

其间，摄影不仅很少被单独运用，而且目的并非为了摄影，而仅仅因为其特性符合观念主义的审美需要。与对艺术的敏锐分析形成对比，观念主义对摄影的理解是极其初略和教条的，继续将它视为一个简单的媒介，一个中立、无个性、透明、机械的工具。作为纯粹的文献，摄影在他们眼里不值得给予任何技术或是形式上的特别关注，不过是他们用来实现自己"主张"的并置的文字、图示或其他物品的视觉修饰。（观念主义试图用"主张"取代传统的"作品"，用并置的方式来取代绘画的构图。）

约瑟夫·克瑟斯就这样创作了《一个和三个椅子》(One and Three Chairs, 1965)。该作品由一个物品（在此是椅子）、一张对字典中"椅子"定义的文字复印放大和一张椅子的照片构成，这张椅子的照片拍摄于展出现场并以同比例放大。就这样，通过并置一个物品、一段文字和一张照片，通过在同一平面上并置现实、

语言和图像，克瑟斯将在商业和科学博物馆中通用的专业术语和同语反复的方式应用到艺术领域中。他用并置来取代构图，还是为了抨击艺术传统准则——唐纳德·贾德（Donald Judd）将构图定义为"旧世界的哲学"，克瑟斯认为构图是对继承了"传统宗教绘画"的"内部神奇的空间的过度描绘"[61]。克瑟斯运用摄影，与其说出于爱好，不如说出于创作的审美需要：通过记录（场景）和并置（图像），来取代传统的构图。在摄影中，差异让位给重复，非常接近克瑟斯提出的"同语反复"概念。除了脱离现实的特点，这体现了 1960 年代末观念先锋派关注的焦点问题之一："做一个既不是雕塑（摆在地上）也不是绘画（挂在墙上）的艺术。"

唐纳德·贾德（Donald Judd, 1928—1994）：美国艺术家，"极少主义"雕塑的代表人物。贾德以金属立方为主体的雕塑，成为"极少主义"艺术最具代表性的作品。

61. Joseph Kosuth, « L'art comme idée comme idée », entretien avec Jeanne Siegel (7 avril 1970), *Art conceptuel I*, p.101-107.

不过，摄影最主要的意义在于迎合了观念艺术作品过程性的特点，例如《一个和三个椅子》符合"主张"的特点（正在成为的艺术），而非"作品"的特点（已经完成的艺术）。在《一个和三个椅子》中，照片必须完全符合（包括大小）真实的椅子，克瑟斯解释道："我们面对物体（椅子）看到的应该与我们面对照片看到的相一致，所以每次展览时，都必须在现场重新拍摄一张照片。"这个初看很普通的条件，为创作赋予了过程性的特点，作品的形式随着展览的改变而改变，但是其原则始终不变。与传统针对视觉的艺术作品的恒久不变性不同，观念主义艺术家提出"主张"，永远处于正在形成的过程中，没有固定的物质形态，针对的是思想。"作品本身不等于我们所见。我们能够改变展出地点、物品和照片，而丝毫不影响作品本身——这意味着，一个关于艺术作品的意念的作品是可能存在的，其构成形式可以忽略。"因此，观念主张并非像劳伦斯·韦纳所认为的那样没有形式，而"它的形式只不过是为意念服务的工具"。

通过摄影，观念艺术切实颠覆了表现的本质属性：传统的艺术作品是可视的物体，具有固定的物质和形态，而艺术主张是一些潜在的原则和问题在此时此地的偶然的实在化。通过观念艺术，艺术从物质范畴进入了事件范畴。当然这个伯格森和德勒兹的术语，不在观念主义艺术家的语汇中，特别是"艺术和语言"流派（Art & Language），更接近于托马斯·库恩（Thomas Kühn）或是维特根斯坦

托马斯·库恩（Thomas Kühn, 1922—1996）：美国科学史家，科学哲学家，代表作为《哥白尼革命》和《科学革命的结构》。在《科学革命的结构》一书中，库恩系统地阐述了"范式理论"。

维特根斯坦（Ludwig Wittgenstein, 1889—1951）：英国哲学家、数理逻辑学家。语言哲学的奠基人，20 世纪最有影响的哲学家之一。他是罗素的学生，主要著作有《逻辑哲学论》和《哲学研究》等。

(Wittgenstein) 的思想。这个流派体现出的激进创作立场，被克瑟斯称为"作为意念的意念的艺术"。形式主义将艺术视为形式问题的总和，并将艺术置于永恒的"物化危机"中。与此相反，克瑟斯的观念强调了意念或是概念构成了艺术作品本身（即"作为意念的艺术"），同时它更强调了创造过程应该致力于改变艺术的意念本身（即"作为意念的意念的艺术"）。在这个构想下，艺术家的使命是"询问艺术的本质"[62]，艺术作品是"分析性的主张"，艺术是一个同语反复——"艺术是对艺术的定义"。就这样，观念主义达到了一个艺术的极点，其中艺术是无形的，"作为分析家的艺术家与物体的物质主张没有直接的关系"。

62. Joseph Kosuth, « L' art après la philosophie », *Studio international*, vol.178, n° 915-917, octobre-novembre-décembre 1969, in Charles Harrison et Paul Wood, *Art en théorie*, p.916-927.

　　观念艺术忽略形式、物质和构图，提倡一个既新颖又具有挑衅性的艺术观念，让摄影在艺术领域又向前迈进了一步，在为它打开了知名画廊和美术馆大门的同时，继续将它视为一个简单的从属工具。

　　这个对现代艺术和艺术中的资本主义价值观的质疑，不是孤立的。在1970年代的美国和欧洲，与这个艺术关于艺术的分析性艺术运动同时兴起的，还有另一些先锋派思潮，如将艺术与自然结合的思潮（大地艺术），将艺术与身体和生命结合的思潮（身体艺术）。且不论差异，所有这些思潮都不同程度地运用到摄影这个媒介。摄影作为简单的媒介，其价值被缩小到最初级的记录和复制功能。正是在这个最接近机器属性、摄影图像尚未独立自主、其价值尚未获得承认的零度点上，先锋派艺术家为摄影打开了艺术世界的大门。殊不知，这扇大门其实并非艺术之门，而艺术家使用摄影来创作并不意味着摄影自身成为艺术。

< 身体、自然：在实现和表现之间

Le corps, la nature: entre effectuation et monstration

　　如果吸引观念艺术的是摄影同语反复的潜力，那么吸引大地艺术和身体艺术（或行为艺术）的则是它的传达力。1960年代后半期，这些以身体和土地为创作材质的欧美艺术家，用自己的艺术来质疑艺术，抨击艺术的价值标志和传统展览场所（画廊、美术馆）。然而从艺术封闭的圈子中解放出来，并不意味着与艺术的决裂。矛盾的是，正是为了将自己的离心行为拉回艺术怀抱，许多先锋艺术家选择了摄影。这个双重性，源自摄影介于实现和表现、行为和物体、艺术场合内部和外部之间的特性。

在 1950 年代末反形式主义的美国偶发艺术的影响下，一个规模巨大的身体艺术运动正在兴起，首先在奥地利产生了维也纳行为派艺术［主要人物为赫尔曼·尼奇（Hermann Nitsch）、奥托·穆厄（Otto Muehl）、君特·布鲁斯（Günther Brus）和鲁道夫·施瓦茨克格勒（Rudolf Schwarzkogler）］，继而发展到美国，以布鲁斯·瑙曼（Bruce Nauman）、维托·阿肯西（Vito Acconci）、克里斯·波顿（Chris Burden）和丹尼斯·奥本海姆（Dennis Oppenheim）为代表。1968 年后，运动抵达西欧，代表人物是米歇尔·朱尔尼雅克（Michel Journiac）、吉娜·潘恩（Gina Pane）、尤尔根·克罗克（Jürgen Klauke）、乌尔斯·吕提（Urs Lüthi）和吕西安诺·卡斯特利（Luciano Castelli）。通过将实践依托于身体和生命，这些艺术家的创作体现了与战后艺术主流观念完全不同的思想和价值观，特别是有别于美国的抽象表现主义。1961 年，阿伦·卡普洛（Allan Kaprow）在谈到纽约艺术界的偶发艺术时认为，身体艺术的独特性主要来自"观念产生和表现的背景和地点"[63]——仓库作坊（Loft）、地下室、空商场取代了画廊。其中，"数量有限的观众，从某种意义上说，被卷入了事件"。即兴的特点，将行为艺术置于偶然、转瞬即逝和事件的范畴，这一点既不同于通常是事先编排好的戏剧，更不同于从杰克逊·波洛克（Jackson Pollock）到极简主义的主流艺术实践，因为后者朝着物品制造的方向发展。

赫尔曼·尼奇（Hermann Nitsch, 1938— ）：奥地利"维也纳行为派"艺术的代表人物。作品常常以血液、内脏、尸体乃至"虐待"身体的场面出现在大众视野里，触碰到诸多社会禁忌，因此在 1960 年代很受非议。

63. Allan Kaprow, « Les happenings sur la scène new-yorkaise » (1961), *L'Art et la vie confondus*, p.48.

杰克逊·波洛克（Jackson Pollock, 1912—1956）：一位有影响力的美国画家以及抽象表现主义（abstract expressionism）运动的主要力量。他的创作并没有开始的草图，而只是由一系列即兴的行动完成作品。他把棍子或笔尖浸入盛着通常是珐琅和铝颜料的罐子中，然后把颜色滴到或甩到钉在地上的画布上，凭着直觉和经验从画布四面八方来作画。他的这种绘画方式被人们称为"行动绘画"。

64. Liza Bear et Willoughby Sharp, « Le Body Art & Avalanche : New York », 1968-1972, (questions-réponses à Vito Acconci, mai 1996), *L'Art au corps*, p.111.

65. Sylvie Mokhtari, « Dan Graham et Vito Acconci au corps des revues » (与 Vito Acconci 的访谈，1995 年 11 月 30 日), *L'Art au corps*, p.139.

66. Liza Bear et Willoughby Sharp, « Le Body Art & Avalanche : New York », 1968-1972, (问答 Vito Acconci, 1996 年 5 月), *L'Art au corps*, p.111.

维托·阿肯西回忆道，"1968 年到 1972 年是一个创作上非常多产的时期，但是我们不太在意结果。结果被认为是某种下属品。当时我们更关注的是行动"[64]尽管如此，他继续道，"一些人想把我所有作品保留下来。要知道这不是物体而是过程。是关于过程的这个想法"[65]最后，对于行为艺术和艺术市场之间壕沟的总体思考："画廊需要的永远是那些能够被放在某个底座上的艺术品。"[66] 阿肯西的陈述中，揭示了当时有利于摄影进入艺术的一些条件（需要指出的是，这些条件属于艺术范畴，与摄影范畴没有丝毫联系）。确实，艺术家往往在处于以下这些原因而求助于摄影：当过程优先于物品；当完成的、物化的和被愉悦欣赏的作品遭到质疑时；当强大的非物质化运动渗透到艺术领域时；一句话，当艺术作品的商品性开始衰竭时。尽管如此，有一点可以确定，"物体—摄影"只不过是"作品—过程"的"下属品"。而且，与认为摄影具有具象表现力的教条观念相反，阿肯西之所以运用摄影，正是因为摄影缺乏表现过程的能力。他一直拒绝对自己的行为艺术进行录像，但是却接受照片的拍摄，因为，"至少，一张照片不可能表现整个艺术创作过程。文字描述加照片的形式，很显然是对艺术行为的参考，而不是艺术行为本身。相反，录像（短片）在这个主题上则容易造成错觉。[67]"可见在这些艺术家眼里，正是因为物质性的贫瘠和具象表现力的欠缺，使摄影符合了 1970 年代非物质化思潮或是非具象化思潮的理念。与此相反，画廊使用摄影的目的，是为了将艺术创作重新物质化。在艺术商人眼里，相对行为艺术的不稳定性，摄影成为最坚实的艺术物化品。总之，摄影的魔力在于能够将过程性的艺术，变成为可以展示、协议和交换的物品。就这样，身体艺术和大地艺术接受了摄影，因为它补充了物质的空白——与其完全地物质缺乏，不如接受一个近乎物质，这也许就是摄影（美学）命运的（经济）原因。[68]身体艺术和大地艺术通过摄影这个媒介，连接起极端对立的两极——过程和物质，实现和表现，或者用罗伯特·史密森（Robert Smithson）的术语来说，（作品的）现场和（画廊的）非现场[69]，以及关于彼处和此处、潜在和实在的辩证关系变化。

67. Sylvie Mokhtari, « Dan Graham et Vito Acconci au corps des revues »（与 Vito Acconci 的访谈，1995 年 11 月 30 日），*L'Ari au corps*, p. 139.

68. "艺术机构如此强烈地依赖物品，能够买进卖出，我不指望它会为反主流的艺术做任何特别的努力"（Lucy Lippard, *Six Years : the Dematerialisation of the Art Object, traduit dans Art en théorie*, p. 972.）

69. 见后文。

罗伯特·史密森（Robert Smithson, 1938—1973）：美国著名的大地艺术家，同时也是一位作家和批评家，他认为工业文明带来了很多负面的结果，因此希望能回归自然，与大地对话，去寻找新的艺术创作方式。代表作有《螺旋形的防波堤》和《螺旋形山丘》等。

70. Sylvie Mokhtari, « Dan Graham et Vito Acconci au corps des revues »（entretien avec Dan Graham, 8 décembre 1995），*L'Art au corps*, p. 127.

　　1960 年代末，摄影受到丹·格雷厄姆（Dan Graham）这样的激进主义艺术家的重视，后者"试图避开画廊体系"[70]，摆脱"艺术史的白墙"的禁锢，寻找"不能被收藏的一些东西，这些东西能够被大规模传播出去，而不是依靠收藏"。从单个到多数，打破艺术的拜物主义（收藏），促进艺术的大众传播——这既是先锋艺术中大部分流派的憧憬，尤其是身体艺术和大地艺术，也是摄影被艺术使用的前提条件。不过其中还需要满足一个条件，那就是面对消费和大众媒体的迅猛发展，艺术家"摆脱质量观念的束缚"[71]，推进数量、速度和廉价观念的强烈意识。一旦艺术家不再关心他们艺术行为的物质化结果，他们也就不在乎保存的问题，并且拒绝赋予艺术作品传统意义上的质量的概念，于是摄影毫无阻碍地成为他们一系列的创作方式中的一员。而且当时的社会兼容并蓄、鼓励变化，如同布鲁斯·瑙曼描述的："在 1960 年代，社会不要求艺术家仅仅局限于一个媒介。使用不同类型的材质，或是从摄影到舞蹈，从行为艺术到短片，不会召来任何非议。[72]"出于微妙的动机差异，先锋派艺术家和画廊为摄影打开了当代艺术的大门，与此同时传统价值正遭到深刻的颠覆。在这个转型和断裂期，摄影行使了双重功能：在艺术家这边，它符合身体艺术和大地艺术的过程性特点；在画廊这边，它的介入，保证了被当代艺术抨击和规避的艺术市场的持续发展。

　　在这个背景下，摄影最基本的功能是在现场记录身体艺术或是大地艺术的"行为—过程"，将其转变成"图像—物体"，并将其挪到远离行为现场的艺术展示场所。维也纳行为艺术家赫尔曼·尼奇（Hermann Nitsch）只用摄影来记录他亵渎神明、充满粗俗物和性的偶发艺术，米歇尔·朱尔尼雅克（Michel Journiac）也不例外，在他 1969 年题为《身体弥撒》的行为艺术中，用自己的血做的香肠代替圣体饼，授给观众。记录行为艺术的照片往往忽略技术和审美质量，信息含量也不高。它们仅限于见证了某个行为艺术曾经发生过，但是对此不提供具体的咨询。在缺乏专业技术之外，这些粗糙的图像记录，其实正如阿肯西所揭示的，避免了作品（行为）复制品的嫌疑，使得作品能够保持偶然的、短暂的、事件性的潜在纯粹性。

　　自 1965 年起，行为艺术家鲁道夫·施瓦茨克格勒（Rudolf Schwarzkogler）为摄影赋予了另一个功能。这个时期他暂停了在公共场合的行为艺术表演，决定只用摄影的方式来记录和保存这些过程，它们就这样从表演的逻辑和时间性变成了摄影的逻辑和时间性。[73]冰冷的机器取代了具有互动性的观众。1966 年，美国艺术家布鲁斯·瑙曼（Bruce Nauman）拍摄了一系列处于最基本状态的自己的手势（finger touch with mirrors）和身体姿势（坐、听、看等），然后，创作了

71. 同上，p.131。

72. Bruce Nauman, « Rompre le silence »（与 Joan Simon 的访谈），*Bruce Nauman*, p.107.

73. Robert Fleck, « L'Actionnisme viennois », *L'Art au corps*, p.73-87.

著名的《作为喷泉的自画像》(1967)，照片上艺术家上身裸露，向上张开的口里喷出一股细细的水流。虽然这些照片尽可能地体现了中立性，但是并不具有文献功能。正相反，它们服从了一个双重艺术意图：一是向马塞尔·杜尚的作品《喷泉》致敬，二是图解"真正的艺术家是一个不可思议的明亮的喷泉"这句话。瑙曼还用全息照相创作了《扮脸》(Making face，1970)，在这个摄影试验中，艺术家不断捏弄自己的脸，直到把它变成一个无限可塑的艺术材料，最终产生具有嘲讽意味又带有痛苦表情的自画像。

　　如同阿肯西，克里斯·波顿 (Chris Burden) 使用摄影时，对其形象表现缺陷和无法明确表现行为艺术过程的局限性，带着清醒的意识。对摄影记录性不抱任何幻想，波顿不期望仅仅通过它来连接实现和表现。反之，他总是精心选择一张典型的能够引发特定联想的照片，配以物品和文字来构成创作。如在《刺穿》(1974 年 4 月 23 日) 中，一张照片上表现了波顿被绑在一辆大众牌轿车的后备箱上，如同钉在十字架上的耶稣。与照片相配的，还有一对钉子，和以下这篇短文："在 Speedway 大街的一个小车库里，我爬上了一辆大众轿车的后车窗。我背靠后车身，向车顶张开双臂。钉子刺入我的掌心，将它们钉在车顶上。车库的门打开了，轿车的一半驶入了 Speedway 大街。发动机被启动到满速，持续两分钟，在我下方发出巨大的声响。两分钟后，发动机停止，轿车倒回车库，车库门被关上了。"[74]
通过将事件、陈述和可视性彻底消解，波顿打破了摄影实践中长久以来物体、图像和文字之间的同形性原则（许多对新闻中图片说明与事件真相不符的指责，正是建立在这个原则之上）。然而可视的不等于可陈述的，两者之间存在差异——"如果说陈述有一个对象的话，那么这是一个陈述特有的言论对象，与可视对象并非同形。"[75]

74. 摘自 Timothy Martin, « Trois hommes et un bébé », Hors limites, p. 270.
75. Gilles Deleuze, Foucault, p. 68.
76. Chris Burden（与 Jim Moisan 的访谈），High Performance, n° 5, mars 1979, p. 9, cité par Timothy Martin, Hors limites, p. 271.

　　在著名的行为艺术《射击》(1974) 中，克里斯·波顿让自己被手枪击中，但是我们只能从照片上看到鲜血从艺术家手臂的伤口流淌而出。这个因暴力而轰动的作品，对艺术家来说，意义在于面对这个可怕事件的精神体验。"您知道 7 点 30 分的时候，您将在一间屋内，有个人将向您开枪。"[76] 然而，这个个人体验离不开直接的艺术关注，波顿解释道："这是与时间有关的体验。几乎是瞬间性的。这也是这个作品中我喜欢的部分。在它发生前，作品是不存在的。突然间，一个人扣动扳机，于是在这一瞬间，我完成了一个雕塑。"这是一个朝向材质的雕塑行为，不是一个朝向观众的戏剧表现。此外通过它的时间性，这个雕塑式的行为艺术还具有摄影特色。摄影在此既是范例（时间），又是材质之一（实体）。

　　1979 年，在丹尼斯·奥本海姆（Dennis Oppenheim）的行为艺术《献给二度烧伤的阅读姿势》（Reading Position for Second Degree Burn）中，摄影已经拥有了类似的范例和材质功能。在这个行为艺术中，艺术家手捧一本书在胸前，赤裸上身在烈日下曝晒。几个小时后，书被拿走，晒红的皮肤上呈现出白色的矩形。对阳光的敏感性，让皮肤在这里成为一个摄影负片表面，曝光部分是暗部，遮光部分表现为亮部。以此主题拍下的照片，如同一个摄影（银盐的）的摄影（皮肤的），又一次将媒介功能、材质功能和艺术范例功能结合在一起。

　　摄影媒介艺术上的次要性，作品（过程）与照片（物品）之间的差距，明显体现在技术和审美疏忽上：照片通常很小，取景不讲究形式和独特性，构图大多很普通，成像质量粗陋原始。另外照片很少单独出现，而是和其他照片一起（比如在吉娜·潘恩的作品中），和物品一起（比如克里斯·波顿），并且在将另一个时空中发生的艺术行为实在化时，几乎总是离不开文字描述。大地艺术家组合了照片、图示、地图和直接来自自然的成分。如在《现场／非现场》（1968）中，罗伯特·史密森（Robert Smithson）就从一个地质景区（现场）中取样了一些云母岩石片和页岩片，将它们装进容器里，放在画廊（非现场）展出，并配以地图和照片，来帮助观众确定方位。

　　通过文字和作品的方式，罗伯特·史密森无疑是对实现和表现之间的辩证关系探寻最深入的艺术家：现场与非现场，缺席与在场，开放与封闭，外部与内部，总体与局部。史密森写道，"现场与非现场之间的相交区域，是一系列偶然的结果，是一个由同时属于辩证关系双方的符号、照片和图示构成的双行道。这两个方面既在场又缺席。与其将艺术在地上展出，我们把从现场采集的土带入艺术（非现场）……在这个相交区域中，二维和三维的物体分别交换了位置。大比例的变成了小比例的，小比例的变成了大比例的。地图上的一点，对应了地球上的一大片土地。而一大片土地，浓缩为一点。是现场反映了非现场（镜子），还是非现场反映了现场？"[77] 史密森相继在莫哈维沙漠、新泽西景区或是大盐湖城（螺旋堤）进行的创作，与其说体现

77. Robert Smithson, « Spiral Jetty », *Robert Smithson. Le Paysage entropique, 1960-1973*, p. 209.

了与艺术圈和画廊的决裂，不如说是在自然中开放了他的工作室。《现场／非现场》(1968) 和《螺旋堤》(1970)，揭露了"技能的丧失和工作室的瓦解"[78]，并在拒绝艺术市场的同时，对现代主义美学再次提出质疑。事实上，他的作品处于开放式工作室和封闭式画廊的分界面上，如《螺旋堤》既是在犹他州进行的大地艺术作品，又是在纽约一个画廊里展出的录像作品。

罗伯特·史密森用熵的美学来反对现代主义美学，这个美学体现了对时间和老化的深刻意识，对不可抗拒的结构瓦解、形式解体和地点分裂过程所具有的强烈感受。"人类精神和地球正在不断地被腐蚀，"史密森认为，"崩塌、地滑、泥石流，所有这一切也正在人类大脑深处发生着。"[79] 铁锈在艺术中的应用，表现了"对过时、停滞、熵和毁灭的畏惧"，颠覆了大卫·史密斯（David Smith）、安东尼·卡罗（Anthony Caro）等现代主义艺术家作品中型钢和硬金属的技术理想主义。在艺术之外，熵的破坏作用可以从后工业的风景中感受到，如《帕塞克的纪念碑》(The Monument of Paissac，1967) 系列中，24 张方形黑白小照片所表现的厂房和废弃矿场。新泽西州郊区帕塞克的纪念碑，其实是反纪念建筑——油井架、管道、停车场、废弃的采石场、涂鸦墙、空地、荒凉的河岸等，没有一个人影。在派萨克，工业社会的秩序和理性坍塌于混乱和灾难中，结构和体系在分裂中消亡。

史密森一贯使用傻瓜相机（Instamatic）来表现熵的分裂状态。此外他的很多作品，如《帕塞克的纪念碑》，与爱德华·拉斯查（Edward Ruscha）的摄影清单产生了共鸣，如后者以极其中立和匿名的方式拍摄的位于俄克拉荷马州和洛杉矶之间的 26 个汽车加油站（Twenty-Six Gasoline Stations，1963）。拉斯查的另一本摄影清单为《日落大道的每座建筑》(Every Building on the Sunset Strip，1966)，收录了日落大道最知名的地段所有的建筑物、街道和十字路口的照片。这个清单小册子为折叠式，全部打开后，可以看到两幅上下对立印制的街道全景照片。[80] 此外，拉斯查还发表了《一些洛杉矶的公寓》(Some Los Ageles

78. "走出了工作室的禁闭，在某个程度内，艺术家逃避了职业陷阱和创造的奴役"(Robert Smithson, « Une sédimentation de l'esprit : Earth Projects », *Robert Smithson. Le Paysage entropique, 1960-1973*, p.195.)

熵：指的是体系的混乱的程度，它在控制论、概率论、数论、天体物理、生命科学等领域都有重要应用，在不同的学科中也有引申出的更为具体的定义，是各领域十分重要的参量。它被社会科学用以借喻人类社会某些状态的程度。

79. 同上，p.192。

安东尼·卡罗（Anthony Caro, 1924－2013）：英国雕塑家。曾做过英国著名雕塑家亨利·摩尔的助手。卡罗以钢铁雕塑闻名于世。

80. Yves-Alain Bois et Rosalind Krauss, *L'Informe. Mode d'emploi*, p.247.

Apartments，1965)、《九个游泳池和一个打碎的玻璃杯》(Nine Swimming Pools and a Broken Glass，1968)、《一些棕榈树》(A Few Palm Trees，1971)，以及《洛杉矶的三十四个停车场》(Thirty-Four Parking Lots in Los Angeles，1967)，这些作品式样上和印刷上的极度低调，图像的彻底中立和主题的平凡，协力传达出空洞感、无处不在的同一性，以及虚无对世界的主宰。

然而，摄影在史密森这里的运用，超越了对熵的可视迹象的记录，超越了摄影介于现场和非现场之间的媒介 作用，从而将熵本身变得可视。[81] 熵的毁坏和磨损的时间性特点，主要是通过对同一地址的正片和负片的对比来表现的。明暗的逆转，打破了文献的显然性，为照片赋予了时间厚度和悲剧性，或者甚至是世界末日式的色彩。[82] 史密森在大部分大地艺术创作中都用到这个手法，如《Concrete Pour》(1969)，《Partially Buried Woodshed》(1970)，《Spiral Jetty》(1970)，《Broken Circle / Spiral Hill》(1971) 等。

81. Robert Smithson 的访谈之一，名为《熵的表现力》。(Robert Smithson. Le Paysage entropique, 1960-1973, p. 216-219.)
82. James Lingwood, « L' entropologue », Robert Smithson. Le Paysage entropique, 1960-1973, p. 28-36.

还有许多作品则勾勒出了摄影的另一个用途——当代艺术材质，这个代表着一个新的艺术流派的诞生——一个艺术和摄影结合的艺术。

摄影——艺术的材质 LA PHOTOGRAPHIE-MATÉRIAU DE L' ART

直到 1980 年代，摄影才真正成为当代艺术的主要材质之一。这是一个彻底的改变，因为媒介和材质之间的差异不是程度上的，而是本质属性上的。无疑，身体艺术、大地艺术或是观念艺术，都以决定性的方式为摄影打开了画廊和美术馆的大门，但是这些运动仍将摄影视为次要的媒介，目的在于记录艺术"现场"发生的转瞬即逝的、过程性的行为，并在艺术的"非现场"(画廊等) 再现这个过程。这个使摄影明确有别于它所反映的艺术作品的从属地位，体现在图像技术和形式的普遍劣质上。这些艺术家对摄影质量的拒绝，其实反应了两个立场：一方面，意味着作品的艺术价值不在于图像，而在别处；另一方面，巩固艺术价值和摄影价值之间的界线，防止任何将两者混淆的可能性。

所以，作为工具和媒介，摄影的使用不经任何特殊加工——图像处理的欠缺等于对摄影技法的拒绝。而且，摄影图像经常与其他元素结合使用(图示、素描、物品等)。与此相反,作为艺术材质的摄影图像,通常被单独展示。在 1970 年代,大部分照片都不是由艺术家本人拍摄的,而 1980 年代后,情况大有改观:艺术家大多掌握了精湛的摄影技艺,不仅图像质量出色,且时以大画幅出现。摄影超越了以往的从属地位,成为艺术作品的核心组成部分——材质。

其实,摄影争取成为当代艺术材质的运动,最早可以追溯到 1980 年代之前的半个世纪——1920 年代的先锋艺术运动,他们的物影造像和摄影蒙太奇(photomontage)已经为摄影赋予了艺术材质的功能。

最早使用摄影蒙太奇的是德国的达达主义艺术家乔治·格罗兹(Georg Grosz)、约翰·哈特菲尔德(John Heartfield)、拉乌尔·奥斯曼(Raoul Hausmann)、汉娜·霍克(Hannah Höch),他们用这个照片拼贴的方式来挑战绘画,揭示绘画的抽象倾向、观念空洞和脱离现实。刚刚经历了第一次世界大战的血腥,他们认为绘画应该发生一个"彻底的转变,从而与时代保持联系"[83]。因为在达达主义这里,艺术不是沉浸在梦想和唯美中的逃避现实的方式,而是表现残酷现实的方式。在这个现实里,如拉乌尔·奥斯曼(Raoul Hausmann)所描述的,"人是一个机器,文化成为碎片,教育低下,人心沦落,民众普遍愚昧,军队主宰一切"[84]。在此视角上,漂亮的色彩和形式无疑显得如同一个"资产阶级的骗局",艺术迫切需要的是"寻找通过新材质表现的新内容"[85]。这就是作为广告、照片或是剪报的组合和粘合的摄影蒙太奇的使命。

与达达主义用摄影蒙太奇的形式来刺激、抗议和"粉碎资产阶级的谎言、习俗和虚伪"[86] 的做法相反,拉斯洛·莫霍利-纳吉和拉乌尔·奥斯曼等艺术家,以及艺术史家法兰兹·罗(Franz Roh),在 1920 年代则将摄影蒙太奇视为现代现实主义的主要形式。达达主义用摄影蒙太奇来解体,而他们则为其赋予了构成的功能,来协调自由构图和严格模仿这两个现代艺术中的异质特点。[87]此外,摄影蒙太奇体现了作为当时主流概念的蒙太奇(montage)在艺术中的延伸。从

约翰·哈特菲尔德(John Heartfield,1891—1968):德国摄影家。他于 1917 年加入柏林的达达俱乐部,擅长摄影蒙太奇,也是摄影蒙太奇的代表性人物之一。他在绘画、雕刻和美术设计上也很有造诣。

83. Raoul Hausmann, « Photomontage, a bis z », Cologne, mai 1931, in Olivier Lugon, *La Photographie en Allemagne*, p.231.

84. Adolf Behne, « Dada », *Freiheit*, Berlin, 9 juillet 1920, in Olivier Lugon, *La Photographie en Allemagne*, p.215.

85. Raoul Hausmann, « Photomontage, a bis z », Cologne, mai 1931, in Olivier Lugon, *La Photographie en Allemagne*, p.231.

86. Adolf Behne, « Dada », *Freiheit*, Berlin, 9 juillet 1920, in Olivier Lugon, *La Photographie en Allemagne*, p.214.

87. Franz Roh, « L'expression propre de la nature (Art et photographie), *Nachexpressionismus. Magischer Realismus* », Leipzig, 1925, in Olivier Lugon, *La Photographie en Allemagne*, p.222.

电影到音乐，从广播到戏剧，美学研究受到苏联电影导演和理论以蒙太奇为代表的主宰[88]，同时也受到工程师思维和工业发展的影响。至于艺术家，当他将一堆现成的图片汇集在一起，自由地进行组合时，自己的角色也发生了变化。不必亲自创作这些图像的事实，使艺术家失去了绝对创造者的浪漫身份，凸显的是其作为现代剪辑师的一面。莫霍利－纳吉认为，这些创作过程中发生的变化，促进了"将记录性的摄影工艺转变成有意识的艺术创作活动"[89]——摄影师记录物体的表象，摄影剪辑艺术家"通过既成的或是选择的照片，来构成一个新的摄影整体"。记录或是构成，以物体为起点或是现成的照片为起点，用照相机或是用胶水和剪刀，从物体表面寻找真相或是通过人工的建构（蒙太奇）来寻找真相，这些就是摄影与摄影蒙太奇（集成照片）之间的主要区别。对摄影师来说，照片是终点，反之对艺术家来说，照片是用来控制、裁剪、粘贴和组合的艺术材质。

在德国艺术家约翰·哈特菲儿德或拉乌尔·奥斯曼，苏联艺术家埃尔·李西茨基（El Lissitzky）或亚历山大·罗德钦科（Alexander Rodchenko）看来，摄影蒙太奇具有革命性的意义，因为它表现了单纯的摄影所无法表现的社会和政治现状。在法国和比利时，超现实主义艺术家皮埃尔·布歇（Pierre Boucher）、乔治·胡涅（Georges Hugnet）、梅森（E. L. T. Mesens），或是马克斯·恩斯特（Max Ernst），则在摄影蒙太奇中看到一个"非理性的猛然涌现"[90]。正是因为其改变文化惯性的摄影所不具备的能力，因为其促成"两个异质的现实在一个不恰当的平面上偶然相遇"的能力，蒙太奇受到了超现实主义的青睐。至于拉斯洛·莫霍利－纳吉，他认为达达主义的蒙太奇过于暧昧，不能从事件的复杂性中提炼出"一个明确的意义"[91]，因而试图与后者拉开距离。他认为，摄影蒙太奇的力量在于"同时性再现"的能力，在于表现"浓缩状态"的能力，在于促成"潜在思想的喷涌"的能力。

88. Vsevolod Poudovkine 导演于 1926 年在 *La Mise en scène et l'écriture cinématographiques* 中提出了电影蒙太奇理论；Dziga Vertov 于 1929 年导演了 *L'Homme à la caméra*；Sergueï Eisenstein 于 1924 年推出 *La Grève*，于 1925 年推出 *Le Cuirassé Potemkine*。

89. László Moholy-Nagy, « Photographie, mise en forme de la lumière » (janvier 1928), *Peinture, photographie, film et autres écrits sur la photographie*, p. 152.

马克思·恩斯特（Max Ernst, 1891—1976）：自学成才的德裔法国画家，雕塑家。达达主义和超现实主义的灵魂人物。他运用拼贴法、摩擦法、拓印法、滴彩法、蒙太奇剪接法和刮擦法，致力于创造一个多变、彩色的虚幻世界。他的作品有着令人惊异的漫无边际的想象力，充满了梦幻和非理性的气息。

90. Max Ernst, « Au-delà de la peinture, qu'est-ce que le collage ? », *Cahiers d'art*, n° 6-7, 1937, in Dominique Baqué, *Documents de la modernité*, p. 115-118.

91. Lászlo Moholy-Nagy, « Photographie, mise en forme de la lumière » (janvier 1928), *Peinture, photographie, film et autres écrits sur la photographie*, p. 152-157.

　　无论是以革命的名义，还是以非理性或同时性的名义，摄影蒙太奇的效率来自与摄影之间若即若离的矛盾关系。通过将一个摄影材料和一个开放的自由构成原理相结合，摄影蒙太奇既具有痕迹优势，又不受记录的局限。无疑这是因为它从严密的摄影逻辑中解放了出来，因为摄影蒙太奇与其说是摄影师的实践，不如说是艺术家(和广告人)的实践。[92]与认为真相来自物体表面和直接记录的摄影不同，摄影蒙太奇中特有的真实性机制，建立在差异、迂回、构成和手法上，即艺术的基础上。通过将这两种真实机制对立，贝尔托·布莱希特发现"一张 Krupp 或是 AEG 工厂的照片，几乎没有提供任何关于这些机构的信息"，"所以，需要构建一些东西，一些人工的东西，制造的东西"[93]。如同塞萨·多莫拉 (César Domela) 和大部分摄影蒙太奇的拥护者，布莱希特认为摄影和摄影蒙太奇之间的区别在于，前者旨在描述"现实的物体"，后者旨在体现一个意念[94]——通过蒙太奇手工和摄影的混合手法，来体现一个潜在的想法。

92. Selon l' artiste César Domela, « c' est l' artiste et non le photographe qui a réussi à concevoir et à élaborer le photomontage » (César Domela, « Les photomontages » (1932), *Domela, 65 ans d'abstraction*, in Dominique Baqué, *Documents de la modernité*, p. 113.

93. Bertolt Brecht, *Bertolt Brechts Dreigroschenbuch* (Le Livre de l' Opéra de quat' sous de Bertolt Brecht), p. 93.

94. César Domela, « Les photomontages » (1932), *Domela, 65 ans d'abstraction*, in Dominique Baqué, *Documents de la modernité*, p. 114.

95. László Moholy-Nagy, « Nouvelles méthodes en photographie » (janvier 1928), *Peinture, photographie, film et autres écrits sur la photographie*, p. 158-164.

　　物影造像，是 1920 年代先锋艺术家使用摄影作为创作材质的另一个方式。德国画家克里斯蒂安·查德 (Christian Schad) 自 1919 年起就开始尝试物影造像，紧随其后的是美国摄影师兼艺术家曼·雷 (1921)，接着是莫霍利-纳吉 (1922)。本书前面曾经提到的物影造像，是不经过照相机，通过物体直接在感光表面曝光而取得的影像。以现成照片为素材的摄影蒙太奇，继承了摄影的材料和光学模仿性，但是放弃了记录和物质存在；物影造像则是不通过光学系统进行的记录，是一个非模仿性的光线痕迹。从某种意义上说，这是一个自然的图像，由光线单独产生，彻底排除了手或是机器的介入。摄影蒙太奇是对没有物体介入的图像的手工构成，物影造像则是没有具体形状的对物体纯粹的化学记录。

　　莫霍利-纳吉将摄影分为相异的两个部分，光学系统和感光表面，他认为摄影的艺术潜力正来自后者。就这样，许多艺术家着迷于物影造像"以创造性为目的，挖掘摄影工艺本质，即感光性能力"[95]的方式。在这些艺术家眼里，由于物影造像，摄影具备了从模仿的束缚中解脱出来的可能性，纯创作的艺术道

96. Erwin Quedenfeldt, « Le tournant », *Der Photograph*, 1928, n°6 et 7, in Olivier Lugon, *La Photographie en Allemagne*, p.99.

97. László Moholy-Nagy, « Nouvelles méthodes en photographie » (janvier 1928)，*Peinture, photographie, film et autres écrits sur la photographie*, p.163.

98. 文章由 Jacqueline Chambon 出版社出版（« Rayon photo » 系列），包括 Moholy-Nagy 关于摄影的所有写作：László Moholy-Nagy, *Peinture, photographie, film et autres écrits sur la photographie*。

99. Olivier Lugon, *La Photographie en Allemagne*, p.31.

100. Olivier Lugon, *La Photographie en Allemagne*, p.127-133.

路因而向其敞开大门……直到抽象的形式。于是，物影造像被视为"光线画的画"[96]，被视为超越摄影（实用性）的一个新的真正的艺术——"抽象的光的影像艺术"。莫霍利－纳吉认为，感光性载体与画布、画笔具有同等的艺术至上性："光线效果的构图是至高无上的，因为它只遵从创造者的意志，独立于物体强加的局限性和偶然性。"[97]通过将光线从物体的捆绑中解放出来，物影造像将摄影复制品变成了艺术。在一个极其现代的激情的驱动下，莫霍利－纳吉甚至预言物影造像将开启一个艺术创作的新时代——其中建立在画布、画笔和颜料基础上的手工绘画，将让位给光线的绘画；其中画室将让位给光线工作室。对于超现实主义艺术家来说，物影造像是改变表象、调节明暗对比和透明度的方式，也是求新求异、探索物体神秘性的方式。

摄影蒙太奇和物影造像在新的视觉方式中是不可分离的，特别是在德国，作为艺术家的摄影的新视觉流派在前期与后期，分别对立于两个摄影艺术运动：画意摄影流派和新客观主义流派。

当画意摄影以绘画为模范在艺术摄影领域占主导地位时，莫霍利－纳吉于1925年出版了《绘画，摄影，电影》一书[98]，标志了新视觉主义和德国现代主义运动的诞生。它们与画意摄影的差异是如此强烈，以至于超越了美学意义，几乎达到了生理学的层面。奥立维耶·吕贡（Olivier Lugon）解释道，在新视觉流派这里，摄影工艺与其说是服务于"创作传统意义上的艺术作品，不如说是被用来完善和延伸过于受限制的人类视觉。与其说是表现或复制的方式，不如说是感知的工具，一个前所未有的扩大人类感官功能的假眼"[99]。

朝所有的方向看，打破透视的枷锁，从印象主义和画意摄影的浪潮中解放出现代的目光，增强它在空间中的流动性，这些就是新视觉主义的宗旨。这在图像中表现为拍摄角度的大胆和丰富多样，或倾斜，或偏离，或仰拍，或俯拍，犹如最具代表性的航空拍摄。几何构图上无方向，无轴心，没有上限也没有下限，这些体现了高空视点不可思议的自由度，如同悬置，脱离了重力法则和透视法则。[100]新视觉主义不仅是一个美学流派，也是一个新的视觉实践。这是一个机器——不只是一个光学的机器，而是一个由齿轮和程序、姿势（尤　101. Gilles Deleuze, *Foucault*, p.64-65.
其是身体的）、视角、距离等构成的组装，它照亮，让不　102. Olivier Lugon, *La Photographie en*
　　　　　　　　　　　　　　　　　　　　　　　　　　Allemagne, p.31-32.
可视的可视，让人类看到另类的东西。[101] 尽管摄影在此被视为增强眼睛的技术性
能的手段，它所涉及的却远远超越了视觉的部分，而是 1920 年代中期德国特有
的社会现实。例如拉乌尔·奥斯曼（Raoul Hausmann）认为摄影是对人类感官的
延伸，将人类从文艺复兴以来脱离现实的视觉方式中解放出来，从而达到"自
然视觉"这个建立在基本生理原理之上的和谐的视觉形式。确切地说，这个新
视觉对摄影与人类身体关系的重新评估，和当时德国体育运动的兴起不谋而合，
这也证实了视觉实践并非仅仅涉及眼睛，而是与人的整个身体有关。

除了对具体的身体和物体的再现之外，这些作品还流露出对现代化持有的
乐观精神，对诞生一个新人类的信仰，以及完全不同于印象主义和画意摄影时
代的，一个现代的、客观的、理性的时代的到来。取景的大胆倾斜和偏离，甚
至直到消失在画面外（与业余摄影的接近），成为新视觉流派审美的标志性特点。
物影造像、过度曝光或是负像等曾经被视为边缘化的手法，在这里获得前所未
有的重视，因为它们释去了物质性的重负，使摄影进入了某种失重和抽象的境
界。X 光照相、放大摄影术、天文或是航空摄影等，曾经被排斥在艺术领域之外，
如今与艺术作品并肩出版和展出。[102]

总之，摄影蒙太奇和物影造像，以及整个新视觉流派在它们的差异之外，
最大的共同点是，第一次将摄影视为真正的艺术材质。这也形象地预示了 60 年
后，在现实、图像和艺术世界发生的巨大变化，重新定义了摄影的位置和功能后，
艺术与摄影的最终结合。

L'ART-PHOTOGRAPHIE

　　1980 年代，摄影蒙太奇和物影造像在 1920 年代的预言实现了：艺术与摄影终于结合在一起。摄影不再仅仅是工具或媒介，而是成为艺术作品唯一的材质。

　　这个结合，作为全新的艺术类型，可以用"艺术—摄影"来定义。由于首先是艺术实践，其次才是摄影实践，"艺术—摄影"与"摄影师的艺术"有着显著的区别。"艺术—摄影"与所有之前的艺术形式发生了彻底的决裂，因为摄影在此的应用是确定的、成熟的、唯一的；因为它为摄影赋予了艺术材质的独特属性。

　　图像世界变化的规模之大和速度之快，令人眼花缭乱。面对以摄影为材质的超大画幅作品（如长达数米的制作）在艺术中的出现，有人提出"画式"这个用语。[1] 如果必须保留"画"这个字，且不论其含义是否贴切，"摄影画"应该比"画式"更合理。目的是为了强调作品的创作过程中艺术成分多于摄影成分，是艺术家为他们的绘画赋予了摄影的材质，而不是摄影师将他们的摄影作品放大到画的尺寸。"艺术—摄影"是一个摄影与艺术的深度结合，是一个新的艺术形式。

1. 比如，1990 年，美国艺术家 Lewis Baltz 创作了《夜巡》(Ronde de nuit)，一幅长达 12 米的纯摄影作品。

一、艺术—摄影概貌 PHYSIONOMIE DE L'ART-PHOTOGRAPHIE

　　作为工具或是媒介，摄影徘徊在艺术大门之外；作为材质，摄影与艺术结合，融入艺术观念和艺术流通圈，产生了前所未有的作品。艺术—摄影，在艺术领域发动了一场深刻的变革，与作为工具和媒介的摄影有着天壤之别。顺带也揭露了以往不加区分地用来描述摄影和艺术之间所有关系的"艺术媒介"这个用语的不确切性。艺术—摄影，通过摄影材质在艺术领域带来的颠覆性变化，勾勒出艺术中的另一个艺术的轮廓。

艺术中的另一个艺术 UN AUTRE ART DANS L'ART

　　艺术—摄影，具有三大特征：一、结束了摄影长久以来被艺术拒之门外的遭遇；二、面对非物质化潮流的威胁，在艺术领域保证了艺术作品（作为物质的）

的持久性；三、强有力地推动了艺术世俗化运动。

＜献给艺术的新材料（模拟和技术）

Nouveau matériau (mimétique et technologique) pour l'art

与教条观念相反，摄影蒙太奇和物影造像形象地证实了摄影是一个丰富而复杂的材料，由三大成分构成——记录材料、被记录材料和机器理性。

记录材料由光线、感光表面和化学产品构成。它没有具体的形状，也没有意义，是技术装置固有的基础材料。正是它为图像赋予了痕迹的符号学属性，因而也为其赋予了工业材料、技术特性和独特的审美效果（色彩表现、色感、颗粒状等）。其次，由于摄影成像技术依赖于痕迹的原理，所以现实中的物体、物体的状态和事件是摄影的必要物质前提——它们构成了被记录材料。因此，被记录材料包括整个自然界，所有有生命的或无生命的物体，属于拍摄范畴。被记录材料与技术装置无关，它承载了特殊意义。现实中的物体和事件成为摄影材料的组成部分，这一点打破了物体与图像之间柏拉图式的面对面的关系，标志着图像领域里的一个转折点。如果物体构成了摄影的被记录材料，那么从此图像和现实之间不再是相互外在的，而是相互渗透的。最后，既然摄影是一个技术成像，那么它的材质中还包括最后一个组成部分，估且称之为"机器理性"。这是图像在照相机中实在化的过程，属于审美选择和形象表现范畴。机器理性主要包括镜头的线性透视和图像的自动模拟，同时还包括机器的曝光时间，镜头的圆形成像对取景窗正交形成像的从属关系等。这个机器的理性，独立于所有形象和审美的选择，预先自动设定了图像，是摄影材料不可或缺的组成部分。

艺术—摄影这个组合，第一次将技术模拟俘获图像的材质引入了艺术领域。从此，许多艺术家以精湛的技术来完美地运用摄影材质，因为他们不再将它降格为从属品。摄影从媒介变成当代艺术材料的这个过程是关键性的一步。因为媒介或是工具，外在于作品，而材料则是作品的内在组成部分。我们使用工具，但是我们对材料进行加工、试验和组合；我们在技术与审美彼此不可分离的过程中，对材料进行无止境的转化。就算这个材料从来不是简单的惰性材料，就算它总是附带了某种意义，就算它固执刻板，就算它强加了某些立场，但是首先它是开放的，包容的，没有固定的目的性，也没有强加的形式。

从工具到材料，艺术家们将摄影从服务性的功能中解放出来，并使它摆脱了文献透明性的局限，或者他们把这个透明性变为艺术创作的合理性，又或者对这个透明性进行质询。热内·苏尔特拉(René Sultrat)和玛利亚·巴尔特雷米(Maria Barthélemy)的作品《土耳其》，由四张纪实风格的、刻意显得平凡的大幅风景照片（1.20 米 ×1.80 米）构成。在此艺术家的意图不是再现土耳其景观，而是探询居住与空间的关系。为了表现这个意图，他们用暗房遮光技术，在每张照片上分别表现了一个白色的几何图形，这个图形甚至将其中的一张照片几乎完全覆盖，同时意味着对图像的覆盖（即居住）与吞噬。这些白色的图形，擦除了一切信息，颠倒了摄影的模仿逻辑，打破了风景画的传统类型，打乱了习惯性的视觉方式。这些摄影材料因曝光不足而裸露的部分，吸引着观者的目光，如同一个原始巢穴，与周围未被遮盖的图像形成强烈的外在与内在的对比；打断了线性透视的空白平面，这些辩证的区域既是非摄影的，又是完全摄影的。因为在这里，摄影材料的逻辑是一个超越文献的逻辑。

1980 年代，摄影作为记录材料、被记录材料和机器理性的结合，也就是作为模拟和技术俘获材料，在艺术领域取得了重要的地位。以煤炭、铁、机械和化学为标志的旧时代，即摄影的时代，被电子的新时代所取代，即科技、工业、信息发展的新阶段，这个阶段对图像的新要求，远远超出了摄影工艺固有的能力，使其处于落伍和边缘状态。然而摄影实用功能的下降，伴随着图像审美价值的上升，促进了艺术和摄影艺术市场的发展，摄影成为真正的艺术材质。

整个 20 世纪，现代艺术为艺术创作材质的多元化作出了巨大努力，而在 21 世纪即将来临之际，摄影成为艺术发展的新的核心，成为艺术创作的主要材质。法国艺术家克里斯蒂安·波乐坦斯基（Christian Boltanski）的名言"我用摄影来画画"，标志了一个反现代主义艺术运动在法国的诞生。现代主义艺术认为艺术家应该净化创作手法，体现作品的独特性和本质性。这个纯粹性至上的观念，容不得丝毫异质或混杂成分，在创作中以排斥为目的，这也反映了当时对峙、封闭、冷战的历史、文化和政治背景——"或"的主宰。这个以反对、排斥和对比为特征的文化（东西之间的对峙，共产主义和资本主义及它们之间价值观的对峙），随着美国越战失败（1975）和苏联解体、柏林墙倒塌（1989）而崩溃。而今全球化进程不断加速，合作交流不断加强，地理或非地理的界限在改变，疆域相继被重新分配，极权制解体和更新，流动性、游牧性和杂交性成为时代规则等，所有这一切显示了不论在艺术还是其他领域，"或"主宰的旧时代的结束，"和"的新时代的到来。旧的排斥主义和纯粹主义的观念宣告瓦解，在新时代里，异质成分构成和谐的统一体，杂交主义成为主导思想。于是双性取向（既是异性恋又是同性恋）不再被歧视，如同造型艺术家不再受非议，能够开放自由地使用各材质和媒介的组合来进行艺术实践。正是在这样特定的背景下，波乐坦斯基或其他许多艺术家的作品才能够集完美的绘画和完全的摄影于一体。

　　作为对现实世界、当代艺术和摄影自身所处的特殊状况的体现，摄影向艺术材料的转变，对材料的历史性提出了问题。因为在艺术上，如同在其他领域如建筑和工业，材料绝对不是中立、透明或惰性的元素[1]，它们总是随着技术经济条件、美学问题和感受性的发展而发展。虽然不易理解阿多诺所说的"美学创造力与劳动创造力是一回事，它们追求的是同一个自我终点"[2]，虽然艺术创作不必然取决于材料的发达程度，但是许多当代艺术家用摄影作为材料这一现象，证明了他们总是试图选择达到一定成熟度的材料，最符合他们艺术创作计划的材料，以及与感受性和视觉习惯最同时代的材料。从此，传统意义上的绘画与摄影（以及录音和电子艺术）分享了艺术展厅，从某种意义上，这也是绘画创作衰竭、部分被摄影取代和艺术材质正在更新的征兆。艺术材质不断摄影化的趋势，离不开发达社会的特殊背景——模拟图形的迅速普及（半个世纪）；传播技术的迅猛发展带来的摄影、电影和电视图像的层出不穷乃至过剩。从此，模拟图形伴随着我们生活的每分每秒，饱和了我们的目光。模拟淹没了我们——我们的感受，我们的视觉方式，我们与现实的关系。通过将艺术材料本身变成模拟性的（记录材料和被记录材料），摄影回应了现状。模拟，曾经停止作为艺术的目的，从此成为新的起点。就这样，艺术又一次被彻底地转型。

1. Pierre Macherey, *Pour une théorie de la production littéraire*, p.54.
2. Theodor W. Adorno, *Théorie esthétique*, p.21.

< 艺术创作的重新定义 Redéfinitions de la production artistique

　　艺术—摄影矛盾地接受再现的衰竭，从手中将艺术品的制作交付给机器，并将"选择"提升到"做"的行列。换言之，艺术—摄影是与杜尚的现成品艺术观念一脉相承的"地下"摄影实践的结果。似乎自杜尚作品以来，作为现代

艺术范例的摄影，在 21 世纪到来之时，突然摇身变成艺术的材质。

艺术摄影师曾经不惜代价颠覆和打破摄影的模仿能力，而这正是吸引艺术家的地方。这两个矛盾的立场，从不同领域体现了艺术再现的衰落。摄影师对再现的反对，主要针对其最传统的属性——清晰性和透明度。反之，艺术家毫无保留地接受摄影的模仿性——并非作为对参照物进行忠实复制的再现，而是作为表现，只反映艺术作品自身的表现。这也是艺术—摄影的典型特征：当"制造的再现"消失在"已定的表现"中，摄影也从文献（工具或是媒介）过渡到艺术材料。在这种情况下，摄影图像既可以只满足于最基础的质量，如在克里斯蒂安·波乐坦斯基作品中出现的业余照片；也可以是精心制作的，如帕特里克·托萨尼（Patrick Tosani）的作品。因为摄影出现后，艺术家再现现实的意愿减弱了，而对现实提出问题的意愿加强了。他们不再企图抵达理念，柏拉图式的现实存在，而是希望将这些意图实在化。摄影的表现力作为物体痕迹的本性，以及集记录材料和被记录材料于一体的特征，让它成为实现艺术家意图的最合适的材质。

艺术—摄影通过将再现简化为表现并将其机械化，从而完善了再现。艺术—摄影不仅将美学的终极目标从现实朝观念的方向转移，而且将图像从艺术家的手里交给机器来完成。就这样，两个传统被打破了：一是柏拉图关于真品与副本的哲学观念，二是关于艺术的手工成分的哲学观念。毫无疑问，再现曾经是 20 世纪艺术的主要追求之一，从杜尚的现成品艺术（并非再现，而是物体的展示）开始，到抽象艺术的大量尝试，更不能遗漏摄影蒙太奇和物影造像所具有的启蒙意义。确切地说，艺术—摄影正是对这些用机器代替手的艺术思潮产生的呼应。"摄影画"是机器制作的第一批画作，第一次将绘画从艺术家的手中解放出来，第一次脱离了手工技法。技术取代手，意味着打破了艺术传统最根深蒂固的枷锁——艺术和艺术家的手势之间的必然联系，艺术和机械制造之间的绝对矛盾。虽然，莫霍利—纳吉和让·汀格利（Jean Tinguely）都尝试用机器来创作，但他们的作品仍是细致的手工技法的结果，而艺术—摄影则坚决地将艺术向纯粹的机器制作敞开。

技术取代了艺术家的手工行为，甚至有时将它完全地覆盖。乔治·鲁斯（Georges Rousse）的作品中就是一个典型的例子。在废弃仓库的空厂房里，在宫殿遗迹里，或是在待拆的楼房里，他选择一间空屋，然后根据特殊的方式在墙面、地面和天花板上画出一个整体均匀的色块，目的是使这个简单而巨大的几何形色块产生充满了整间屋子的错觉。这个工作往往持续数日，有时甚至需要切割墙面和隔墙板。最后，如同魔术般，在现实中曾经被平面化的部分，在拍摄下来的画面上却显示出立体的形状。然而，这些立体感只不过是错觉，是一些从某个视角出发而设置的虚构，是一些只在目光中存在的逼真的假象。这个转瞬即逝的绘画作品，注定将随着它的载体（建筑物）的消失而消失，故而完全依赖于摄影——正是照相机决定了需要被粉刷的空间，定义了视角和透视；正是一张巨幅彩色照片，成为这个由摄影指挥的漫长的建筑和绘画创作的唯一见证；最后，作品表现的是对幻觉造型艺术、对普通的显而易见的现象和对摄影图像的虚假性的批判。总之，建筑、绘画和摄影被召集在一起制造幻像，模糊现实与非现实之间的界线。这里，通过作为虚假力量的摄影，在某种摇摆之中，一个现实场所变成了潜在空间——并非电子产品，而是形体、时间、耐力和手工劳作（甚至团队）的成果。

从此，在进入艺术展厅的通常是巨幅制作的摄影画中，漫长细致的手工劳动完全被机器和技术过程取消。艺术家和画布之间的传统直接接触，被物体和感光表面之间远距离的接触所取代。图像的手工制作技法，在选择和化学记录的优势面前逐渐消失。传统的艺术作品是在手工技能和审美选择的共同作用下完成的，而艺术—摄影则使创作条件发生了一个双重变化。一方面它通过技术的技能取代了人工的灵巧性，另一方面它将选择过程局限在前期，特别是在取景阶段。艺术—摄影就这样为艺术分流。自马塞尔·杜尚的现成品艺术后，创作不再意味着制作（手工），而是选择。通过将制作交给机器，艺术—摄影将艺术带到了一个极限地带，于此创作等于取景。

<现代主义特性的解构 Déconstruction de l'originalité moderniste

通过机器代替手工，艺术—摄影继续着从马塞尔·杜尚开始的对艺术家、天赋、内在性和意图的传统概念的颠覆。它继续颠覆着独特性的现代主义神话和艺术家个性决定论。

哈罗德·罗森伯格（Harold Rosenberg）强调，抽象表现主义绘画（他称之为"行动绘画"）与艺术家的个人传记不可分离，它是艺术家生活复杂性的一部分，是等同于艺术家个体存在的"形而上存在"，总之，现代主义绘画"只能通过天才的行为来自我证实"[3]。毫无疑问，波洛克（Jackson Pollock）是最极力支持这个现代主义意识形态的艺术家。不仅因为评论家（尤其是格林伯格）在他独特的创作方式中找到了现代主义思潮的代表性价值，也因为汉斯·纳穆斯（Hans Namuth）为他拍摄的工作照获得的巨大成功所引起的反响。浑身沾满了油画颜料，朝着平铺在地上的画布前倾，似乎为创造的激情而颤动，波洛克生动地体现了对立于架上绘画的现代绘画的特性——画家—演员代替了过去的画家—工匠。[4]然而更深刻的是，纳穆斯的摄影所产生的意识形态效果，来自对作品和艺术家的倒置，因为强烈的俯拍角度，突出了艺术家和艺术家的身体，赋予其相对于平铺在地上的绘画的优越性，而且黑白照片隐去了绘画细腻的色彩、纹理和手法。此外，纳穆斯为波洛克拍摄的照片，迎合了1950年代的艺术观点，即认为艺术家是作品唯一真正的起源和作品独创性的唯一一缘由。就这样，艺术家遮住了作品。处于这个倒转运动中的，还有现代主义的另一位重要人物，那就是马塞尔·杜尚和曼·雷镜头里的杜尚。尽管纳穆斯镜头里的波洛克和曼·雷镜头里的杜尚，分别表现了两种不同类型的艺术家的形象，尽管波洛克的创作以手工、抒情和自发性为特点，而杜尚的作品则体现了文人立场和冷静的距离感，但是两者都扮演了艺术家—演员的身份，简言之，他们拥有同一个身份和不同的艺术表现方式。

自凡高之后（波洛克与其有着同样悲剧性的命运），波洛克成为作者至上论的范例，持此观点的不仅有现代主义艺术、存在主义，甚至整个"西方世界"都将波洛克视为寻觅真实性和独创性的代表。然而1960年代，对作者至上观念的批判也相继涌现，如在艺术上以安迪·沃霍尔为代表，在结构主义思潮中以罗兰·巴特和雅克·拉康（Jacques Lacan）为代表，当然还有米歇尔·福柯及其发表于1969年的著名文章《何为作者？》。忠于其反人文主义观念，福柯早在《词与物》（Les mots et les choses）

哈罗德·罗森伯格（Harold Rosenberg, 1906—1978）：美国作家、教育家、哲学家和艺术评论家。他的艺术评论最为出名。

3. Harold Rosenberg, *La Tradition du nouveau*, p.27-28.
4. Barbara Rose, « Le mythe Pollock porté par la photographie », *L'Atelier de Jackson Pollock. Hans Namuth*, np.

雅克·拉康（Jacques Lacan, 1901—1981）：法国心理学家、精神分析学家、哲学家、结构主义的主要代表。拉康从语言学的角度对弗洛依德的学说进行了重新解释，他提出的诸如镜像阶段论（mirror phase）等学说对当代理论有重大影响，被称为自笛卡尔以来法国最为重要的哲人，在欧洲他也是自尼采和弗洛伊德以来最有创意和影响的思想家，1930年代，拉康与达利等超现实主义艺术家交往甚密。

一书中就写道，"人文主义只不过是近代的发明，还不到两个世纪，我们历史中一道简单的折痕，一旦出现了新的形式，这道折痕将即刻消失无踪"。[5] 在文章中，他提议"将关于作者的传统观念颠倒过来"，从而"重新检验主体的优越性"[6]。所以，应该"解除主体（或是其替代物）作为独创性起源的功能，将其作为言语所具有的多变和复杂的功能来研究"。对"作者不优先于作品"的肯定，意味着对将作者视为作品的最高创造者的现代主义理论的彻底推翻。作者远远不是新思维不断涌现的源泉，反之，他阻碍了思想的创新和繁衍，扮演了想象的"调节器的角色，这也是工业和资本主义时代、个人主义和财产私有化时代最具代表的角色"。

5. Michel Foucault, *Les Mots et les Choses*, p.15.
6. Michel Foucault, « Qu'est-ce qu'un auteur? », *Bulletin de la Société française de philosophie*, Paris, n° 63, 1969.
7. Roland Barthes, « La mort de l'auteur » (1968), *Le Bruissement de la langue*, p.61-67.
8. Roland Barthes, « De l'œuvre au texte » (1971), *Le Bruissement de la langue*, p.69-77.
9. Sol LeWitt, « Alinéas sur l'art conceptuel », *Artforum*, vol.5, n° 10, été 1967, in *Art en théorie*, p.910-913.

在这个规模浩大的现代主义思潮批判中，罗兰·巴特于1968年发表了题为《作者之死》[7]的文章，来反对理论界固有的成见，并阐释了"文本的统一性不在于起源，而在于终点"；起决定作用的是读者而非作者；一句话，"读者的诞生是以作者的死亡为代价的"。在发表了以读者来对抗作者的观点后，接着巴特又提出了以文本来反对作品的观点（1971年在《从作品到文本》[8]一文中）。他认为，作品总是从属于作者，而文章却脱离了这个隶属关系。"作者以作品之父和之主著称"，社会也保证了这个权力。然而没有一个个体是文本的起源，文本的作者既没有传记背景，也没有心理特征，因为"撰写文章的我永远只不过是属于纸张的我"。就这样，如同拒绝作者，结构主义也拒绝承认艺术家为作品的起源，拒绝承认作品具有等待阐释的原始意义。文本将多样性和介于两者之间取代了作品的统一性，将探索取代了解释，将读者和观众的实践取代了消费。发展变化掩盖了陈旧的起源和独创的概念。

在同一时期，观念主义艺术家也受到相似的影响，他们往往通过摄影的手段，试图"封缄情感"[9]，试图从"手工意义上的技法"中解脱出来。他们的目的是取消独创性，打破艺术家—创造者的神话，从而贯彻一个脱离实际的分析性的艺术，反对抽象表现主义所复兴的价值观。但是要等到10年以后，在后现代主义运动中，关于独创性、剽窃和所有权的问题才成为艺术作品的主题，尤其是通过摄影，如美国艺术家雪莉·莱文（Sherrie Levine）的作品。1981年，艺术家通过翻拍一批最著名的现代摄影作品，为这些问题作出了响亮的回答。被翻拍的作品有：沃克·埃文斯为美国联邦农业安全管理局计划所拍摄的纪实照片、爱德华·韦斯顿（Edward Weston）为其子内尔（Neil）拍摄的裸体照片、艾略特·波特（Eliot Porter）的风景照等。在因翻拍而不可避免的质量减损外，莱文的照片与韦斯顿或是埃文斯的原作的唯一差别在于"雪莉·莱文根据爱德华·韦斯顿"或是"雪莉·莱文根据沃克·埃文斯"的批注。雪莉·莱文将他人之作据为己有的解构性的雄辩力，来自摄影材料、工艺和作品的综合，因为摄影被公

爱德华·韦斯顿（Edward Weston, 1886—1958）：一位富有独特艺术成就、传奇生活色彩，以及对后世影响深远的摄影家。许多日常生活中的平凡之物，在韦斯顿的镜头下呈现出了特殊的美感并具有某种意味深长的诗意，其代表作有《鹦鹉螺》《青椒》《白菜》《裸体》《树干》《岩石》等。他是美国摄影史上有名的"F64小组"成员，倡导通过集中精神观察事物的表面质感与形态来触及生命的核心。

10. Sherrie Levine, « Déclaration », *Style*, Vancouver, mars 1982, p. 48, in Charles Harrison et Paul Wood, *Art en théorie*, p. 1157.

认为机械工艺（即非艺术的）、表象占有和假象制造的象征。通过摄影的方式来将那些公认的摄影艺术精品占为己有，莱文强有力地证实了无论工具、手势还是作者，都不是作品艺术价值的保证。因为技术和形式再精湛，名气再大如埃文斯或韦斯顿，这些摄影艺术的珍宝，也只能通过平庸的复制品进入艺术领域，也就是以原作的贬值为代价。因而，艺术价值更多取决于背景而不是作品本身。艺术家的创造力和作品的独特性成了过时的概念。于是整个传统艺术体系受到了质疑，尽管现代主义绘画曾为它恢复一时的活力。对雪莉·莱文来说，传统艺术体系的根本性在于：一直以来强加在艺术和女性身上的男性主宰。通过摄影，雪莉·莱文开创了一个反对主流艺术体系的批判立场。这个立场体现在：以占有反对创造，以复制反对原创，以抄袭者反对创造者。但同样：以女性反对男性，以机械反对手势，甚至以当代艺术来反对传统摄影。"一幅画，只不过是一个空间，无数没有特性的图像在其中相互碰撞和交融着"[10]，莱文在1982年说道，并宣称画家的死亡，抄袭者的兴起，这个说法与巴特在15年前发表的《作者之死》不无接近。

< 艺术—物品的衰落与永恒 Déclin et permanence de l'art-objet

　　1980年代，艺术—摄影（前面曾经提到）进入了一个漫长的艺术历程。这个历程覆盖了整个20世纪，包括非主观化和非物质化运动，艺术家—创作者的非神话性和艺术作品的非独创化运动，并在1970年代随着观念主义思潮的兴起而达到顶峰。

　　对于观念主义艺术家特里·阿特金森（Terry Atkinson），1960年代末艺术中

出现的物品，是机械和工业占主导的旧时代的残存[11]，同时，他认为这个现象证明了到达"固有的表现力水平"[12] 极限的绘画和雕塑的历史性衰落。罗伯特·史密森在创作中引入了矿物分裂过程，如氧化作用（铁锈），它在美学上象征了钢的坚硬、粗糙、工业的物质性的贬值，而这正是大卫·史密斯和安东尼·卡罗等现代主义雕塑家青睐的材质。1968 年，史密森已经断言了手艺的消失，画室（工作室）的衰落，关于创造性和艺术家的概念的衰竭。

11. Terry Atkinson et Michael Baldwin, « Air Show », (1968), *Art & Langage*, Eindhoven, Van Abbe Museum, in Charles Harrison et Paul Wood, *Art en théorie*, p. 937-943.

12. Terry Atkinson, éditorial, *Art-Langage*, Coventry, mai 1969, in Charles Harrison et Paul Wood, *Art en théorie*, p. 954.

13. Robert Smithson, « Une sédimentation de l'esprit : Earth projects », *Robert Smithson : le paysage entropique*, p. 192-197.

14. Nicolas Bourriaud, *Formes de vie, L'art moderne et l'invention de soi*, p. 70-77.

他解释道：传统艺术家复制一个模特，"现代艺术家在他的手艺极限内构思一个抽象原理"[13]，而在大地艺术这里则相反，"走出了工作室的局限，艺术家逃脱了手艺的陷阱和创造性的奴役"。艺术家手艺的丧失，作品的非物质化，也就是说艺术物品在创作过程中的相对化，以及摄影在艺术中的到来，这一切发生于同一个活跃的时代背景中。于是 1980 年代初，在观念主义艺术的航迹中，艺术与摄影的结合如同是艺术的物质和手工价值漫长衰落的结果；如同从"作品—物品"（针对目光）向无形的观念主张（针对思想）过渡的结果。于是艺术—摄影的出现，意味着长久以来以绘画为代表的艺术标准正向以摄影为代表转移，即表面上缺乏物质性和主观性的特点。使摄影成为艺术材料的艺术—摄影的组合，从某种意义上巩固了观念艺术反对现代主义绘画所维护的"艺术—物品"（唯一性、手工性、主观性等）所取得的胜利。

然而，这只是半个胜利。虽然，艺术—摄影以某种形式上的"准物品"（技术的）来反对传统意义上的以绘画为代表的艺术物品（手工的），但是"准物品"归根结底还是物，在这里，面对一个漫长而不断上升的艺术非物质化运动（非物质化不意味着物品在艺术中的完全消失，而仅仅意味着物品至上主义和物品崇拜的结束），它将保证物质在艺术中的永恒性。达达主义将艺术变成事件，将事件变成艺术；绝对主义艺术家马雅可夫斯基（Mayakovski）认为，"街道是我们的画笔，广场是我们的调色板"；超现实主义试图将作品的概念从艺术中铲除[14]；1959 年，伊夫·克莱因（Yves Klein）以"非物质绘画感性地带"的形式，创作了《三维创作》（Works in Three Dimensions），以此交换金条，或者，创作于 1961 年的《空伊夫·克莱因（Yves Klein, 1928—1962）：法国画家，被视为波普艺术最重要的代表人物之一。他使用单色画画，使用过的蓝色还被命名为"国际克莱因蓝"。这种蓝被誉为一种理想之蓝、绝对之蓝，其明净空旷往往使人迷失其中。

15. 见 Yves Klein 展览画册，musée national d' art moderne, Centre Georges-Pompidou（mars-mai 1983）。

16. Victor Burgin, « Esthétique situationnelle », *Studio International*, vol. 178, n° 915, octobre 1969, p. 118-121, in Charles Harrison et Paul Wood, *Art en théorie*, p. 961-963.

17. Germano Celant, « Arte Povera », Milan, 1969, in Charles Harrison et Paul Wood, *Art en théorie*, p. 965-968.

屋》，一个纯粹的空间。[15] 物的隐退和对生活的肯定，还可以从本·沃蒂耶（Ben Vautier）的作品，阿兰·卡普罗（Allan Kaprow）的偶发艺术，特别是罗伯特·菲利优（Robert Filliou）的激浪派著名口号中感受到："艺术，是所有让生活比艺术更有意思的东西"（1969）。同一年，大地艺术、身体艺术和观念艺术相互交叉出现，其中行为优先于物品的传统制造；其中，艺术家与其说是一个新形式的创造者，不如说是既存形式的协调者。对这个艺术观念，维克多·伯根（Victor Burgin）分析道："被构思的，不是物品自身，而是能够制造这些物品的审美系统。"[16]

然而，30 年后，这个艺术—物品的衰落和艺术—行为的兴盛，以另一种形态继续演变发展，在这个过程中，艺术品的手工制造逐渐被与现实世界的关系所取代。"在艺术中生活"对立于"做艺术"[17]，也因此对立于艺术—摄影，因为后者保证了物质在艺术中的永恒性。

所以，艺术与摄影的结合极具两义性：一方面是艺术非物质化的潜在表现；另一方面将艺术带回到物质领域。摄影—媒介已经完成了将物质从大地艺术或是身体艺术中拯救出来的使命。通过记录转瞬即逝的行为，摄影延长了"艺术—事件"的生命力，将其转化成能够展览、出售、复制、流通和参阅的"照片—物品"的形式。总之，摄影—媒介调和了"艺术—事件"与市场的关系。1980 年代起，当再现的危机愈演愈烈，当绘画和雕塑再不能掩盖与现实的差距，当传统艺术材料面临着审美衰竭，当艺术家试图从作品现场或是行为表演的时空彼处回到艺术的习惯场所，当由观念艺术和身体艺术而来的"艺术—事件"不停地让美术馆和艺术机构失望（传统价值、物品、技法、视觉性和纪念性），于是长久以来被艺术蔑视的摄影，魔术般地，成为当代艺术的主要材质之一。

艺术—摄影能够部分地填补绘画所留下的空白，为艺术市场带去新的冲劲，拯救艺术领域的主要价值观。摄影被艺术采用的方式是迅速和无条件的，如同它曾经被艺术强烈地排斥。也正因此，摄影弥补（暂时地）了绘画留下的空白，为艺术领域提供了新的绘画形式——摄影画。摄影确保了画的永恒性及其价值（物品、技法、视觉性、纪念性）这一点，再次证实了它作为艺术材质的应用来自艺术领域而不是摄影领域。此外，大部分摄影作品的超大画幅形式，决定了其行使绘画功能的能力——与"摄影—媒介"的小尺寸有着天壤之别。最后，作为对画家手工技能的呼应，运用摄影材料的艺术家大多掌握高水准的技术能力。似乎艺术领域为了更新绘画，为了拯救绘画作为美学、意识形态和商业的形式，必须接受材质改变这个让步条件。关键在于回应一个混乱状态——传统绘画的沦落，"艺术—物品"的不断贬值和"艺术—事件"的不断上升，以及更新近的网络艺术的迅速突起，特别是因特网上的虚拟艺术。一句话，关键在于抵制艺术的非物质化，这个倾向不仅没有中断，反而从观念主义运动末期开始更为强化了。

的确，1990 年代，新生代的艺术家将作品视为"一个联系，一种交替，一个过程，而从来不是一个结尾或结果"[18]，比如里克力·提拉瓦尼（Rirkrit Tiravanija）。不同于完成的、固定的、终结的作品，需要观众的驻留和观察，在这里，作品是在"某个状态及其可能产生的结果"之间以假设和暂时的方式建立的关系。对里克力·提拉瓦尼来说，"重要的不是您所看到的，而是人们之间发生的"。事件、过程、社会互动和交换，比物更重要。从此，艺术家的角色在于提出设想，为大众提供参与创作过程的机会，目的不是作为实体的作品，而是不断发展形成的一种关系——一个影响行为的"在场群体总和"。于是我们进入了一个新的时代，其中作品处于边缘地带，不再是核心，而仅仅是各种联结的表现。

18. 摘自 Pierre Lamaison, « Des trous dans le réel », *Connexions implicites*, Paris, ENSBA, 1997, p. 24.

在 1980 年代就已经萌芽的艺术—摄影的组合，正是对这个形势的部分回应，它的经济和美学逻辑，也许可以这样来理解：并非完全脱离物质，而是艺术的准物质（以摄影为材料）。在 20 世纪的最后 20 年间，正是作为材料的摄影，担当了艺术非物质化的堡垒。虽然其目的是使艺术走出象牙塔，更加世俗化，但是艺术圈和摄影圈并未因此而有任何靠近的表现。

< 摄影之外的艺术—摄影 Art-photographie hors de la photographie

艺术与摄影的组合，没有导致艺术圈与摄影圈的任何相互渗透。这是单纯在艺术领域发生的变化，完全处于摄影领域之外，和它没有或几乎没有关系。

需要指出的是，"艺术—摄影组合"这个概念，与"造型摄影"没有任何共同点，后者被多米尼克·芭克（Dominique Baqué）以非批判的方式用作其著作《造型摄影》

（La photographie plasticienne）的书名。1960 年代末，她姗姗来迟地强调"摄影媒介通过一个非常奇特和矛盾的方式对艺术进行渗透：作为图像—痕迹、圣物，作为质量平庸的文献。总之，作为不稳定的、脆弱的、贫瘠的图像"[19]。对本体论痕迹、圣物、遗迹甚至"剩余物"等概念的牵强附会，源自关于摄影的平庸性、不稳定性和贫瘠性的本质主义老调子。殊不知整个 20 世纪，从杜尚到观念主义，再到贫困艺术（Art Povera）等，材料的贫瘠性已经被艺术中最活跃的思潮所肯定。此外，这个立场与该书似乎企图揭示摄影在当代艺术中地位的上升这一目的完全矛盾——除非这个地位只不过是漫长的艺术沦落的征兆。[20]

　　无论如何，特别需要强调的是，承认摄影以自相矛盾的方式"渗透艺术"、"进入艺术"[21]（如同受到恩惠般）是多么的荒谬，至少是片面的。一方面，这个说法为摄影赋予了与其所谓贫瘠性相悖的积极功能；另一方面，试图让人相信这个初衷（或者说是渗透策略）来自摄影领域，而事实上这些运动完全来自艺术领域的不同部分。确切地说，并非"摄影媒介渗透了艺术"，而是艺术家利用摄影来回答艺术自身的需求。摄影对艺术从未进行任何渗透，而是技术装置被艺术家的运用（完全在摄影自身的实践、技法、用途、文化和观众的圈子之外）。事实证明，大部分摄影师全然无视或全盘否定当代艺术，反之亦然，艺术家忽略摄影作品的存在。一句话：在这里不是摄影师对艺术的渗透，而是艺术家对摄影的运用；被运用的不是整个的摄影，而仅仅是其技术部分。

　　本书曾经指出，1960 年代以来，当代艺术是怎样广泛运用摄影工艺的：时而作为简单的工具，时而作为艺术的媒介，时而作为材料。面对这些多样化的功能，不加区分地谈论"摄影媒介"未免显得狭隘，如多米尼克·芭克、罗萨林德·克劳丝以及其他作者所为。尽管在大部分作者的论述中，"媒介"指的是严格的技术"载体"，但是，它的弊端在于明显触及了传播及符号和信息的传递——我们如何能不联想到马歇尔·麦克卢汉（Marshall McLuhan）著名的"信息即媒介"[22]？再者，这个词汇严格的技术含量遮盖了一个事实，那就是媒介并不受其技术参数的局限，而是与自身的功能、

19. Dominique Baqué, *La Photographie plasticienne. Un art paradoxal*, p.49.

20. Dominique Baqué, *La Photographie plasticienne*, p.56.

21. 第二章题为"矛盾地进入艺术"。

马歇尔·麦克卢汉（Marshall McLuhan，1911—1982）：加拿大哲学家，20 世纪原创媒介理论家，传播学家，思想家。他认为：一种新媒介的出现总是意味着人的能力获得一次新的延伸，从而总会带来传播内容（讯息）的变化。其代表作有《古登堡星系》和《理解媒介》等。

22. Marshall McLuhan, « Le message c'est le médium », *Pour comprendre les média*, p.25-40.

视觉形式、发展领域及其所确保的美学功能不可分离。毕竟摄影师的摄影不是艺术摄影师的摄影，也不是艺术家的摄影。第三，多米尼克·芭克关于媒介的概念，缩减了技术的含量，导致了对摄影领域和艺术领域的混淆，似乎它们之间只有程度的区别而没有本质的区别，似乎它们不加区别地相互渗透——足以将严格属于艺术领域的活力归功到摄影身上。第四，这个混淆具体体现在对摄影师的艺术和艺术家的摄影的混淆，"造型摄影师"这个用语正是对这个混淆最生动的体现。最后，对"媒介"不加区分的运用，掩盖了摄影在 20 世纪末在艺术中扮演了"媒介"之外的其他角色的这个基本事实，特别是推翻了圣物或遗迹的本体论修辞的材料的角色。

对摄影在当代艺术中所起的不同功能不加区分，混淆艺术和摄影这两个领域，导致多米尼克·芭克自相矛盾地认为"摄影进入艺术"发生在新闻摄影的顶峰时期，在美国以罗伯特·弗兰克、李·弗里德兰德、盖瑞·维诺格兰德（Gary Winogrand）为代表，在法国以爱德华·布巴（Edouard Boubat）、罗伯特·杜瓦诺、伊齐（Izis）为代表。这个矛盾的立场导致了"关于摄影媒介的属性、身份和功能在认识论上的绝对分裂"，甚至"媒介本体论上的修改"[23]。然而形式本身并非如此矛盾，只要不将摄影孤立开来对待，只要对摄影领域和艺术领域稍加区分。如果一方面，我们承认新闻摄影是一个不同于艺术的、具有自己的规则、参与者和节奏的独立领域（摄影的领域），也就是说摄影师与艺术家互不干涉；如果另一方面，我们承认不是摄影师，而是艺术家将摄影引入艺术领域，那

盖瑞·维诺格兰德（Garry Winogrand, 1928—1984）：美国摄影家，沉迷于拍摄街头人群。他的拍摄方式有别于那种传统的摆拍方式，这使他成为街头抓拍的鼻祖。他使用小型相机和现场光，运用广角镜头以一种看似随意的构图去抓拍生活中稍有意义的景象，从而形成一种怪诞的视觉力量，并以一种动感十足的倾斜角度构成动荡不安的视觉效果。

爱德华·布巴（Edouard Boubat, 1923—1999）：法国摄影师。早年曾学习平面及字体设计，1946 年开始拍摄照片。他被称为"和平的摄影师"，影像风格细腻柔美，充满诗情画意。

23. Dominique Baqué, *La Photographie plasticienne*, p.50.

汉斯－彼得·费尔德曼（Hans-Peter Feldmann, 1941— ）：德国视觉艺术家。费尔德曼的艺术创作方法是收集、排序和重现业余的拍立得作品，以及打印出来的照片、玩具和琐碎的艺术作品。

么设想两个运动相对独立地同时发展，就一点都不显得夸张了。一方面，新闻和时尚为摄影赋予了完美的高度和强大的吸引力，特别是对艺术家来说；另一方面，克里斯蒂安·波乐坦斯基、维克多·伯根、简·迪贝兹（Jan Dibbets）、汉斯－彼得·费尔德曼（Hans-Peter Feldmann）、哈密斯·福尔通（Hamish Fulton）、保罗－阿尔芒·盖特（Paul-Armand Gette）、约亨·格尔茨（Jochen Gerz）、吉尔贝尔 &

乔治（Gilbert & George）、约翰·希利亚德（John Hilliard）等风格迥异的艺术家对摄影工艺给予了新的关注，追求新的目的、用途和实践形式——抓住现代主义的尾巴，打破独创性和真实性的神话，勾勒艺术与政治之间的联系，废除作品中主体的地位等。

艺术—摄影的历程 PASSAGES DE L'ART-PHOTOGRAPHIE

　　现代主义末期，也是作为转型期的后现代主义时期，主要体现为艺术材质和价值观的深刻变化，甚至艺术空间的巨大改变。正是应这些变化的需求，摄影才成为艺术可能的创作材料之一，甚至许多艺术家最青睐的或是独用的材料。艺术与摄影在 1980 年代初的组合，显然不是艺术借鉴的唯一道路，其组合的对象还有录像、装置、行为艺术，以及越来越频繁的多媒体和网络。不过在 20 世纪的最后几十年间，最显著的现象是，全部或部分地以摄影为材质的作品，在画廊、美术馆和收藏中所占比例越来越大。

　　原因在于摄影作为材料对艺术非物质化运动的抵抗性，也在于世界发展变化所带来的艺术价值观的变化，如本书前面提到的从冷战到 1975 年美军在越南的战败，再到 1989 年柏林墙的倒塌，是一个持久的过程。在这 15 年间，世界发生了翻天覆地的变化。在艺术领域也一样，一个排外的、对立的、崇拜纯粹性的、反对相异性和异质混杂的现代主义文化，逐步让位给一个具有开放精神的、求同存异的文化。确切地说，正是现代主义枷锁的打破，让艺术家得以面向世界，从对"为艺术的艺术"的顶礼膜拜中走出来，关注社会生活中更丰富的问题。这个运动同样将文化和艺术的大门向被现代主义排斥的弱势群体敞开——女性、工人阶级、被歧视的性取向少数派和少数种族等。这个过程还缓和了甚至颠倒了现代主义典型的"高雅艺术"和"通俗艺术"之间的矛盾，尤其是绘画和技术类图像（如摄影和录像）之间的矛盾。经过了几十年的抽象艺术、极简运动和观念主义艺术历程，艺术与现实重新建立了明确的联系。艺术正在世俗化。摄影，曾经是安迪·沃霍尔的重要工具，从 1980 年代以来变成了艺术最主要的材料之一。不到 20 年的时间，摄影的角色和行为完全改变了，因为艺术的形势（以及西方社会的形势）也发生了彻底的变化。

< *从大历史到小历史 Des grands aux petits récits*

当代艺术转而关注日常普通的主题，摄影成为主要艺术材料之一，这两个过程是同步进行的。但是并非因为艺术被摄影带动，也不是因为摄影天生具有本土性的特征，而是因为艺术家选择了用摄影来创作，且其创作方式完全颠覆了艺术中普遍性的一部分。众所周知，从 1920 年代到越战末期，摄影以热忱和效率，图解了现代的重大历史事件。让—弗朗索瓦·利奥塔（Jean-François Lyotard）认为，这些历史与神话相反，不反映基础的原始行为，而是激发对将来的联想，激发实现一个自由、"光明"、社会主义等普遍性理念的愿望。因而，现代性的典型特征是实现普遍性的计划。[24]

美国评论家克莱蒙特·格林伯格（Clement Greenberg）为现代主义艺术中的大历史做了最后的也是最雄辩的描述，他认为"每一门艺术具有自身固有的和唯一的媒介属性"[25]。因而每一个艺术门类被要求净化自身，剔除所有非本质性的约定俗成的东西，从而找到自己的"零度"，在完全的纯粹性中体现其本质。为了净化艺术中从其他艺术借鉴而来的元素，自我批评是被推崇的方式。如在法国，"载体—表面"（Support-Surface）流派的画家和《绘画，理论笔记》（Peinture, Cahiers théorique）杂志，利用绘画来批评绘画：画一幅画自身，根据其媒介特性（平面性、载体形式、色素特性）来调整极限。如同在宗教、教育、社会或是经济领域，现代化在艺术上的目的是：将绘画从乱其本质属性的一切中解放出来。这个理想化的纯绘画观念，与无阶级社会、自由化学校和技术进步带来的安逸等理想观念如出一辙，都试图为历史赋予一个终极方向："普遍性的自由，全人类的无罪宣告"[26]。然而，在为我们的行动和思想带来了逻辑和活力后，这些大历史显得与世界的进展越来越不同步。在艺术领域，1980 年的威尼斯双年展暴露了纯绘画大历史的衰竭。具体表现为具象绘画的回归，抽象绘画的衰落，继而摄影迅速成为艺术家青睐的创作材质。现代主义的纯粹性和抽象性的双重枷锁被打破，摄影因而能够作为模拟性的材质，真正赢得艺术的承认。这个"现代性的失败"[27]，不仅使现代艺术中的大历史失去了信誉，而且创作呈现出地方性、隐私性和日常性的倾向。就这样在 1980 年代末，艺术中的大历史让位给了无数小

24. Jean-François Lyotard, *Le Post-moderne expliqué aux enfants*, p. 36-37.
25. Clement Greenberg, « Modernist Painting », *Art and Literature*, n° 4, 1965. Traduit dans *Peinture, cahiers théoriques*, n° 8-9, 1974.
26. Jean-François Lyotard, *Le Post-moderne expliqué aux enfants*, p. 45.
27. 同上，p. 52.

历史，作为最有效的方式，摄影在艺术中的运用也随之普及。

在法国，这个从大历史到小历史，从全球的到地方的，从不平常到平常，从新鲜到熟悉，一句话，从普遍到个别的过程，在克里斯蒂安·波乐坦斯基于 1970 年代初创作的早期作品中就可见端倪。艺术家本人认为，他完成于 1969 年的第一部作品集，《有关我童年的一切，1944—1950》（Recherche et présentation de tout ce qui reste de mon enfance，1944–1950），是一个"对失踪的那部分的我的寻觅，一个对我的记忆深处的考古挖掘"[28]。在《参照物橱窗》（Vitrines de référence，1970）中，艺术家对自己童年时的一些小事、微不足道的举动和物品进行重新构建[29]，以日常物品、普通的图片和小心翼翼贴上标签的圣物的形式，放在橱窗里展出。

28. Démosthènes Davvetas et Christian Boltanski, *Flash Art*, n° 124, octobre-novembre 1985, p. 82.
29. *Reconstitution de gestes effectués par Christian Boltanski entre 1948 et 1954* (novembre 1970) et *Essais de reconstitution d'objets ayant appartenu à Christian Boltanski entre 1948 et 1954* (1971).
30. 1995 年 5 月，在 Reims 摄影月上，作为艺术总监，本书作者提出了"平常审美"的概念。（21 expositions, un catalogue, un colloque）.

他还用摄影的方式半真半假地制作了一系列影集(1971 年，《D 家庭影集，1939 至 1964》；1972 年，《1955 年米奇俱乐部的 62 个成员》)，并编造了一些普通的清单，比如《曾经属于一位巴登——巴登女子的物品清单》（1973）。

不过，波乐坦斯基和其他一些艺术家在 1970 年代初所勾勒的反现代主义方向，在 1980 年代随着"平常审美"[30]的兴起才真正得到肯定。西方艺术开始大规模地向现实中的底层事物靠拢：平常的、熟悉的甚至粗俗的一面。艺术从现代主义抽象形式走向最原始的具象形式。经历了现代主义的复杂审美，观念主义的理论晦涩，艺术发生了某种程度上的降位。一个以摄影为主要材质的反升华和反神圣化的运动，在艺术领域展开。与让－克洛德·乐马尼所颂扬的艺术摄影（质地、阴影、虚构）不同，与商业或广告摄影的浮华不同，彼得·菲施利（Peter Fischli）、大卫·魏斯（David Weiss）、乔吉姆·莫加拉（Joachim Mogarra）、皮埃尔·于热（Pierre Huyghe）、克罗德·科罗斯基（Claude Closky）、萨维日欧·卢卡日耶罗（Saverio Lucariello）、比特·斯特鲁利（Beat Streuli）、托马斯·赫什霍恩（Thomas Hirschhorn）、路易斯·巴尔茨、多米尼克·奥尔巴舍等艺术家，关注的是人们熟悉的地方、平常的举

皮埃尔·于热（Pierre Huyghe，1962— ）：法国艺术家，创作领域跨越电影、视频和公众干预。2001 年曾代表法国参加威尼斯双年展。2002 年在古根海姆获得 Hugo Boss 评委会特别奖。

比特·斯特鲁利（Beat Streuli，1957— ）：瑞士摄影家，视觉艺术家。善用大画幅数码相机拍摄清晰且充满质感、层次、细节的照片。他以长焦镜头抓拍街头人物的肖像特写著称。

托马斯·赫什霍恩（Thomas Hirschhorn，1957— ）：瑞士艺术家。原来是一名平面设计师，后来从事装置艺术。

止和微不足道的物品。相对于精心设置的光线照明，独特或是矫揉造作的构图，夸张或是奇特的角度，材质的重量感，他们更倾向于刻意的中立和低调的风格，图像的轻盈感和形式上的严谨。阴影让位给透明的错觉，物质消失了，虚构在严谨和冰冷的所指面前受挫，因而定义了这样一个姿态：用平常的方式来表现平常，也就是让内容与表现相交。

远不是风格的"零度"，这个拒绝非寻常的主题和形式的审美态度，以其风格的讲究，既摒弃了"艺术"摄影近乎天真的矫揉造作，也不流于大众媒体的庸俗之风。这就是其悖论之处：当最先进的技术不停地向视觉极限挑战，当大众传媒努力将我们带到更遥远更未知的地方，当合成图像将虚拟世界与现实世界重叠，当文化工业面临着残酷的竞争（广告、电视、新闻、旅游等），而越来越多的艺术家却选择了用摄影来表现邻近的、立刻的、此地的、平凡的和普通的东西。简单、冷静、直接，对立于夸张、造作而空洞的审美取向。绝望的企图？永远不均衡的实力？毫无疑问。但是，一个突破口正被打开，那就是艺术和摄影的结合。似乎这是我们可以抵达的最后一片土地，可以在这里继续探问，或仅仅描述那是谁，我们是谁，我们的生活，发生了什么，远离异常和不寻常，在"日复一日中，在平凡、日常、显而易见中，在通性中，在平常、亚平常（infraordinaire）、底部的声响和习惯中"[31]

31. Georges Perec, *L'Infra-ordinaire*, p.11.
南·戈尔丁（Nan Goldin, 1953— ）：当下美国最受瞩目的摄影家之一，可谓是当今私摄影的鼻祖。她与各种自我放逐于美国主流社会以外的青年人共同生活。在这期间，戈尔丁怀着"自己记录自己的历史"的愿望，开始以抓拍的方式展示他们的群体生活，忠实地记录了处于社会主流边缘的一部分美国青年的生活实态。她的相机记录了她自己和朋友的生活情景，并集结成了名为《性依赖叙事曲》的影集。

于是，现代艺术的大历史败在亚平常的小历史面前。拍摄平常生活范围内的一切，日常的举止、熟悉的场所、习惯的物品，这些太过寻常以至于人们视而不见的景象，与现代主义艺术不断的变化、否认、求新，有着天壤之别。现代主义对"未见"的狂热在这里蜕变成"已见"和"总已在"。对"不平常"的追求变成对"亚平常"的聚焦。同时，艺术家自身的身份也改变了：具有质问和革新精神的先锋派艺术家，转变成野心相对较小的，对操作和体验的关注多于对理想化的追求的艺术家。这是一个几乎不值一提的艺术，担负着非常后现代主义的任务："向完整性宣战"（利奥塔）。"平常审美"体现在向以下一系列主题的重新定向：私生活［南·戈尔丁（Nan Goldin）］、隐秘的小手势［萨维日欧·卢卡日耶罗（Saverio Lucariello）］、平凡琐事的诗意化［乔吉姆·莫加拉（Joachim

Mogarra）]、消费社会的符号 [多米尼克·奥尔巴舍 (Dominique Auerbacher)]、视觉惯性的挖掘 [彼得·菲施利和大卫·魏斯 (David Weiss)]、日常生活中无意识行为的分类和清点 [克罗德·科罗斯基 (Claude Closky)]、身体的统一化 [比特·斯特鲁利 (Beat Streuli)] 等。

1986 年，南·戈尔丁发表了《性依赖叙事曲》(The Ballad of Sexual Dependency)，这是从拍摄于纽约和波士顿（1971—1985 年间）的 700 多张幻灯片中筛选出来的艺术家的私人生活传记。无疑，此前没有任何一位艺术家，特别是女性，将镜头如此深入自己的情感生活和性体验，并把这些痛苦、彷徨和漂泊展现在公众面前。这些看上去自发拍摄的照片，内容、取景和光线通常粗糙，勾画了一个伤痕累累的女子的小历史。故事感人而悲怆，但同时又是如此平庸得可怜，在日常生活中交织着爱、激情、性、毒品、艾滋、死亡和暴力的痕迹。因为摄影，隐私经历闯入艺术领域，如同对现代主义浪漫的颠覆。其后，在法国，乔治·托尼·斯托 (Georges Tony Stoll) 以男同性恋的版本，拍摄了类似的系列。从此，生命中的无数小悲剧充斥了作品。个体经历抹杀了社会历史，地方局势取代了全球报道。

萨维日欧·卢卡日耶罗在这个方向上走得更远，在他创作的巨幅双联摄影作品中，模仿了日常生活中不值一提的隐秘的手势，如挠屁股或是性器官 (Modus-Vivendi, 1995)、剔牙缝、挑粉刺等。戈尔丁曾经将个体隐私的小历史取代了大历史，10 年后卢卡日耶罗则废除了所有的历史（或者说是故事），仅仅从细小琐事和普通经历出发来创作。可以说戈尔丁是自传体创作中的悲剧性女主角，而卢卡日耶罗作品透露出来的无意义甚至无聊，则几乎将艺术家置于一个危险状态中，但同时对蹩脚品味的运用则颠覆了主流艺术的价值取向。经过了一个世纪的地下状态和对抗现代主义艺术观的缓慢历程，属于愚蠢、荒谬、失败、未完成、蹩脚品味的价值观终于在此找到了报复的形式。[32]

32. Jean-Yves Jouannais, *Infamie*, p. 9-33.

在一个加速度的时代，乔吉姆·莫加拉 (Joachim Mogarra) 的静止的旅行显然不无滑稽。与其跑遍世界寻找新奇景观，他宁可像马塞尔·普鲁斯特那样相信真正的旅行"不是去寻找新的风景，而是拥有异样的目光"。因此，他在家中为自己建造了一个小世界，用普通的纪念物来表现一个他梦想中的遥远而神秘的美妙世界。《风景》系列（1986—1991）中的每道风景以大幅照片为最终表现形式，每张照片上呈现的是一株插在花盆里的细弱的植物。更抽象的是，世界上最著名的火山在这里被简化为倒置在地上的空花盆。在对世界游览胜地、国际时事、世界建筑经典等主题进行戏谑的同时，莫加拉也调侃所谓当代艺术代表作，比如以削出的苹果皮来映射罗伯特·史密森的《螺旋形防波堤》(Spriral Jetty)，或是用玩具汽枪在硬纸板上打出的洞来嘲讽吕西欧·丰塔纳 (Lucio Fontana) 的《Concetto Spaziale》。

平常审美的其他例子还有：1990 年，多米尼克·奥尔巴舍以邮购销售画册（特别是宜家）出发进行的创作。家庭生活中的物件，如将扶手椅以巨幅特写的形式展出。不过被复制的并不是这些扶手椅本身，而是它们的印刷品，并且复制手法不是拍摄，而是彩色超大复印（1 米 ×1 米）。在这里，艺术家的创作涉及了两个程度的普通：商品和促销商品的图像。

瑞士艺术家彼得·菲施利 (Peter Fischli) 和大卫·魏斯 (David Weiss) 也在这条路上摸索，在他们的作品中，艺术与现实之间似乎不再有任何界线。[33] 如在 1984 年创作的录像作品《事物运行方式》（德语名 Der Lauf der Dinge）中，表现了物与物的流通之间不可避免的混乱的能量传递。1991 年发表的摄影画册《图像，照片》(Bilder, Ansichten)，副标题《可视世界》，没有奇特的景观，没有个人视角，也没有特殊的艺术追求，仅仅由世界著名景点（日落大道、金字塔等）或是习以为常的图像（苹果树、猫、日落、沙滩、棕榈等）构成。整个画册的风格接近于挂历插图、度假照片和明信片。如此统一地用平常中立的方式来处理表象，如同报告和清单，不带感情色彩，没有质量标准，没有任何提醒物（没有日期、地点和环境说明），不分等级，暗示了这个"可视世界"从此不过是一个次品，一个标准化的商品；不过是一个巨大的充斥了"已见"的世界，咫尺和天涯混合在同一个统一体中。在这个世界里，我们不再发现新风景，而是不断地面对旧风景；我们不再看，而是认。

在克罗德·科罗斯基 (Claude Closky) 这里，枚举和分类是另一种表现平常的方式。在《拉博勒，1995 年 7 月 25 日至 8 月 11 日》中，他并排展示了 100 张在拉博勒海滩边拍摄的休假者的照片，每张照片遵循统一的取景和构图，人物面朝大海背朝镜头，双手叉腰。《从 1 到 1000 法郎》(1993) 汇集了艺术家从杂志上剪下来的广告，以价格从低到高的顺序排列。在科罗斯基其他和语言学

33. Theodor W. Adorno, *Théorie esthétique*, p.231.

有关的作品中，他以堆积的方式表现了或是广告语的贫瘠（《2000 年挂历》中的一天一条广告语），或是一些饶舌的公共场所（《布啦布啦》1998），或是人们渴望的微小（《渴望？》）。这些分类揭示了日常生活将我们变成盲目和被动的机器人的可怕力量，将注意力重新吸引到那些我们熟视无睹的事物身上，那些我们过于接受而从不质疑的问题上，那些日常习惯赋予我们的无意识上。

在让－吕克·穆莱纳（Jean-Luc Moulène）的作品中，形式的严谨和主题的平庸形成鲜明对比，目的并非表现现实，而是证明艺术从现实中获取创作活力的能力。在《二十四个罢工物品》系列中，创作于 1999 年的《庞坦牌香烟》（La Pantinoise），是一张 1882 年庞坦烟草厂罢工期间工人们专门生产的以高卢牌香烟红色包装为样本的仿效品的照片，试图以此来唤醒斗争精神。1994 年，穆莱纳在普瓦捷（Poitier）现代艺术中心的展墙上直接贴上以食品罐头、塑料袋、裸体或是自动摄印像等为主题的丝网印刷照片，尺寸达到 4 米×3 米。对广告形式（印刷纹理、大画幅和墙上粘贴形式）的借用和对亚平常物体的表现，既与展览场所（艺术中心）形成了强烈的反差，也与美术中的传统类型（裸体、静物、风景）形成对照。

在佩雷克（Perec），甚至穆齐尔（Musil）、贡布罗维奇（Gombrowicz），或贝克特（Beckett）之前，福楼拜就提出了"写好平庸"[34] 的美学观点，即用属于诗歌的高雅的文笔来描写最庸俗的主题和被认为文学级别最低的小说。[35] 此外，只要提到杜尚、施维特斯（Schwitters）、博伊斯（Beuys）和波乐坦斯基，或是哲学家阿瑟·丹托（Arthur Danto）及其著作《平庸的变形》（Transfiguration du banal，1981），就足以揭示关于平常的主题在 20 世纪艺术、文学和思想领域是何等活跃。如果将 1980 年代的艺术家纳入一个百年潮流中，他们所处是一个特殊时期，工业社会的变化影响着整个再现系统，无论是象征的、政治的，还是社会的，并且决定着我们的判断、信仰和价值观。摇摆的现在，不确定的未来，激起了对安全感、社会身份和持久性的强烈需要。外部世界的敌意促使个体向内部寻求庇护，转向自我，隐退到充满熟悉事物的私人空间里。实践或是艺术的兴趣、目光、思想和行为就这样从

穆齐尔（Robert Musil，1880—1942）：奥地利作家。

贡布罗维奇（Witold Gombrowicz，1904—1969）：享有世界声誉的波兰小说家、剧作家和散文家。

贝克特（Beckett，1906—1989）：爱尔兰著名作家、评论家和剧作家，诺贝尔文学奖获得者（1969）。

34. Gustave Flaubert, lettre à Louise Colet, 12 septembre 1853.

35. Pierre Bourdieu, Les Règles de l'art, p.140.

彼处和远方转向此地和靠近：日常和熟悉成为避难所。当世界完全被媒体掌控，被变成一个戏剧化的舞台，当不断涌现的图像覆盖了现实世界直至淹没它，当世界就这样被简化成一个抽象物、一个符号、一个流通和交换的商品，那么在这个西方世界的主流形势下，拍摄日常，也许是一种与具体、可触、体验、实用重新建立联系的方式。也许，关键在于以维护生活的人性价值观，来反抗日益上升且成为主流的抽象的、造作的、虚拟的价值观。

< 从深度到表面 De la profondeur à la surface

在从现代主义的大历史到亚平常的小历史过渡的同时，摄影也在艺术作品中带进了当今世界的肤浅特性。夸张，无聊，转瞬即逝，华而不实，这些特性随着大众媒体不可思议的快节奏，渗入到文化和艺术的领域，并逐渐取代了深度性。因此现代主义价值观的逆转，体现在一个从深度到浅表的转变过程，特别是在绘画上，格林伯格尤为器重的平面性消失了，蜕变成后现代主义的表面性。表面性是所有后现代主义流派的共同特征，它表现为前此阶段艺术中一些典型的"深度性"的消退：外在与内在之间的解释学深度；表象与本质之间的辩证法深度；非真实与真实之间的存在性深度；甚或能指（signifiant）和所指（signifié）之间的符号学深度。所有这些曾经主导了现代主义思想、实践和言论的典型深度性，逐渐地失去了价值，兴起的是以表面或是多元化表面为主宰的价值观。[36]

于是在 1980 年代初期，绘画领域出现了与现代主义背道而驰的回归具象、叙述和装饰的潮流。这个被尤尔根·哈贝马斯（Jürgen Habermas）称为"新保守主义"[37]的形式主义的后现代主义，迅速影响了艺术领域，推动了作品新类型和新的实践手法的诞生，比如以摄影为艺术材料的创作。现代主义在平面性中追寻绘画的本质，而后现代主义绘画作品的视点完全是浅表的、异想天开和戏谑性的，对本质性、纯粹性、艺术疆域界定和类型级别等问题无动于衷——完全站在"谈论艺术的艺术"[38]的反面。

36. Frederic Jameson, « La déconstruction de l'expression », *New Left Review*, 146, juillet-août 1984, p.53-92, in *Art en théorie*, p.1165-1172.

尤尔根·哈贝马斯（Jürgen Habermas，1929— ）：德国当代最重要的哲学家之一。其哲学思想庞杂而深刻，哲学体系宏大而完备，被喻为"当代的黑格尔"。

37. Jürgen Habermas, « La modernité : un projet inachevé », *Critique*, n° 413, octobre 1981, p.950-967, in *L'Époque, la mode, la morale, la passion*, p.449-456. Habermas 区别了反现代主义的年轻保守派、前现代主义的老保守派、以及后现代主义的新保守派。"新保守派"的概念，具有强烈的意识形态和政治色彩，似乎在绘画领域比在摄影领域更显著。

38. Gilbert & George, entretien avec Martin Gayford, *Gilbert & George*, p.43.

这些作品之所以肤浅，因为它们从纯粹性的美学束缚中解脱出来；因为它们颠覆了前此阶段的艺术不断提出的问题；是因为它们将出处不同、曾经处于平行不相交领域的图像，不论艺术与否，毫无顾忌地杂交在一起；还因为它们只与形式和表象游戏，不考虑内容和意义。于是，这些浅表的作品大部分以拙劣的效仿为原则，抽离了背景和历史意义，将记忆淹没在虚假的幻像和华丽的表面中。独创性、本质性、等级和风格为现代主义艺术赋予的厚度感，在后现代主义作品中丧失殆尽，取而代之的是混合、杂交、回收利用等综合效果，是折衷主义，是各种不同的实践、材质、参照、类型、风格和时代的大杂烩。现代主义的排外性，保证了作品表达的深度；后现代主义的包容性[39] 则为作品赋予了轻度、薄度、灵活性和浅表性。

39. Charles Jencks, *Le Langage de l'architecture post-moderne*, p. 7.

　　人像摄影，也许是 1980 年代艺术中浅表性特点最显著的创作类型，其中面容的瓦解和主题的彻底变化，勾勒了这个时代艺术最主要的特征。美国艺术家辛迪·舍曼（Cindy Sherman）在其自拍像的创作中，一人兼当导演、演员、模特和摄影师。经过化妆和乔装改扮，艺术家消解在不同身份的人物之后，如在《无题电影剧照》（Untitled Film Stills）系列中是电影明星，在《历史肖像》（History Portraits）中是古典绘画模特。但是在这些改装中，艺术家的脸部表情带着异乎寻常的温顺，不试图表达任何内在的东西。在成千张他人的面孔中，辛迪·舍曼溶解了自己的面孔。她的作品，不是以自己而是以他人为参照，实际上与自拍像没有任何关系。

　　与舍曼相反，托马斯·鲁夫（Thomas Ruff）以他人为模特来拍摄（一般是年轻人），以尽可能的中立和直接的方式，避免所有迂回曲折和特殊效果。自始至终正面拍摄，极端清晰，阴影和凹凸感的缺失使脸部显得如同没有厚度和立体感的平面。这些光滑透明的肖像，被剥夺了人性的坚实。空，抽空了实体，这些个体的面孔被简化成单纯的表象，脸部—表面。他们沉默的表情，泄漏出某种衰竭，以及人类所遭受的隐约而致命的腐蚀。

　　德国艺术家托马斯·弗劳尔舒耳兹（Thomas Florschuetz）的表现方式亦不相同，他拍摄的人体，构图紧凑，成像巨大，并以双联像或是三联像的形式展出。由于超近距离拍摄，人体被解构，成为几乎抽象的局部，通常难以辨认所属部分，完全失去了肉体的质感。这些人体的图像，如同破裂成无数块拼图碎片，片与片之间可以互换，而脸部、肢体和主体之间的统一性也被打破了。在由 8 个年轻工人脸部特写构成的灯箱作品《年轻工人》（Young Workers, 1983）中，杰夫·沃尔（Jeff Wall）试图表现的是个体自身与他人身份重合的这一瞬间，也是身份与无身份重合的瞬间。因此在拍摄中，每个模特扮演的不是自己而是别人的角色，就像在戏剧或是电影中，这个角色有

杰夫·沃尔（Jeff Wall, 1946— ）：加拿大籍摄影家。他的影像多数取材于历史名画、小说和电影，并以摆拍的方式完成。

40. Harold Rosenberg, *La Tradition du nouveau*, p. 28.
41. Patrick Tosani, entretien avec Jean-François Chevrier, *Une autre objectivité*, p. 215.

可能和自己极其相异。这里，身份与无身份之间的"表面"辩证，取代了传统肖像中表象和人物个性之间的"深度"辩证。在辛迪·舍曼，托马斯·鲁夫，杰夫·沃尔，当然还有托马斯·弗劳尔舒耳兹和其他众多 20 世纪末的艺术家这里，肖像成为不可能的艺术，因为脸部被解构了，主体失去了以往的同一性和深度。

在这个通过摄影材质来完成的从深度到表面的转变中，同时在作品中被削弱的还有情感表达。确切地说，情感和主观性因素并未完全消失，但是不再与作品所表现的"我"捆绑在一起。哈罗德·罗森伯格曾将战后的抽象表现主义绘画称为"行动绘画"，意在强调情感表现已经不是其中最主要的问题。他解释道，"行动绘画注重的是自我创造、自我定义和自我超越；但是与此同时，这也将其疏远了自我表达，因为后者旨在接受真实的自我，包括它的伤痕和魅力。"[40] 1980 年代，情感表达在作品中的衰竭加剧。首先，因为摄影材质在艺术创作中占据了重要位置，彻底结束了抽象表现主义的个性化的"手法"和独特风格。其次，在于人文主义理想的剧烈倒退，在于个体的贬值，在于人性和灵魂的丧失，而所有这些曾经是肖像的表现主体。

从深度到表面这个过程，是帕特里克·托萨尼创作的主题和形式的核心。"我在墙上制作了一个表面（意指图像）"，艺术家说，"并且，关于表面的问题体现在我大部分的系列中。如何将现实表面化？"[41] 这个问题贯穿了《肖像》《药丸》《后跟》《勺子》《地理》等作品，打破了传统的再现关系。艺术家选择这些基本的、熟悉的，甚至"亚平常"的生活物品，目的不是为了表现物品本身，而是作为摄影图像分析的载体。托萨尼是一位"摄影的摄影师"。以时间为例，在一层又一层向上攀升的女鞋《后跟》中，时间给人的感觉是漫长的，而在《雨》中，时间却给人短暂流逝的感觉，《冰块》则象征了瞬间的凝固，《肖像》的模糊传达出时间动荡的持续感。艺术家的创作遵循"摄影最客观的形式：准确、正面取景、

42. 同上，p.213。

43 Jean de Loisy, « L'hypothèse d'une image nécessaire », *Parick Tosani*, p.37.

44. Bernd et Hilla Becher, entretien avec Jean-François Chevrier, James Lingwood et Thomas Struth, *Une autre objectivité*, p.57-63.

45. 同上。

彩色、清晰、大尺寸"[42]，取消了形式和象征的深度，因而褪净了所有的感情色彩，以至于这些作品的署名者似乎"不是创造了它们的艺术家，而是生产了它们的摄影"[43]。通过将严谨的分析精神和精湛的技术运用到摄影创作中，托萨尼为作为艺术材料的摄影赋予了某种合法性，接近于现代主义对待绘画的态度。与此同时，将日常物品（后跟、勺子、塑料小人、咖啡豆、排骨、气泡等）提升到名副其实的图腾层面，使他的作品带有强烈的地方决定论色彩，与现代主义的意境相去甚远。

德国艺术家贝歇尔夫妇（Bernd & Hilla Becher）作品中成系列的的水塔、筒仓、高炉、煤气罐等，展现的又是一个表面的和没有人性厚度的世界，象征着工业社会的尾声。尽管他们的第一部摄影集出版于 1970 年代，且意味深长地题为《无名雕塑：工业建筑类型》，但是 10 年后，他们的艺术精神才被真正承认。贝歇尔夫妇的艺术创作集系列、中立和"无构图"的"直接"摄影方式为一体，因而也不带任何"自我表达"[44]和情感色彩。"自然科学的目录分类原则，对我们就是一种艺术原则"[45]，贝歇尔夫人解释道。拍摄的系统性和按照"物体科目"来并置图像的方式，也让人联想到爱德华·拉斯查的《日落大道的每座建筑》（1966），汉斯·彼得·费尔德曼的《费尔德曼的图片》（Bilder von Feldmann，1968–1971）或是索尔·勒维特的《照片格》（Photogrids，1978）。贝歇尔夫妇的创作态度直接影响了一批德国艺术家，比如托马斯·施特鲁特（Thomas Struth），托马斯·鲁夫，阿克塞尔·许特（Axel Hüte），安德烈斯·古斯基（Andreas Gursky）等，而且他们都曾是贝歇尔夫妇的学生；一部分法国艺术家也受到了间接的影响，如让·路易·加尔内尔、多米尼克·奥尔巴舍、苏菲·瑞斯特吕贝尔或是帕特里克·托萨尼。在这些艺术家的创作中，图像与物体之间象征性的差异经常显得极其微弱，以至于两者混为一体。这个模仿的虚构，既建立在集描述的清晰、正面、简练、精确和构图的显然性为一体的表现形式上，也建立在与实用摄影或是文献摄影小心翼翼保持的距离上。因为，这些不是纯粹的摄影师的作品，甚至也不是艺

托马斯·施特鲁特（Thomas Struth, 1954— ）：德国摄影艺术家，以都市建筑系列、肖像系列、美术馆系列摄影为我们所熟悉。那种在选定组织一个摄影主题之后，始终如一地反复拍摄这个主题所限制的风景，是杜塞尔多夫艺术学院贝恩德·贝歇尔夫妇的教育原理。

安德烈斯·古斯基（Andreas Gursky, 1955— ）：德国摄影艺术家。他的作品体现的是高科技、规模化、快节奏和全球化的世界景观，在这个庞大的景观中，个体完全被淹没。

术摄影师的作品，而是艺术家的作品，超大的画幅指明了这些作品不是为文献摄影师的资料目录而作，也不是为艺术摄影师的摄影书籍而作，它们的归属是展墙——画廊，或是更具权威性的美术馆的展墙。

　　摄影成为艺术材质的同时，摄影报道和文献领域出现了严重的信仰危机。确实，一个时代结束了：一个信仰文献的真实性和客观性的时代，崇拜参照物的时代，拒绝风格的时代，遗忘目光、个性的时代。就这样，为了拍摄 1980 年代初的法国，非常正式的领土政治和地方行动委员会计划（Dadar 计划）意味深长地求助于能够保证"个人的视角"[46]的艺术家，而不是文献摄影师。长久以来被压抑的"应该用创造的方式而不是记录的方式来再现风景"[47]这个艺术思想终于得到承认，这也以某种方式证明了艺术与文献并不矛盾，而是其合理性的条件。[48]

46. Gaston Defferre, préface, *Paysages, photographies. La Mission photographique de la Datar...*, p.11.

47. Jacques Sallois, introduction, *Paysages, photographies. La Mission photographique de la Datar...*, p.13.

48. 在照相制版计划（1851）和两次世界大战之间美国农业安全局计划后，陆续出现了其他一些大型摄影计划：意大利（« Comune di San Casciano in Val di Pesa »），比利时（« 04° 50', la Mission photographique à Bruxelles »），法国（« Les quatre saisons du paysage » à Belfort），或是英法合作（« Mission photographique trans-Manche »）。

49. Jean-François Lyotard, « Qu'est-ce que le post-modernisme ? », *L'Époque, la mode, la morale, la passion*, p.457-462.

< 从可视到不可表现的 Du visible à l'imprésentable

　　然而被艺术家所采用的纪实立场，在这样一个形势面前受挫：现在和将来的缺失，一个现实主义赖以信仰和建立的基础的缺失。现实主义需要一个可以相信的现实，而实际情况却正相反：对现实的信任感的丧失，"对现实中现实成分之少的发现，加上其他现实形式的出现"[49]信仰在怀疑中粉碎，文献在虚构中消亡。

　　这个对现实的怀疑，主要来自艺术家而不是摄影师。当模仿仍旧是文献摄影师的主要目标和艺术摄影师的关注焦点（甚至试图对其超越），而对用摄影进行创作的艺术家，模仿既不是目标也不是需要超越的障碍，而只不过是创作过程中的成分之一。因为摄影师仍旧相信对文献至关重要的现实，或是为了达到再现最理想的境界，或是为了探索和重新定义再现。艺术家则相反，他们欣赏的是摄影能够将不可视事物变得可视的描述能力："并非再现可视，而是使不可视变得可视"（保罗·克利）。于是，当摄影师致力于再现形式，当艺术摄影师试图发明新的形式，艺术家则将摄影作为模仿材料来接收力量。所以，不论这些艺术作品表面上多么忠于记录，多么逼真相似，它们的实质不是现实主义，因为它们的意图不是再现，它们拒绝相信能够通过统一而简单的方式来捕捉和传达现实。

现实主义的摄影师相信现实，而许多艺术家则用摄影来接收力量，来证明现实中"有一些东西是可以设想的，但是不可视也不能被表现"[50]。这就是帕特里克·托萨尼（Patrick Tosani）的创作理念，他的图像极其逼真，却又站在现实主义

50. Jean-François Lyotard, *Le Post-moderne expliqué aux enfants*, p.26.
51. Patrick Tosani, « Contours et enveloppe du corps », 与 Pascal Beausse 的访谈, *Le Journal*, n°4, Paris, CNP, 1998, p.5. 彩色图片的大小约为 2.3 米 ×1.6 米。
52. 同上。

的对跖点。在拍摄《从下看的身体》（1996）系列时，托萨尼让模特坐在一块由脚手架托起的有机玻璃板上，从模特所在点的正下方往上仰拍。模特们一般着深色服装和鞋袜，姿势极其简洁而集中。最后的成像构图紧凑，由于完全仰拍，首先印入眼帘的是模特的鞋子，然后是腿部，最后才是身体。整个创作旨在将模特的形体转化成群体，传达出某种重量感（不可表现的）。"在这个深色群体、白色背景、构图紧凑的系列中，我的意图是表现和延伸群集的概念"，帕特里克·托萨尼解释道，"也就是从物质角度看，这张图像将表现怎样尽可能获得最大的重量，这些身体如何变得沉重、庞大和密集。为了达到这个效果，我不仅利用图像的大小，还在大部分的图像中运用了简洁的姿势和黑重的基调"。[51] 这个介于可再现物与不可再现物之间的创作理念，建立在艺术家对材质的二元性的敏锐意识上，"我经常处于这样一个矛盾的局势"，托萨尼承认，"运用摄影一方面冲着它的性能和优点，另一方面也为了证明它的弱点"[52]。对现实的怀疑传染了艺术材质本身。这个双重怀疑使现实主义成为不可能。

当帕特里克·托萨尼想方设法在表现中传达不可表现的感受，克里斯蒂安·波乐坦斯基则为不可表现的东西赋予逝去之物的价值。如果说怀旧情绪贯穿了波乐坦斯基所有的作品，那么，从《来自黑暗的教训》开始的艺术家之后的创作中，这个怀旧情绪不再是完全个人的，而是成为历史和集体的怀旧，成为表现犹太民族乃至整个人类悲剧命运不可或缺的一部分。1998 年，艺术家在巴黎现代美术馆做了题为《最后几年》的个展。在光线若隐若现的巨大展厅中，首先印入眼帘的是由 1500 张无名氏遗像构成的装置作品《人》（1994），接着进入另一个半明半暗的展厅，出现了由生锈的铁罐组成的装置《大奥尔尼名册》（1997），这是对 1910 至 1940 年期间比利时儿童矿工的怀念。再远一些，《床》（1998）、《黑

色图像》(1998，一组由空画框组成的作品)、《支架》(1996) 在某种意义上勾勒了从生命、消融到死亡的安宁这个过程。美术馆地下一层，继续展出由一大堆儿童衣物构成的《儿童馆内部藏品》(1989)，和由大约 5000 个物品构成的《遗失》(1998)。[53] 从此，波乐坦斯基创立了自己简单朴实的形式体系：照片和摄影肖像，通常是图像模糊的黑白老照片，出自过去的业余人士之手；反复使用昏暗效果，或是光线微弱的小灯泡，来制造适于沉思的意境；锈铁罐、旧衣物的堆积；纪念性建筑、石碑、陵墓等。换言之，遗址、存在的痕迹、印记、寄存———个怀旧、缺席、记忆、消失、遗忘、身份丢失的修辞，结合无处不在的死亡和大屠杀的阴暗沉重的气氛。摄影对波乐坦斯基来说，不仅仅是材质，而是整个创作的核心和范例，如同安德烈·巴赞 (André Bazin) 所设想的摄影：圣物，回忆，"源自木乃伊情结"。被过去和死亡萦绕，波乐坦斯基的现实是脆弱的。太过怀旧以致无法现实，他的作品将未来等同于死亡，将完整性视为许多单位的总和，挫败了一切关于未来的计划，一切普遍性的憧憬，一切现代主义的目标。"永远是一个、一个、一个的，无数记忆碎片的堆积"[54]，波乐坦斯基在接受美国《Blind Spot》杂志采访时宣称。

53. 展览之际，Christian Boltanski 出版了 Kaddish，一个纯粹由黑白照片构成的厚达 1140 页的画册，其中包括了四个主题：*Menschlich* (人类)，*Sachlich* (目标)，*Örtlich* (地方)，*Sterblich* (死亡)。

安德烈·巴赞 (André Bazin, 1918—1958)：法国电影理论家、影评人，法国著名电影杂志《电影手册》创始人之一。1945 年，他发表了电影现实主义理论体系的奠基性文章《摄影影像的本体论》。

54. John Baldessari et Christian Boltan-ski, « What is Erased », entretien, *Blind Spot*, n° 3.

　　索菲·卡勒 (Sophie Calle) 的创作，则通过虚构，通过为不可表现的赋予另一个不可抵达的形式，来回避现实主义。在《威尼斯跟踪》(1980) 中，艺术家连续数日追随一个陌生人的身影，而在《跟踪》(1981) 中，艺术家则雇用了私家侦探来跟踪自己，被偷拍的照片和侦探报告成为她自拍像创作的素材。在《宾馆》(1981) 的创作中，她让自己被某个宾馆雇为清洁女工，利用工作关系搜集了一系列客人在房间留下的踪迹，从中想象这些她从未谋面的人的生活。在《盲人》(1986) 中，她用照片展现了一些天生的盲人所想象的对他们来说最美丽的图景……索菲·卡勒的所有创作，结合了一个游戏规则、一些文字和一些照片，尤其是一个与他人的虚构的或是现实的关系。艺术家本人和他人之间的关系交杂着引力和斥力、在场和缺席、跟踪和逃避、迷惑和冷漠、窥视癖和暴露癖，让人永远分不清现实和虚构、艺术和生活之间的界限。不确定性，介于两者之间性和永远不可触及性，在索菲·卡勒的作品中表现为表面客观的文字叙述，个人介入和对摄影非常文献化的使用：虚构的真实性。于是，虚构的作品微妙地摇摆在真和假之间：这些文字是确实的侦探报告还是编造的？这些情节是真是假？这是艺术还是生活？如此多的问题丰富了这个以摄影为基础的虚构。

在表面的文献式客观和透明下，安德烈斯·古斯基的大幅彩色摄影作品和所谓的现实主义或纪实实质上没有多大关系。很简单，因为作者的创作意图既不是模仿也不是对现实的再现。无论是正面拍摄的蒙帕纳斯车站（《巴黎，蒙帕纳斯》，1993）宏伟的建筑表面，还是其他的作品，都系统地体现出参照的特性，如最常见的参照是现代主义抽象作品 [特别是格哈德·里希特（Gerhard Richter）、杰克逊·波洛克、唐纳德·贾德等]。车站表面水平和垂直的线条，勾勒出网格和规则的方型色块，将《巴黎，蒙帕纳斯》变成一幅真正的抽象绘画，让人直接联想起格哈德·里希特著名的《色彩法则》[55]。所以，可以说古斯基不是为了拍摄而拍摄这些楼房、景点、工厂内景、生产空间、跑马场、机场，或是展厅和橱窗。他的目的不是直接再现这些景观，而是再现经过现代艺术驯化的成为图像的景观。与现实主义或纪实主义认为能够直接抵达现实的立场不同，古斯基将物质现实和现代艺术的现实交织在一起。与其说是对表象的复制，不如说是将表象转变成艺术作品。

格哈德·里希特（Gerhard Richter，1932— ）：德国艺术家。作为一个真正的艺术家和当代艺术的集大成者，他不断地进行各种各样的尝试，抽象绘画、基于照片的写实作品、具有极少主义倾向的绘画与雕塑等。

55. Michel Gauthier, « Vues imprenables sur readymades. La photographie selon Andreas Gursky », *Les Cahiers du musée national d'Art moderne*, Paris, n° 67, printemps 1999, p.65-87.
56. Theodor W. Adorno, *Théorie esthétique*, p.21.

< 从高位文化到低位文化 De la haute à la basse culture

当现实主义因信仰的丧失而衰竭，艺术—摄影则不断推动着艺术的世俗化进程：使其不再孤立于现实，承认其社会性的一面。[56] 艺术与摄影结合的同时，既见证了现代主义艺术的崩溃，也目睹了极简主义和观念主义运动的衰亡。极简和观念主义虽然反对现代艺术，但是同样将艺术视为圣地，脱离现实，并抱着同样强烈的文化等级化和精英化的观念。

现代主义在艺术中瓦解的标志是艺术对大众文化的吸收：大众文化的产品、形式、表现和材质。克里斯蒂安·波乐坦斯基和阿奈特·梅萨杰（Annette Messager）是最早以艺术眼光来看待民间想象力的艺术家，他们从家庭照片、旅

57. Christian Boltanski, entretien avec Delphine Renard, *op.cit.*, p.75.

58. "威尼斯蜜月之旅"来自《 Images Modèles 》系列，由 Christian Boltanski 和 Annette Messager 于 1975 年合作完成，该系列中的其他作品创作于柏林和 Berck-Plage。

59. Catalogue *Annette Messanger. Comédie tragédie, 1971-1989*, Musée de Grenoble, 1991, p.57.

游度假照片、新闻或是广告照片等图像中寻找素材和灵感。1970 年代中期，他们宣称摄影"说谎，它表现的不是现实而是文化符号"[57]，这个言论颠覆了既存的摄影价值观。1975 年，两位艺术家合作创作了《威尼斯的蜜月之旅》（《图像—模范》[58] 系列），这个作品波乐坦斯基以游客身份拍摄的彩色照片和梅萨杰用彩色铅笔画的城市风景构成，目的不是为了定格私密性的瞬间，而是为了表现那些作为摄影爱好者的游客们是如何复制既存的图像和文化范例的。视觉惯性和"图像—模范"掩盖现实的能力，在此被形象地揭示出来。摄影小说《我的照片—见证》（1973）以导演拍摄的方式体现了同样的揭示力度。在《图解幸福》（1976）系列中，阿奈特·梅萨杰的素描作品不以现实为参照，而是以杂志和旅游产品使用书中的图画为模特。"我复制，我再复制，我再再复制"[59]，艺术家这样解释道。

复制，再复制，再再复制——艺术家不再是独创作品的源头，封闭在纯绘画的现代主义圣殿中。这个反复行为，暗示了机器的特征，特别是摄影，从此艺术毫不犹豫地进入了充满视觉惯性、庸俗口味和拙劣品的世俗世界。这个新的形势，标志着假象通过"复制"获得了艺术的赏识，为摄影敞开了艺术的大门，同时也向社会问题敞开了大门。1970 年代的美国，许多辛迪·舍曼之后的女性主义艺术家如芭芭拉·克鲁格（Barbara Kruger）、珍妮·霍尔泽（Jenny Holzer）、

芭芭拉·克鲁格（Barbara Kruger, 1945— ）：美国著名的后现代摄影艺术家。她通过摄影蒙太奇和巧妙地运用文字手段，将作品指向了女性身份、地位以及不平等关系等主题。

60. Benjamin Buchloh, *Conversation avec Martha Rosler*, p.51.

玛莎·罗斯勒（Martha Rosler）[也包括一些男性艺术家如理查德·普林斯（Richard Prince）、维克多·伯根（Victor Burgin）]，同样以解构大众文化刻板模式为目的，在创作中大规模地使用商业传播材质和工具：摄影、广告牌、城市灯光招牌等。女性在艺术世俗化的过程中扮演了主要角色，她们将艺术从传统的自省性的束缚中解脱出来，更广泛地用艺术揭露了无论艺术领域还是媒体领域内性别隔离的现象。"我个人认为"，玛莎·罗斯勒说，"绘画属于高大的、男性的和英雄主义的范畴，而摄影则属于细小的、个人的和善意的范畴。"[60]

芭芭拉·克鲁格创作的黑白摄影蒙太奇，画幅巨大，通常贴着鲜艳的红色标语，揭露后工业社会大众媒体所宣传的刻板印象，它们就如同融入、服从、

排斥和权力等标准的载体。由于在广告公司做过平面设计，克鲁格将图像构思成广告的形式（一些作品以广告牌的形式展出），从而创作出摄影蒙太奇和标语结合的作品。这些标语，经常以"我"和"你／您"的代称，频频提示了这是一个女性（我）在招呼男性观众（你／您）。如既嘲讽又仰慕的暧昧赞叹《你有多么结实的肌肉啊！》（1986），以及一长串假设的天真烂漫的女性投向男性的甜言蜜语：《我的主》《我的小精灵》《我的欲望引导者》《我的大力水手》《我的大艺术家》等。在这里，女性是对男性的性顺服者。在《我们不再需要英雄》（1986）中，一个扎着麻花辫的金发女孩正在试探性地触摸一个小男孩的二头肌，男性权力在此被嘲弄和否定。而在《你的舒适就是我的安静》（1981）中，对男性的批判显得更刻薄。《你的身体是一个战场》（1989）是为支持在华盛顿举行的争取人流权利的游行而作，女性为自由主宰自己身体而战的主题直接进入了创作。期间，社会和意识形态评判并非总是直接的，当对立关系更多的是以暗示而非陈述的形式表现出来时，说教的意图就显得较为含蓄。正是在这个形式中显现出艺术与社会的关系。[61]

1970 年代末，玛莎·罗斯勒在摄影中找到了彻底埋葬现代艺术的方式，也从中找到了关于波普艺术、观念艺术和社会再现形式的某些答案。通过摄影"打破内在性、主观性和真实性的外壳"[62]，这使玛莎·罗斯勒的创作接近于观念主义艺术，尽管如此，艺术家本人却一直批评后者局限于"摄影的零度"[63]，批评其从美学角度太过"自我引证和虚无主义"[64]，出离世界和社会现实。从波普艺术里，罗斯勒学到了与其用物来创作，不如通过蒙太奇的方式来汇集大众文化图像（杂志广告等）。至于通过新的纪实姿态[65]来超艺术地表现社会现实，这来自摄影史的启发，从美国 1930 年代的摄影传统（以沃克·埃文斯为代表的美国联邦农业安全管理局旗下的摄影师）到罗伯特·弗兰克、维吉、李·弗里德兰德、盖瑞·维诺格兰德或拉里·克拉克（Larry Clark）等摄影师。于是玛莎·罗斯勒在将摄影吸收融入创作的同时，总是不断地探问摄影和照相机究竟能为图像带来什么："什么是可以用形象来表现

61. Theodor W. Adorno, *Théorie esthétique*, p.21.
62. Benjamin Buchloh, *Conversation avec Martha Rosler*, p.45.
63. 同上，p.37。
64. 同上，p.35。
65. 同上。

拉里·克拉克（Larry Clark，1943— ）：美国摄影家。1971 年，他以一本题为《塔尔萨》的摄影集一举成名。这本摄影集忠实记录了 1960 年代美国中部地区一群吸毒青少年的生活状态。

66. 同上，p.75。

的，什么不能，什么是快照，什么是审美图像——什么是摄影的形式？"[66] 她的早期作品之一，《两个相异表现系统里的包厘街》（The Bowery in Two Inadequate Descriptive Systems，1974），就这样介于沃克·埃文斯式的社会纪实、观念艺术和对摄影再现局限性的疑问之间。该作品由一系列文字和图像的双联形式构成，表现的是纽约一条酒鬼聚集的贫民街。黑白照片上的橱窗、店铺和过客，全部为正面拍摄，构图含蓄而严谨，显然受沃克·埃文斯的影响；受观念艺术的影响，与图像配合的文字，则将该作品与传统的图像独立存在的纪实摄影区别开来；并且，这些用语完全出自观念艺术同语反复的、自我引证的和分析性的辞典，用来影射社会局势，如"昏迷""无意识""昏厥""躺倒"等。最后，顾名思义，摄影和文字两个系统的对峙，是为了在不否认摄影的前提下削弱人道主义纪实的错觉，强调所有的表现系统都不适合衡量经验，并再次提醒社会结构对再现来说是不透明的。

　　玛莎·罗斯勒的早期作品，和阿奈特·梅萨杰的初期作品一样，以反抗将女性物化的社会陈腐观念为主题。如《美人不懂痛苦》（1966—1972）系列中的照片是从色情杂志或是内衣广告中翻拍放大而成，又如在《无题（厨房1）》中，一个特写的乳房侧面的照片，覆盖了电子炉灶的表面。作品传达的信号很明确：在父系制社会中，女性与厨房器具的区别仅仅在于她所拥有的性器官。摄影蒙太奇系列《把战争带回家》（1966—1972）展示了美国中产阶级舒适的寓所中是如何被战争的图像所包围的，反之前线士兵又是如何与美女的色情照相伴的现象。在《化妆／投降》（1966—1972）中，艺术家将女性日常的化妆行为视为一个微观暴力，可以用来比喻一个女性在面对武装的士兵的暴力侵犯时的举手投降。

　　1970年代出现的以摄影为材质的女性刻板印象批判作品，将被其他艺术家继续深入，作品主题也从身体转变成流淌的体液。

< 从身体到体液 Des corps aux flux corporels

　　1977年至1980年间，辛迪·舍曼完成了著名的《无题电影剧照》系列。这个系列由69张照片构成，表现了美国1950年代电影和媒体中的女性典型形象。这些照片完全由辛迪·舍曼参照当时流行的文化符号自编自演自拍，例如电影B级片、摄影小说、煽情新闻和电视等。这个系列也可以说是对战后西方女性

孤寂失落状态代表性的盘点：被抛弃的爱人（无题 #6）、梦想白马王子的天真少女（无题 #34）、富足而空虚的情妇（无题 #11）、空杯前哭泣的女子（无题 #27），甚至挨打的女子（无题 #30）。这些被禁锢在室内的女性，在她们的生活里，只有家务（无题 #3 和 #10）、等待，或是被压制的欲望（无题 #14）。在外部世界里，当她们行动的时候，往往或是充满魅力如同那位年轻的书店女员工（无题 #13），或是举止轻率如同那位招手停车女郎（无题 #48）。在舍曼的这个系列中，如都市女秘书（无题 #21）这类突出职业特征的图像很少，就算有，她们也被城市冷漠而突显的巨大建筑所吞没（无题 #63），或是顺从于无处不在的某种监视的目光（无题 #80）。这就是贯穿该系列的主线：这些女性全都处于一个无名的权势目光的主宰下，而我们可以猜出那是男性的目光。作为男性欲望和目光的产物，这些女性典型从不同侧面表现了父系社会在她们身上行使的权力和控制——她们的精力、她们的社会活动、她们的情感、她们的欲望、她们的身体。

与此同时，美国艺术家兼评论家约翰·科普兰（John Coplans）以自己身体为主题的摄影创作，开辟了另一个空间。他的大幅黑白照片，将身体的局部切割并孤立起来，比如脚、膝盖、臀部，特别是手。科普兰如同昆虫学家一样来研究身体，一部分一部分地，脱离了叙述性和情色性。近距离的视角，放大的特写镜头将身体斩首、肢解，身体简化为四肢、关节和外部构造的并置。艺术家以自己的身体为艺术和游戏的素材，通过将其转变成一个没有厚度的表皮，来塑造各种形象，比如脚成了埃及建筑，手在笑或是成为巨大的雕塑。[67] 就这样不无幽默地，吉尔·德勒兹称之通过"罢免了高度和深度，突出了表面"[68]，科普兰改变了艺术的叙述性和历史，他打破了身体的同一性，创造了一个关于局部和皮肤的艺术。

当科普兰用细腻的手法表现皮肤的每一条脉络和每一个细节时，1990 年代的另一些艺术家则试图穿透皮肤。他们的目的不是深入肉体或是探索内部器官，而是抵达体内的液体、流质和分泌物。托马斯·弗劳尔舒耳兹是这个运动的先锋，他拍摄的人体局部，比科普兰靠得更近，制作成大幅彩色照片后，用双联或是三联的方式来展出。轻微的模糊溶解了皮肤的纹理，直至为它赋予某种尸体般的感觉，直至难以辨认的身体部分。与科普兰作品中的灵与肉的和谐统一性不同，弗劳尔舒耳兹的图像体现了灵肉分解带来的幻灭感。极度的局部化和对肉体的

67. John Coplans, 与 Jean-François Chevrier 的访谈, *Une autre objectivité*, p.93-100.
68. Gilles Deleuze, *Logique du sens*, p.161.

解构，加上双联或三联的表现手法，强化了图像语义的暧昧性，这些身体的部分因而成为抽象的可以自由组合的碎片。在解构身体的运动中，科普兰彻底打破了裸体的传统表现形式，肉体的坚实感在弗劳尔舒耳兹的作品中挥发了，吉尔贝尔 & 乔治、辛迪·舍曼和安德烈斯·塞拉诺（Andres Serrano）等其他艺术家继续以不同的方式来表现表象的溶解，在他们的作品中，关注点从身体转向体液，从可视的表面转向来自人体深处的排泄物。换言之，对身体这个主题的理解正是通过体液和排泄物来完成的：水、血、尿、精液、粪便、呕吐物，或是体内腐烂的食品。

自 1985 年起，辛迪·舍曼在《灾难和童话》和《内战》这两个系列中，表现了各种基因突变的面孔和浸染在肮脏的液体、垃圾和腐烂物中的支离破碎的身体。对女性身份的研究，在此通过物质和反感在女性身体和主观的界定中所扮演的角色来表现，也就是不再通过社会强加在她身上的外在的典型形象，而是通过内部无形的折射来表现。在《无题 #175》（1987）中，令人不安的异样的蓝色微光笼罩着一堆散乱在地上的形状模糊的物体：一些肉团，一些似乎装满粪便的糕点模子，一些看上去类似食物或是呕吐物的东西。与此同时，混乱的画面中出现了一副被遗弃的太阳眼镜，镜片上反射出一个似在尖叫又似在呕吐的女人的影像，似乎是对周身肮脏下流物体的抗议，而悖论在于这些脏物正是来自表面干净的身体内部。糕点与粪便、食物与呕吐物之间的模棱两可，暗示了进出人体的恶心的流质的暧昧不清，也意味着身体防线的可渗透性和不稳定性，以及身体作为整体的脆弱性。社会文化刻板印象中女性纯净的、统一的、完美界定的身体只不过是一个幻像，一个控制的卑鄙的企图。这个企图是徒劳的，因为身体，特别是女性的身体，不是封闭的物体，而是被各种体液从各个方向穿透甚至刺穿的器官。水、尿、食物、呕吐物、粪便、精液、血，不停地经过、入侵，并通过喝、拉、吃、吐、交媾等一系列行为来重新定义身体的界限。身体吞下、消化，继而排泄渣滓。就像管道一样，身体漏了再补，通过所有的排泄口。被排出体外的固质和流质，从原本"干净的"变成了"不干净的"，甚至"肮脏的"。确切地说，正是在刻板印象和卑鄙无耻之外，在干净和肮脏之间，在图像和体液之间，在外部和内部之间，切入了辛迪·舍曼作品的女性主题。

在吉尔贝尔 & 乔治的作品中，自 1982 年起，身体和男性生殖器、精液、同性恋、宗教、血、尿，尤其是粪便主宰了一切。同样也是在这个时期，他们放弃了黑白摄影，转向彩色摄影，并开始反复运用超大画幅摄影图像组合的形式（直到 10 米的长度），因组合而形成的界线清晰的网格也成为他们作品的特色。在《粪便信仰》(Shit Faith，1982) 中，从四个粉色肛门拉出的粪便构成了一个十字状。这个由粪便构成的十字架的挑衅性主题，在 1994 年创作的《屎》(Shitty) 中再次被使用。此外，粪便的出现经常与吉尔贝尔 & 乔治自身在作品中的出现结合在一起，两人往往是赤身裸体如在作品《裸》(Naked，1994) 中。1983 年，在《麻烦》(Shitted) 中，艺术家仍着装出现，坐在地上朝观众吐出一条与浮在他们上方的五条粪便同样颜色（红色）的舌头。在主题的共性之外，吉尔贝尔 & 乔治的创作态度与辛迪·舍曼有着彻底的区别。区别不仅在于前者的图像在规模和形式上与雕塑和彩绘玻璃的接近、艺术家自身在作品中出现的方式、性取向等，更在于对吉尔贝尔 & 乔治来说，屎、血和尿不是肮脏卑鄙的。在他们的作品中，身体同样被穿过、渗透和暴露，但是它的同一性没有受到威胁。身体的排泄物和分泌物被大规模地展现如同雕塑一样，但是在图形上却是抽象和疏远的。与辛迪·舍曼对女性身体抱有的悲剧性的眼光相反，吉尔贝尔 & 乔治的视角是积极的，反对成规的，并带着轻松的挑衅性。总之，充满了良识和幽默感。"如果我们表现粪便，那是因为我们觉得应该像接受其余的一切那样来接受它。不论如何，我们没有选择。我们表现其中美的一面。"[69] 吉尔贝尔 & 乔治直接挑战那些被他们称为"因循守旧的人"，并公开宣称要"置身于冲突，做建设性的颠覆"[70]。

事实上，粪便和其他所有身体的分泌物，象征和暗喻着为生命、人类和世界赋予意义。"我们做的是表现生活的艺术"，吉尔贝尔 & 乔治宣称，"有些艺术家做的是表现艺术的艺术，另一些则是表现生活的艺术。这是一个主要区别。"[71] 对他们来说，表现生活，与重温神圣的历史，演绎古老的宇宙论——天堂和地狱、上帝和人类、创世纪、堕落、救赎等，具有同等重要的意义。[72] 例如《这里和那里》(Here and There，1989) 中现代的城市和葱郁的自然，就是天堂和地狱的变体。站在与形而上学和一神论的宗教相反的立场上，吉尔贝尔 & 乔治提出一个新的宇宙论：物质的、地球的和人类

69. Gilbert & George, entretien avec Martin Gayford, *Gilbert & George*, p. 67.

70. 同上，p. 71。

71. 同上，p. 43。

72. Wolf Jahn, « La mort du monstre et la création du monde », *Gilbert & George*, p. 273-329.

的。正是这个宇宙论的特点为他们的摄影画赋予了彩绘玻璃的外观:宏伟的规模、简单的形式和色彩、图形的轮廓化、结构的网格化。这个宇宙论的精神，灵感来源于古老的艺术传统，尤其是中世纪艺术，也正因如此，吉尔贝尔 & 乔治在承认自己以摄影为单一创作材质且"与绘画的历史一脉相承"[73] 的同时，又宣称了绘画的历史性瓦解。

73. Gilbert & George, entretien avec Martin Gayford, *Gilbert & George*, p. 91.

与其说粪便指代了物体，不如说它暗示了人类的存在悲剧、死亡的局限、昙花一现的凄惨。人类的祖先早就认为，人生于粪土，死后也将归于粪土。在吉尔贝尔 & 乔治的作品中，血、尿、唾沫、粪便、精液，这些流质和分泌物从来不固定在身体的隐秘处，相反，它们毫不犹豫地摆脱了身体的束缚——《血、泪、精液、尿》(Blood, Tears, Spunk, Piss, 1996)，长达 12 米，由四幅放大的血、泪、精液和尿液的显微摄影构成。这些身体成分和下流、肉欲或是个体没有丝毫关系。它们勾勒了一道广袤而奇异的抽象风景，其中，吉尔贝尔 & 乔治赤裸的身体象征着人类的诞生。

尿、血、性，和宗教、死亡一起，构成了另一位艺术家安德烈斯·塞拉诺 (Andres Serrano) 的创作主题。他与辛迪·舍曼或是吉尔贝尔 & 乔治又不同，对待身体排泄物的态度是半游戏、半调侃和半挑衅的，旨在重新设定可接受与不可接受之间的界限。塞拉诺的《尿溺基督》(Piss Christ, 1987)，表现了钉在十字架上的耶稣被尿液浸染的图像，曾在美国掀起轩然大波，甚至激起了对全国艺术基金会资助艺术计划的抗议，艺术家本人也一时成为人们议论的中心。这幅摄影作品来自他创作的题为《浸染》(Immersions) 的系列，其中表现的是宗教人物被浸在尿液、血液或是乳汁中。同时期的《抽象体液》(Fluid Abstractions) 系列，则是身体分泌物的抽象视觉表现，如《射精轨道》(Ejaculation in Trajectory, 1989) 就是以艺术家本人的射精为模特的照片。尿液和精液在塞拉诺的作品中一点都不显得卑鄙、丑陋或是恶心。相反作者认为，唯美的表现手法、精心设置的光线、带着"敬意"的对图像的处理方式，为《尿溺基督》赋予了强大的宗教力度，为《射精轨道》中被频闪闪光灯凝固在空中的喷射的精液赋予了行动绘画般的抽象美感。

塞拉诺的作品之所以具有强烈的震撼力，因为他善于营造冲突性的紧张局势，其中可接受的对立于不可接受的，在无视伦理的审美中寻找平衡的支点。"从

74. Andres Serrano, « Bad Boy of the 90's », *A History of Sex*, 与 Dmetri Kakmi 的访谈。(http://www.hares-hyenas.com.au)

最出乎意料的地方发现美"[74]，重新定义正常与异常之间的交点——这就是混合了性、宗教、死亡和体液的塞拉诺的作品的内在定位。将十字架插入尿液中，将自己精液的喷射展出在 1.5 米长的巨幅照片上，拍摄一个女人正往一个年轻男人嘴里撒尿（《蕾奥的幻想，一个关于性的故事》，1996），用绘画性的手法来表现无名尸体（《无名尸》，1992），或是仅仅用乳液和血液来构成抽象的几何图形（《奶，血》，1992）——这些都是为了改变身体的可接受界线所作的尝试。为此，塞拉诺毫不犹豫地采用二元文化元素冲突策略：耶稣十字架像和尿液；无名尸体的暴力痕迹和贝利尼或是卡拉瓦乔绘画般的恬静之美；艺术和色情照（《一个关于性的故事》）。

这些挑衅姿态的混合游戏，带着浓厚的后现代主义烙印，同时，当非洲和古巴血统的塞拉诺在对冲突性主题的永恒寻觅中，以一贯的唯美化、不朽化和英雄化的手法，开始拍摄蒙面三 K 党成员（The Klan，1990）和街头流浪汉（The Nomads，1990）时，作品的意义超越了身体和体液的界限。塞拉诺非常后现代主义的、反政治的创作态度，与抱着政治乌托邦理想的现代艺术家［如汉斯·哈克（Hans Haacke）］截然不同，也不同于另一些表现可能性境界的现代晚期的艺术家。

＜从痕迹到暗喻 De l'empreinte à l'allégorie

最后，艺术—摄影的最主要特征之一是复兴当代艺术中的暗喻性。暗喻性是许多现代主义之后艺术作品的主要美学思想，与摄影材质的功能相辅相成。艺术与摄影的结合，从两方面促进了作品中的暗喻性功能：一方面，在后现代主义艺术实践中，许多作品运用了暗喻的原理；另一方面，摄影材料的功能越来越远离印痕的属性。痕迹论曾是纪实摄影意识形态和所有"摄影—文献"体系的支柱，而在艺术—摄影中，它仅仅扮演了暗喻载体的配角。从文献到当代艺术，摄影就这样从痕迹摇身变成暗喻。我们因而也从痕迹的修辞（即相似、同一、机械重复、单义、真实）过渡到暗喻的修辞，即双义、暧昧、相异、虚构。从痕迹到暗喻，摄影从对物体自身的复制过渡到与该物体不同的另一个物体，如瓦尔特·本雅明所说的，"在暗喻家的手里，一物变成另一物"[75]。

75. Walter Benjamin, *Origine du drame baroque allemand*, p. 197.

　　暗喻具有双重结构的特点，其中第一个结构（特有的、明确的意义）反映了第二个结构（潜在的、比喻的意义）。从明示到比喻的过程，也是从特殊到普遍（宗教的、伦理的、哲学的）的过程。因此在柏拉图看来，洞穴有助于展示认知的程度和存在的程度。在《马克西姆斯和思索》中，歌德将暗喻（其中个体只相当于总体的例子）对立于象征（其中个体不特别针对总体）。而且在象征中存在着类比的关系，即感性的表现物和知性的被表现物之间的相似性，如白色是纯洁的象征，滴血的花冠象征着灾难。一句话，暗喻是通过图像对思想的表现，而象征则为图像手段赋予了思想的感觉。

　　更宽泛地说，暗喻的原理在于为一段文字（或一张图像）找到另一个解释，通过其他的方式来阅读，如同注释和评论，它们在原始文字和图像的基础上再生文字。事实上，暗喻和隐迹纸本具有同样的原理[76]：暗喻性创作的主旨不在于恢复一个丢失的或是模糊的原始含义（它不是文献解释学），而是在以前的含义上增加或是覆盖一个新的含义。所以，暗喻的补充同时既是附加物，又是替代物，如同在隐迹纸本上，它取代了之前被抹去的或是被掩盖的含义。这与文献摄影试图忠实反映现实的理想主义观念完全不同。

76. Craig Owens, « L'impulsion allégorique: vers une théorie du post-modernisme » (1980), *Art en théorie*, p. 1145-1150.

77. 同上，p. 1150。

　　在瓦尔特·本雅明和保罗·德·曼（Paul De Man）关于暗喻的研究基础上，克雷格·欧文斯（Craig Owens）于1980年认为，现代主义之后的艺术创作的一个标志性特征是暗喻性表达的重新出现，这和现代主义强烈的排他性形成对比。"占用、'现场特色'、瞬息即逝性、积累性、话语游戏、杂交——这些不同的策略显示了大部分现行艺术的特色，将其与以往的现代主义区分开来。"[77]可以补充的是，摄影—材质是这些艺术策略中最生动的部分，摄影装置是他们探寻的模特或对象之一。

　　前面提到，当雪莉·莱文用与原著一致的方式来翻拍现代摄影经典之作［沃克·埃文斯、爱德华·韦斯顿、艾略特·波特（Eliot Porter）］，以至于副本与原著几乎难分真假时，摄影成为占用和提问的物品和工具。借助摄影，她有力地证明了无论工具、手势，还是作者，都不是艺术价值的保证；艺术价值更多地取决于背景而不是作品本身；现代主义艺术体系从此过时了。自雪莉·莱文以后，对既存图像的占用主义姿态被越来越多的艺术家采用。如乔吉姆·莫加拉的《杂

志山》（1994）系列，表现的是以山为主题的大幅图像，但是顾名思义，它们不
是直接从自然中拍摄的，而是来自杂志中的印刷图像。于是通过艺术和摄影的
结合，在艺术和摄影各自传统的价值观的基础上，许多问题被提出来了：展出
的大幅图像和质量低廉的原始图像之间的差异；对艺术史上典型类型的嘲弄；
与摄影参照对象的游戏；对物体身份的模糊；对等级的戏谑性颠倒等。多米尼
克·奥尔巴舍（Dominique Auerbacher）拍摄邮购商品目录中的广告照片（1995）；
艾瑞克·容德皮耶尔（Eric Rondepierre）拍摄带字幕的电影画面，从而将电影、
文字、摄影和录影元素融合在一起；米歇·萝芙娜（Michal Rovner）从电视屏幕
上拍摄海湾战争场面。占用主义姿态在这些艺术家作品中

78. Gilles Deleuze, *Cinéma 2.
L'image-temps*, p.220-221.

79. Barbara Cassin, *L'Effet
sophistique*, p.15 et 448.

80. Walter Benjamin, *L'Origine du
drame baroque allemand*, p.202.

81. 同上，p.191 和 189。

的反复出现，显示了人与世界关系的断裂，在报道领域曾
经长盛不衰的行动图像的衰竭，以及人向信号器的转化。[78]
从此，摄影的关键不在于模仿自然，而在于模仿文化，模
仿的第二等级。模仿模仿的图像，不再是用图像来表现存在，
而是用隐迹纸本来表现图像。[79] 在艺术—摄影中，暗喻战胜了痕迹。

　　暗喻在 1980 年代以来的作品中的另一个体现是：废墟、碎片、分割、不完
美、不完整。瓦尔特·本雅明强调"暗喻与所有片段的、杂乱的、拥挤的特点
之间的关系"[80]。他认为，"在暗喻的直观领域，图像是一些片段和废墟"[81]。对
他来说，具有废墟特征的作品往往根植于某个特定的地点，比如早在 1970 年，
大地艺术代表作之一《螺旋形防波堤》（Spiral Jetty）就已经显示出该特征。该作
品是罗伯特·史密森为盐湖度身定造的：根据盐湖的地貌特征和社会反应，因
为知道它不久即将消失，被湖水淹没。正是为了弥补作品的昙花一现，他使用
了摄影。不过前面提到，不是将摄影作为材质，而是作为简单的文献。在此后
的 10 年中，一些艺术家开始以摄影为材质创作"在现场"的城市作品，特别是
和政治产生共鸣的作品，如克尔斯基多夫·沃蒂兹科（Krzysztof Wodiczko）在一
些具有政治象征意义的建筑表面所作的大型夜间幻灯投影，如丹尼斯·亚当斯
（Dennis Adams）表现的活跃在城市中的地下力量，如托马斯·赫什霍恩（Thomas
Hirschhorn）在街头角落里为艺术家、作家或是哲学家 [蒙德里安（Mondrian）、
卡佛（Carver）、德勒兹] 设置的临时的、不起眼的、如同某种反纪念物的世俗
祭坛，（《祭坛》，1997—2000）。在赫什霍恩的作品中，平凡琐碎物所表现出来

的零碎、杂乱和拥塞的特征，在彼得·菲施利（Peter Fischli）和大卫·魏斯（David Weiss）的作品中更突出，就像巴洛克炼金术士的实验室，最具代表性的当然是《事物运行方式》（Der Lauf der Dinge，1986–1987），其中杂乱无章地堆在地上的各种物体之间，连锁地发生着化学和机械反应；同样，在《图像，照片》系列中，无秩序地聚积了一大堆刻板印象的游客照片。

在其他以暗喻性为灵感的作品［如玛莎·罗斯勒、芭芭拉·克鲁格、露易丝·劳勒（Louise Lawler）、克罗德·科罗斯基、阿奈特·梅萨杰］中，摄影材质发挥了重要的作用。并非因为摄影是"暗喻性的艺术"，如同克雷格·欧文斯（Craig Owens）过早断言的那样，而是因为其特有的属性正好迎合了暗喻手法的需要。换言之，一些艺术家之所以采用摄影作为材质，是因为它具有暗喻性的潜力，与文献摄影中摄影师对痕迹性的器重正好相反。从文献摄影到暗喻性的艺术摄影，在创作程序上有着明显的差别：摄影师追求的是完整协调的视觉，现代主义之后的艺术家们则不断制造着局部的、片段的、破裂的甚至不值一提的视觉图像。前者试图在某个决定性瞬间捕捉某个形式的本质；后者仅仅要求摄影记录下转瞬即逝的物体的表象，或是为其列出一个清单，没有次序，没有深度，没有偏见，也没有确定的视角。于是，我们从深度到表面，从对普遍意义的寻觅到局部目光的并置，从特殊的视角到系列的发散视点。从编辑的角度看，这个过程经常体现为厚厚的画册中大量照片的汇集，这些照片往往没有边框，不带任何文章和前言。一方面是深度视觉和穿越物体表象挖掘本质意义的强烈愿望；另一方面是无主观性的、无意义的图像的大量堆积，尽可能地中立化和局外化。从时间和空间的痕迹到暗喻手法在作品中的运用，从文献摄影到艺术摄影，它们之间有着巨大的差异，并涉及用途，文化领域，表现形式，真实性机制，以及与现实和物体之间的关系。

作为隐迹纸本式的暗喻，对它来说，现实不是目标，而是起点。关键不在于对其进行区域划分、探寻或是传达某种意义，而在于艺术地征服，直到将其覆盖、掩藏、改变，甚至完全消除。因此，暗喻性的创作将物质的、历史的、社会的或艺术的现实，当作一个可塑的材质，毫无限制，毫无保留，不必顾虑忠实性（文献摄影），不必顾虑审美标准和实践类型（现代主义），不必顾虑既定的编年表和门类（艺术史）。后现代主义摧毁并重建了现代主义艺术的结构，因而成为一个规模浩大的暗喻运动。现代主义的规则在于区别、排斥、分门别类（"或"的时代），后现代主义则既无规则又无区别（"和"的时代）。混合、杂交、折衷、回收，以及实践、创作、参照、类型、风格和时代在同一作品中的混杂，这就是后现

82. Charles Jencks, *Le Langage de l'architecture post-moderne*, p.7.
代主义。现代主义是排他性的，后现代主义是包罗万象的。[82] 格林伯格式的纯粹性，被摄影、文字、图形和绘画物质的无止境的混合和相交扫荡一空。艾瑞克·容德皮耶尔（Eric Rondepierre）从屏幕上拍摄的带字幕的好莱坞影片场景，是纯粹的摄影，但是其中混杂了摄影、录像、电影和文字的因素。此外，字幕作为严谨的形式元素在芭芭拉·克鲁格作品中的比较性和对称性运用，导致了视觉和话语的混淆。这些字幕既是视觉图像，又是等待被解码的文字。又在维克多·伯根《夜间办公室》（Office at Night，1985－1986）系列中，每一个大画面被垂直分成三个部分：一张黑白照片，表现了一个女秘书正在夜间的办公室内忙碌着，一幅单色画，一幅由象形符号构成的画。除了类型的混合（摄影、单色画、象形符号），这个系列强调了暗喻具有谜一般的特点，如同由具体图像构成的难解的字谜。

　　现代主义之后的艺术虽然形式多样，手法各异，但是都具有暗喻的共性，也就是说废墟、碎片、仿效、隐迹纸本，从一物到另一物的过程（通过替代、取消或遮盖）。在暗喻中，起始物质（无规则、无章法、无总的调节原理）渐渐变成它物。就这样，后现代主义通过手法和表象，在表面上做游戏，无视内容和意义，与此同时，在世界范围内，僵硬的意识形态软化了，大的体制瓦解了，紧张的冲突关系在改变，身份认同变得越来越模糊。暗喻是一个审美图形，既是艺术世俗化的结果，又是它的动力。

二、世俗化 SÉCULARISATIONS

世俗化并不意味着艺术在现实中的溶解，或是两者之间距离的取消。更确切地说，它是艺术与现实之间分界线的转移，过渡地带的重新定位，起点和终点的重新分配。比如摄影作为材质的运用，在昨天是例外，在今天却很正常。当背景从 1970 年代的现代主义文化过渡到 1990 年代的折衷主义文化，关注的重点也随之改变：对艺术的定义和局限，被"艺术在全球化社会内部的持久力"[1] 的问题所取代。过去强调的是艺术世界的内部关系，今天却是艺术与社会现实之间的外部关系。具体来说，世俗化正是这个作品从艺术世界内部向外部转移的过程。现实和艺术在新的形势里相互混合、对峙和探索，但又不相互混淆。主题、形式、手法、艺术的流通领域和方式，以及艺术家的形象，也彻底改变了。过去曾是禁区或不可想象的问题，如性、女性主义、媒体和隐私等，如今成为作品中司空见惯的主题。艺术的政治功能被重新定义。艺术走上街头，越出了画廊和美术馆的许可范围，于是街头的种种问题影响着艺术创作。事实上，这是艺术中正在产生的另一种艺术。这些形式、主题和物质的力量，解构了现存的艺术，将它从惯性的犁沟中牵引出来，并在其内部创造了一个另类的艺术。[2] 就这样，这个新的艺术产生于艺术的极限中，是艺术之外的艺术，正是这个"之外"使其成为可能。1980 年代初，社会和摄影是这个艺术"之外"的组成部分，于是艺术—摄影，作为另一种艺术，诞生于这个基础之上。

1. Nicolas Bourriaud, *Esthétique relationnelle*, p. 31.
2. Gilles Deleuze, *Critique et Clinique*, p. 9.

对社会的重视和摄影材质的运用，是艺术世俗化的主要特征。尽管艺术世俗化不完全局限于摄影材质的范畴，但是后者成为艺术世俗化过程的重要标志，如同 20 世纪末以来的艺术中所体现的。当然在艺术史中，世俗化过程并不是第一个影响艺术的现象。各种现实主义，包括印象主义，都曾触及现实与艺术之间分界线的问题。但是近四分之一个世纪以来，西方艺术世界占主导的世俗化进程，具有史无前例的特征，关键在于摄影材质的运用，在于艺术—摄影的组合而产生的特殊定位（从大历史到小历史，从深度到表面，从可视的到不可表现的，从高位文化到低位文化，从身体到体液），在于一系列不可分离的命题：政治性、内向性、横向性。

政治性 POLITIQUES

在许多艺术—摄影作品中，政治问题的重要性、丰富性和更新性，已经证明了其在世界运行方式中的强大影响力。先锋派艺术家曾经相信艺术能够改变世界，而世纪内的风云变化却让他们的幻想破灭。艺术和政治之间出现了一道深深的壕沟：艺术反映社会被艺术不无荒谬的独立自主所取代。在过去的20年间，艺术和图像领域前所未有的发展变化，社会和政治的深刻动荡，各种后现代主义流派的昙花一现，促进了新的艺术立场的产生，既注重艺术形式，又关注作品的社会性和政治性。

汉斯·哈克，安东尼·蒙塔达斯（Antoni Muntadas）或克尔斯基多夫·沃蒂兹科（Krzysztof Wodiczko）这样的艺术家通过作品来批判现实，新一代的艺术家如阿尔夫雷多·加尔（Alfredo Jaar）、利亚姆·吉利克（Liam Gillick）、托马斯·赫什霍恩(Thomas Hirschhorn)，甚至丹尼斯·亚当斯，期望从图像和再现的批判中提炼出政治效应。与

利亚姆·吉利克（Liam Gillick, 1964— ）：英国艺术家，现生活、工作于纽约和伦敦。

此相反，另一些用摄影来创作的艺术家，如皮埃尔·于热(Pierre Huyghe)、布鲁诺·塞拉朗格（Bruno Serralongue），或是盖伊·李蒙（Guy Limone），则试图创造新的实践、形式和作品，为观者赋予主动性，从而解放艺术再现的传统法则。从此，关键不在于梦想未来的世界，而在于学会更好地体验现在的世界。对更好世界的展望，逐渐消失在与现存世界新关系的不断探索和试验中。远方和未来，让位给此时此地：乌托邦的距离，让位给具体关系和可能经验的接近。所有这些立场，暴露了对政治的不同见解，并动员了摄影。

< 艺术批判 Art critique

汉斯·哈克（Hans Haacke）的作品，揭示了艺术和金钱之间的微妙关系。皮埃尔·布赫迪厄（Pierre Bourdieu）在对艺术家的访谈中，这样描述道："对于新的经济秩序对整个知识创造界的自主性造成的威胁，您抱有特别清醒的目光"[3]。在这一点上，艺术赞助政治是他攻击的主要靶子。在1986年的装置作品《伦勃朗的必需品》(Les Must de Rembrandt) 中，艺术家揭露了卡蒂埃当代艺术基金会与南非荷兰企业集团伦勃朗之间的

皮埃尔·布赫迪厄（Pierre Bourdieu, 1930—2002）：法国社会学家，法兰西学院院士。一位可与福柯、巴特、拉岗等比肩的思想家。

3. Hans Haacke et Pierre Bourdieu, *Libre-Échange*, p.25.

关联，该集团在南非拥有金矿和铂矿，非常接近种族隔离极端主义，以残酷镇压工人罢工运动而闻名。通过对符号、广告标志、位置和代码的相交和转移，汉斯·哈克重新构建了卡蒂埃商场建筑的正面，但是将橱窗替换为黑人示威运动的照片，这意味着挖掘了珠宝和钻石的另一面——奴役、镇压、血腥。同时，另一个相交，商场的正面被置于一个混凝土大厅内：这是对占领期间德国军队在法国巴黎边上的 Jouy-en-Josas 建造的掩体的直接影射，这个掩体滞留巴黎郊外期间，卡蒂埃基金会毫无顾忌地用它作为展览空间。确实，揭露与纳粹的讨好合作关系是出身于德国的艺术家汉斯·哈克的创作目的之一。在装置作品《自由将被赞助》(1990)中，艺术家将奔驰轿车的星形标志树立在位于柏林"死亡之角"的一座监视塔上，提醒人们不要忘记戴姆勒—奔驰（Daimler-Benz）公司对希特勒及其政权的支持；在《然而您才是征服者》(1988) 中，艺术家对历史上"纳粹在奥地利的第一大要塞"格拉兹（Graz）进行了追问；而 1993 年威尼斯双年展上德国馆展出的《日尔曼尼亚》(Germania)，则以希特勒在 1934 年参观该双年展时的一张照片拉开帷幕。汉斯·哈克的艺术，在于为回应特定的时空背景提出一个主张，然后为它找到最佳的表达形式和材质。这是一个服务于二元世界观和高尚道德的战斗的艺术，其中善的力量对立于恶的力量，旨在将恶魔从过去挖掘出来，在昭示玄秘力量的同时，揭示反动政治，号召道义规范。《赫尔姆斯宝路的世界》(Helmsboro Country, 1990) 正是带着这样的姿态，来揭露美国参议员杰斯·赫尔姆斯（Jesse Helms）和菲利普·莫里斯（Philip Morris）烟草公司之间的暗中勾结，前者曾猛烈攻击"在活着的最后几年致力于推广同性恋运动，最终死于爱滋病的摄影师罗伯特·梅普尔索普（Robert Mappelthorpe）及其创作的同性恋主题的色情作品"[4]。《赫尔姆斯宝路的世界》以万宝路香烟的巨大包装牌形式出现，但是商标被换成"赫尔姆斯宝路"，装饰徽章上显现的是参议员赫尔姆斯的头像，警告标语被换成该参议员对联邦支持类似罗伯特·梅普尔索普这类"不道德"艺术家的政策的谴责。

罗伯特·梅普尔索普（Robert Mapplethorpe, 1946—1989）：饱受争议的美国摄影家。他以表现男人体而著名。他的人体摄影作品风格优雅，构图严谨，具有古典趣味。他对画面构成比例、人体姿态安排、造型、用光等方面均有严密的考虑。除了人体，梅普尔索普还拍摄了大量的花卉和名人肖像。

4. Jesse Helms, *Congresssional Record*, 28 septembre 1989, inscrit par Hans Haacke sur la sculpture *Helmsboro Country*, 1990 (Hans Haacke et Pierre Bourdieu, *Libre-échange*, p.18).

赫尔姆斯参议员还反对过安德烈斯·塞拉诺的《尿溺基督》，他的"罪行"在《档案室》(The File Room) 里也显然被罗列了。这是卡塔卢尼亚（西班牙）艺术家安东尼·蒙塔达斯自 1991 年开始创作的进行性作品，以地点、日期、主题和方式分类，旨在清点全世界的审查行为。以装置的形式多次展览后，该作品从此被放在互联网上，全世界的网民不仅可以自由浏览，而且可以对作品进行充实，也就是可以参与完成一个真正意义上的集体和互动的作品。[5]《档案室》的目标与其说是完美性，不如说是激起关于审查和档案问题的论战，5. http://www.thefileroom.org.两者是同一政权控制体系的两面，对档案的浏览权限本身就是某种形式的审查。自 1970 年代初期以来，蒙塔达斯就开始对传播和媒体及其社会和隐私效应进行坚决的艺术批判，并将矛头延伸到它们与文化、经济、政治、甚至宗教相交叠的隐形地带。蒙塔达斯借用当代艺术的工具、材质、形式和手法，来创造权力再现的新的可视性。

《肖像》（1995）系列中的每一幅丝网印刷画，由从新闻照片里截取的演说家脸部的局部构成，超大特写、图像放大、印刷及屏幕网纹等效果，使麦克风与其上方伸出的演说家张大的嘴连成一体。这个"嘴—麦克风"器官系列，形象地表现了公众人物和掌权阶层（政治家、企业家、宣教者、歌星、电视主持人等）与传播系统几乎交织为一体的特性。艺术在此生动地强调了今天的权力阶层是如何通过与传播工具和网络的结合，来与普通人拉开距离的。此外，这个群体还拥有特殊的手势，如同短片《肖像》（1995）所见证的，同样的特写镜头，表现了演说家的手的夸张动作。这个公众人物的手语，加强了演说的雄辩性，加固了他们的权力。《建筑、房间、手势》（德语 Architektur, Raum, Gesten, 1991）由 10 张彩色摄影剪辑图构成，其中隐隐约约无处不在的权力，体现在反复出现的一些元素上，比如建筑，一些内部空间组织，以及与此相关的手势表现。通过这个作品，蒙塔达斯展现了办公楼建筑，办公空间配置和一些与权力行使相伴的人类手语之间令人不安的相似性。

表现建筑在意识形态上的功能，是波兰裔美籍艺术家克尔斯基多夫·沃蒂兹科（Krzysztof Wodiczko）的主要目的之一。他认为建筑通过形式和结构，体现和传达了权力的社会关系。我们和建筑的关系，就如同从身体到身体的关系，通过这个关系，建筑物庞大的结构，它们暗淡且坚固的墙壁，它们外部构造的和谐性（支柱、柱廊、三角楣、楼梯、门、窗等），在我们身上产生了某种不可抗拒的力量，迫使我们与其同化，融化其中。通过调节我们的身体运动，引导我们的目光，建筑物控制了我们的身体，左右了我们的情感，构成了我们的无意识，从而定义了我们在社会中的位置。公共建筑是权力的一种话语形式和权力复制的一种空间形式。在沃蒂兹科看来，建筑的社会功能加强了对无意识个体进行控制、驯化和标准化的父性惩戒功能。[6]

6. Krzysztof Wodiczko, « Projection publique », *Art public, art critique*, p.67-72.
7. 同上，p.86。

为了揭露纪念性建筑物"意识形态工具"的功能，沃蒂兹科采用了摄影投影的形式。在最具权力象征意义的建筑物表面，如银行、博物馆、会议中心、纪念馆、商务楼等，艺术家整晚投放经过筛选的、能够产生特殊意义的物品和手势的摄影图像，从而昭示建筑暗含的功能。让不可视变成可视，摘掉建筑物的面具，昭示它的职能，"迫使其露出表面"，这就是沃蒂兹科在 1980 年代"用幻灯片的重武器"[7] 所展开的斗争。1989 年，为了回应参议员赫尔姆斯发起的反对美国联邦政府资助艺术的宣传，他在纽约惠特尼艺术博物馆建筑上投影了一张被逮捕的男人上举双手的照片，掌心上写着：美国的开放（Glasnost in USA）。在苏联推行政治开放的同时，沃蒂兹科如同蒙塔达斯和哈克，则在美国呼吁废除所有的艺术审查制度。

1984 年，由于未来的纽约新美术馆（New Museum）翻修工程，许多老的车间作坊都被关闭了，导致了许多无家可归的人，而即将成为新美术馆的 Astro 大楼却空关着。为了揭露这个荒谬和不人性的现象，沃蒂兹科在 Astro 建筑表面投影了各种锁链和枷锁的照片。

以"无政府主义建筑"（anarchitecture）的概念，高登·马塔—克拉克（Gordon Matta-Clark）成为第一个用艺术来批判建筑的社会意识形态功能的艺术家。创作于 1974 年的《劈开》（Splitting），表现的是一个被从上到下垂直劈开的郊区小楼，为此后 10 年间艺术家同一主题系列的创作拉开了序幕。在《宾戈》（Bingo，1974）中，一座小楼的正面被分割成九个同等大小的方形，除了位于中心的方形，其余的方形墙面都被撤空，完全暴露出楼房内部的隐私空间。在《一日之末》(Day's End，1975）中，马塔—克拉克将纽约沿河的一个巨大铁皮仓库的隔墙板切割成帆船形和椭圆形。接着，在巴黎，他在蓬皮杜艺术中心建设规划中一个即将被拆除的建筑物里，创作了《锥形截断》（Conical Intersect，1975）。他以螺旋锥体的形状对两座毗连的楼房进行切割，底部平面直径达到 4 米。"无政府主义建筑者"马塔—克拉克从未如此直接地挑战建筑师和建筑物：理查德·罗杰斯（Richard Rogers）、伦佐·皮亚诺（Renzo Piano）、蓬皮杜艺术中心。马塔—克拉克的批判矛头既指向建筑，又指向建筑师，将它们／他们视为执行商人企业家命令的奴隶。通过打开建筑物，将其内部暴露在阳光之下，暴露在公众的目光下，切割不仅打破了建筑的标准，而且产生了不可思议的视觉震撼效果。尤其是，由于创作对象通常是即将被拆毁的建筑，作品因而具有完全意义上的转瞬即逝性和成为残渣的宿命，将在不可避免的熵的作用下必然地消失。这个与建筑永恒的初衷如此相悖的"即将消失性"，正是"无政府主义建筑"概念所要证实的，也是马塔—克拉克的照片和录像所要保留住的。

> 理查德·罗杰斯（Richard Rogers，1933— ）：英国建筑师。罗杰斯擅长表达技术的形态之美，其建筑作品表现了当代社会的审美心理，代表作有位于伦敦的"千年穹顶"、香港汇丰银行、马德里巴哈拉机场与与意大利建筑师皮亚诺共同设计的巴黎蓬皮杜艺术和文化中心等。
>
> 伦佐·皮亚诺（Renzo Piano，1937— ）：意大利当代著名建筑师。1998 年第二十届普利策奖得主。皮亚诺的设计，敢于打破常规，在技术和材料上大胆创新。他最为著名的作品是与理查德·罗杰斯合作的巴黎蓬皮杜艺术和文化中心。

　　差异之外，汉斯·哈克，安东尼·蒙塔达斯，克尔斯基多夫·沃蒂兹科和高登·马塔—克拉克都程度不同地用摄影服务于对特定的社会和政治形势进行的艺术批评。但是，他们的艺术并不完全是提出解决方式的斗争的艺术，而更多的是批评的艺术，旨在产生新的认知，激起不安，让不可视变成可视，甚至挑起反对的声音。他们似乎都企图停留在艺术领域，但是作品直接处于摄影（以及其他媒介）和公众的交点。他们不再像大地艺术家那样在自然中创作，而是在城市里创作；不再试图抵达严格意义上的画廊界限之外的艺术领地，而是艺术地追问政治和社会现实。

< 政治地做艺术 Faire de l'art politiquement

　　丹尼斯·亚当斯不满足于在展墙上或是用广告牌的形式展出他超大画幅的摄影作品，他将作品展出到街头、书报亭、候车室，或是城市中其他特别场所。同时，城市不只是其作品的简单展出场地，而是现场和参照。因为他的每一件在现场创作的作品，都是对该城市进行深度接触和文献研究的产物；每一件作品都以独特的方式融入城市，凸显某个尖锐而潜在的问题，或是某个激烈而压抑的矛盾，比如爱尔兰的宗教冲突 [《包围》（Siege），德里，1990]、德国纳粹接待处 [《公交车候车亭 IV》（Bus Shelter IV），明斯特，1987]、法国一些大城

市的城郊对比 [《港口风景》(Port of View)，马赛，1992]、荷兰的非法占据空屋者 [《空屋占据者的观点》(Squattr's View)，多德雷赫特，1993]、英国旧工业区的没落 [《门厅》(Foyers)，盖茨黑德，1990]，以及监狱条件 [《终点站 II》(Terminus II)，荷恩，1990] 等。

　　德里是爱尔兰天主教和耶稣教冲突中分裂最严重的城市之一。1990 年，亚当斯为这个城市创作了一个巨大的临时装置，长 10 米，高约 7 米，题为《包围》。作品被置于城市入口，形式是一个盖尔人的足球球门（专门保留给天主教徒的足球运动），而球门的网被制作成铁丝网的形状，影射着在这个城市里随处可见的防御和监视系统。球门背后树立着一张巨大的剪辑摄影图像，表现的是正被拆毁的楼房，以此影射冲突局势。

　　1990 年，正值罗伯特·梅普尔索普和安德烈斯·塞拉诺的作品遭到强烈非议之际，华盛顿的赫什霍恩博物馆向丹尼斯·亚当斯发出了邀请。为了回应当时严格的审查气候，亚当斯在美国国家档案馆（美国宪法及人权和独立宣言就保存在这里）对面的一个地下通道的入口处安置了作品《档案》。这个装置上部是一张颠倒过来的国家档案馆三角楣的照片（在远处也清晰可见），下部是一个摄影灯箱，由同一照片对称复制的形式构成，表现的是 1947 年贝尔托·布莱希特在反美运动委员会前作证的场景。

　　丹尼斯·亚当斯的作品具有政治意义，不仅仅是因为他以后工业社会中一些主要问题作为创作素材，还因为他将这些争端和冲突具体而形象地表现了出来；因为他在形式所具有的潜在指代性的基础上，用诗意的手法来表现这些问题；因为他在提出问题时采取了开放的姿态，从而保留了现实的复杂性和回答的自由度。他的创作完全不同于以往斗争的艺术和宣传的艺术，因为他将艺术形式对立于话语和再现。不强加任何主张，任何绝对真理，任何既定的接受条件，丹尼斯·亚当斯的作品是谦虚的：在媒体超乎寻常的力量面前，这些作品所表现的只是自身的脆弱性，悄然激起强烈感受的能力，或是引起不安的能力。传播建立在信仰世界透明的幻觉上，斗争的艺术企图"立即直接地与人们沟通，似乎在一个普遍媒体化的世界中，'立即'能够被立即实现"[8]，而丹尼斯·亚当斯则创造出一些令人困惑和不安的装置作品。与直接和单一、明确和理性不同，丹尼斯·亚当斯采用的是临时的、混乱的、犹豫的方法论。[9]他的每一件作品，

是献给匆忙的现代市民的脆弱的符号，他
们对此无疑视而不见，或是报以匆匆一瞥。
一个微不足道的符号，扎在某个地方鲜活
的记忆中，被信息的主流遗忘。一个暧昧

8. Theodor W. Adorno, *Notes sur la littérature*, p. 76.
9. Yves Michaud, « Transactions and Fragility », *Dennis Adams. Transactions*, p. 22-29.
10. Thomas Hirschhorn, « Grâce à la bêtise », 与 Alison Gingeras 的访谈, *Art Press*, octobre 1998, n° 239, p. 19-25.

而异样的符号，没有固定的意义，但是却可能引起意义的微妙流通和感应，激
起刹那间的困惑不安，或是短暂的震惊。最后，一个能够激起对世界独特新体
验的符号。一个政治和艺术体验，不稳定且微不足道，带着委婉的韧性。

　　不稳定性，微不足道的特征，与特定场所的联系，这些特点也体现在托马
斯·赫什霍恩（Thomas Hirschhorn）的作品中。他的《哀鸣者，畜生，政治》（1995）
系列，由被胡乱切割或是　半被撕裂的包装纸箱构成，类似街头乞讨用的字牌。
但是，字牌上乞讨的话语被换成了从杂志上摘录来的照片：一个由奢侈和消费、
灾难和悲剧构成的世界。与这些图片相呼应的，是用圆珠笔草草写就的一些评
论，依次流露出愤慨、批评、怀疑、质问或是哀求的色彩；这些文字暴露了将
两种现实风景并置的理由，作为批评说明，突出矛盾，或是表达某种困窘，如"请
帮助我！这个告示是纳粹做的（原文如此）。我觉得它很美。为什么？"一方面
是报道摄影，载体的简陋，信息刻意的平淡，有时显得辞不达意，表现了社会贫困，
经济剥削，政治异化，战争悲剧，文化贫瘠，肉体痛苦。另一方面正相反，广告，
跨国公司大品牌，景观社会的典型镜头，表现了世界的另一面：贸易，奢侈，消费，
舒适的生活，快感，富足，金钱。

　　赫什霍恩的作品不重内容（广告所制造的幸福生活图景和报道摄影中人类
悲剧之间的对比），更注重图像的流通：流通途径、速度、源头，也就是说，图
像的历程和可视性。"唯一让我感兴趣的"，赫什霍恩宣称，"是承认我的作品从
街头而来为街头而作。"[10] 不过，艺术家对街头的偏爱，丝毫不意味着对画廊或
是圈内评论的排斥。

　　事实上，作品的批评价值不可分割地建立在它的历程和形式上。《祭
坛》（1997—2000）系列中，献给皮特·蒙德里安、奥托·弗雷德里希（Otto
Freundlich）、英格伯格·巴赫曼（Ingeborg Bachmann）和瑞蒙·卡佛的世俗祭坛，
就是在人行道上就地建造起来的。一层叠一层地摆满了祭祀用蜡烛、花束、长
毛绒狗熊，或是潦草地涂着只言片语的碎纸片、新闻剪纸、复印纸、业余照片

或是杂志照片。这些似乎是在某些名人事故现场自发立起的祭坛,由贫瘠的材料、回收物或是临时应急物(比如照片在这里的用途)构成,注定是要消失的,消失在行人、路边房东、清洁工或是警察的综合行为中。这些祭坛遵循的是这样一个美学思想,那就是在不稳定性、贫困性、自发性和临时性中挖掘某种视觉能量、某种形式的力量和某种新的批评能力,因为"它们的弱点是某种战略"[11](赫什霍恩)。与这个美学思想相辅相成的,是祭坛水平的结构、偶然的选址和转瞬即逝的特点,使其成为某种意义上的"反纪念性建筑":与纪念性建筑物的垂直性、庄重性和永恒性形成对比。

与"政治艺术"相反,对赫什霍恩来说,选择弱势形式、贫瘠的材料、随意的场所和短暂的存在时间,是"政治地做艺术"[12]的一种方式。似乎,面对等级分明、中央集中的纪念性建筑,面对以承认、强制和反对为目标的政治艺术,为了政治地重铸艺术,这里的关键在于采用反等级的水平陈列方式,提出问题而不是回答问题,选择隐退、柔弱和贫穷的表现形式。从政治艺术到政治地做艺术,意味着从树状到德勒兹提出的根状,也就是说,到一个"中心偏移的、无等级无意义的、没有普遍性的、没有组织性记忆或中央控制设备的系统"[13]。同时,这也不同于克尔斯基多夫·沃蒂兹科反建筑的姿态,或是仍旧停留在纪念性建筑物的传统逻辑上的高登·马塔—克拉克。

以政治为目的的艺术通常以将来影射今天,试图实现理想化主义,带着强烈的倾向性和战斗性,而政治地做艺术,在于创造新的表现方式,从而将现实存在问题化,包括艺术的现实、幻想和媒体的现实、生活的现实,甚至社会斗争的现实。

"不屈服"协会的成员,特别是马克·帕托(Marc Pataut)和杰拉尔·巴里—克拉维尔(Gérard Paris-Clavel),已经意识到,要让"艺术创作服务于政治的苛刻需求",必须"从政治角度更频繁地出现在社会斗争现场,而不是艺术现场"[14]。他们放弃了艺术馆的空间,甚至超越了在现场的艺术干涉实践,为了行动在另一个舞台上,即社会斗争的舞台。与艺术领域和艺术市场的规范、价值和类型决裂。也就是说,定义新的轨迹,新的目标,为图像赋予新的政治内容。自1992年起,马克·帕托开始创作"活动图像",即用于游行示威牌的照片和图画,以及用于现场请愿的录像。为了1994年3月22日举行的"生活权利、工作权

11. http://thegalleriesatmoore.org/ publications.
12. Thomas Hirschhorn, « Grâce à la bêtise », 与 Alison Gingeras 的访谈, *Art Press*, octobre 1998, n° 239, p. 19-25.
13. Gilles Deleuze et Félix Guattari, *Mille plateaux*, p. 32.
14. 除非特别注明,以下引用均来自画册《Ne pas plier》, 1995。

利"游行，他拍摄了一系列失业者和无家可归者的特写肖像，这些肖像被放大，制作成游行示威牌。通过对社会悲剧的拟人化，通过聚焦被社会遗弃的边缘人，帕托拍摄的图像具有出色的政治功能。因为政治不是简单的权力争夺或是对一个国家和城市的治理行为；政治并不产生于权力关系，而是产生于现实的关系。政治是试图与既存主导秩序脱钩的冲突性活动，当这个秩序被颠覆，当我们所见和未见的界限发生改变时，政治就产生了。政治活动重新分配空间，调整场地功能，调动人力资源，改变可视与不可视的关系。通过重新勾勒经验领域，解构并重组社区团体，政治具有自身的审美原则。[15]

15. 这个"政治"的词义由 Jacques Rancière 在其著作 *La Mésentente. Politique et philosophie* (1995) 及其文章 « Esthétique de la politique et poétique du savoir » 中阐释。(*Espaces-Temps*, n° 55-56, Paris, 1994.)

16. 参见 *Subversion et subvention. Art contemporain et argumentation esthétique* de Rainer Rochlitz。

反对艺术中占主导的独创性和唯一性崇拜，"不屈服"协会主张多样性，提出"图像的独创性就是多样性"。图像不再是一个被凝视的惰性物品，而且图像本身也不再是政治工具。只有当它介入行动或是斗争中时，才能产生政治效应；只有当它被斗争的个体或是团体举在手上时，才拥有政治生命，才产生政治意义。就这样，静止固定在墙上的图像，变成了被举起的、被使用的、被删除的……卷入社会激流中的图像。反对艺术家的孤独状态，既不赞成个人主义也不赞成集体主义，这些作品的创作以合作的形式，在团体和个体、"我们"和"我"之间保持平衡。反对由赢利法则和图像工业领域的激烈竞争所带来的对他人的距离化和物化，拉近与他人的距离，巩固社会联系，创造新的表现形式，在艺术中开垦一块社会运动的田地。最后，反对金钱和市场的霸权，提倡"无偿政治"。每个人投入无偿的时间。由团体无偿完成的大部分制作：布告牌，明信片，宣传册，照片冲印，横幅等。并且，拒绝创作订单，哪怕是政治的订单，因为"颠覆和资助"[16]是相互矛盾的："资助费越高，创作的意义和自由就越是被充公。"无偿不等于失去，而是促进形式更新、艺术立场改变和深入社会的动力。"正是无偿给我带来了更多的回报"，"不屈服"协会的一位成员感叹道。正是无偿的姿态，成为图像经济的援助，无论从纪实角度还是艺术角度。这个图像经济，当然包括金融意义上的，但同时也包括象征意义和形式意义。远离斗争的艺术，因为它引发问题而不是发布信息；远离艺术机构；远离信息的传播；远离文化工业和艺术领域；但是靠近社会最基层，聆听被唾弃者的喧哗。在托马斯·赫什霍恩和"不屈服"协会所开创的空间里，一些东西也许正在被肯定，一些属于少数派和不稳定的东西，如同一个乌托邦：艺术实践的政治操练。

< 使可视 Rendre visible

亚当斯、赫什霍恩和"不屈服"协会成员的作品，它们的政治力度在于不将"他人"仅仅局限于观者的角色。这些作品的共性是"从街头而来为街头而作"（赫什霍恩），目的不是为了批评艺术体制，而是为了在艺术创作中纳入前所未有的政治暗喻。路易斯·巴尔茨（Lewis Baltz）和苏菲·瑞斯特吕贝尔（Sophie Ristelhueber）的作品，以另一种方式来演绎政治性：与其采用新的流通途径，他们宁可停留在传统的艺术流通圈内（画廊、艺术博物馆、画册、艺术书籍、光盘），通过产生新的可视性，修改可视和不可视之间的比例关系，将不可视变成可视，来达到政治性的目的。如同保罗·克利（Paul Klee）曾经说过的，"并非再现可视，而是使不可视变得可视"。也就是通过挖掘摄影所具有的形象化的潜力来创造新的可视性，同时又不局限于再现。

路易斯·巴尔茨的作品探寻当代世界发展，试图跟随它的演变轨迹，捕捉新的形势特征。1980 年代初，通过参与 Dadar（领土政治和地方行动委员会）计划和《圣昆汀角》（Saint-Quentin Point，1986）一书的出版，鲍兹开创了一种新的风景拍摄类型。其中画面展现的不再是从艺术史继承而来的传统的诗情画意，而是无序的工业化进程导致的环境灾难和被破坏的风景；不再是静谧葱翠的乡村景观，而是枯燥乏味、垃圾遍地的城郊接合部景象；不再是浪漫的充满友善的自然，而是世纪末工业社会城市现实中压抑的部分。在这些结合地带中，看不到人类居住和建设，有形的是污垢和垃圾，如同是对邻近城市的影射。

《西格蒙德·弗洛伊德广场》（Piazza Sigmund Freud，1989）是一个巨大的三联图像（每张图长约 1.9 米），从这个作品起，鲍兹开始直接以城市为主题来创作。然而从城郊到市区，从黑白到彩色，从无人空间到建设空间，从日景到夜景，从环保到城市规划，这些主题和形式的演变，得出的始终是同一个结论：人类的不存在、被废除、被排斥。夜间拍摄，在巨大的路灯照明中，氙氲的光环散发出强烈的红色基调，城市被表现为一个高层住宅包围中的空旷的停车场。在此，我们所能感知的依旧是一些人类和城市生活的痕迹：夜间停放的一排排车辆，一系列沉默的广告招贴，无数灯光闪烁的窗口，还有，一种异样的静谧的错觉。缺乏行人的画面和一潭死水般的寂静无声，更多传达出的是普通市民生活的孤寂和乏味，而非夜的柔美恬静。

《夜巡》（Ronde de nuit）是艺术家在 1990 年通过远距离监视仪创作的巨大的壁画式摄影。这个作品由 12 张图像接连而成，长达 12 米。这些图像依次再现了一些城市景观，一些时而晃动着模糊的个体身影的监视屏幕，一些错综复杂的电线和电脑纹章。一切泛着阴郁的蓝光。在此，艺术家探究的是当代城市生存条件。短短几年的时间内，电子网络、摄像头、互联终端、电缆，以及各种屏幕，充斥了几乎所有的大都市。昨天还很稀奇，今天就已是司空见惯的沟通工具和权力控制手段。从此，严密的电子网络系统将我们生活的城市的公共空间进行网状划分，形成了一个巨大的敞开式监狱系统，对我们无时无刻不在监视，并记录下一切蛛丝马迹。

无论是作品名称、作品规模，还是主题，《夜巡》都让人联想到伦勃朗在 1642 年画的著名的都市民兵队阅兵式。三个多世纪后，这里表现的同样是权力、秩序和城市监督的问题，但是伦勃朗画中物质世界的坚固性、绚烂的色彩和人类形象的辉煌却消失得无影无踪。世界从此消逝于显示屏的网纹和蓝光中。与伦勃朗和许多报道摄影师不同的是，鲍兹在作品中既不表现场面也不表现行动，因为他的世界不再是一场景观剧，因为权力的政治行使已经改变了。

居伊·德博（Guy Debord）的《景观社会》（Société du spectacle），蜕变成了"监视世界"，在这个世界里，拍摄不到典型性的照片，不存在"决定性瞬间"，也不可能出版非同凡响的摄影画册。摄影自身似乎就把再现现实的使命抛弃了，交给了远程

居伊·德博（Guy Debord, 1931—1994）：法国思想家，导演。代表作品为《景观社会》，该书被西方学者誉为"当代资本论"。

监视，而整个当代现实也已转变成鲍兹拍摄的图像中的现实。就这样，拍摄图像而不是拍摄物质现实本身，证明了摄影与参照物之间直观联系的溶解，真实性的机制也因此改变了。随着信息网络的不断蔓延，物质世界逐渐疏远，现实的人、事、物，逐渐消逝。图像不再直接反映物体，而是反映其他的图像，因为世界变成了一个由无数图像构成的没有尽头的螺旋。人类成了浮在屏幕上的无名影子，没有实体的图像。符号的世界取代了物质的世界，符号本身试图成为世界——我们的世界。这个可怕的巡视深刻质疑了人文主义和人类，以及"我

们历史中一道简单的折痕"[17]。

17. Michel Foucault, *Les Mots et les Choses*, p.15.
18. 其中的五张作品（分别为 270 厘米 × 180 厘米）曾于 1994 年 3 月至 6 月期间在 Centraal Museum d'Utrecht 展出，于 1994 年冬在南特的 Arlogos 画廊展出。

　　路易斯·巴尔茨表现当代世界人性的沦丧，苏菲·瑞斯特吕贝尔在其多个作品中，则致力于间接地揭露暴力和战争。如创作于 1984 年的《贝鲁特》（Beyrouth）系列，表现的是这个黎巴嫩首都的现代残骸；在 1992 年的《事件》（Fait）中，艺术家航拍了海湾战争后的科威特沙漠；最后，1994 年的《每个人》（Every One），通过拍摄战争中受伤后缝合的身体特写，对内战进行了暗喻性（暗喻）的表现。间接地表现暴力，对艺术家来说有一定的难度，怎样不通过再现的方式去还原事件，这就需要掌握好与表现对象之间既接近又疏远的微妙距离。1991 年，苏菲·瑞斯特吕贝尔抵达即将被战争摧毁的武科瓦尔（Vukovar），深为交战双方塞尔维亚人和克罗地亚人之间的仇恨与残暴所震撼，以至于她无法拍摄一张成功的照片。正是这个强烈的震撼和冲击，在艺术家内心经过了漫长的一段时间沉淀后，孕育出了《每个人》系列。为了表现这个主题，1994 年，苏菲·瑞斯特吕贝尔在巴黎的一所医院，拍摄了一系列伤口或是伤口缝合后的大特写照片；她以医学的清晰度和中立性将这些照片放大（大约 3 米高）。尽管，这些照片与战争没有任何关系，但是，它们激起了对卢旺达或是波斯战争期间血腥残暴的记忆。[18] 不经过对战争的再现，不直接表现痛苦和暴力，小心翼翼地与其保持距离，这些图像因而成为暗喻。精心刻画的伤痕，逐渐隐退于潜在的意义背后：内战乃至所有战争的残酷无情。也正因如此，这些图像被赋予了政治价值。

　　擅长形象再现的摄影，在此被用来含蓄地暗喻战争的残暴。这个从逐字描述到普遍象征的过渡，体现了一个双重的创作动机：一方面是对摄影技术工艺的尊重，另一方面是对报道摄影的拒绝。苏菲·瑞斯特吕贝尔借用报道的工具（摄影）和报道的重大主题之一（战争），将它们与艺术创作手法相结合，从而赋予了作品暗喻性（政治）的意义。就这样，图像的政治意义建立在对战争报道的运用和反对之上。其中，内容和工具（摄影）的决定因素相对较少，更多取决于形式、时间性、速度、图像传播途径，以及与物体和事件在时空上的距离。确实，苏菲·瑞斯特吕贝尔的创作手法完全对立于战地报道摄影师。激烈的信息竞争体制，要求报道摄影师必须反应迅速（如今数码相机和卫星系统将他们随时随地与图片社直接联通），参与事件运行过程（否则他们拍摄的照片便丧失了商业价值），并且受制于这样一条规矩，如同马格南图片社摄影师吕克·德拉哈伊（Luc Delahaye）所言，"拍摄这个世界想要看的图像"[19]。苏菲·瑞斯特吕贝尔正相反，用缓慢成熟来对抗紧急迅速，用空间上的距离来对抗迫近，用事后来对抗现场，用暗喻的含蓄委婉来对抗新闻照片的直接明了。

19. Luc Delahaye, « Le conflit israélo-pale vuc par les photographes », *Libération*, 3 novembre 2000.

另一个区别在于，苏菲·瑞斯特吕贝尔的创作，不带任何见证性或是战斗性的意图，不旨在接近现实，而旨在接近艺术。所以她的作品在画廊、美术馆展出，或以书籍形式出现；作品的形式更接近艺术而非新闻，如《每个人》系列中的大画幅，参照对象是建筑和风景。创作目的不是纪实或是再现，而是通过一个美学计划，来询问痕迹的概念，探索身体、地点和疆域的问题。在这一点上，《每个人》中身体表面的伤痕，与《事件》中科威特沙漠上留下的海湾战争的痕迹，产生了共鸣。一方面，受伤的身体被作为风景来表现；另一方面，从直升飞机上航拍的战壕、弹坑、装甲车的残骸，为沙漠赋予了某种伤痕累累的肌肤的感觉。这些空中拍摄镜头，毫无疑问参照了现代艺术作品中最接近于痕迹的表现形式：杰克逊·波洛克的《满幅绘画》（All Over），特别是马塞儿·杜尚的《灰尘畜养》（Elevage de poussière，1920），散落在一块玻璃板上的灰尘，在曼·雷特殊的拍摄手法下，产生比例上的错觉，如同一幅风景画。

所有这些艺术构思，看似将作品远离现实，实则为其赋予了矛盾却必要的距离，来抵达战争最可怕的一面。这就是苏菲·瑞斯特吕贝尔的作品所具有的政治正确性：找到表现残酷的有效的摄影手法，残酷挑战了再现的形式，因为它超越了视觉界限，因为它的冲击无处不在，因为它是整个身体的体验。因此，颠覆再现的传统方式，特别是报道的再现，残酷需要距离感和隐退感。确切地说，正是基于这一点，苏菲·瑞斯特吕贝尔成功地创作了另一个以波斯尼亚为主题的作品《乡村》（La Campagne，1997）。该作品包括三组图像，每组由五到六张大照片构成，或彩色或黑白，挂在墙上，或是直接平放在地上。由于照片被贴在薄纸板上，纸板微微折起，带给人某种浅浅的不适感。初看这些田园牧歌式的风景充满了静谧祥和的气氛，但是贴在墙上的作品说明揭示了，这个迷人的小村庄名叫莫丝塔尔（Mostar），这个马路中央的工地，是正在挖掘的公墓藏骸所，这些蒲公英点缀的是一个新的墓地，而这个小山丘就是斯雷布雷尼察（Srebrenica）

大屠杀中幸存者逃亡经过的地方等。一句话，郁郁葱葱的乡村，曾经是伤亡最
惨重的战场之一。最平淡无奇的事物，烙上了战争残酷的印记，宁静安详只不
过是痛苦脆弱的背面。我们看不见残酷，但是却通过作品中一连串的细节和遗
迹的美学回音，强烈地感受到它的存在。

　　这里，艺术和纪实的区别显而易见。纪实报道由物到图，属于参照、经验、
感知（perceptions）和情感（affections）的范畴，笼统而论，也就是巴特（"参照
物附着"论）关于摄影的柏拉图式的和迹象式的观念。至于艺术创作，相反地，
它超越了实际经验的范畴。"艺术作品是一种感情的存在"[20]，德勒兹和瓜塔里
写道。它由超越了情感的普遍情感（affects）和
超越了感知的普遍感知（percepts）构成。在苏
菲·瑞斯特吕贝尔的创作中，漫长的成熟期、差异和距离，将图像和事物分离开来，
如同从情感到普遍情感、从感知到普遍感知的美学转化。正因如此，艺术作品
才不单纯是事物的反映，而是对材料进行说明加工后的产物。它既来自实际经
验，又因对材料的加工创造而脱离实际经验。此外，也正因为作品超越了某个
特定的经验，才能够拥有暗喻的价值，从指代（个体）变成意义（总体），从《每
个人》中个体的身体，延伸到关于内战的暴力的思考。让现实的某个时刻永恒。
最终，因为艺术作品由普遍情感和普遍感知构成，它脱离了实际经验和物体状
态，它不模仿，它也不求逼真。又或者，它的相似性不是物体的推演（如同纪
实），而是材料加工后的产物。这不是一张透明描图纸，而是一张图示。无疑，《乡
村》中的每一张照片，都如同一个具体的物质参照，但这只不过是作品的组成
部分之一，如同其他的照片，如同表现方式，如同图像的连贯等。至于作品本身，
是不可能与不可再现的战争的残酷性具有相似性的。

　　同样关于卢旺达大屠杀的主题，阿尔夫雷多·加尔（Alfredo Jaar）采取了彻
底取消图像的更激进的美学策略 。尽管在 1994 年 8 月，加尔拍摄了 3000 张卢
旺达被害者的照片，但是最终他决定不公开这些照片，而是用 500 个密封的黑
纸箱做成某种意义上的葬礼纪念碑，每一个纸箱内封藏了一张照片，如同一个"图
像坟墓"。照片是存在的，但是藏在目光无法企及之处。如果想要了解照片的真
相，可以从黑箱盖子上面贴的文字说明来获得，也就是在这里，文字代替了图
像的存在。就这样通过放弃大屠杀的恐怖画面，通过对图像的文字描述的说服

20. Gilles Deleuze et Félix Guattari, *Qu'est-ce que
la philosophie?*, p.155. Voir l'ensemble du chapitre
7, « Percept, affect et concept ».

力，来激起观者的感情冲动，即通过采用隐退策略[21]，阿尔弗雷多·加尔拒绝在新闻图像的泛滥成灾中继续添加图像，拒绝在遍布世界的不间断的视觉信息潮中溶解自己的见证。因此他坚决反对图片社摄影师的见证强迫性，特别是基尔·佩雷斯（Gilles Peress）在无论是波斯尼亚还是卢旺达战争（《肃静》）报道中一贯体现出来的。他敏锐地认识到，过度的图像饱和了目光，转移了注意力并模糊了意识。带着伦理和美学上的严谨，加尔的作品奋起直面视觉泛滥，直面追求冲击力的色情特写和独家新闻报道，直面对痛苦的夸张化和平淡化，如同阿多诺已经强调的，受害者的尊严"成为谋杀者的食粮"[22]。这是一个矛盾的作品，因为它完全根植于摄影报道的土壤，却通过掩藏照片的手法来颠覆报道的逻辑。矛盾是必须的，因为关键在于分解一些图像的功能，在于直面形象表现肉体痛苦的问题：既不夸大也不回避，因为两者都是"不可为正义之名所接收的"，阿多诺补充道。

21. Philippe Lacoue-Labarthe et Jean-Luc Nancy, « Ouverture », *Rejouer le politique*, p.18.
22. Theodor W. Adorno, *Notes sur la littérature*, p.299.
23. Jacques Rancière, *La Mésentente*, p.59.

　　这个作品的政治性，不只在于它以内战和大屠杀为主题，还在于它处理这些主题的方式和表现形式。政治性的特征，来自美学手势。这个手势割断了与报道和信息的联系，废除图像，突显文字，将作品置于另一个舞台上，艺术的舞台，并为这个断裂赋予了一个形式：由文字装置和雕塑装置构成的"图像坟墓"。这个美学手势是政治的，因为它颠覆和揭露了媒体的文献纪实范例，彻底地反对可见和可述的两种秩序，因为它提出了一个"经验领域内新的形象表现方式"[23]。

　　为了表现塞尔维亚士兵在波斯尼亚犯下的惨无人道的强奸罪行，珍妮·霍尔泽（Jenny Holzer），同样用抽象的话语来代替图像赤裸裸的描述，似乎痛苦的强度已经超出了图像所能表现的极限。她的作品题为《Lustmord》（1993—1994），在德语中指代强奸谋杀行为，即《奸杀》。这个作品的冲击力在于，将施暴者的话和被害者的话对比性地放置在离罪恶行径和痛苦最近的地方：直接在皮肤上。作品由一系列表现局部皮肤的双联照片构成，同时结合强奸者淫秽的话语和被害人惊恐的话语。比如："我发现她的时候她正蹲着，这个姿势刺激我从后面插入"和"我凝固的血冲出身体"。双联图中，两个皮肤之间的界线笔直鲜明，分开了两个永不相融的世界：一边是"小鸟一边插入一边睁着一只眼看"；另一边"我捧着她被柔软细发缠绕的脸。我对着她的嘴"。摄影、话语和皮肤的相交，间接地表达了奸杀和战争的残酷可怕。这个表现力度，建立在一个颠倒的形式之上。强奸导致的痛苦的深度和负荷，是如此难以估量，以至于需要将作品完全颠倒过来，通过表面和轻度来表现：作为暴力实施和话语表达的载体的皮肤的浅和轻、话语的浅和轻、摄影的浅和轻。

< 回响 Résonances

无论是政治地做艺术，表现被主流艺术忽视的东西，还是扩宽图像视野，1990 年代的艺术家们努力尝试各种探究当代世界的方式，寻找将艺术和未来相交的方式。必须承认，在经历了几十年的现代主义思潮主导、对进步的信仰和冷战后，也就是说在经历了世界地缘政治、知识界和艺术界的两极分化后，要完成这个使命并不容易。后现代主义未能胜任，因为它局限于和先前僵硬的艺术形式对立的创作材质。面对这个形势，艺术家们只找到了非常薄弱的理论和评论支持。特别是在法国，艺术与政治之间的关系这个敏感而重要的问题，往往挑起一些漫画般的观点和立场，更不用说让·鲍德里亚或让·克莱儿关于无聊的当代艺术的不幸的宣言。保罗·阿尔登（Paul Ardenne）的文集《政治时刻的艺术：应时文集》（L'Art dans son moment politique. Ecrits de circonstance），也不再有实际用途。

阿尔登不失时机地抨击他所谓的"政治的艺术"，特别是汉斯·哈克、克尔斯基多夫·沃蒂兹科或约亨·格尔茨的艺术。但是他的激进观点执拗地将"政治的艺术"局限在抽象笼统的定义内，忽略了作为个体的、不同类型的、能够产生特殊的政治效果的艺术创作。在这一点上，揭露毕加索的《朝鲜大屠杀》固然容易，但是与分析他在 1907 年间的创作政治背景（如《阿维尼翁的少女》）相比，则相对缺乏厚度。此外，阿尔登不能涉及这个作品，无疑是因为《阿维尼翁的少女》超出了他所定义的"政治的艺术"的刻板界限，即被他武断地简化为"以政治为内容的艺术"，甚至"打着政治斗争招牌的艺术"[24]。更不用说，用"打着招牌"、"斗争"等词来研究艺术和政治之间关系的合理性是否偏题。尽管"内容"的词义显得模糊，但是作者用它来支撑整个"政治的艺术"，忘记了作品的形式也可以产生建设性的政治意义；忘记了"形式，是内容的沉积"（特奥多尔·阿多诺）；又或者，忘记了作品的表现方式、速度、疆域、用途、制造工艺和流通途径等，这些也都具有政治操作性。

24. Paul Ardenne, *L'Art dans son moment politique*, p.224.

　　读阿尔登的文字，我们体验到一种奇怪的感觉，似乎那么多精彩的关于文学和艺术作品中政治和社会因素的讨论，都是徒劳的，比如特奥多尔·阿多诺、米哈伊尔·巴赫丁、吕西安·戈尔德曼（Lucien Goldman）、朱利亚·克里斯特瓦（Julia Kristeva）、皮埃尔·马科瑞（Pierre Macherey）、维克多·兹马（Victor Zima），或者更近一些的杰克·兰斯耶尔（Jacques Rancière）。他在格勒诺布尔商业中心策划的展览《微观政治》（Micropolitiques），显然以德勒兹和瓜塔里的"微观政治和分裂"（Micropolitique et segmentarité）为参照，但是却违背了《千高原》的这两位作者的思想。阿尔登为展览撰文"微观政治艺术，一个类型的系谱学"（L'art micropolitique，généalogie d'un genre），难道不是借用了规范过剩的类型概念，难道不是引用了"根茎论"提出者德勒兹所坚决反对的系谱学思想（"根茎是一个反系谱学"[25]）？至于微观政治，对德勒兹和瓜塔里来说，是"以试图逃避规范，或是从规范中解脱出来为前提的"[26]的思想。这与艺术史中规范过剩的类型学完全相反。事实上，探讨"微观政治艺术"并为其赋予"类型"的资质，等于以整体视角的方式来研究个体的问题，以僵硬的规范来取代不断演变的思想。这也是将微观政治置于宏观政治的法则之下。

25. Gilles Deleuze et Félix Guattari, « Rhizome », *Mille plateaux*, p. 18.

26. Gilles Deleuze et Félix Guattari, « Micropolitique et segmentarité », *Mille plateaux*, p. 268.

27. Paul Ardenne, « L'art micropolitique, généalogie d'un genre », *L'Art dans son moment politique*, p. 277.

28. Gilles Deleuze et Félix Guattari, « Micropolitique et segmentarité », *Mille plateaux*, p. 260 et 263.

　　对时代的分析，激起了同样的保留意见。确实，我们是否能够宣称，1990年代的艺术"面临着现实微观政治的萌芽"，且"微观政治的历史时代"正在取代"宏观政治世界"[27]？这个提法，无论是从哲学角度还是从历史角度看，都值得商榷。因为德勒兹和瓜塔里强调"所有的政治既是宏观政治，又是微观政治"，并且"整体组织越强，就越是激起自身基本成分、关系和结构的分子化反应"[28]。阿尔登得出的从宏观政治（单数的）过渡到微观政治（复数的）的结论，既与他自己的理论框架自相矛盾，也与20世纪末的实际局势不相符合。冷战的结束和现代化，远没有缓解社会、政治和文化的分裂，反而加剧并转移了这些分裂。东西方之间、社会主义和资本主义之间两极对立的缓和，并非体现在多数化的统一上，而是体现在大规模的、整体的、纯粹而强硬的自由主义的获胜，体现在南北之间和贫富之间差距的加剧，体现在民族主义和保守主义势力的上升。柏林墙的倒塌，毫无疑问，对自由、民众和世界地缘政治平衡来说，具有极其重要的意义。但是，理想的"微观政治时代"并未因此到来，拉开序幕的是西方军事霸权时代——海湾战争，北约组织对塞尔维亚的轰炸，伊拉克入侵——以及自由主义霸权的时代。

虽然 1990 年代的艺术，初看之下，比先其几十年的艺术更显微观性[29]，但这显然不是宏观政治社会向微观政治社会积极的"历史性"转变的结果。今天，宏观调控不仅没有瓦解，反而更巩固而扩散。并且其新的柔韧的表象，和微观个体性没有任何关系。互动性、潜在性、灵活性、个性化、网络、社区、交换等，这些成分曾在第一阶段发挥了微观调控的作用，在今天成为跨国集团（宏观总体的）在影视、出版、网络方面激烈争夺战成败的重要决定因素。在媒体领域，宏观调控的巩固体现在外表柔化的蔓延策略上。在艺术领域则反之，作品呈现出越来越谦逊、谨慎、低调甚至绝望、不统一的姿态，但是，它们都是对现实强度的回响。回响，既不是反射，也不是再现。它更不对现实进行作用，或是根据现实来选择立场。回响是经过变形和变更（减弱或增强）后的现象所产生的效果。

如果说这些作品是对现实强度的回响，我们不能以效率的标准来看待它们，也不能将它们视为"干预手法"[30]，如同阿尔登经常运用的一些战斗性多于艺术性的字眼。关于作品、其直接社会功用、其"搅动物体秩序的态度"的实际效率问题，充满了错觉，无论是企图将艺术工具化或是赋予其艺术以外的使命（从先锋派到观念主义）。然而艺术不知道提出解决方法，更不知道如何"干预"。它能够做的最好的，是扰乱，开启一些可能性，或是用内尔森·古德曼（Nelson Goodman）乐观的话来说：启发人们"构造世界的多种方式"[31]。但是艺术构造世界，不是像阿尔登相信的那样，通过揭示内容、服从强加的意图或是妥协于某个必须结果来完成。而是间接地在艺术创作过程中，在作品的形式和材质中，艺术制造了微观的震动，打开了可能性。

需指出的是，作品是否能够产生预想的政治效果，或者它所可能产生的效果是否属于艺术结果并被艺术界承认，这些从来就没有保证。此外，将先锋派艺术作品的斗争性倾向（宣言性的）与今天作品中对社会义务的放弃（假设性的）对立起来的做法，已经不再有操作意义。宣称所谓的作品"回到现实"[32]并

29. Paul Ardenne : « L' ère post-moderne accouche d' un mode d'action artistique qualifiable de moléculaire » (*L'Art dans son moment politique*, p.278).

30. 同上，p.246.

31. Nelson Goodman, *Manières de faire des mondes*.

32. Paul Ardenne, *L'Art dans son moment politique*, p.77.

不更具合理性，这个用词含糊空洞，忘记了今天的艺术必须意识到的重要一点，那就是"现实中极少现实成分的发现"（让-弗朗索瓦·利奥塔）。相反地，应该研究在过去的几十年间，艺术作品与现实之间的关系是如何改变的。于是，我们可能会发现，这些变化的发生，正值西方世界社会理想主义衰落，民主和自由主义兴起的时候。从此，由于缺少大的社会和政治交替体系，现行艺术（关注现实的艺术）只能表现越磨越钝的激进自由主义。如果今天的作品，相对于现代主义时期斗争性的艺术，能够通过它们表面的政治无意识起到扰乱的作用，它们无疑更接近于艺术和社会之间所保持的正常关系。这些关系不属于简单的反射，更不是阿尔登所认为的"干预"。它们属于在微阻力和扩散之间摆动的回响的范畴，因此，差异和近似、节奏和表现上不可避免的差距，才被允许出现在两个相异的领域——艺术和政治。

内向性 REPLIS

20 世纪末，或许是因为未来的不确定和眼前的困难，但可以肯定的是因为社会各行各业蔓延开来的怀疑，导致许多艺术创作开始采取逃避的内向姿态。逃避到平常或微不足道中；逃避到隐私中；逃避到社会身份、性取向或是民族归属中；逃避到，又一次，空和虚之中。如此之多的被动抵抗形式，逃避或是隐退策略，来面对某种太过高大的、经常是大幅度扩散的、令人窒息的东西。通过自我逃避，来自我保护，抵挡它物、异物和不速之客。换言之：置身于远离沸腾现实的边缘地带。通过扎根于地方来逃避全球化霸权。这是一种微抵抗的方式。

< 平常，琐碎 L'ordinaire, le dérisoire

艺术—摄影的重要命题之一是日常和平常。在这个组合中，与现实直接接触的属性，使摄影将艺术深入日常、平凡、熟悉的事物，深入现实中最粗糙的一面。与此同时，通过与严格意义上的摄影实践（家庭摄影、文献或是新闻摄影）保持一定的距离，这些作品涉及了以往作为艺术禁区的现实地带，因为这些地带过于平俗、过于随便，不值得艺术表现。以往只在图像世界边缘浮现的作品，今天大量涌现，变成中心地带。保罗·格雷厄姆（Paul Graham）拍摄一些表面平淡无奇的场面（普通场景、庸俗场合或共用物品），从中提炼出今日欧洲国家的某些特征，以及至今仍萦绕不散的悲剧的影子：佛朗哥和纳粹独裁，对犹太人的大屠杀，爱尔兰冲突 [《新欧洲》（New Europe），1993]。在东京，荒木经惟（Nobuyoshi Araki）贪婪地捕捉着自己日常生活中最庸俗无聊的瞬间，显然不经任何选择，也没有明确的主题。似乎对于他，摄影就像洗澡吃饭一样平常必须。同样，还有什么能比这些景致更平常普通的呢：郊区的停车场和大型商业区（多米尼克·奥尔巴舍）、无名机场停放的飞机（菲施利和魏斯）、超市内景 [维若尼克·艾莱纳（Véronique Ellena）]、公共建设工地 [斯代凡纳·库图赫耶（Stéphane Couturier）] 等。于是，艺术—摄影进行了一场大规模的主题开放和视觉更新。比如说在社会领地上，昨天的场所变成今天的"虚无地点"（non-lieux），风景变成了"亚风景"。过去作品中可识别的、人际的、承载着历史和人性的空间，即人类学空间[33]，变成如今图像中的娱乐场所、商业活动中心、过境口、流浪地或是边缘地带。

荒木经惟（Nobuyoshi Araki，1940— ）：日本摄影师。荒木经惟举办过难以计数的摄影展，出版了大量专题摄影集，他的作品被很多日本和国际美术馆、博物馆收藏。荒木经惟的作品中有不少是性爱题材的，甚至有些被称为色情图片，这也使得他颇具争议。

33. Voir Marc Augé, *Non-lieux. Introduction à une anthropologie de la surmodernité.*

另外，平常通常表现为不追求形式上的效果，尽可能地中立透明，没有精致考究的照明，没有结构分明的构成，也没有新颖独特的视角。拒绝非同寻常的主题和形式，平常地表现平常：这个程序，并未因此而简化到零度风格，也非低于艺术，更不流于所谓"艺术"摄影头脑简单的矫揉造作和媒体想象力的粗俗。其实，这定义了一种抵抗的方式：面对技术不断地挑战视觉极限，面对媒体梦想着将观众带到世界尽头，面对合成图像将现实淹没在虚拟的幻像中，面对文化工业制造的虚假图像——广告、电视、新闻、旅游等。在这个形势下，越来越多的艺术家用摄影（以简单、粗糙甚至贫乏著称）来探索身边、即刻、此地、通俗、平常。简单地，低调地，直接地。对立于造作的、浮夸的、空洞的媒体。

近几十年间，消费和媒体的迅猛发展，也就是商品对图像和其他所有活动的主宰势力的扩散，导致了某种意义上的对微不足道的认可。乏味、无聊、肤浅，甚至粗俗，以娱乐、戏剧、游戏和消遣的形式渗透了今天的精神和物质世界。面对市场的浮华，一些作品选择了贫瘠和卑微的部分来对抗商品空洞的傲慢，抗议经济效益崇拜。在克莱蒙特·格林伯格眼里，平庸的毫无美学价值的作品（Kitsch）的出现，体现了学者型文化的堕落和商业化[34]，今天对平凡事物的艺术表现与 Kitsch 截然不同，因为它具有文化少数派和对大众文化入侵的潜在抵抗的特性。

34. Clement Greeberg, « Avant-garde et kitsch », *Art et Culture*, p.9-28.

　　肉肠、胡萝卜、酒瓶、穿旧的鞋子、鸟、埃菲尔铁塔、奶酪擦板等，这些来自彼得·菲施利和大卫·魏斯表现的一长串杂乱的日常物品索引，他们以此来对抗技术进步导致的今天的虚假造作的图像世界。《影像，照片》系列，汇集了一系列典型的旅游照，是对今天渗透在招贴画、明信片或挂历中的标准化取景、主题重复和廉价美学的一次大盘点。这些不计其数的公式化照片，反映了大众视觉文化的平庸。《一个安静的午后》（1984—1985）系列，由一些乱七八糟的物品的照片拼贴组合而成，故意造成失衡的、似乎接近崩塌边缘的感觉，比如一只鞋、一把榔头、一块奶酪、一片搁板等。在这些物品迫近崩溃的危机时刻，摄影的介入，既定格住这个关键的瞬间，也阻止了危机的发生，而这些物品也重新回到它们最初作为日常物品的状态。这里，又一次，构思的平淡无奇、素材的简陋、物品的平庸，阻止了所有将它们等同于现实局势的倾向，这就是对所有物体的不稳定性的真正的暗喻。影片《事物运行方式》，也可以被视为一个暗喻，暗示着物体相对制造它们的人类的独立。

　　以旅游圣地、神圣的艺术类型，或是艺术和文学中的经典之作为主题，将它们颠倒过来表现成粗俗之物，是乔吉姆·莫加拉（Joachim Mogarra）创作的主线。他自己设计了一些由普通物品构成的微型装置，并将它们拍摄下来，比如一小株孱弱的植物插在代表着风景的花盆里（《风景》，1986）、一个盛冰淇淋用的锥形蛋卷倒插在地上，被誉为《圣-维多利亚山》（1985）、堆在塑料板上的一堆土豆被誉为《家里的理查德·朗（Richard Long）》（1984）、从报纸杂志上翻拍而来的带着明显印刷纹路的山景照片，被当作真正的山（《杂志山》，1994）等。这个平常美学，似乎是一个想象的堡垒，来抵抗俗套和既定价值的象征性的暴力。至于萨维日欧·卢卡日耶罗，我们前面提到，他的作品以自己日常生活中的一些无聊的不值一提的手势和动作为素材，具有强烈的自嘲意味，比如抓屁股、挠性器官、揉眼睛、剔牙齿、挑粉刺等。1991 年，在黑白系列《立体，突起，平面和雕像》中，艺术家徒劳地模仿一个不存在的雕像的姿势和目光，这些失败举动和微观事件所体现的，正是艺术家的神话般的形象的崩溃，更宽泛地说，是社会认可的成功、效率、经济效益的价值观的解体。皮尔瑞克·索林（Pierrick Sorin）录制了一些平淡无奇的个体存在的日常悲喜剧，从而将艺术与生活紧紧连结在一起。在《醒来》（1988）中，整整一个月，艺术家用录像方式记下自己每天早上醒来的瞬间，试图"在脆弱、淡泊和平庸之中，勾勒出一个普通个体的肖像"[35]。

35. Pierrick Sorin, *Frac Provence... Collection 1989-1999*, p. 313.

　　在《等待重要人物》（1995）中，约翰森·蒙克（Jonathan Monk）将对平庸和失望的表现推到了极致。在这个系列的每张照片上，我们看到艺术家本人出现在某个机场大厅内，正在接机等候某人，手中举的接机牌上写着一些通常已经过世了的名人的名字，如猫王埃尔维斯·普雷斯利、詹姆士·邦德、安迪·沃霍尔、杰克森·波洛克等，或是一个想象中的人物。这个毫无意义的行为，从一开始就注定了失败。此外，从照片上还可以注意到大庭广众对此举的视若不见，反映了大众对当代艺术的冷漠。

< 隐私，身份 L'intime, l'identité
　　艺术—摄影的迅速发展，为隐私提供了艺术表现空间，这一点最早表现在1971 年拉里·克拉克（Larry Clark）的摄影集《塔尔萨》(Tulsa) 和南·戈尔丁（Nan Goldin）拍摄于 1971 至 1985 年间的《性依赖叙事曲》中。贯穿了性和毒品，他们的作品打破了禁区，对占主导的身体和性实践进行了批判——这也是作品的政治意义所在。不过，克拉克表现的年轻嬉皮士乌托邦的生活方式（就算导致暴力和嫖娼），在戈尔丁的作品中则完全消失了，取而代之的是女艺术家的异性恋朋友、同性恋朋友、变性和异装癖朋友：通过赤裸的快感，身体的反抗性行为，来逃避未来的渺茫和拒绝社会既定的秩序——出路往往是艾滋和死亡。尽管毒品和性以同样的频率出现在克拉克和戈尔丁的作品中，但是在后者体现出更多的悲伤和忧郁，因为，虽然戈尔丁照片中的彩色世界取代了《塔尔萨》中黑白的世界，但是同时，夜景取代了白昼，开放的外界空间成为公寓、旅馆、酒吧、卧室或是洗漱间封闭的内部空间。克拉克和戈尔丁两人的非同寻常之处，在于成功地将他人隐私变成作品的素材，因为拍摄的是他们身边的人，因为他们的视角介于隐私和公共、内部和外部场景之间，因为他们既身在其中，又保持距离，从来不用冒犯或是窥视欲的姿态来拍摄。

内向立场在创作中迅速蔓延，题材很快超越了这些美国艺术家所表现的性和毒品的范围。英国艺术家理查德·比林汉姆（Richard Billingham）以自己的家为拍摄对象，反映了一个陷入失业和酒精困境中的家庭现状。曾是机械工人的父亲失业在家，"整天卧床不起，不是昏睡，就是在不停地喝酒。喝酒也为了入睡"[36]。艺术家表现了一个由失业和穷困潦倒产生的不可救药的酒鬼和懒汉形象，揭露了新经济对工人阶层造成的损害。

36. Richard Billingham, *La Sphère de l'intime*, p. 36.
37. John Coplans 认为，摄影让他能够"通过个体来构造身份"（与 Jean-François Chevrier 的访谈，*Une autre objectivité*, p. 99）。

克拉克、戈尔丁和比林汉姆的作品，回响着世纪末工业社会的挣扎之声，暴露了隐藏于生活最深处的危机。面对外在世界的浩大和不人性，克拉克、戈尔丁和比林汉姆镜头里的个体变得内向，退避到狭窄的脱离社会的安全地带。用身体的异常举止（性和吸毒，酗酒和遁世）来反抗社会陈规，他们以为找到了理想之所，在这里，个性至上，此地和比邻取代了远方和未知。这些作品所表现的身体，具有一个共同点，那就是极端个体化，与媒体中充斥的光滑细腻的、无性特征的、抽象的身体，以及当代艺术中的"虚无地点"（大型商场、机场、国际大宾馆等）形成了强烈的反差。总之，这些作品与主人公充满悲剧色彩的生活体验密不可分，与当代世界的潜在和虚拟正好对立。

1989 年死于艾滋病的罗伯特·梅普尔索普，曾经和南·戈尔丁拥有同样的交友圈。他的创作触及了美国主流文化最深的禁区：体裁、种族、性、同性恋、施虐与受虐狂，甚至恋童癖。但是与戈尔丁作品中透露出的亲密感相反，他在表现风格上体现出强烈的疏远感和冷静姿态。这是一种身份的象征和维护，是对性行为禁区的维护。梅普尔索普作品中性感的身体，既不同于戈尔丁作品中勾起欲望的身体（隐私），又不同于约翰·科普兰（John Coplans）作品中成为风景的身体。从 1980 年起，科普兰以艺术的手法来挖掘自己身体中最隐秘或最高雅的部分（手、脚、背、腿、臀），在拍摄上运用近摄的方式，追求奇特的视角。[37] 他（用摄影）丈量自己的身体如同丈量一幅风景，开发了前所未有的视角，重新定义了身体的轮廓和界线，但是同时也忽略了身体的性功能和力必多能量。

与科普兰无性的裸体不同，梅普尔索普在 1986 年创作的《黑书》（The Black Book）中，赞美了黑人男子的阳刚之美，这在当时清教徒和种族歧视的美国完全是离经叛道之举。更引起哗然的，是其以性、同性恋行为及施虐与受虐癖为主题的摄影作品。然而梅普尔索普在表现这些禁区的时候，却严格地遵循着传统的审美标准。似乎他想通过形式上的乖巧和节制，来缓和内容上的大胆放肆。这个悖论性使他的作品迅速在艺术界获得赞赏的同时，也遭到了来自民众、行政和政治阶层中最保守势力的敌意（甚至查封），这个现象直到今天还在继续。被禁止的不仅仅是梅普尔索普的展览，还有他的书籍出版。例如 1997 年 10 月，英国中西部警察署主管恋童癖和色情的部门，以监禁的威胁，要求伯明翰大学校长销毁该校图书馆馆藏的《梅普尔索普》一书中被认为淫秽的那几页。通过表现男性裸体和性行为，还通过花卉和自拍像，以及艾滋病和查禁对他的打击，梅普尔索普为性赋予了新的可视性，特别是男性同性恋。在图像领域，他为社会边缘人群赋予了实践、话语和思考的权利。在此，新的可视性是性规范和种族歧视的受害者，他们从阴影中走了出来，社会排斥和禁区被打破了。梅普尔索普以摄影为手段来达到这个意图，但是这些新的可视性并不仅仅是图像的产物，并不仅仅是对目光死角的挖掘。这些新的可视性是形式古典主义和主题煽动性之间分离的美学战略的产物，同时也与梅普尔索普充满叛逆和不寻常的生命力度分不开。

因此，1980 年代，罗伯特·梅普尔索普以表现男同性恋和黑人男性身体的摄影，动摇了美国社会的性规范。其后的 10 年间，更多的艺术家则通过表现个性的分裂和疑惑来继续削弱这些规范。梅普尔索普为边缘化和被压制的性取向人群争取权利，另一些艺术家，如辛迪·舍曼、周克·南尼（Chuk Nanney）、马修·巴尼（Matthew Barney），或瑞贝卡·布赫尼高尔特（Rebecca Bournigault），则在创作中改变、消解或是模糊符合规范的性别特征。总而言之，西方世界的性标准的基础正在分裂，从此变得脆弱而不堪一击。

马修·巴尼（Matthew Barney，1967— ）：美国先锋艺术家、导演。巴尼毕业于耶鲁大学医学专业，后转向艺术创作。他的作品形式多样，涉及电影、雕塑、绘画、摄影、装置等多个领域。他被认为是继安迪·沃霍尔、杰夫·昆斯之后又一位使用新潮视觉的天才，代表作有电影短片《悬丝》系列等。

38. Bernard Marcadé, « Le devenir-femme de l'art », *Féminin-Masculin. Le sexe de l'art*, p.23-47.

异装，是艺术家用来冲击传统的性别区分观念的手段之一。[38] 早在 1921 年，马塞儿·杜尚就曾男扮女装成罗丝·塞拉维，化着优雅的妆容，穿着长裙，戴着项链和毛皮帽，曼·雷为其拍摄的肖像，也成为杜尚的著作《美丽气息，香水》中香水瓶上的商标。将近半个世纪后，1960 年代末期，皮埃尔·莫里尼埃（Pierre Molinier）结合了摄影和异装来表现阴阳合体。在其中一个镜头里，皮埃尔背朝上平躺在一张放置在一面镜子前的沙发上，着丝袜和高跟鞋，肛门上插着一个人造阴茎。他这样描述当时的感受："我很欣赏画面上我被侵犯、刺穿的肛门口，丝袜包裹的腿和着高跟鞋的脚，这个景象让我兴奋勃起。"[39] 接着他解释了快感和高潮是如何神奇地产生，"被鸡奸和鸡奸带来的快感，这个让我们抵达存在的唯一真理的超乎寻常的快感，使阴阳合体最初的问题迎刃而解"。

39. Pierre Molinier, L'explication, texte dactylographié, V. 1966-1070, *Féminin-Masculin*, p. 137.

1970 年代期间，通过异装来模糊性角色成为许多艺术家创作的核心，例如乌尔斯·吕提（Urs Lüthi）、尤尔根·克罗克（Jürgen Klauke），或米歇尔·朱尔尼雅克（Michel Journiac）。例如朱尔尼雅克的《向弗洛伊德致敬：一个异装神话的批判总结》(1972—1984) 由四张肖像构成，它们被重叠放置成两排，上排是"父亲：罗伯特·朱尔尼雅克装扮成罗伯特·朱尔尼雅克"，和"儿子：米歇尔·朱尔尼雅克装扮成罗伯特·朱尔尼雅克"；下排是"母亲：热内·朱尔尼雅克装扮成热内·朱尔尼雅克"，以及"儿子：米歇尔·朱尔尼雅克装扮成热内·朱尔尼雅克"。性别和个性特征的混淆在此达到了顶点：儿子的个性特征随意地在父亲和母亲的个性特征之间摇摆，后者成了简单的面具，成为假象。神圣不可侵犯的家的概念对朱尔尼雅克来说，只不过是一个假面舞会，其中父母和子女的身份相互混合，相互融和。其中没有真相，也没有性，没有身份区别，也没有性别属性。异装、摄影和传奇组合在一起，揭示了根据解剖构造来定义性别的主流观念（与弗洛伊德"解剖构造即命运"的说法相符）的荒谬性。

尽管梅普尔索普批判了既定的性规范，但是他的创作仍旧局限在同性恋和异性恋的二元对立中，而表现异装或是变性的作品则相反，打破了这个占主导的性的二元结构。通过摄影，梅普尔索普肯定并重新定义了合法的性别领地。而通过两性同体，20 世纪末的许多其他艺术家则创造了一个新的性别，一个轮廓模糊、历程多样的性别。其中，女人和男人、女性化和男性化、"她"和"他"、同性恋和异性恋等概念，失去了传统的合理性。同时，传统性观念根据解剖学和社会学所设定的标志被无数轨迹联系起来。

阿奈特·梅萨杰（Annette Messager）喜欢混合不同表现类型、风格和材质，并热衷收集和做手脚，如在《女人和……》一书中，一张照片表现的是艺术家在一位女性裸体的皮肤上画的睾丸和勃起的阴茎（阴茎画在女人浓密的阴毛上方耻骨部），另一张照片上，一位女性用手指顽皮地抚摸着这个点缀在她肚皮上将她变成阴阳同体的男性性器官。20 多年后，索菲·卡勒（Sophie Calle）将这个主题继续深入，她拍摄了一张一个男子正在撒尿的正面照片，而托着性器官的却是女人的手。艺术家说，"在我的幻想中，我是男人。格雷格很快就意识到这一点。也许正因如此，有一天他建议我来帮他撒尿。于是这成了我们之间的一个仪式：我贴在他身后，我闭着眼睛解开他的纽扣，我抓住他的阴茎，我努力将其摆到合适的姿势。[40]" 在《邪恶中的美德》（Virtue in Vice，1997）中，日本艺术家平川典俊（Noritoshi Hirakawa）表现的是一个少女系列，她们表面上天真无邪，安静地置身于公共场合（公园、男厕所等），但是裙子底下却藏着一个插入体内的振动按摩器。换言之，梅萨杰、卡勒或是平川典俊表现的这些女性，都或多或少地通过阴茎的代用品来自我慰藉，她们将这些代用品幻想成某个男性的，或是用手来抓住。毫无疑问，在这里，驱动力不是来自简单的恋物癖，而是来自一个超越了创作中二元对立和解剖决定论的大规模艺术运动。身为阴阳同体的惬意感，粉碎一成不变的性别枷锁的快慰，打破解剖构造独裁的乐趣，更体现在辛迪·舍曼装扮成的着猩红色衬衫和短裤的年轻男孩（无题 #112，《红衬衫》，1982）中，或是卡特琳娜·奥皮（Catherine Opie）在《存在和拥有》（Being and Having，1991）中，她将自己转变成典型的男性形象——络腮胡子、墨镜等。让·邓宁（Jeanne Dunning）拍摄的留着小胡子的年轻女子肖像（1988），或是由左艾·莱奥纳尔（Zoe Leonard）拍摄的詹妮弗·米勒（Jennifer Miller）长胡子的裸体像（《詹妮弗·米勒。半裸美女 #1》，1995），以摄影的方式证明了社会比自然更绝对，因为它确定和激化了不同性别之间的对立矛盾。

除了像周克·南尼（Chuk Nanney）这样的艺术家，穿裙子留长发，男扮女装的同时保留了胡须和腿毛（1992），其余批判主流性规范的多为女艺术家。朱尔尼雅克、吕提或是莫里尼埃之后，没有男性追随者。事实上，今天男性中的女性部分[41] 主要体现在异装和变性（但是在艺术领域之外）上，体现在理想化的女性外表假象中。

40. Sophie Calle, *Des histoires vraies, série Le Mari : Le Divorce*, 1993.

41. Andy Warhol 认为，"男扮女装是女性曾经向往的形象的活生生的见证，是某些人希望她们继续保持和某些女性希望自己继续保持的形象的活生生的见证。男扮女装是电影明星理想的流动女性档案。他们行使了文献功能。"（*Ma philosophie de A à B*, p.52.）

　　处于世纪之交的这些艺术—摄影作品，总的来说根据三大策略来挑战性和身体的陈规。第一个策略，首先体现在克拉克和比林汉姆，继而体现在戈尔丁和梅普尔索普的作品中，关注的是处于主流社会边缘的人物。确切地说，正是基于这些人的特异性，他们特殊的少数派身份，这些作品才获得了强烈的抵抗力。第二个策略体现在阿奈特·梅萨杰、米歇尔·朱尔尼雅克或是索菲·卡勒等艺术家的作品中，以性别属性的混淆和模糊来反抗男性主导。第三个策略，体现在奥兰（Orlan）、瓦内萨·比克罗夫特（Vanessa Beecroft）和森万里子（Mariko Mori）的创作中，她们将身份和个性的模糊和杂交推到极致，直至溶解——虚拟化。

森万里子（Mariko Mori, 1967— ）：日本摄影师，活跃于国际艺坛的亚洲女艺术家。她的作品中经常出现一些带有科幻色彩的形象，如同外星文明在现实社会中的参访。她的创作也涉及了佛教题材，她以此为媒介，表达了对于东西方文化的一些思考。

　　奥兰的成名，来自 1976 年《艺术家之吻》挑起的丑闻。作为身体艺术家，她在当年的巴黎国际当代艺术博览会（FIAC）上做了一个惊世骇俗的行为表演：艺术家套着一个以自己上半身为模型的"接吻机"出现，只要在"机器"裂缝中投入五法郎，谁都可以自动获得轻吻艺术家的权利。1980 年代末，新的丑闻：奥兰开创了一个以美容手术为形式的一系列行为艺术。至今为止，她已经历 7 次手术，每次手术的同时，局部麻醉的艺术家进行现场表演。摄影、录像、合成图像，甚至密封保存了她的血肉的圣物盒，是这些手术的产物。其中，艺术家于 1993 年 11 月在纽约进行的整形手术，通过卫星，在巴黎的蓬皮杜艺术和文化中心被现场直播。这些影像，表现了奥兰被手术刀切开的脸，流血的、张开的或是肿胀的肉体。这些镜头，在那些反对者眼里是极大的丑闻。原因不一而足。

　　奥兰之举之所以被视为丑闻，首先因为她违背了新自恋主义主流将肉体与个体属性相结合的原则。打破了肉体与个体的联系，奥兰的肉体—机器组合，反驳了以延缓衰老和消除衰老迹象为目的的身体实践和保养。膳食、运动，当然还有美容手术，是这一系列实践中的主要组成部分，于是，节食、体力消耗和肉体痛苦结合在一起，来达到自恋主义所追求的永远的年轻和美貌标准。奥兰的创作，处在这些立场的对立面。美容手术对她来说是一个艺术工具，不是一个顺应美的社会标准或是迎合男性欲望的手段，如同女性主义者对她责备的那样。她的身体不是一个被精心照料的玩偶，而是名副其实的艺术创作材料。她所有的行为旨在消解个体身份和体裁，削弱它们与肉体的关系，如她没有名，只有无性的姓"奥兰";她经常极其挑衅地抨击女性主义者,如"我是一个(une,法语阴性冠词)男人,一个(un,法语阳性冠词)女人";最后,手术使她的外表变得过于短暂易逝,也就是说过于虚拟化,以至于根本不能代表某个稳定的个体。通过直接在肉体上创作,整形手术不仅是解体和重构,同样也是改变形象的方式。

奥兰的创作之所以被视为丑闻,其次是因为她的作品体现了受虐倾向,但是艺术家本人却一贯使用局部麻醉来拒绝肉体痛苦,这与阿奈特·梅萨杰在《自愿酷刑》(1972)中表现的女性为了保持"美丽"和迎合男性所自愿承受的肉体痛苦不同。此外,《艺术家之吻》在三个方面难以被社会接受:从伦理道德角度看,这个作品颂扬了纯粹快感和拜金主义;从男性视角看,该作品揭露了女性对男性欲望的逢迎;从美学角度看,该作品开启了"肉体艺术"先锋,即奥兰今天所倡导的以肉体为艺术材质的创作态度。

不过,最大的丑闻无疑来自整容手术对脸部产生的直接影响。作为内部与外部的分界面,脸部处于意义的中心地带,通过它,我们既是表达者,又是被表达者,脸部处于主观化的中心地带,通过它,我们被作为主题固定下来。这就是为什么脸部需要控制和操纵。同时,没有医疗上的必要性,而不断折腾自己的脸,这个举动看上去如此具有破坏性,不能不令人费解,甚至将其视为受虐狂或是死亡冲动。而事实却截然相反,这些手术的驱动来自对纯粹快感的寻觅:违反道德伦理、精神分析学、女性主义,特别是宗教强加给欲望的限制。

尽管美容手术具有一定的暴力性,不易被接收,但是迎合了奥兰追求超级肉体和虚拟肉体的乌托邦式梦想。通过把脸塑造成名画中人物的脸,奥兰将艺术史浩大体系中的一些碎片溶入了自己的肉体,同时也将自己的肉体溶入了艺术史的体系:比如用她的血肉制作的画和圣物盒,比如将自己变成真正的活艺术品。就这样,奥兰把自己的脸和身体与艺术混淆在一起,将艺术材料等同为生命体,模糊了公与私、内与外、此地与彼处的界线,也正是在这些过程中,脸和身体失去了现实的坚固性,溶化在杂交和国际化的艺术超级身体里。艺术自身也因此被分流。

自1990年代中期起,瓦内萨·比克罗夫特(Vanessa Beecroft)在全世界最大的艺术博物馆相继组织了多场由年轻女性参加的大型行为艺术表演,她们全都脚蹬高跟鞋，裸体或是仅着轻薄的内衣。2001 年 2 月，为了在维也纳美术馆举行的《VB45》（第四十五场）表演，艺术家发出了招聘启事，寻找 50 位年龄在 18 到 35 岁之间，身高在 1.75 米和 1.85 米之间，体型苗条的奥地利女郎。这些应征女子在表演中被要求持续站立三个小时，不动，不能说话，也不能与观众对视，而观众则被邀请观察疲劳是如何影响身体和改变这些活着的绘画的。身体和服装的完美，在这里用来作为主线。"在行为表演中，过失往往来自那些穿着劣质鞋子或是难看的毛衣的女孩，那些过高或是过矮的女孩。"[42] 造型的完美决定了模特的挑选和艺术家对女鞋与内衣品牌的选择（往往是世界著名品牌），

42. Vanessa Beecroft，与 Munro Galloway 的访谈，*Art Press*, n° 265, février 2001。

如在古根海姆艺术博物馆的表演，她"只用现存的最昂贵的比基尼"；对完美和绝对的追求，驱使艺术家让模特穿得越来越少，"我理想的衣服，其实是裸体"，她宣称。她对完美所抱有的唯心主义观念，最终使她将"行为艺术中性的成分减小到最低程度"。被选择的模特体型"中性化"，胸脯平坦，尽可能接近男子，能够做到"裸体却不性感"，甚至"冷却"观众，最终将行为表演变成"反色情秀"。瓦内萨·比克罗夫特从时尚、高级成衣和奢侈品中汲取灵感，从而确定其美学定位和操作方式。被筛选、被裸露、被无性化，然后被整齐地排列在演出空间里，这些角色，只不过是同一个抽象的模特的多数现身。她们并非克隆，因为不再是真正的具有人性的女性，而是一些基因突变的存在，偏离了几十年前女性主义的航道。

　　日本艺术家森万里子，同样于 1990 年代中期在世界艺术舞台脱颖而出，她在脱离现实和个体溶解的创作方向上比瓦内萨·比克罗夫特走得更远。她作品中所营造的非物质和无根性的氛围，来自电脑、网络、游戏、时尚、网上音乐的文化，以及无数混合手法的运用。她将自己拍摄成漫画中的人物，或是被飞在天上的小菩萨围绕着的超自然，她将自己置身于一个混合着未来服装和高科技环境的虚拟天堂里，或是躺在一个既象征着茧又象征着宇宙载体的有机玻璃密封舱内（《终站之始》?Beginning of the End?），将密封舱先后放置在 13 个具有历史象征意义的遗址（吴哥古迹、吉萨、乌尔等）和未来城市（伦敦、东京、香港、上海、纽约等）中，她的摄影作品（通常画幅巨大）总是如梦如幻，绚丽多姿，引人入胜。作品传达出某种积极乐观的精神，似乎艺术、生活、幸福和金钱重新找到了和谐。尽管这个和谐，只不过是一个表面，是一种遗忘，是对世界切实存在的不幸的忽视和冷漠。

难道艺术家不正在试图协调澳大利亚土著和"全球资本主义"[43]，物物交换道德和资本道德吗？以人道主义的名义，以普遍价值的名义，以唯灵论的名义，难道艺术家不在试图将 20 世纪面临瓦解的艺术、宗教、科学和自然之间的关系重新建立起来吗？通过未来主义科技和传统文

43. Mariko Mori，与 Eleanor Heartney 的访谈，*Art Press*，n° 256, avril 2000。

化，全球行为和地方文化赞歌，逃往未来和寻觅迷失的天堂这些奇异的组合，森万里子从现实世界隐退，逃避，将自己置身于另一个时空里，置身于这样一个王国，那里身体、性、文化、自然、科技、神、东方、西方、资本主义、土著，融为一个和谐世界。以"共享世界思想精华，让人类远离正在毁灭地球的那些政治、宗教或是意识形态冲突"为明确使命，还有什么比这更天真的念头？

瓦内萨·比克罗夫特和森万里子等艺术家的出现，与拉里·克拉克出版《塔尔萨》（1971）和南·戈尔丁的早期创作相隔了 20 多年，期间经济和社会的巨大变化，在技术、媒介和思想领域也带来了不可思议的变化。摄影在艺术中的功能改变了。克拉克和戈尔丁，还有荒木经惟、梅普尔索普、科普兰，或比林汉姆，他们用摄影界定了边缘群体的范围，对抗社会规范，创造了新的可视性（通常是性的或肉体的），维护个体的身份属性，故而，对他们来说，摄影是界定疆域的工具。今天，许多像比克罗夫特和森万里子这样的艺术家，反而用摄影来打破疆域界线。对相异性和个体的肯定消失了，取而代之的是关于同一性和形式标准化的主题。艺术圈的不断全球化，削弱了强调个体和区别的立场，无论是性和身体上的，还是疆域和民族上的。"我"、体裁、疆域、此处，甚至民族，所有这些概念，面临着作品中同一性和虚拟性的挑战。

横向性 TRANSVERSALITÉS

世纪之交的艺术—摄影，见证了一场艺术世俗化运动，将观众提升到演员的行列，汲取了商业和企业的运行模式。一方面，作品与观众之间的关系因交换原理和对话形式被更新。另一方面，消费、广告、时尚、企业，这些传统艺术之外的领域成为了艺术的美学范例。

＜对话关系 Dialogismes

在以"行动绘画"为标志（在电影界，与此同步的是以新浪潮为代表的作者电影）的"艺术家的艺术"后，而今艺术进入了"观众的艺术"。在这个新的形势下，艺术作品相对于观众不再是一个既存的完成品，观众也不再是简单的欣赏者，两者之间拥有活跃的互动关系。艺术作品不再是固定在画廊或博物馆的展墙上的图或物。与此相反，被展现的只是过程性作品的一个阶段，观众被邀请直接或间接地参与创作。"正是观众的眼睛完成了绘画"，马塞儿·杜尚不无挑衅地宣称。他还于 1957 年补充道，观众"为创作过程贡献了自己的一部分"[44]。杜尚提出的作品内在的对话性，与 1920 年代符号学界的思想形成共鸣，如符号理论家米哈伊尔·巴赫丁曾认为"作为整体的艺术事实，不取决于物品，不取决于孤立的创作者心理，也不取决于受众心理，而是取决于三者的总和。艺术事实是一个特殊的形式，通过作者和受众之间的相互关系而在艺术作品中固定下来[45]"。

前面提到，平川典俊镜头里的少女在公共场所摆出乖巧的姿势，而裙底的双腿根部却藏着一个振动按摩器。现实总是与摄影师的努力唱反调，破坏其忠实再现现实的企图。平川典俊揭露了摄影再现的缺陷，通过纪实的手法，来证明观众的主动参与和预先了解，是理解作品的必须前提，因为图像在其中只不过是一个苍白无力的传声筒。作为作品组成部分之一的图像，处在一个更宽泛的过程中，比如在这里具体表现为性，这个过程挑战了摄影的记录性。平川典俊的作品有力批判了摄影再现的空隙、表现结构的缺乏深度和肤浅性。事实和表象之间的距离何其大。《午夜卧室：1993 年 4 月 2 日，13：30，井之头恩赐公园，东京》呈现了这样一幅景象：公园里的一条林荫道，一个女人带着孩子坐在一条长椅上，不远处是另一条长椅，上面坐着一对情侣，女人正骑在男人的膝盖上。看上去，这是一张再普通不过的照片。但是，平川典俊配上了这样一段署名文字："我俩，彻也先生（Tetsuya Shiraton）、真由美女士（Mayumi Shimokawa），拥有性关系（交媾）。我们申明，当平川典俊先生拍摄这张照片的时候……我俩正处于热烈的性行为中，尽管从照片上看不出来。[46]"

44. Marcel Duchamp, *Duchamp du signe*, p.247 et 189.

45. Mikhaïl Bakhtine, « Le discours dans la vie et le discours dans la poésie » (1926), in Tzvetan Todorov, *Mikhaïl Bakhtine, le principe dialogique*, p.187.

平川典俊（Noritoshi Hirakawa, 1960— ）：日本摄影师及行为艺术家，现居纽约。"性"与"死亡"是他热衷的主题。

46. Photographie NB, 127×190 cm, Frac Languedoc-Roussillon

在纪实意识形态的艺术批评中，用圣·埃克絮佩里（Saint-Exupéry）的话来说，眼睛看不到本质。

尽管阿尔夫雷多·加尔（Alfredo Jaar）的大部分作品始于摄影报道的形式，但它们超越了纪实意识形态并赋予观众主动的角色。例如同样是拍摄瑟拉·佩拉达的金矿开采，他的创作意图完全不同于塞巴斯提奥·萨尔加多的纪实摄影。这个以开采条件原始落后而闻名的巴西金矿采集场，由于缺乏机械化设施，矿工们经常直接用手采矿，并在极其恶劣的天气条件下将金矿石背出来。萨尔加多以强烈的人道主义精神，记录了这个过程。他作品中的一切元素，包括精心的构图和用光，黑白照片的选择，对宗教绘画的参考等，都旨在打动观众，让他们深刻地感受到属于另一个时代的极不人道的生存条件。沾满泥浆，卑躬屈膝，无可奈何——面对这些镜头，观众似乎能够听到被摄影师神奇地升华为赎罪曲的矿工的低语。阿尔夫雷多·加尔则不同，他首先以摄影、摄像和录音的方式，在矿场采集了大量素材。然后在此基础上，他仅仅选择了五张照片，制作了一个由五张双联图构成的装置，名为《早晨的黄金》（Gold in the Morning）。这个作品曾参加 1986 年的威尼斯双年展。装置中，每一张照片以灯箱的形式出现，与一个金属箱构成双联，金属箱镀着金色，让人联想到黄金的光泽。灯箱和金属箱之间，照片和镀金表面之间，烙着劳作印痕的脸和金属抽象的表面之间的张力，为交换和财富价值所拥有的至高而抽象的象征性赋予了人性的厚度。几个月后，加尔在纽约地铁里离华尔街不远的春天街站，创作了另一个装置作品《毛片》（Rushes）。这一次，与矿工照片比邻的，是世界各大证券交易所黄金市价的指示牌。因此，萨尔加多和加尔的区别体现在以下这些方面：自给自足的照片和装置的区别，黑白与彩色的区别，新闻领域和艺术领域的区别，文献和作品的区别。但更关键的区别在于，两者对观众的要求完全不同，萨尔加多激起观众的情感感知，加尔促使观众参与和思考。类似的区别，也可以从加尔和摄影师基尔·佩雷斯表现卢旺达的不同立场中看到（参见前文 313—314 页，原书中为 550—551 页）。对摄影师来说，再现仍是使命，而对当代艺术家来说，它只不过是探索与客观世界关系的手段之一。如同其他艺术家，阿尔夫雷多·加尔运用摄影的目的是为了拓宽视野，为了超越再现和纪实的意识形态。

远远超越了单纯的摄影材料，1990 年代的许多作品旨在引起观众参与，激起他们主动的责任感。根据尼古拉·布赫欧（Nicolas Bourriaud）的"关系美学"，再现逐渐被与世界的关系所替代，艺术形式让位给人际关系的沟通方式，艺术作为物品消失在艺术作为事件的后面。里克力·提拉瓦尼（Rirkrit Tiravanija）的创作就是一个雄辩的例子，艺术家利用开放而具有亲和力的空间，如在休息室、咖啡馆或厨房里，甚至在艺术传统的空间里，邀请观众参与进来，放松、喝酒或吃饭，以此将他们转化成表演者，并修改观众与艺术品、画廊或美术馆之间的关系。于是，作品成了交换场所和对话空间：环境既是主题又是作品。展览成为创作本身，观众既是演员又是材质。

　　与这些观众参与的作品同时，在物的创造之外，在艺术家的主观性之外，在艺术界批评之外，一些作品果断地将目光投向"他人"：外人和差异。在这个领域，与其他媒介特别是录像相比，摄影的运用相对较少。如在加里·希尔（Gary Hill）的录像作品《观者》（Viewer, 1996）中，参与者（劳工移民）与观众的角色和目光相互交换。在录像装置作品《您是著作吗？》（Are You a Masterpiece）中，希尔维·布洛舍（Sylvei Brocher）试图与模特分享他作为艺术家的特权，在艺术家（主体）和模特（主题）之间建立双向的对话关系。

　　以希尔维·布洛舍的方式，但是以摄影的手段，马克·帕托（Marc Pataut）企图让模特成为创作的主体。长久以来，文献摄影毫无顾虑地剥夺了模特的图像权，如今，关键在于让他们成为主动的摄影合作伙伴。马克·帕托拍摄的大部分是弱势群体，被社会排斥和难以自立的人，这些因素反而为这个群体赋予了特殊的力量，使他们能够积极参与，扮演自己的角色，从而影响到整个拍摄的节奏和方向，特别是在帕托从1996年起为埃马于斯（Emmaüs）社区拍摄的一系列照片中。

　　在拍摄某个埃马于斯社区的成员（几乎全都坐过牢）之前，帕托计划利用几天时间与他们共处，以便加深了解。这个准备工作却让他发现，这些成员之间几乎没有任何相互的联系。在这样一个个体孤立的团体面前，要拍摄集体照，甚至二人一组的照片，都是不现实的。此外这些个体往往迷失得很深，都有颠簸起伏的个人历史，远离普通人的生活，这也为惯常的拍摄工作带来了难度。最终，帕托的方法是与他们接近和沟通。每个社区成员被安排在一间屋内单独进行拍摄，拍摄距离从远至近，每个距离一张照片，期间帕托和被摄者可以任意中止拍摄过程。"这项计划持续了一年半",帕托回述道,"我们之间建立起来的亲密关系对拍摄具有重要的意义。我的目光改变了：我看到了以前没有看到的东西。我明白了自己总能从他人那里学到一些东西。[47]"拍摄和对话,在寻找与"他人"的完美距离的特殊过程中相交。从相异性出发,在其基础上建立接近性和交换关系,从差异中丰富自身,让自己与"他人"的行为方式和节奏相一致,这些就是对话式摄影的主要原则。马克·帕托从中获得了新的见解,独特的图像,甚至某种社会行为方式。在这个对话性的探索实践中,矛盾的是,他倾向于使用沉重而操作缓慢的大画幅相机,而不是轻巧快捷的小型单反相机。因为尽管体积大,笨重,甚至老旧,但是大画幅相机具有 24 毫米 ×36 毫米（135）相机所不具备的优点,那就是它不能隐蔽摄影师的存在,这有助于对话关系的建立。因此,大画幅相机、模特和摄影师,构成了一个简单而不乏古韵的三位一体,交换的产生不仅通过目光,也通过机身——它的力量、重量和在模特面前摆放的方式。

英国艺术家吉莉安·韦英（Gillian Wearing）在使用录像之前,曾经用摄影的方式去邂逅"他人",同样也琢磨出属于自己的一个独特的手法。在《您想要他们说的话,不是别人想要您说的话》(Signs that Say what you Want them to Say and not Signs that Say what someone else wants you to Say, 1992-1993) 中,艺术家在伦敦街头向无名的路人发出邀请,递给他们一支记号笔和一张卡纸,请他们描述自己当时的情感或观点；然后,她拍下了对方对镜头举着卡纸的照片。在普通的街头,这个不寻常的行为最终能导致某种欲望、焦虑和绝望的情绪的迸发,例如,"我很绝望",一个外表优雅的年轻男子这样写到,而另一位成熟女子发出的信号则同样以"无望"结尾。韦英认为,"最关键的在于,在街头接触这些陌生人,我们之间产生的互动关系"[48]。与报道摄影的偷拍方式背道而驰,这在于创造条件,让个体接受从匿名状态到公开坦白和展露自我。在《创伤》(Trauma, 2000) 中,吉莉安·韦英继续这条创作轨迹,但是摄影变成了录像,其中,她在影棚摄录了一些带着面具的男人和女人正在讲述各自创伤经历的过程。这些主人公之所以都带着面具,是因为他们的故事太悲怆,公

47. Marc Pataut, Forum culturel du Blanc-Mesnil 研讨会, 1997。

吉莉安·韦英 (Gillian Wearing, 1963—)：英国艺术家。她利用纪实摄影、电影和电视技术,通过对情景的微妙设置,来探讨人与人之间的复杂情感以及人们在日常生活中的悲欢离合。她曾说过,希望通过自己的作品来了解别人,同时也更好地了解自己。

48. Catalogue, Gillian Wearing. Sous influence, p.12.

众不可想象。似乎当痛苦达到一定的程度，是不可能同时展现和讲述的。似乎可述与可视，是不能并存的，或是难以保证同时出现的。

将艺术置于交换和对话的主导下，给观众一个主动的位置，将创作行为导向"他人"，这些是艺术对世界产生共鸣和世俗化的方式，也是它反对"他人"主义、孤立主义和个人主义的谦逊的方式。但是同时，世界从外部对艺术发生着强烈的影响，特别是市场经济及其体系、价值观和形式等，从 20 世纪末起，开始了对西方世界的绝对主宰。

在微抵抗和传播之间，艺术的一部分就这样被改变了，并且在大众消费、所有制、广告、商品、时尚、企业等商业模式的影响下，艺术作品被彻底格式化和组织化。

< "商业模式" "Business models"

马修·劳雷特（Matthieu Laurette）连续几年吃饭洗漱不花一分钱，这可能是全世界最合法的免费行为。他的技巧是，专门购买大商场里标有"首次购买退款"或是"不满意退款"的促销商品。不过，不满足于独自抵制，他试图大范围地分享自己挖掘消费机制漏洞的经验。1997 年 10 月，在南特地区做的行为艺术《让我们过退款生活！快来发现 100% 退款的商品》中，他开着装满退款商品的带橱窗的卡车，散发传单和招贴画，向当地居民进行宣传。他还以"如何购买退款品"为主题组织了超市导游和研讨会。这些举动让劳雷特一举成名，地方的新闻和电视媒体相继对他进行了报道。完全合乎逻辑地，接着他在网上开设了《退款品网页》，介绍当下最优惠的商品促销，"数以百计的商品，百分百退款，具体操作方式，照片，邮寄地址……同时还有马修的诀窍，退款餐饮，等等"[49]。这个网站有意识地增加了劳雷特作品的暧昧性，艺术家本人承认揭露消费的弊端并非没有后果。因为，网站的性质永远在抵制消费、发展信徒和促销之间摇摆不定。

49. http://www.labart.univ-paris8.fr/laurette.

如果说克罗德·科罗斯基（Claude Closky）针对大型销售偶像的作品具有批判效应，如果说它们有力揭示了我们生存的视觉环境中所饱和的商品符号和修辞，那么，这是堆积和对比的游戏所产生的效果。大型壁画式的作品《欧尚》（Auchan, 1992）由 10 条字母表，260 个字母构成。这些字母全部是由艺术家从大型超市的广告标志上拍摄下来的。《1000 件要做的事》（1993—1997）则汇集了从广告语中摘录来的 1000 条指令，如"加满精力"，或是"更好""要月亮"等。这些商品修辞的提炼，形象地阐释了德勒兹和瓜塔里的观点，即语言"不是信息传播，而是指令传达"[50]。商品图像，充斥了我们的目光，引导着我们的行为，同时也标志了我们的时间，如在集成照片《1994 年 1 月 5 日至 12 月 31 日》中，一年被一系列的广告促销语不间断地勾勒出来："1 月 19 日至 29 日，漂亮街区享受勒克莱尔（大型销售商）价格"，接着"1 月 27 日至 2 月 7 日，12 天优惠。10000 公里油费大赠送"，等等。

50. Gilles Deleuze et Félix Guattari « Postulats de la linguistique », *Mille plateaux*, p. 100.

商品和消费对艺术创作的影响，在被抵制的同时也在不断递增，这体现了艺术的世俗化，体现了广告通过摄影产生的魅力。

≪ 广告 La publicité

我们都知道波普艺术，特别是安迪·沃霍尔对广告的着迷。沃霍尔感兴趣的，同样还有对消费社会和景观社会的批判，在他的作品里往往体现为将名人（玛莉莲·梦露、猫王等）降低到无生命的物品的行列，或是将这个社会的浮华和虚假的幸福表现在对比强烈的灾难中：车祸、电椅等。

广告的形式在那些持明确批判态度的作品中的运用则显得出乎意外。汉斯·哈克（Hans Haacke）在作品中使用最典型的广告技术，来揭露资助艺术的大企业和独裁体制之间的利益勾结。《A Breed Apart》（1978）系列矛头指向汽车制造商英国利兰汽车公司（British Leyland），以广告形式出现，由 7 张豪华加长轿车（包括商标）的照片构成。在《这就是阿尔康》（Voici Alcan，1983）中，作为主题的魁北克铝业集团被指控以艺术赞助之名与南非当权派合作，构成作品的三张大照片上，同样为商标保留了醒目的位置。

在芭芭拉·克鲁格（Barbara Kruger）的作品中，大众媒体和广告招贴占据了重要的位置，她从广告修辞中提炼出了作为社会规范载体的女性刻板形象。广告语和照片对比形成的紧张气氛，为图像赋予了强烈的个性，使它们像广告商标一样即刻被识别。深受米歇尔·福柯、让·鲍德里亚和罗兰·巴特思想的熏陶，闻名于 1970 年代纽约的文人圈和艺术界，克鲁格的早期作品带着鲜明的斗争色彩。虽然避免了 1980 年代美国艺术朝形式主义方向的偏航，但是无论从艺术角度还是政治角度看，这些作品都具有自相矛盾性。带着传达明确的观念意义和突出另类的初衷，这些作品介于艺术和传播的十字路口，具有"反对世界运行方式"[51] 的倾向，具有可互换性。事实上，正是这

51. Theodor W. Adorno, *Notes sur la littérature*, p.289.

个可互换性决定了克鲁格在 1990 年代的艺术走向，比如她以同样的创作方式为《经济学人》周刊（The Economist）所作的一个大型广告宣传，也就是为一个意识形态与其曾经的艺术宗旨完全相左的报纸服务，这完全有悖于其作品中曾流露出的女性主义姿态，及其对拜金主义和父系制度的抨击。

在斗争艺术的死胡同和克鲁格个人创作之外，她为《经济学人》创作的系列，揭露了将话语和形式结构、信息和图像、理性言论（理念）和与物体之间特有的前理性关系（模仿）分开的根本的异质因素——传播与艺术之间的差异。如果克鲁格的标语首先挑战了广告形式，那么为《经济学人》所做的宣传则对它是某种形式上的回报。作品中形式的力量颠倒了意识形态并吸收了政治信号。在克鲁格构思的艺术—广告组合中，制定法则的是广告：形式和载体（特别是巨大的墙上招贴广告）被强加于信息。因为信息首先必须符合形式、装置和载体的逻辑，然后才能被传播。

前面提到，丹尼斯·亚当斯是如何将摄影作品融进城市中的巨幅广告或是公共汽车候车亭，从而挫败广告装置：通过拒绝单义和明确的信息，通过将每个作品置身于特定的象征性的场合，通过激发疑问而不是给予答案。他的创作，不同于芭芭拉·克鲁格，更不同于理查德·普林斯（Richard Prince）。普林斯属于占用图像的一代，他把杂志中的广告脱离文字，然后拍摄下来，以万宝路广告为主题的《牛仔》（Cowboys, 1980–1987）系列就是这样诞生的。对广告的兴趣，将他与雪莉·莱文区分开来，而将他与波普艺术家拉近距离，同时，试图颠覆广告逻辑这一点，又让他不完全等同于波普艺术家。沃霍尔曾经通过丝网版画和后期处理，来将大众文化和消费的典型符号系列化和图像化。普林斯则相反，他从系列图像中提炼出一张唯一的图像，而且他刻意地在复制的照片中制造不精确的模糊效果，动摇了广告中理想化和脱离实际的完美世界。

在 1980 年代的法国，广告与艺术的结合也非常多见，摄影是经常被采用的材质。贝尔特郎·拉维耶（Bertrand Lavier）用物品重叠而制作的雕塑作品（冰箱

在保险箱上、灯具在金属文件柜上等），作品名称也是由这些产品的品牌名构成的，并将商标放在醒目的位置，如《喜图 / 帝国》（Siltal / Empire，1986）、白朗 / 库宝（Brandt / Fichet Bauche，1984）、卡耐普—帝王 / 所立德工业（Knapp-Monarch / Solid industries，1986）等。商标，即物品的商业属性，与造型价值同样重要。同一时期，在安吉·莱西亚（Ange Leccia）的作品《布局》中，可以看到一些收音机和它们的 JVC 包装盒，一辆被高高置于类似车展陈列架上的 CDV 奔驰 300 CE，两辆光彩夺目的本田摩托车，背后是六张大幅招贴画，画上是正在亲吻的少年。广告、奢侈品、华而不实，也体现在菲利普·卡扎尔（Philippe Cazal）拍摄的由鸡尾酒、高脚杯和香槟构成的世界，这些来自广告的典型元素，也形成了他创作的独特风格和品牌。作为《公众》（Public）杂志的主管，卡扎尔是 1989 年"法国艺术不存在"[52] 计划的

52. Nadine Descendre, « Il n'y a pas d"art français" », *Public*, n° 4, 1989, p.7-17.

主要发起人之一，和他一起，杰奎琳·多瑞亚克（Jacqueline Dauriac）、理查德·巴齐耶（Richard Baquié）、让—马克·布斯塔芒特（Jean-Marc Bustamante）、贝尔特郎·拉维耶、杰拉德·柯林—提耶波（Gérard Collin-Thiébaut）、安吉·莱西亚、米歇尔·维尔朱（Michel Verjux）等艺术家，惋惜在"信息社会"迅猛发展的今天，他们的艺术"缺乏国际社会承认：缺乏市场，缺乏艺术代言和评论，缺乏新闻媒体的支持"。为了回答这个悖论的局势，围绕《公众》杂志汇集在一起的艺术家们期望"重新占用大众传播的功能机制，及其再现和言论系统的表现方式"，因而，他们的作品（物品、布局、装置、形势或态度）"操纵了我们社会的形式和媒介象征，以及较为传统的工艺比如摄影、绘画和雕塑等"。

在此，艺术家们将艺术与广告、传播和时尚相结合的尝试，具体表现在主题和形式上（卡扎尔），品牌的介入（莱西亚、拉维耶），电子聚光灯（莱西亚、维尔朱）和幻灯片投影（多瑞亚克、柯林—提耶波）的反复运用，字母缩写和商标的运用（IFP、菲利普·卡扎尔），以广告灯箱的形式来表现图像（IFP），装置艺术中对企业报告厅的模拟 [维尔穆特（Vilmouth）]，形式上一贯的非个性化和工业化的特点，对艺术和时尚的交叉运用 [比如艺术代理商吉斯兰·莫雷—维也维尔（Ghislain Mollet-Vieville）和菲利普·卡扎尔组织的在当代艺术背景中进行的时装秀]，当然还有将广告公司作为艺术活动的参考模式。其中立场最激进的有 IFP（Information Fiction Publicité："信息，虚构，广告"的缩写），特别是由

菲利普·托马斯（Philippe Thomas）创立的"现成品属于每个人"（Ready Mades Belong To Everyone），这个广告公司将艺术家变成了真正的服务行业从业者。

≪广告公司 L'agence

菲利普·托马斯（Phillipe Thomas）曾经是 IFP 的成员，他自己于 1987 年 12 月在纽约成立了一个广告公司，名为"现成品属于每个人"，又于 1993 年 11 月关闭（子公司于 1988 年 9 月在巴黎开设）。此举将其艺术活动附属于被传统艺术蔑视的企业和广告的运行模式和价值体系，也体现了后者对艺术的渗透现象。同时，菲利普·托马斯以企业为载体的艺术活动，也为激进的艺术批评提供了养料。

确实，菲利普·托马斯的作品，通常围绕着一些滚烫的问题展开：对署名的否认、艺术的非个人化、作者的消失等。这个定位，无疑与 20 世纪绘画的权威性的丧失有关。这也与 1960 年代结构主义理论家对作者概念的批评产生共鸣，如路易·阿尔都塞（Louis Althusser）、罗兰·巴特、雅克·拉康、米歇尔·福柯等。如同一个微妙的游戏，托马斯用各种男女假名来为作品署名，比如 Michel Tournereau，Daniel Bosser，Simone de Cosi，Marc Blondeau 等。不过，更是通过作品自身，托马斯企图打破艺术家与作品之间的外在关系。

1985 年，在蓬皮杜艺术中心由让–弗朗索瓦·利奥塔（Jean-François Lyotard）策划的展览《非物质》上，菲利普·托马斯展出了一个三联作品，名为《任意主题》。这个被印制成好几份的作品由三张完全一样的表现海景的彩色照片 [65×80（厘米）]构成，每张照片带有一个说明卡。第一张照片的说明是："无名氏。地中海（全景）。不限量"；第二张照片说明是："菲利普·托马斯。自拍像（心景）。不限量"。至于第三张照片，则等待收购者来为其署名。也就是说，第三张照片的说明每次都有变化，如可以是这样的："LIdewij Edelkoort。自拍像（心景）。单张"。因此三联图中的前两幅作品（包括照片和说明）是可复制的，而等待收购和署名的第三幅作品，为其赋予了唯一性。这个行为将传统艺术的运行方式完全颠倒了过来，也就是从此以后，"收藏家晋升为艺术家，53. Claude Gintz, *Ailleurs et Autrement*, p.185. 他的签名成为作品的防伪鉴定标志，菲利普·托马斯的名字仅为参照"[53]。艺术家隐退到收藏家身后。

正是在这个逻辑下，1987 年 12 月，《现成品属于每个人》以广告公司的形式成立，名字既以马塞儿·杜尚的"现成品艺术"为参照，又与其保持区别。将艺术家的名字变成收藏家的名字，完全与杜尚的思想相左，因为对后者来说，正是签名或是名字（不管是真实的还是虚构的）将普通的物品象征性地转化成艺术品。杜尚的现成品是唯一的，因为艺术家以其作为作者的签名和作为个性的独特性，扮演了几乎造物主的角色，而托马斯的现成品则是可复制的、拥有多个作者的，无论是从司法角度还是艺术角度，它们属于所有的人，更确切地说，属于购买作品的任何一个人。作为参照的不再是创造者（如传统艺术中那样），不再是构思者（如同在杜尚或是其他观念主义艺术家那里），也不再是公众（如同在关系美学的追随者那里），而是它们的买主，如同广告。作品不再和起点（作者）有联系，而是与多个终点（买主）相关，并且常常是短暂的关系。艺术家与作品之间联系的断裂，意味着作者独特性的消失，意味着对署名的否认和"收藏家—买主"地位的抬高。

　　显然，以广告公司为形式的艺术运行，迎合的是传播的价值观，特别是在大众传媒迅猛发展的 1980 年代，也正是基于这一点，里昂的广告人和艺术商，菲利普·托马斯的志同道合者，乔治·维尔内—卡容（Georges Verney-Carron）提出了艺术与传播的类比观念，将工业产品的流通渠道等同于艺术品的流通渠道，如将画家的画室比作企业，画廊比作商店，产品展销技术比作布展技术等。维尔内—卡容认为，"所有销售的技巧都可以完美地应用到艺术市场"[54]。不过，广告在这里更促成了对艺术的双重批判：一是前面提到的，艺术家与作品之间的关系，二是传统的关于再现的概念。更确切地说：表现与再现之间的关系。对菲利普·托马斯来说，艺术中再现压抑了表现，而艺术的使命并不在于再现现实，而在于表现超越了可视性的现实。不过，

54. Georges Verney-Carron, « Sur un lieu commun », *Philippe Thomas. Les readymades appartiennent à tout le monde*, p.69.

55. Patricia Falguières, « Codicille », *Philippe Thomas. Les readymades appartiennent à tout le monde*, p.45-52.

被艺术压抑的表现，正是广告的理念，从某种意义上说，广告重陈述而轻陈述内容，重事件轻物体。对广告来说，推销一个产品的关键不在于逼真地再现这个产品，而在于推出一个品牌（产品或是企业的名称），并为其赋予相应的价值，这远远超越了再现的范畴。

　　这个既受广告影响又对其进行批判的艺术，主要建立在摄影的基础上，如同菲利普·托马斯对其在观念上的出色运用。[55] 比如，1990 年，在一个表现马赛、

巴黎、波尔多和里斯本的系列中，署名为 Marc Blondeau，这显然具有"双关"[56]
含义：一方面，该作品以"现成品属于每个人"广告公司为参照，以艺术和商
业之间的关系为参照；但是，另一方面，通过分散在城市里的征兆及其在照片
上的再现，试图在作品中重新融入叙述、故事和情节，这些托马斯视为被"现
代的被动"[57]撤销的元素。与观念主义一脉相承，同时遵循着广告公司的运行逻
辑，这些摄影图像运用不同的载体，超出了画廊的范围，出现在招贴画、明信片、
书籍和宣传册中。如同观念艺术家，在

56. Marc Blondeau, *Lieux communs, figures singulières*, p.71.

57. "现代的被动"是波尔多当代艺术馆所做的《苍白之火》的展览的一个部分，由"现成品艺术属于每个人"公司协助（1990年12月—1991年3月）。

58. Daniel Soutif, « Feux pâles. Souvenirs », *Philippe Thomas. Les readymades appartiennent à tout le monde*, p.109-130.

画廊做的展览的最终目的是出版。

在菲利普·托马斯这里，摄影的运
用不光是为了宣传和复制，更重要的是
为了创作和更新艺术。为此，方式也多种多样。摄影或是被纯粹地运用或是以印
刷版本出现，成为其公司的主要使用材质。更确切地说，正是摄影充当了艺术与
商业之间的中介：或是以直接的方式，如同在城市系列中；或是通过广告来体现，
比如在这张照片上，巨大的会议桌被空荡荡的椅子包围着，标语为："说声'是'，
足以改变物体的面貌"，照片的载体是贝登集团（法国一家专营户外广告的大公司）
的广告灯箱（乔治·维尔内—卡容，《布局88》，1988）。

通过严肃而尖锐的艺术史批判来更新艺术，是托马斯公司于1990年12月在
波尔多当代艺术博物馆所做的展览《苍白之火》的主题。展览由11个部分组成，
旨在质问20世纪艺术史的几大主要特征。[58]"难忘的清单"和"收藏家的陈列室"
两个部分致力于现代主义之前的艺术，"剩余艺术"部分表现的是某种类型的现
成品艺术和艺术家收藏的各种剩余物。与这个部分形成对比的是"无物质博物馆"，
展现的是空的艺术，被抽离了物质实体的脱离实际的艺术，以观念艺术和极简艺
术为代表。在第五部分"现代的被动"中，格哈德·里希特和艾伦·查尔顿（Alan
Charlton）的单色画，包围了阿兰·麦考伦（Allan McCollum）的巨大的不反映参
照的摄影作品，这部分主要揭示了自马奈以来的现代主义绘画中事件的消失。摄
影在展览中仍旧被作为材质，但更是艺术史的参与者，如在"肉体真可悲，哎！
而且我读过所有的书"中，雪莉·莱文刻意仿效沃克·埃文斯，不断重复司空见
惯的东西，暴露出艺术史中的口吃现象。第八个部分围绕着菲利普·托马斯的大
幅摄影作品展开，名为"思考的博物馆"。这个作品介于马塞尔·杜尚闻名遐迩的《手

提箱中的盒子》（Boîte en valise）和马塞尔·布鲁达埃尔（Marcel Broodthaers）同样著名的《现代艺美术馆，鹰之部》（Musée d'art moderne. Département des aigles）之间，巨幅照片表现的是一个假收藏家的假公寓，照片周围，从地面、墙壁到天花板被覆盖满了带框架的各类美术馆的正面照片。展览的第十一个即最后一个部分，名为"索引"，以对符号学的美学论战为支撑，勾勒了一个切实的索引程序和托马斯公司作品索引的清单，如一个电脑上以条形码的形式显示了该公司售出的所有绘画作品索引，一个记录了他的活动时间和国家的工作表，一个署名"Marc Blondeau"的不干胶贴纸等。这些托马斯公司的产品，与罗伯特·莫里斯（Robert Morris）的《卡片文件夹》（Card File）和德国艺术家托马斯·罗彻（Thomas Löcher）的摄影作品（该作品将所有物品紧密汇集在一起：餐具、厨房用具、电器、几何形的木制品等，每个物品都被编上号）并列展出。

罗伯特·莫里斯（Robert Morris, 1931— ）：最具意义的美国战后一代艺术家中的一位。雕塑和装置是他的主要创作领域，他的创作深受抽象表现主义的影响，同时也推动了极简主义的形成。

59. Pierre Bourdieu, *Les Règles de l'art*, p.121-126.

展览最后诞生了一个摄影作品——《收藏家的陈列室》（1991），该作品由 12 张大幅黑白照片构成，表现了《苍白之火》展览的入口和 11 个空间，分别被平放在一个可移动推车的 12 层隔板上。

≪企业 L'entreprise

艺术和企业之间的关系，曾经为菲利普·托马斯这类艺术家提供了创作框架（托马斯 1995 年逝于艾滋病），欧洲进入 1990 年代以后，这些关系将发生巨大的变化，市场法则将更直接地进入艺术领域：无航标、无顾虑，甚至不需要任何托词。

为了挑战和反对美学和商品价值之间的差异，法布里斯·伊贝尔（Fabrice Hybert）成立了一个名为"无限责任"（Unlimited Responsibility）的公司，与菲利普·托马斯及其"现成品属于每个人"形成呼应。但是，他的行为更为出轨：托马斯仍旧忠于艺术的命题，成立的公司不过是用来艺术地研究这些命题的手段，而伊贝尔则彻底将艺术和商业结合在一起。他的操作模式和关心的问题完全扎根在艺术领域之外。如果说，长久以来，艺术曾经是"经济颠倒的世界"[59]（皮埃尔·布赫迪厄），那么法布里斯·伊贝尔的计划则企图将艺术经济地摆正位置。在这样一个前所未有的艺术直面企业和市场逻辑的背景下，也就是说，直面曾经被视为绝对异质的逻辑，法布里斯·伊贝尔采用了非常激进的立场。其他艺术家，如沃夫冈·提尔曼或是布鲁诺·塞拉朗格，他们的创作与企业界的关系更多的是美学意义上的，而不是直接的经济关系。

1994年，法布里斯·伊贝尔成立了一个有限责任公司，名为"无限责任"，简称UR，目的是为了生产和传播POF，即功能合格产品的样品（Prototypes d'Objets en Fonctionnement），如《雷达》是带着两个帽舌的鸭舌帽，《北非长袍—教士长袍》（Djellabah-soutane）将两个极端保守主义连在一起，又如《皮肤》，是用乳胶或是聚氨酯弹性纤维制作的衣服，象征着人类的第二肌肤。1995年，伊贝尔把巴黎城市现代美术馆变成了一个巨大的寄卖商场（自行车轮、动物标本、小板凳等），最后，所有的寄售物品被艺术家用素描记录下来。在1997年的威尼斯双年展上，他将法国馆变成了电视录像棚，而2000年，应卡奥尔（Cahors）市政府的邀请，他将该城的装饰树循序渐进地替换成了结满果实的树。这个行为的寓意在于：不为装饰而生产，取消不结果的美。一贯将实用和美观、生产和艺术结合起来。伊贝尔不再使用摄影，因为他试图脱离再现的束缚，追求观众的参与；因为他认为行为方式和试验探索比物质更重要。

反之，布鲁诺·塞拉朗格（Bruno Serralongue）只用摄影来创作。他没有成立公司，但是他的艺术创作完全依赖企业，具体来说是不同国家、地区的新闻企业。他的创作宗旨是以新闻报道之名来艺术地批判新闻。塞拉朗格有时通过加入某个报纸，来进行事件报道，但是始终与新闻记者的职业行为保持一定的距离。1994年，《琐闻》（News Items）汇集了《尼斯晨报》上社会新闻栏报道过的一些事件发生地点的照片，但与报道摄影师所惯有的追求独家新闻和迫近事件的竞争心态不同，塞拉朗格选择了滞后干预（通常是第二天）的方式，因而他所拍摄的事发地点往往是空无一人的。面对"决定性瞬间"和在现场（靠近）的神话，塞拉朗格提出了"事后"和距离，也就是说滞后和画面外的视角：事件的延伸观念，这也对信息系统和纪实机制的功能进行了批判。

与此同时，布鲁诺·塞拉朗格拒绝使用记者证或是委派证，在他看来这些是信息处理（信息收集、格式化和传播）特权的象征，也不可避免地导致情报提供、主题和形式上的妥协。因此，无论是前往拉斯维加斯拍摄约翰尼·哈利戴（Johnny Hallyday）的追星族，还是前往墨西哥恰帕斯州拍摄副司令马科斯（souscommandant Marcos），他都不携带任何新闻或是委派证件。当然，最大的风险是拍摄不成，白跑一趟，这也是逃避信息工业机制可

约翰尼·哈利戴（Johnny Hallyday, 1943— ）：法国歌坛的"常青树"，摇滚巨星。他成名于 1960 年代，被称为法国摇滚歌坛里程碑式的人物。他也是一位演员，在多部电影中有过出色的表演。

能付出的代价。此外，塞拉朗格的另一个选择也颇具挑战，这回是技术上的：报道摄影师的典型器材是小型轻便的机身加上一系列可置换镜头和马达，而他却一贯坚持使用沉重的大画幅影棚用相机。于是拍摄的缓慢替代了快速，大底片替代了胶卷，精打细算取代了无限量的拍摄。另一个行动节奏，决定了另一种视觉方式。

　　最后，传统摄影报道的一大重要特征值得艺术地质问：回应预约指令，迎合强加的选择，拍摄缺乏事先关于主题和形式的思考，避免任何个性化、有署名嫌疑的拍摄。这也是为什么，1999 年 11 月，塞拉朗格要求加入《巴西日报》摄影部，做了一个月摄影记者的原因。像该报的其他摄影记者一样，他在一个月里报道了里约热内卢大大小小的事件。他拍的照片，或被拒绝使用，或原封不动地发表，或修改后再发表（重新剪裁、彩色变黑白等），总之他本人被剥夺了对照片的所有权。这个经历让他看到了新闻机制是如何罢免作者职能的。从某种意义上说，正是为了重新占有这个经历，他创作了以《巴西日报》为名的摄影系列。

　　艺术家通过报道来创作，似乎他的作品必须经过一个完全实用的步骤，似乎它们必须经过粗糙的实践的磨练。为什么将艺术与它的外在、与企业的法则对照？或者：为什么将作品夹在艺术之外（创造过程）和艺术之内（展出结果）？目的是为了测试今天的艺术对现实的感知力和对视觉机器的抵制力吗？在塞拉朗格的创作中，从新闻到艺术的过程，体现在放弃小型轻便的相机而采用笨重的大画幅相机，照片的放大，从报纸空间到画廊空间的转换，对图片说明的删除，照片印数的限量相对于报纸印数的不可计量，图像流通速度的减慢，对纪实摄影真实性机制的瓦解，等等。

　　通过模糊艺术与非艺术之间的界限，布鲁诺·塞拉朗格的作品可以被归入"解构艺术再现机制中的类型、界限和等级"[60] 的运动。正是在这个运动中，产生了艺术与时尚的组合。

60. Jacques Rancière, « Le tombeau de la fin de l'histoire », *Art Press*, n° 258, juin 2000, p.16-23.

≪时尚 La mode

时尚摄影和当代艺术的相交，发生在20世纪的最后10年间。这期间，一方面，"纯艺术"和"应用艺术"的传统类型正在解体，也就是艺术和时尚之间前所未有的碰撞具备了可能性。另一方面，时尚摄影界出现了新的表现形式，摒弃了以往虚假造作的装饰性，推崇街头、运动型或是电影化的取景。同时，服饰本身正趋向次要，这意味着摄影从实用和描述的束缚中解放了出来。从此时尚摄影摆脱了再现（服饰）的义务，开始向其他的领域敞开大门：艺术、设计、建筑、音乐等。[61]

61. Frank Perrin, « Vision 2001 », *Crash*, n° 16, mars-avril 2001, p. 108-109.

62. Terry Jones, fondateur et directeur du magazine *I-D*: entretien avec Michel Guerrin, *Le Monde*, 12 avril 2001.

这个摄影、时尚和当代艺术之间的重新界定，首先来自由特瑞·琼斯（Terry Jones）创办的英国时尚杂志《i-D》的推动，此后一大批同类型杂志蜂拥而起，如《The》《RE》《Purple》《Crash》《Self Service》《Sleazenation》、《Tank》《Pil》《Soda》《O32c》《Richardson》《List》《Commons and Sense》《Very》《Big》《Eye》《Mixt（e）》《Dutch》《Wish》《Sueellen》《Massiv》《Composite》《Nest》《Style》等。这些杂志不仅引领时尚，也表现了千年之交西方年轻人的时尚方式，并以创新的方式体现出时尚与当代艺术、摄影、音乐、电影、技术、设计，以及城市生活、性、色情的融合。

在这些以摄影为主的杂志中，时尚与当代艺术的结合具有多种多样的方式：通过发表摄影集，杂志相当于展览空间；与最知名的艺术家进行合作，如2001年春，理查德·普林斯与《Purple》杂志、莫瑞吉奥·卡特兰（Maurizio Cattelan）与《i-D》的合作；进入美术馆书店；协助旗下一些摄影师进入画廊和美术馆展出。这里，关键不在于时尚摄影上升到当代艺术行列，也不在于当代艺术倒退到曾被视为不纯粹的时尚领域，而是各类实践和关系在对价值观重新定义过程中的重组，是新的地带和新的混合方式的萌芽。"我们将画廊空间与报纸空间进行对照"，特瑞·琼斯（Terry Jones）于2001年4月宣称，"来自纽约、洛杉矶、巴黎和米兰的32家画廊出席。艺术家莫瑞吉奥·卡特兰担当解说。艺术与时尚之间的关系，包括所有形式的联接，在今天已是非常突出而牢固。《i-D》是艺术家的资助伙伴；我们不仅发表他们的作品，还在画廊和美术馆展出他们的作品。[62]"

尤尔根·泰勒（Jürgen Teller）、大卫·西姆斯（David Sims）、克雷格·麦克丁（Craig McDean）、阿内特·奥瑞尔（Anette Aurell）、特瑞·理查森（Terry

Richardson），以及沃夫冈·提尔曼
(Wolfgan Tillmans) 的作品，为特瑞·琼
斯及其志同道合者的理想提供了形式
上的支持，使他们能够在这个飞速向
前发展的世界里捕捉最微妙的脉动，
提炼出新的可视性。为此，《i-D》依
托了以下几大理念：文化上的折衷主

63. Terry Jones：“走在街头，您将发现来自不同国家的面孔。
《i-D》应该将名人和普通人视为同类，不分类别地反映这些
多元化的美。人应该个性化地存在，带着自己的名字、口
味和理想。学生和失业者这在我们这里，和马多娜占有同
样的位置……我需要非常简单的图像，需要关注人群胜过关
注时尚的摄影师……今天，简洁明了仍旧是图像的核心……
我们一贯坚持生活路线和折衷主义。我痛恨一元文化。”（Le
Monde, 12 avril 2001.）
64. Wolfgang Tillmans, « Talking Pictures », entretien avec Carlo
McCormick, *Paper Magazine*, 25 novembre 1998.
65. 同上。

义和杂交主义，拒绝刻板印象和矫揉造作，推崇图像的简单清新，不追星捧月，
以普通人的需求为上。[63] 事实上，这个原则的根本与激浪派产生了强烈的共鸣：
生活比时尚更重要。提尔曼的拍摄手法体现为表面上的潇洒和直接，甚至接近
业余爱好者或是摄影报道的风格。通过对现实、真实性和业余性的吸收 [64]，通
过在现实与虚构之间游戏，他提出了反对一切不自然的人工技法的“新形式主
义”概念，并相信能够在服饰的折痕里找到记忆和生活的痕迹。拍摄最普通的人、
物和景，是抵达“真实的情感、真实的故事、真实的经历、真实的磨损”[65] 的方
式。但是，这个现实，更接近于欲望的现实，而非视觉的现实。“我拍摄的照片，
既代表了我的欲望，也代表了当我产生这个欲望时的所见”，提尔曼承认。

此外，沃夫冈·提尔曼作品中当代艺术与时尚摄影的结合，还体现在美术
馆的布展形式上。他直接用大头针将照片固定在墙上，这些照片大小各异，材
质也不统一——照片或是印刷品，拍摄时间和主题不同——肖像、静物、日常
生活场景等。并且，图像在墙上的排列方式，借鉴了杂志的版面编排方式，这
也体现了新闻形式对艺术馆空间的入侵。就这样，这些图像勾勒了一些叙述性
的经历，暗示了平常中蕴含着不平常。它们传达出生活、性和价值观复杂而暧
昧的感觉，正如图像摇摆于摄影和当代艺术之间、杂志和展墙之间、场景摆布
和现场报道之间、现实和虚构之间。也许，就这样诞生了新的可视性，一个新
的真实性机制，一个现实与虚构之间的重新界定。

结论 CONCLUSION

　　长久以来，摄影被简化为一个单数的机器装置，本书试图从复数的角度出发，将摄影的图像、用途、表现形式、疆域、持续性变化等因素结合起来研究。并且，从被誉为"体现了摄影本质的文献"这个颇具争议的命题着手。

　　为了避免落入本质论的狭隘，避免将其固定在单一论点（文献）上，完全依照摄影发展的轨迹（"艺术中的另一个艺术"，艺术—摄影，就这样产生于 20 世纪末），本书阐述了摄影是如何在多个形态（文献、表现、艺术）之间摇摆的。面对本质主义和那些普通的静态理论视角，本书试图揭示摄影的发展演变。

　　因为，事实上，摄影与那些将其简化的抽象言论之间存在着严重的分歧。因此，必须重新以多元化和复杂的眼光来看待摄影，并研究其如何摆脱那些理论上的束缚，如机器论、痕迹论、参照论、透明论、相似论、客观性论点、"此曾在"论等。于是，将"摄影摆正位置"的关键在于这些言论的基础上，向其他的命题敞开大门：表现、图像、风格、不透明性、摄影师的艺术、艺术家的摄影、结合（尤其是艺术和摄影的结合）、建设性、对话性等。当然，还有虚构、潜在和彼处。

　　在此期间，摄影实用性价值日益衰落的现状，是这个研究意图的产生前提。一方面，降下了实用的重负，摄影的应用更为自由和全面；另一方面，四分之一个世纪以来，摄影在实用轨道上的不断偏离，越来越清晰地显示出其多义性。摄影既远又近，既可以是虚构，又可以是见证。摄影，曾经将图像深深植根在物质中，曾经是某个真实性机制的底座，也一直与无形的彼处有着千丝万缕的联系。

　　彼处，是一个神秘莫测的地方，我既在彼处，又在此时此地，在我的现实存在中。我们永远，也越来越在此又在彼，以多样和复杂的方式融合了灵与肉，同时在两地存在。由于其前所未有的纪实能力，19 世纪中期的摄影致力于更新对彼处的再现。工业社会的崛起，促进了人力、商品和资本在全世界的大规模流通，彻底颠覆了传统社会，将地方的变成了全球的。与此同时，铁路、汽轮机航海、电报和摄影相继诞生，于是，图解新闻、小说和绘画（特别是表现东方主题的绘画）开始活跃地表现一个新的类型的彼处，往往是遥远的地方。在当时观众的眼里（殖民远征的时代），摄影文献将一个神秘陌生的、从未见过的、不可抵达的（也就是说潜在的）关于彼处的介绍，转化成了一个被征服的、中性的此处（也就是说实在的）。

几十年后，随着报道的兴起，摄影开始被广泛运用于记录事件："决定性瞬间"崇拜（卡蒂埃–布列松版本），或是"此曾在"崇拜（巴特版本），体现了对独特观点的追求，彼处超越了严格的空间定义。

今天，现实和彼处，正经历着一场大规模的颠覆。全球化、运输方式和信息传播的快速发展，将人类的目光投向遥远的地球尽头。在我们身处的时代，想要改变生活环境成了无稽之谈，因为远方不过是此地的翻版。同样，摄影中彼处的演变，也经历了三个阶段。

首先，纪实功能在某种意义上的激化，导致摄影对奇特、例外（如独家报道）和极端（如性、死亡、疾病等）的强迫性的追求，甚至体现在对平常和司空见惯的表现中。文献的接近功能发展成挖掘功能，形式上主要表现为与拍摄对象的极端接近、距离的取消，如同名副其实的特写色情照。

这个明显体现在新闻中的变化，与彼处的第二个版本——摄影师的艺术，形成强烈的对比。后者强调摄影的物质、阴影、虚构和模糊，与文献的伦理和透明性相反，创造了一个新的类型的彼处。不再以接近、挖掘或是描述的文献功能为基础，而是依靠摄影风格的力量来拉远距离，模糊视线。将熟悉和接近变成陌生、神秘和遥远，摒弃轮廓的清晰，以绘画和图像的厚度来充实照片，借鉴古老的工艺，通过手工的干预来融化相机冰冷的客观性等。所有这些新画意主义摄影的手法，丰富了创作的想象力，尽可能地与现实主义的平淡和现实事物的粗俗拉开距离。

　　尽管许多艺术摄影师相对封闭在古老过时的艺术观念中，不可否认的是，他们将摄影带出了纯粹实用的文献领地，将它从复制现实的枷锁中解放了出来。同时，他们形象地预言了以摄影和可视之间的新关系为特点的彼处的第三个类型：在文献伦理之外，"视觉材料应该捕捉不可视的力量。使（不可视）变得可视，而非再现或是复制可视"[1]。在这个彼处中，摄影摆脱了再现和模仿的束缚。可视不再是一个必须严格再现的既定物，而是一个从属于主观意愿的可塑材料，关于相似性、参照、原件和副本、模特和假象等的问题，在此失去了存在的意义。拍摄，参照柏拉图的区分，关键不在于对现实"好的或是糟糕的复制"；从此，关键在于实在化，将此时此地、疑惑、潮流、情感、感觉、密度、强度等抽象的概念变成可视。摄影曾经经久不衰地带着自然界的物质痕迹，与地球具有极为亲密的联系，而现在，通过捕捉"能量的、非形象的、非物质的宇宙间的力量"[2]，摄影转向构成虚拟世界的彼处。

1. Gilles Deleuze et Félix Guattari, « Da la ritournelle », *Mille plateaux*, p.423.
2. 同上，p.422-423。

　　这个其实一直存在于摄影作品中的运动，长久以来被掩藏和覆盖，甚至完全压抑和拒绝，直到今天才终于成为主导。在这个新阶段里，摄影发生着从地球概念到宇宙概念、从物质世界到抽象世界的转变:从"可能—现实"到"潜在—实在"的转变。

　　在这个运动过程中，可视状态也随之发生了变化。在理想的文献摄影中，可视曾经是不变量，是一个已知事物，对它的再现必须做到尽可能地忠实（根据外在逼真性的标准），从此它将随着摄影过程而发展演变。这个早到的文献危机，以及尤其是传统意义上的摄影（银盐摄影）向"数码摄影"的过渡，为新的可视性创造了条件。

　　从银盐的世界到数字的世界，这个过程不单纯是技术性的转变，它触及了摄影的本质属性。触及程度之深，以至于我们不确定"数码摄影"是否还是摄影。无论如何，这不是一种结合状态。尽管一张在报纸或杂志上发表的照片，也不尽然是摄影，因为确切地说，它是摄影、印刷和新闻的联合产物。然而在数码摄影中，银盐作用这一步骤完全消失了，随之消失的还有摄影的技术和美学属性、流通方式、与现实和物体的关系、真实性的机制等。在千年之交，数码摄影取代胶片摄影的速度之快，证明了摄影作为工业社会的图像象征，已经不能完美地适应后工业社会的标准、需求和价值观。

　　从银盐的化学反应到电子技术的过程，首先体现在图像生产方式和地点的改变。胶卷冲印、相纸、底片、显影和定影药水，以及由化学药剂、仪器、独特的气味构成的黑白暗房逐渐消失了，取而代之的是电脑和配套的图像处理软件、打印机、网络连接等。绘画或素描来自颜料等物质材料的堆积；传统摄影如同一个转换器，将光能转化为化学能量，而数码摄影则建立在一个传感器的体系上，它将光的信息转化成电子信号，继而数据文件。负片—正片的化学系统，是摄影及其复制性的基础，而数字系统中的图像作为数据文件，是数字计算的产物，通过一台电脑或特殊软件就能够获得可视性，与现实世界不再有任何联系。可以说，从一个体系到另一个体系，整个图像世界被颠覆了。

在摄影里，光线和银盐保证了物体与成像之间的物质延续性，而在数码摄影中则相反，这个延续性被打断了。被存储下来并显示在电脑屏幕上的数字图像，完全由程序语言编制的逻辑数字符号构成。尽管在拍摄瞬间，物体和相机之间存在直接的关系，但是随之而来的，不再发生银盐摄影中那样的物体和图像之间的能量交换关系。正是由于这个物质上和能量上的联系的割裂，将数码摄影与银盐摄影根本地区分开来，同时建立在后者之上的真实性机制也随之崩溃。

参照物不再附着于图像。图像与物质源起完全割断了联系。数字世界没有痕迹，因为所有的物质存在都消失了，而图像成为一系列数字的产物，永远可被计算，永远在改变。从银盐摄影到数码摄影的过程，也是从模型机制到调制机制的过程。银盐摄影通过模塑的原理来产生图像，遵循的是"物体—负片—正片"的步骤，物理上的毗邻性和物质上的联系决定了其中成分之间的关联的固定性。在数码摄影中，这个系统失效了，固定性成为持续变化性。调制取代了模型，"模塑，意味着以终结性的方式来调制；调制，意味着以永远变化的持续性方式来模塑"，吉尔贝尔·西蒙东（Gilbert Simondon）如此阐释。

银盐摄影的真实性机制，正是建立在图像—模型的"终结性"的特点之上，也正是因为"永远变化"的特点，数字图像才失去了可信度。前者极端僵硬，特效及后期处理往往既费时又费力，而且始终受到一定的限制；后者则永远是"已经处理"的图像，而且数字相机往往与配套的图像处理软件一起销售。从银盐到数字，摄影领域中历时漫长的图像诚信时代结束了，随之而来的是一个怀疑的时代。

银盐摄影的功能就像一个固定一切的机器，制造永恒的机器，将一切实在化的机器。瞬间性固定、凝固、打断某个手势，某个时刻；负片的印痕原理将物质世界的形状原封不动地保存下来；"定影剂"阻止了一切对图像的变形。

在数码摄影中，固定和固定点消失了。虽然图像仍旧源自与现实物体的接触，但是数字化的过程割裂了这个物质源起。同时，图像的文献价值也受到牵连。断了根的图像无限延伸扩展，直至完全解体。尽管我们可以随意地（但不是必须地）将数字图像打印在相纸上，但是它们真正的显示载体是电脑屏幕，流通圈子是网络。从绘画到摄影，再到数码摄影，图像变得越来越轻，展现空间却变得越来越大，流通速度则更是不可同日而语。银盐摄影的疆域是影集、档案库或是展墙（书籍和新闻不包括在内，因为属于摄影和印刷的结合）。反之，数码摄影被去了疆域：通过网络或是电子邮件，在世界上任何地方都可同步接收图像。

由图像—物体构成的世界远去了，随之而来的是图像—事件的世界，也就是说，在这个世界里，通行的是另一个真实性机制，另一些图像用途，另一些技能，另一些美学实践，以及新的速度，新的疆域和物质形态。还有，与时间的不同关系。

BIBLIOGRAPHIE

ADORNO Theodor W., *Notes sur la littérature*, trad. Sibylle Muller, Paris, Flammarion, 1984.

ADORNO Theodor W., *Théorie esthétique*, trad. Marc Jimenez et Éliane Kaufholz, Paris, Klincksieck, 1995.

AGEMBEN Giorgio, *Moyens sans fin. Notes sur la politique*, Paris, Rivages, 1995.

ALOPHE, *Le Passé, le présent et l'avenir de la photographie. Manuel pratique de photographie*, Paris, l'auteur, 1861.

AMELINE Jean-Paul, *Les Nouveaux Réalistes*, Paris, Centre Georges-Pompidou, 1992.

ARANGO Douglas, « Underground Films: Art of Naughty Movies », *Movie TV Secrets*, juin 1967, np.

ARDENNE Paul, *L'Art dans son moment politique. Écrits de cir-constance*, Bruxelles, La Lettre volée, 2000.

ARDENNE Paul, BEAUSSE Pascal et GOUMARRE Laurent, *Pratiques contemporaines. L'art comme expérience*, Paris, Dis Voir, 2000.

ARENDT Hannah, *Condition de l'homme moderne*, Paris, Calmann-Lévy, 1983.

AUBRY Yves, *Conférences publiques sur la photographie théorique et technique*, Paris, J.-M. Place, 1987.

AUGÉ Marc, *Non-lieux. Introduction à une anthropologie de la surmodernité*, Paris, Seuil, 1992.

AUSTIN John L., *Quand dire, c'est faire*, trad. Giltes Lane, Paris, Seuil, 1962.

BACON Francis, *Entretiens*, Paris, Carré, 1996.

BADIOU Alain, *Court traité d'ontologie transitoire*, Paris, Seuil, 1998.

BADIOU Alain, Deleuze. *La clameur de l'Être*, Paris, Hachette-Littératures, 1997.

BADIOU Alain, *Petit manuel d'inesthétique*, Paris, Seuil, 1998.

BAKHTINE Mikhaïl, *Esthétique et théorie du roman*, Paris, Gallimard, 1978.

BAKHTINE Mikhaïl, *Le Marxisme et la philosophie du langage*, Paris, Minuit, 1977.

BALTZ Lewis, *San Quentin Point*, Paris, La Différence, 1986. Texte de Mark Haworth-Booth.

BAQUÉ Dominique, *La Photographie plasticienne. Un art paradoxal*, Paris, Regard, 1998.

BAQUÉ Dominique, *Documents de la modernité*, Nîmes, Jacque-line Chambon, 1993.

BARTHES Roland, *L'Obvie et l'obtus, Essais critiques III*, Paris, Seuil, 1982.

BARTHES Roland, *La Chambre claire. Note sur la photographie*, Paris, Cahiers du cinéma/Gallimard/Seuil, 1980.

BARTHES Roland, *Le Bruissement de la langue. Essais critiques IV*, Paris, Seuil, 1984.

BATUT Arthur, *La Photographie appliquée à la production du type d'une famille, d'une tribu ou d'une race*, Paris, Gauthier-Villars, 1887.

BAUDELAIRE Charles, « Le Peintre de la vie moderne », *Œuvres complètes*, Paris, Robert Laffont, 1980.

BAUDELAIRE Charles, « Salon de 1859. Le public moderne et la photographie », *Œuvres complètes*, Paris, Robert Laffont, 1980.

BAZIN André, « Ontologie de l'image photographique » (1945), *Qu'est-ce que le cinéma?*, Paris, Cerf, 1985.

BELLOUR Raymond, *L'Entre-images. Photo, cinéma, vidéo*, Paris, La Différence, 1990.

BENJAMIN Walter, *Charles Baudelaire, un poète lyrique à l'apogée du capitalisme*, Paris, Payot, 1982.

BENJAMIN Walter, *L'homme, le langage et la culture*, Paris, Denoël/Gonthier, 1971.

BENJAMIN Walter, « L'œuvre d'art à l'ère de sa reproductivité technique », in *L'homme, le langage, la culture*, Paris, Denoël/ Gonthier, 1971.

BENJAMIN Walter, « L'œuvre d'art à l'époque de sa reproduction mécanisée », *Écrits français*, Paris, Gallimard, 1995.

BENJAMIN Walter, *L'Origine du drame baroque allemand*, Paris, Flammarion, 1985.

BENJAMIN Walter, « Petite histoire de la photographie », *L'homme, le langage et la culture*, Paris, Denoël/Gonthier, 1971.

BENJAMIN Walter, *Paris, capitale du XIXe siècle. Le livre des passages*, Paris, Cerf, 1989.

BENSAUDE-VINCENT Bernadette, *Eloge du mixte: matériaux nouveaux et philosophie ancienne*, Paris, Hachette-Littératures, 1998.

BERGSON Henri, *Durée et Simultanéité* (1922), Paris, Quadrige/ PUF, 1998.

BERGSON Henri, *L'Évolution créatrice* (1907), Paris, Quadrige/ PUF, 1994.

BERGSON Henri, *Matière et Mémoire* (1896), Paris, Quadrige/ PUF, 1993.

BERNARD Denis et GUNTHERT André, *L'Instant rêvé*. Albert Londe, Nîmes, Jacqueline Chambon, 1993.

BERTILLON Alphonse, *La Photographie judiciaire*, Paris, Gauthier-Villars, 1890.

BILLINGHAM Richard, *Ray's a Laugh*, Scalo, Zurich, 1997.

BOIS Yves-Alain et KRAUSS Rosalind, *L'Informe, mode d'emploi*, Paris, Centre Georges-Pompidou, 1996.

BOLTANSKI Christian, *Kaddish*, Paris, Paris-Musées et Gina Kehayoff Verlag, 1998.

BOUGNOUX Daniel, *La Communication par la bande*, Paris, La Découverte, 1992.

BOURDIEU Pierre, *Les Règles de l'art. Genèse et structure du champ littéraire*, Paris, Seuil, 1992.

BOURDIEU Pierre, *Questions de sociologie*, Paris, Minuit, 1980.

BOURNEVILLE Désiré, *Iconographie photographique de la Salpêtrière*, Paris, Delahaye et Lecrosnier, t. I, 1876-1877; t. II, 1878.

BOURRIAUD Nicolas, *Esthétique relationnelle*, Dijon, Les Presses du réel, 1998.

BOURRIAUD Nicolas, *Formes de vie. L'art moderne et l'invention de soi*, Paris, Denoël, 1999.

BRECHT Bertolt, *Bertolt Brecht Dreigroschenbuch* (Le Livre de l'Opéra de quat'sous de Bertolt Brecht), Francfort-sur-le-Main, 1960.

BRETON Philippe, *Le Culte d'internet*, Paris, La Découverte, 2000.

BUCHLOH Benjamin, *Conversation avec Martha Rosler*, Villeurbanne, Institut d'art contemporain, 1999.

BUISINE Alain, *Eugène Atget, ou la mélancolie en photographie*. Nîmes, Jacqueline Chambon, 1994.

BÜRGER Peter, *La Prose de la modernité*, Paris, Klincksieck, 1994.

BURGIN Victor, *Between [photographs]*, New York, Basil Blackwell, 1986.

BURKE Edmund, *Recherche philosophique sur l'origine de nos idées du sublime et du beau* (1803), Paris, J. Vrin, 1973.

CAILLE Alain, *Anthropologie du don. Le tiers paradigme*, Paris, Desclée de Brouwer, 2000.

CALLE Sophie, *Des histoires vraies*, Arles, Actes Sud, 1994.

CARLYLE Thomas, *Critical and Miscellaneous Essays*, Londres, Chapman & Hall, 1888.

CARTIER-BRESSON Henri, *Flagrants délits*, Paris, Delpire, 1968.

CARTIER-BRESSON Henri, « L'instant décisif », *Images à la sauvette*, Paris, Verve, 1952.

CARUS Carl Gustav, *Neuf lettres sur la peinture de paysage* (1831), Paris, Klincksieck, 1988.

CASSIN Barbara, *L'Effet sophistique*, Paris, Gallimard, 1995.

CASTELLS Manuel, *La Société en réseaux. L'ère de l'information*, Paris, Fayard, 1998.

CAUQUELIN Anne, *Petit traité d'art contemporain*, Paris, Seuil, 1996.

CHATEAU Dominique, *La Question de la question de l'art. Note sur l'esthétique analytique. (Danto, Goodman et quelques autres)*, Saint-Denis, Presses universitaires de Vincennes, 1994.

CLARK Larry, *Tulsa*, New York, Lustrum Press, 1971.

COUCHOT Edmond, *La Technologie dans l'art. De la photographie à la réalité virtuelle*, Nîmes, Jacqueline Chambon, 1998.

CRARY Jonathan, *L'Art de l'observateur. Vision et modernité au XIXe siècle*, Nîmes, Jacqueline Chambon, 1994.

CRIMP Douglas, *On the Museum's Ruins (with photographs by Louise Lawler)*, Londres, Cambridge, MIT Press, 1993.

DADOUN Roger, *Duchamp. Ce mécano qui met à nu*, Paris, Hachette, 1996.

DAGEN Philippe, *La Haine de l'art*, Paris, Grasset, 1997.

DANEY Serge, *Devant la recrudescence des vols de sacs à main. Cinéma, télévision, information (1988-1991)*, Lyon, Aléas, 1991.

DANIEL-DOLEVICZENYI Isabelle, *Incorporer la mémoire: analyse de l'écriture du temps dans l'œuvre de Christian Boltanski, maîtrise* (sous la dir. de Daniel Danetis), université Paris-VIII, 1997.

DANTO Arthur, *L'Art contemporain et la clôture de l'histoire*, Paris, Seuil, 2000.

DANTO Arthur, *L'Assujettissement philosophique de l'art*, Paris, Seuil, 1993.

DANTO Arthur, *La Transfiguration du banal. Une philosophie de l'art*, Paris, Seuil, 1989.

DEBORD Guy, *Commentaires sur la société du spectacle* (1988), Paris, Gallimard, 1992.

DEBORD Guy, *La Société du spectacle* (1967), Paris, Gallimard, 1992.

DEIACROIX Eugène, *Journal*, 1822-1863, préface de Hubert Damisch, Paris, Plon, 1981.

DELEUZE Gilles, *Cinéma 2. L'image-temps*, Paris, Minuit, 1985.

DELEUZE Gilles, *Critique et Clinique*, Paris, Minuit, 1993.

DELEUZE Gilles, *Foucault*, Paris, Minnit, 1986.

DELEUZE Gilles, *Francis Bacon. La logique de la sensation*, Paris, La Différence, 1981.

DELEUZE Gilles, *Le Bergsonisme* (1966), Paris, Quadrige/PUF, 1998.

DELEUZE Gilles, *Le Pli. Leibniz et le baroque*, Paris, Minuit, 1988.

DELEUZE Gilles, *Logique du sens*, Paris, Minuit, 1969.

DELEUZE Gilles, *Pourparlers, 1972-1990*, Paris, Minuit, 1990.

DELEUZE Gilles, *Proust et les signes* (1964), Paris, Quadrige/PUF, 1996.

DELEUZE Gilles et GUATTARI Félix, *Mille plateaux. Capitalisme et*

Schizophrénie, Paris, Minuit, 1980.

DELEUZE Gilles et GUATTARI Félix, *Qu'est-ce que la philosophie?*, Paris, Minuit, 1991.

DEPARDON Raymond, *San Clemente*, Paris, Centre national de la photographie, 1986.

DEPARDON Raymond et BERGALA Alain, *Correspondance newyorkaise. Les Absences du photographe*, Paris, Libération/Éditions de l'Étoile, 1981.

DEPAROON Raymond et SABOURAUD Frédéric, *Depardon/Cinéma*, Paris, Cahiers du cinéma/ministère des Affaires étrangères, 1993.

DICKIE George, *Art and the Aesthetics. An Institutional Analysis*, Ithaca-Londres, Cornell University Press, 1974.

DIDI-HUBERMAN Georges, *Ce que nous voyons, ce qui nous regarde*, Paris, Minuit, 1992.

DIDI-HUBERMAN Georges, *Invention de l'hystérie. Charcot et l'iconographie photographique de la Salpêtrière*, Paris, Macula, 1982.

DIDI-HUBERMAN Georges, *L'Empreinte. La ressemblance par contact. Archéologie, anachronisme et modernité de l'empreinte*, Paris, Centre Georges-Pompidou, 1997.

DISDÉRI André-Adolphe-Eugène, *Application de la photographie à la reproduction des œuvres d'art*, Paris, l'auteur, 1861.

DISDÉRI André-Adolphe-Eugène, *L'Art de la photographie*, Paris, l'auteur, 1862.

DISDÉRI André-Adolphe-Eugène, *Renseignements photographiques indispensables à tous*, Paris, l'auteur, 1855.

DUBOIS Philippe, *L'Acte photographique*, Paris, Nathan, 1983.

DUBREUIL-BLONDIN Nicole, *La Fonction critique dans le Pop Art américain*, Montréal, Presses de l'université de Montréal, 1980.

DUCHAMP Marcel, *Duchamp du signe, écrits*, réunis et présentés par Michel Sanouillet, Paris, Flammarion, 1975.

DUCHAMP Marcel, *Notes*, Paris, Flammarion, 1999.

DUCHENNE (DE BOULOGNE) Guillaume B., *Mécanisme de la physionomie humaine ou Analyse électrophysiologique de l'expression des passions*, Paris, Renouard, 1862.

DUVE Thierry de, *Résonances du readymade. Duchamp entre avànt-garde et tradition*, Nîmes, Jacqueline Chambon, 1989.

FISCHLIPeter et WEISS David, *Bilder, Ansichten*, Zurich, 1991.

FISCHLI Peter et WEISS David, *Airports*, Zurich, P. Frey, 1990.

FLAUBERT Gustave, *Correspondance*, 2 vol., Paris, Gallimard, Bibliothèque de la Pléiade.

FOUCAULT Michel, *Dits et écrits, 1954-1988*, t. I, éd. établie par Daniel Defert et François Ewald, Paris, Gallimard, 1994.

FOUCAULT Michel, *Histoire de la folie à l'âge classique*, Paris, Gallimard, 1981.

FOUCAULT Michel, *Les Mots et les Choses. Une archéologie des sciences humaines*, Paris, Gallimard, 1966.

FOUCAULT Michel, *Naissance de la clinique*, Paris, PUF, 1972.

FOUCAULT Michel, *Surveiller et punir. Naissance de la prison*, Paris, Gallimard, 1975.

FRANCASTEL Pierre, *Art et technique*, Gonthier, Paris, 1974.

FRANK Robert, *Les Américains*, textes d'Alain Bosquet, Paris, Robert Delpire, 1958.

FRANK Robert, *Robert Frank*, Paris, CNP, Photo Poche, 1983.

FREGE Gottlob, *Écrits logiques et philosophiques*, Paris, Seuil, 1971.

GALASSI Peter, *Before Photography. Painting and the Invention of Photography*, New York, MOMA, 1981 (traduit dans *L'In-vention d'un art*, Paris, Centre Georges-Pompidou, 1989).

GINTZ Claude, *Ailleurs et Autrement*, Nîmes, Jacqueline Chambon, 1993.

GOLDIN Nan, *I'll Be Your Mirror*, Zurich, Scalo, 1997.

GOLDIN Nan, *Ten Years After*, Zurich, Scalo, 1998.

GOLDIN Nan, *The Ballad of Sexual Dependency* (1986), New York, Aperture, 1996.

GOODMAN Nelson, *Manières de faire des mondes*, Nîmes, Jacqueline Chambon, 1992.

Goux Jean-Joseph, *Freud, Marx. Économie et symbolique*, Paris, Seuil, 1973.

GRAHAM Dan, *Ma position: écrits sur mes œuvres*, Villeurbanne, Le Nouveau Musée/Institut, Les Presses du réel, 1992.

GRAHAM Paul, *New Europe*, Winterthur, Fotomuseum, 1993.

GREENBERG Clement, *Art et Culture. Essais critiques*, Paris, Macula, 1988.

GUERRIN Michel, *Profession Photoreporter*, Paris, Centre Georges-Pompidou/Gallimard, 1988.

GUMPERT Lynn, *Christian Boltanski*, Paris, Flammarion, 1992.

HAACKE Hans, BOURDIEU Pierre, *Libre-échange*, Paris, Le Seuil/ Les Presses du réel, 1994.

HARDT Michael et NEGRI Antonio, *Empire*, Paris, Exils, 2000.

HARRISON Charles et WOOD Paul, *Art en théorie, 1900-1990. Une anthologie* (1992), Paris, Hazan, 1997.

HEIDEGGER Martin, *Le chemin vers la parole (1959), Œuvres complètes*, trad. Guerne, t. II, Paris, Gallimard, 1975.

HINDRY Ann, *Sophie Ristelhueber*, Paris, Hazan, 1998.

HOBSBAWM Eric J., *L'Âge des extrêmes. Histoire du court XXe siècle, 1914-1991*, Paris, Complexe/Le Monde diplomatique, 1994.

HOBSBAWM Eric J., *L'Ère du capital, 1848-1875*, trad. par Eric Diacon, Paris, Fayard, 1994.

JENCKS Charles, *Le Langage de l'architecture post-moderne*, Paris, Denoël, 1979.

JOUANNAIS Jean-Yves, *Infamie*, Paris, Hazan, 1995.

KAFKA Franz, *Lettres à Felice*, Paris, Gallimard, 1972, 2 vol.

KAPROW Allan, *L'Art et la vie confondus*, textes réunis par Jeff Kelley, Paris, Centre Georges-Pompidou, 1996.

KELLER Jean-Pierre, *La Nostalgie des avant-gardes*, La Tour-d'Aigues, Zoé, 1991.

KESSLER Mathieu, *Nietzsche, ou le dépassement esthétique de la métaphysique*, Paris, PUF, 1999.

KRAUSS Rosalind, *Le Photographique. Pour une théorie des écarts*, Paris, Macula, 1990.

KRAUSS Rosalind, « Notes on the Index: Seventies Art in America », *October*, nos 3 et 4, New York, MIT Press, 1997.

KRISTEVA Julia, *Pouvoirs de l'horreur. Essai sur l'abjection*, Paris, Seuil, 1980.

KEISTEVA Julia, *Semeiotike. Recherches pour une sémanalyse*, Paris, Seuil, 1969.

LABORIT Henri, *Éloge de la fuite, Paris*, Gallimard, 1992.

LACAN Ernest, *Esquisses photographiques. À propos de l'Exposition universelle et de la guerre d'Orient*, Paris, Grassart, 1856.

LACOUE-LABARTHE. Philippe et NANCY Jean-Luc, *Rejouer le politique*, Paris, Galilée, 1981.

LAMARCHE-VADEL Bernard, *Lewis Baltz*, Paris, La Différence, 1993.

LATOUR Bruno, *La Clef de Berlin, et autres leçons d'un amateur de sciences*, Paris, La Découverte, 1993.

LATOUR Bruno, *Nous n'avons jamais été modernes, essai d'anthropologie symétrique*, Paris, La Différence, 1991.

LEMAGNY Jean-Claude, *L'Ombre et le Temps*, Paris, Nathan, 1992.

LEMAGNY Jean-Claude, *Photographie contemporaine. La tatière, l'ombre, la fiction*, Paris, Nathan/Bibliothèque nationale de France, 1994.

LEMAGNY Jean-Claude et ROUILLÉ André (dir.), *Histoire de la photographie*, Paris, Larousse, 1999.

LEMAGNY Jean-Claude et SAYAG Alain, *L'Invention d'un art*, catalogue, Paris, Centre Georges-Pompidou, 1989.

LEROI-GOURHAN André, *Le Geste et la parole*, t. II. *La mémoire et les rythmes*, Paris, Albin Michel, 1965.

LÉVY Pierre, *Cyberculture*, Paris, Odile Jacob, 1997.

LÉVY Pierre, *L'Intelligence collective. Pour une anthropologie du cyberespace* (1981), Paris, La Découverte, 1994.

LÉVY Pierre, *La Machine Univers. Création, cognition et culture informatique*, Paris, La Découverte, 1987.

LÉVY Pierre, *Les Technologies de l'intelligence. L'avenir de la pensée à l'ère informatique*, Paris, La Découverte, 1987.

LÉVY Pierre, *Qu'est-ce que le virtuel?*, Paris, La Découverte, 1995.

LIPOVETSKY Gilles, *L'Ère du vide. Essais sur l'individualisme contemporain*, Paris, Gallimard, 1983.

LIPPARD Lucy Rowland, *Le Pop Art*, Paris, Thames & Hudson, L'univers de l'art, 1997.

LIPPARD Lucy Rowland, *Six Years: the Dematerialisation of the Art Object from 1966 to 1972*, Berkeley/Los Angeles/Londres, University of California Press, 1973.

LIVINGSTONE Marco, *Le Pop Art*, Paris, Hazan, 1990.

LONDE Albert, *La Photographie médicale, application aux sciences médicales et physiologiques*, Paris, Gauthier-Villars, 1893.

LÖWY Michael et SAYRE Robert, *Révolte et mélancolie. Le romantisme à contre-courant de la modernité*, Paris, Payot, 1992.

LUGON Olivier, *La Photographie en Allemagne. Anthologie de textes (1919-1939)*, Nîmes, Jacqueline Chambon, 1997.

LUGON Olivier, *Le Style documentaire dans la photographie allemande et américaine des années vingt et trente*, thèse de doctorat, université de Genève, Faculté des lettres, département d'histoire de l'art, 1994.

LYOTARD Jean-François, *L'Inhumain. Causeries sur le temps*, Paris, Galilée, 1988.

LYOTARD Jean-François, *La Condition post-moderne: rapport sur le savoir*, Paris, Minuit, 1979.

LYOTARD Jean-François, *Le Post-moderne expliqué aux enfants*, Paris, Galilée, 1988.

MACHEREY Pierre, *Pour une théorie de la production littéraire*, Paris, François Maspero, 1974.

MCLUHAN Marshall, *Pour comprendre les médias*, Paris, Mame/Le Seuil, 1968.

MAPPLETHORPE Robert, *Le Black Book*, Munich, Schirmer/Mosel, 1986.

MAPPLETHORPE Robert, *Mapplethorpe*, Londres, Jonathan Cape et New York, Random House, 1992. Texte d'Arthur C. Danto.

MAREY Étienne-Jules, *Développement de la méthode graphique par l'emploi de la photographie*, Paris, Masson, 1885.

MAREY Étienne-Jules, *Le Mouvement* (1894), Nîmes, Jacqueline Chambon, 1994.

MARIN Louis, *Le Portrait du roi*, Paris, Minuit, 1981.

MARIONI Tom, *Chris Burden: A Twenty-Year Survey*, Newport Harbor Art Museum, 1988.

MARTIN Jean-Clet, *L'Image virtuelle. Essai sur la construction du monde*, Paris, Kimé, 1996.

MARX Karl et ENGELS Friedrich, *Manifeste du parti communiste*, Paris, Éditions sociales, 1975.

MARX Karl et ENGELS Friedrich, « Thèses sur Feuerbach », *L'Idéologie allemande*, Paris, Éditions sociales, 1974.

MASSÉRA, Jean-Charles, *Amour, gloire et CAC 40. Esthétique, sexe, entreprise, croissance, mondialisation et médias*, Paris, P.O.L., 1999.

MAuss Marcel, « Esquisse d'une théorie générale de la magie » (1902), *Sociologie et anthropologie*, Paris, Quadrige/PUF, 1993.

MENKE Christoph, *La Souveraineté de l'art. L'expérience esthétique après Adorno et Derrida*, Paris, Armand Colin, 1989.

MICHAUD Yves, *La Crise de l'art contemporain. Utopie, démocratie et comédie*, Paris, PUF, 1997.

MIGAYROU Frédéric, *Jeff Wall, simple indication*, Bruxelles, La Lettre volée, 1995.

MILLET Catherine, *L'Art contemporain en France*, Paris, Flammarion, 1987.

MOEGLIN-DELCROIX Anne, *Esthétique du livre d'artiste, 1960-1980*, Paris, J.-M. Place/Bibliothèque nationale de France, 1997.

MOEGLIN-DELCROIX Anne, *Livres d'artistes*, Paris, Centre Georges. Pompidou, Herscher, 1985.

MOHOLY-NAGY László, *Peinture, photographie, film, et autres écrits sur la photographie*, Nîmes, Jacqueline Chambon, 1993.

MOLLET-VIÉVILLE Ghislain, *Art minimal et conceptuel*, Paris, Skira, 1995.

NANCY Jean-Luc, *Au fond des images*, Paris, Galilée, 2003.

NAMUTH Hans, *L'Atelier de Jackson Pollock*, Paris, Macula, 1978. Textes de E. A. Carmean, Jean Clay, Rosalind Krauss, Francis V. O'Connor, Barbara Rose.

NURIDSANY Michel, *Ils se disent peintres, ils se disent photographes*, Paris, ARC/ musée d'Art moderne de la Ville de Paris, 1980.

OSTERWOLD Tilman, *Pop Art*, Cologne, B. Taschen, 1991.

PACQUEMENT Alfred et DAVID Catherine, *Art & Language*, Paris Galerie nationale du Jeu de Paume/RMN, 1993.

PANOFSKY Erwin, *L'Œuvre d'art et ses significations*, Paris, Gallimard, 1969.

PARSY Paul-Hervé, *Art minimal*, Paris, Centre Georges-Pompidou, 1992.

PEIRCE Charles S., *Écrits sur le signe*, trad. Gérard Deledalle. Paris, Seuil, 1978.

PEREC Georges, *L'Infra-ordinaire*, Paris, Seuil, 1989.

PERESS Gilles, *Le Silence*, Zurich, Scalo, 1995.

POIVERT Michel, *La Photographie pictorialiste en France*. 1892-1914, thèse de doctorat d'histoire de l'art, université Paris-I 1992.

POUIVET Roger, *L'Œuvre d'art à l'âge de sa mondialisation. Un essai d'ontologie de l'art de masse*, Bruxelles, La Lettre volée 2003.

PRINCE Richard, *Adult Comedy Action Drama*, Zurich, 1995.

QUATREMÈRE DE QUINCY, *Essai sur la nature, le but et les moyens de l'imitation dans les beaux-arts* (1823), Bruxelles, AAM, 1980.

QUÉAU Philippe, *Éloge de la simulation*, Paris, Champ Vallon, 1986.

RAMONET Ignacio, *Géopolitique du chaos*, Paris, Galilée, 1997.

RAMONET Ignacio, *La Tyrannie de la communication*, Paris, Galilée, 1999.

RANCIÈRE Jacques, *La Mésentente. Politique et philosophie*, Paris, Galilée, 1995.

RANCIÈRE Jacques, *La Parole muette. Essai sur les contradictions de la littérature*, Paris, Hachette-Littératures, 1998.

RANCIÈRE Jacques, *Le Partage du sensible. Esthétique et politique*, Paris, La Fabrique, 2000.

RIOUT Denys, *Qu'est-ce que l'art moderne?*, Paris, Gallimard, 2000.

RISTELHUEBER Sophie, *Beyrouth, photographies*, Paris, Hazan, 1984.

RISTELHUEBER Sophie, *Every One*, Paris, l'auteur, 1994.

RISTELHUEBER Sophie, *Fait*, Paris, Hazan, 1992.

ROBBE-GRILLET Alain, *Pour un nouveau roman*, Paris, Galhmard, 1970

ROCHLITZ Rainer, *Le Désenchantement de l'art. La philosophie de Walter Benjamin*, Paris, Gallimard, 1992.

ROCHLITZ Rainer, *Subversion et Subvention. Art contemporain et argumentation esthétique*, Paris, Gallimard, 1994.

ROGER Alain, « Naissance d'un paysage », *Montagne. Photographies de 1845 à 1914*, Paris, Denoël, 1984.

ROSENBERG Harold, *La Tradition du nouveau*, Paris, Minuit, 1962.

ROUILLÉ André, *L'Empire de la photographie, 1839-1870*, Paris, Le Sycomore, 1982.

ROUILLIÉ André, *La Photographie en France, textes et controverses, une anthologie, 1816-1871*, Paris, Macula, 1989.

ROUILLÉ André, *Le Corps et son Image. Photographies du XIXe siècle*, Paris, Contrejour, 1986.

ROUILLÉ André, *Nadar. Correspondance*, t. I, 1820-1851, Nîmes, Jacqueline Chambon, 1999.

ROUILLIÉ André et ROBICHON François, *Jean-Charles Langlois. La Photographie, la peinture, la guerre. Correspondance inédite de Crimée (1855-1856)*, Nîmes, Jacqueline Chambon, 1992.

ROUILLÉ-LAVÉDÈZE A., *Sépia-photo et sanguine-photo*, Paris, Gauthier-Villars 1894.

SAYAG Alain et LEMAGNY Jean-Claude (dir.), *L'Invention d'un art*, Paris, Adam Biro-Centre Georges-Pompidou, 1989.

SCHAEFFER Jean-Marie, *L'Art à l'âge moderne. L'esthétique et la philosophie de l'art du XVIIIe siècle à nos jours*, Paris, Gallimard, 1992.

SCHAEFFER Jean-Marie, *L'Image précaire. Du dispositif photo graphique*, Paris, Seuil, 1987.

SCHAPIRO Meyer, *Style, artiste et société*, Paris, Gallimard, 1982.

SCHARF Aaron, *Art and photography* Baltimore, Penguin Books, 1974.

SEMIN Didier, *L'Arte Povera*, Paris, Centre Georges-Pompidou, 1992.

SERRES Michel, *Atlas*, Paris, Julliard, 1994.

SERRES Michel, *Le Système de Leibniz*, Paris, PUF, 1968, 2 vol

SHERRIGHAM Marc, *Introduction à la philosophie esthétique*, Paris, Payot, 1992.

SHUSTERMAN Richard, *L'Art à l'état vif*, Paris, Minuit, 1992.

SIMMEL Georg, *La Tragédie de la culture*, Paris, Rivages, 1988.

SIMMEL Georg, *Philosophie de la modernité La femme, la ville, l'individualisme*, Paris, Payot, 1989.

SIMONDON Gilbert, *L'Individu et sa genèse physico-biologique*, Paris, PUF, 1964.

STENGERS Isabelle, *L'Invention des sciences modernes*, Paris, Flammarion, 1995.

SYLVESTER David, *Entretiens avec Francis Bacon*, introduction de Michel Leiris, Genève, Skira, 1996.

TAYLOR Charles, *Le Malaise de la modernité*, Paris, Cerf, 1994.

THÉZY Marie de, *La Photographie humaniste, 1930-1960. Histoire d'un mouvement en France*, Paris, Contrejour, 1992.

TIBERGHIEN Gilles A., *Land Art*, Paris, Carré, 1993.

TODOROV Tzvetan, *Mikhaïl Bakhtine, le principe dialogique*, Paris, Seuil, 1981.

TOMKINS Calvin, *The Bride and the Bachelors*, New York, Viking Press, 1968.

VATTIMO Gianni, *La Société transparente*, Paris, Desclée de Brouwer, 1990.

VEBLEN Thorstein, *Théorie de la classe de loisir* (1899), Paris, Gallimard, 1970.

WAJCMAN Gérard, *L'Objet du siècle*, Paris, Verdier, 1998.

WAPLINGTON Nick, *Living Room*, introduction de John Berger, New York, Aperture, 1991.

WAPLINGTON Nick, *Weddings, Parties, Anything*, New York, Aperture, 1995.

WARHOL Andy, *Journal*, trad. Jérôme Jacobs et Jean-Sébastien Stelhi, éd. Pat Hackett, Paris, Grasset, 1990.

WARHOL Andy, *Ma philosophie de A à B*, Paris, Flammarion, 1977.

WEBER Max, *Le Savant et le Politique*, Paris, UGE, 1963.

WODICZKO Krzysztof, *Art public, art critique*, Paris, ENSBA, 1995.

ZIMA Pierre-Victor, *L'Ambivalence romanesque. Proust, Kafka, Musil*, Paris, Le Sycomore, 1980.

ZIMA Pierre-Victor, *Pour une sociologie du texte littéraire*, Paris, 10/18, 1978.

ZOURABICHVILI François, *Deleuze. Une philosophie de l'événe ment*, Paris, PUF, 1996.

责任编辑　郑幼幼

文字编辑　张海钢

中文注释　张海钢

责任校对　朱晓波

责任印制　汪立峰

审　　校　王瑞

书籍设计　融象设计工作室 & 郑幼幼

LA PHOTOGRAPHIE: Entre document et art contemporain

André Rouillé

Published by arrangement with Éditions Gallimard, Paris

© Éditions Gallimard, Paris, 2005

This edition first published in China in 2018 by Zhejiang Photographic Press, Hangzhou

Simplified Chinese edition © Zhejiang Photographic Press

浙江摄影出版社拥有中文简体版专有出版权，盗版必究。

（本书中的法文注释为原注，中文注释为编注。）

浙 江 省 版 权 局
著 作 权 合 同 登 记 章
图 字：11-2012-200 号

图书在版编目（CIP）数据

摄影：从文献到当代艺术／（法）安德列·胡耶著；

袁燕舞译.——杭州：浙江摄影出版社，2018.4（2024.7重印）

ISBN 978-7-5514-1908-6

Ⅰ.①摄… Ⅱ.①安… ②袁… Ⅲ.①摄影理论

Ⅳ.①TB81

中国版本图书馆CIP数据核字（2017）第196691号

Sheying: Cong Wenxian Dao Dangdai Yishu

摄影：从文献到当代艺术

（法）安德列·胡耶 著　　袁燕舞 译

全国百佳图书出版单位

浙江摄影出版社出版发行

地址：杭州市环城北路177号

邮编：310005

网址：www.photo.zjcb.com

电话：0571-85151082

制版：杭州立飞图文制作有限公司

印刷：浙江经纬印业有限公司

开本：710mm×1000mm　1/16

印张：22.75

2018年4月第1版　　2024年7月第6次印刷

ISBN 978-7-5514-1908-6

定价：138.00元